DAS DRAGON DREAMING PLAYBOOK

ISBN Print: 978 3 8006 6585 3

ISBN E-Book: 978 3 8006 6499 3

Satz: Ilona Koglin, whoopee connections, www.whoopee-connections.de

Druck und Bindung: Friedrich Pustet GmbH & Ko.KG, Gutenbergstraße 8, 93051 Regensburg

Umschlaggestaltung: Ilona Koglin

Illustrationen: Ilona Koglin

Gedruckt auf säurefreiem, alterungsbeständigem Papier

(hergestellt aus chlorfrei gebleichtem Zellstoff)

Als Team die Welt verändern:
Aus guten Ideen erfolgreiche Projekte machen

DAS DRAGON DREAMING PLAYBOOK

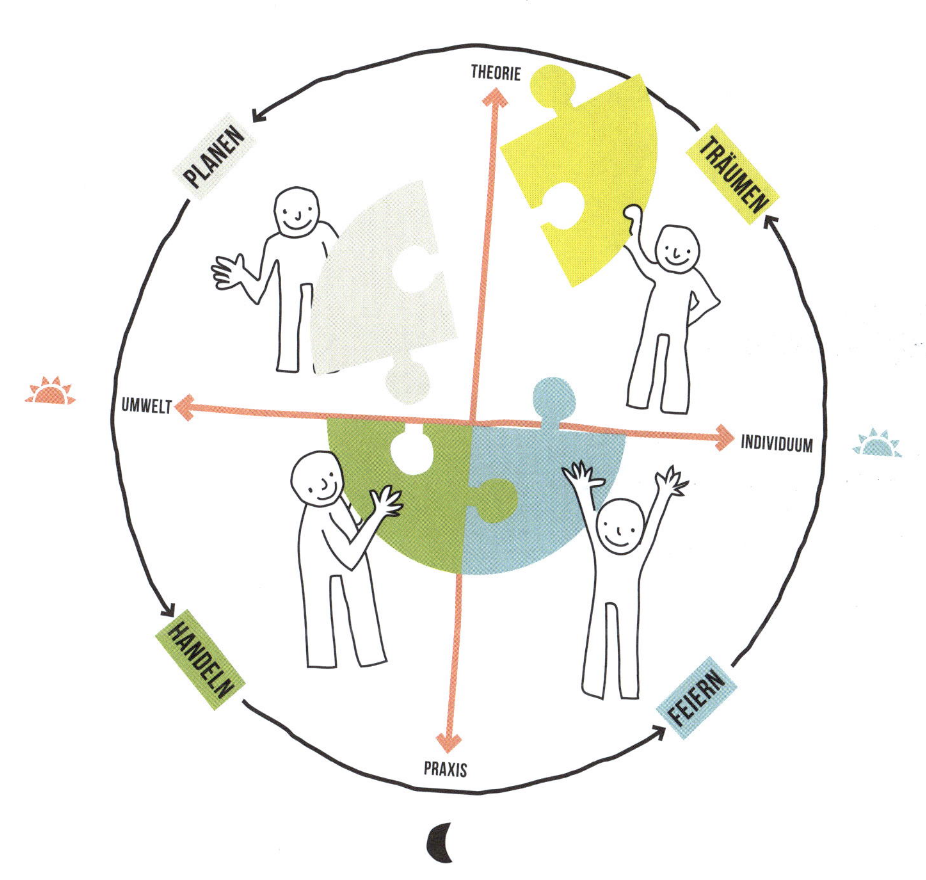

Ilona Koglin

mit Julia Kommerell
und Manuela Bosch

VERLAG FRANZ VAHLEN MÜNCHEN

»WIR MÜSSEN UNSERE KREATIVITÄT
IN EINER DIMENSION ENTFACHEN,
WIE ES DIE MENSCHHEIT NOCH
NIE ZUVOR VERSUCHT HAT.«
John Croft, Gründer von Dragon Dreaming

VORWORT

Wir leben in Zeiten großer Herausforderungen. Die Welt verändert sich mitunter rasend schnell, wie die Covid-Pandemie zuletzt gezeigt hat. Innerhalb weniger Monate hat sie unseren Alltag dramatisch umgekrempelt. Manche haben daraufhin den Wunsch geäußert, zur »alten Normalität« zurückkehren zu wollen. Doch das wäre absurd. In dieser »Normalität« sterben pro Stunde 15 Tier- und Pflanzenarten aus. Das sind 360 Arten an jedem einzelnen Tag! Bei den meisten handelt es sich um Bakterien, die im Boden leben, und wir wissen heute noch nicht, welche Auswirkungen dies in Zukunft haben wird.

Dorthin kann es kein Zurück geben, wenn wir eine Zukunft haben wollen. Mit den Krisen – der Pandemie, der Klimakatastrophe, den Kriegen, der Verbreitung von Kernwaffen, der Fluchtbewegung – sind wir direkt mit den Problemen konfrontiert, die wir so lange unter den Teppich kehren wollten: der Armut, der Obdachlosigkeit, dem Hunger, dem Rassismus, dem Sexismus und der Ausbeutung und Zerstörung der Natur. Um all diese Probleme müssen wir uns kümmern – und zwar schnell.

Es gibt nur eine Möglichkeit, wie wir diese Herausforderungen meistern können: Wir müssen die menschliche Kreativität in einer Dimension entfalten, wie es die Menschheit noch nie zuvor getan hat. Wir müssen mutig träumen! Und wir müssen uns unseren Drachen stellen – dem, was uns Angst macht, uns schmerzt oder uns verunsichert. Wir müssen unsere Komfortzone verlassen und einen echten Paradigmentwechsel wagen.

Jede Veränderung, die wir jemals in unserem Leben erreicht haben, geschah durch ein Projekt. Selbst das Laufenlernen war ein Projekt. Wenn wir genauer hinschauen, sehen wir, dass jedes Projekt mit dem Traum eines einzelnen Menschen beginnt, etwas in der Welt verändern zu wollen. Aber die große Mehrheit solcher Projekte scheitert. Menschen müssen ihr Traum mit anderen teilen. Sie müssen ein Team von Unterstützenden bilden, das hilft, diesen Traum zu verwirklichen.

Die zweite Hürde ist, dass Menschen nicht planen zu scheitern. Sie scheitern an ihrer Planung. Damit ein Traum zu einem erfolgreichen Projekt wird, muss das Team *gemeinsam* einen guten Plan entwickeln. Hier zeigt sich jedoch, dass die meisten Projekte nicht nach Plan verlaufen.

Das liegt zum Teil daran, dass wir die falsche Auffassung davon haben, dass Intelligenz etwas ist, das wir in unserem Kopf haben. Intelligenz ist kein »Ding«. Intelligenz ist ein zirkulärer Prozess, der das Individuum mit der Welt und die Welt wieder mit dem Individuum verbindet. Da aber Intelligenz im Allgemeinen als etwas »im Kopf« gedacht wird, ist es der »Kopf« eines Projekts, der den Projektplan erstellt. So entstehen zwei Gruppen, die sich gegenseitig beschuldigen können, wenn etwas schiefgeht: Der Kopf beschuldigt die anderen, seinen Plan nicht umzusetzen. Und die anderen beschuldigen den Kopf, einen Plan erstellt zu haben, der nicht mit den Gegebenheiten der Umwelt übereinstimmt.

Schließlich stellen wir fest, dass 90 Prozent der neuen Projekte aus der Wirtschaft, vom Staat und aus der Zivilgesellschaft nicht länger als vier Jahre dauern. Das liegt daran, dass sie den letzten Schritt auslassen: 25 Prozent eines Projekts müssen ein Fest sein. Das zu versäumen, führt in der Regel zu einem Burn-out. Menschen müssen um ihrer Gesundheit und Vernunft willen, das Projekt verlassen. Achtsamkeit, Reflexion und Wertschätzung gehen verloren. Diejenigen, die weniger als 25 Prozent eines Projekts mit Feiern verbringen, werden ineffizient, unkreativ und demotiviert. Sie verlassen das Projekt schließlich ganz.

Nur alle vier Schritte zusammen – das Träumen, Planen, Handeln und Feiern – sorgen dafür, dass Projektträume wahr werden. Dragon Dreaming liefert dazu lebendige Methoden, die ihre Einsichten und Inspirationen aus der erfahrungsbasierten Tiefenökologie, der Geschichte, der Wissenschaft, der Kultur der Indigenen Australiens und verschiedener spiritueller Traditionen beziehen.

Das Dragon Dreaming Playbook bietet einen Überblick über die wesentlichen Methoden, das theoretische und philosophische Fundament sowie die praktische Anwendung von Dragon Dreaming in vielen Ländern der Erde.

Ich hoffe, dass es damit dazu beitragen kann, dass wir Menschen unsere Kreativität und unser Potenzial in dem Ausmaß freisetzen, das wir brauchen, um wegzukommen von der alten, krankhaften Kultur des grenzenlosen Wachstums – hin zu einer Kultur, die die Weiterentwicklung jedes einzelnen Beteiligten unterstützt, Gemeinschaften bildet und alles Leben auf der Erde insgesamt schützt und nährt.

John Croft
April 2022, Denmark, Westaustralien

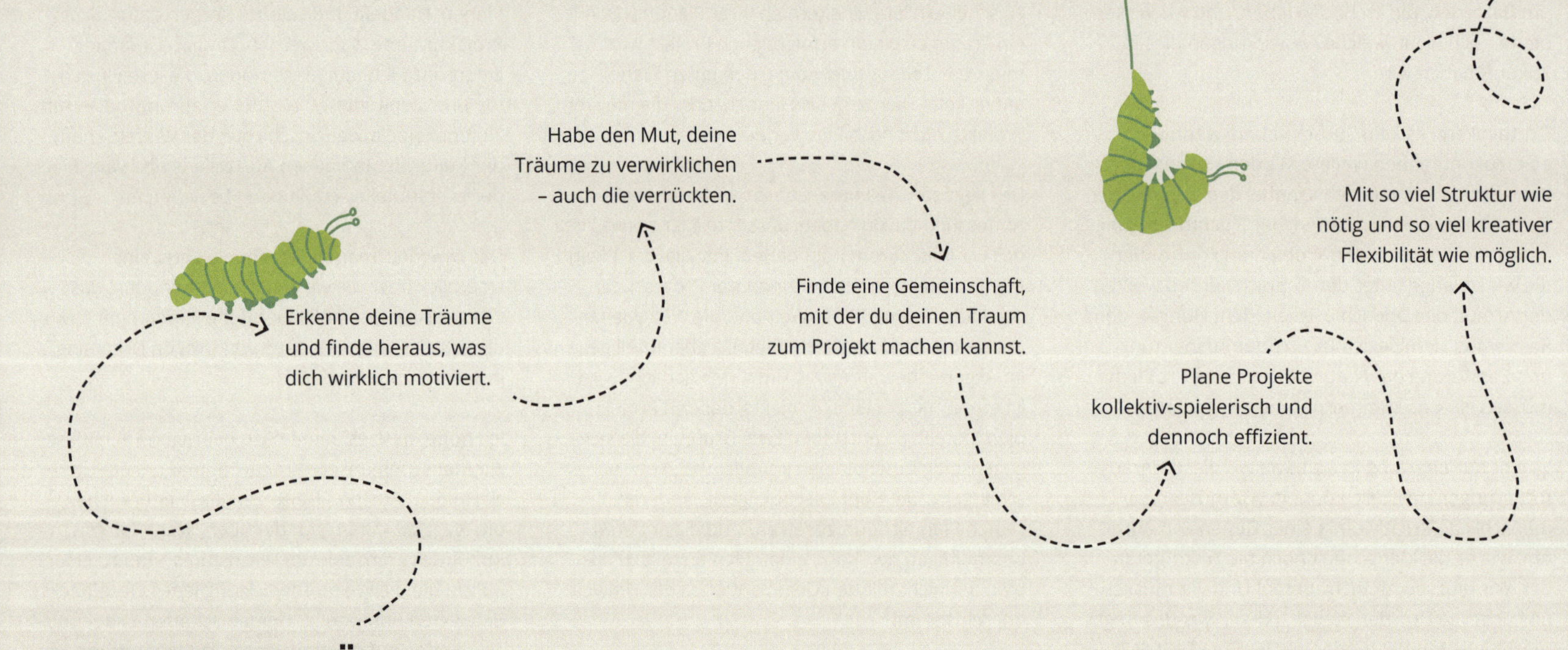

DIESES BUCH IST FÜR ALLE, DIE ETWAS IN DER WELT VERÄNDERN WOLLEN …

ARBEIT Du arbeitest als Facilitator:in, Moderator:in, Coach, Happiness- oder Personal-Manager:in, als Projekt-Koordinator:in oder in einem agilen Team …

GEMEINSCHAFT Du bist Teil einer Gemeinschaft – zum Beispiel einer Genossenschaft, einem Verein, einem Wohnprojekt, einer Solawi, einem Dorf-/Stadtteilprojekt oder ähnlichem …

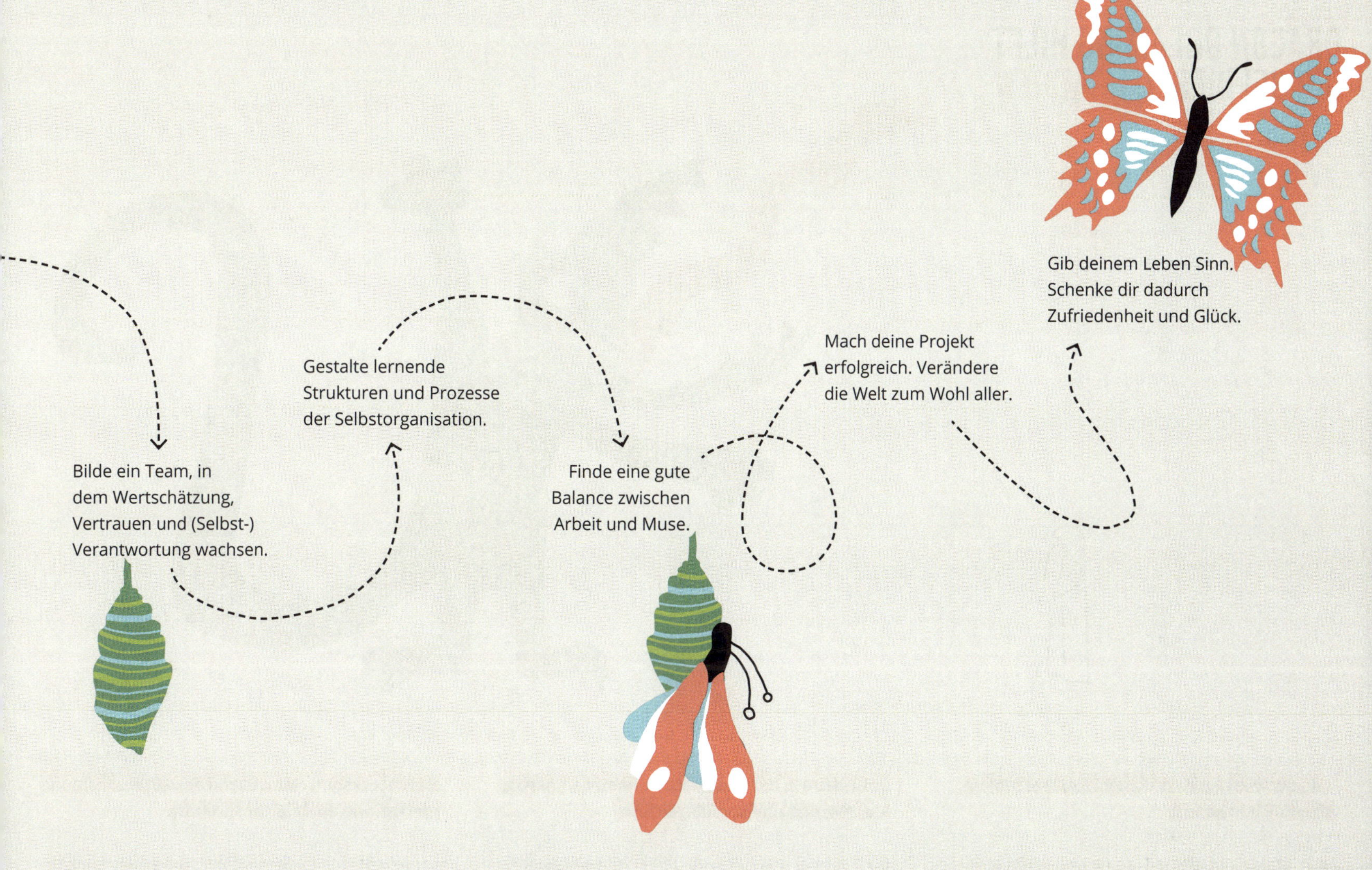

POLITIK Du bist politisch aktiv – etwa in einer Bewegung, einer Initiative, einer Nicht-Regierungsorganisation, einem gemeinnützigen Verein oder einer Partei …

BILDUNG Du bist Lehrer:in, Dozent:in, Pädagoge:in, Erzieher:in oder Workshop-Leiter:in oder möchtest gemeinsam mit anderen eine Schule oder einen Lernort gründen …

WIRTSCHAFT Du bist Social Entrepreneur:in, Solopreneur:in, Künstler:in oder Kreative:r, in einem Co-Working Space, Social Start-Up, Solidarischem Betrieb oder einer Netzwerk-Organisation …

DRAGON DREAMING HILFT DIR BEI DIESEN DRACHEN

… du bezweifelst, dass du dein Herzensprojekt verwirklichen kannst.

Fehlt dir der Mut, deine Träume und Ideen anzugehen? Bist du vielleicht sogar schon einmal mit einem Herzensprojekt gescheitert? Oder verzagst du manchmal, wenn du all das Chaos und Leid in der Welt siehst und dich fragst, was du alleine da schon verändern kannst. Dann lies weiter.

… du glaubst, dass Teamarbeit immer so nervig, anstrengend und konfliktreich ist.

Du bist total frustriert von den endlosen Debatten und Egokämpfen in Gruppen und fragst dich, ob es auch anders geht. Du erlebst immer wieder die gleichen Muster: Entweder bleibt alle Arbeit an dir hängen – oder deine Ideen und Wünsche kommen nicht zum Zuge. Dann hol dir dieses Buch.

… du steckst im Hamsterrad des Alltags fest und merkst, wie du dabei ausbrennst.

Du sehnst dich nach mehr Zeit, um endlich das zu tun, was dir im Leben wirklich wichtig ist. Du fühlst dich immer öfter ausgebrannt, leer und lustlos. Und du suchst nach dem Sinn und der Bedeutung in deiner Arbeit und in deinem Leben. Dann verändere jetzt dein Leben!

DRAGON DREAMING HILFT DIR BEI DIESEN TRÄUMEN

... du möchtest spielerische Leichtigkeit mit effizienter Projektarbeit kombinieren.

In diesem Buch findest du über 50 Methoden, mit denen du partizipativ und leicht Projekte planen und umsetzen kannst. Du erfährst, wie du die natürlichen Muster in selbstorganisierten Projekten nutzt, um so Energie, Freude und Motivation zu entfachen und zu erhalten.

... du willst erfolgreiche Projekte verwirklichen und dabei über dich hinauswachsen.

Dragon Dreaming zeigt dir, wie du Achtsamkeit, Intuition, Spiritualität und spielerische Kreativität in deinen Arbeitsalltag integrierst. Du lernst, wie du Phasen der Reflexion und Muße mit klaren Prioritäten und einer effizienten Selbstorganisation kombinierst.

... du wünschst dir ein tolles Team, mit dem du dein Traumprojekt verwirklichst.

Erfahre, wie du andere für deine Idee begeistern und aus deinem Traum ein Projekt machst, mit dem sich das ganze Team zu hundert Prozent identifiziert. Lerne Methoden kennen, die das Commitment, die (Selbst)Verantwortung und Motivation aller im Team stärken.

INHALT

INTRO

TRÄUMEN

PLANEN

HANDELN

FEIERN

Das Playbook ist nach vier Projektphasen aufgebaut: Träumen, Planen, Handeln und Feiern. Die Reihenfolge der Inhalte entspricht daher grob einem üblichen Projektablauf. Dieser Prozess ist jedoch fraktal. Daher findest du in jedem Kapitel ebenfalls die vier Farben. Sie geben dir die folgende Orientierung:

Träumen Inspirationen zum Weiterdenken
Planen Schritt-für-Schritt-Anleitungen
Handeln Tipps für die Praxis
Feiern Projektbeispiele und Methoden von Dragon-Dreaming-Facilitator:innen aus aller Welt.

DRAGON-DREAMING-PLAYBOOK.NET

DRAGON-DREAMING-PRÄMISSEN

Wir erkennen, dass alles mit allem in einem komplexen System verbunden ist und dass wir nicht alles verstehen können.

Wir schätzen, dass die Menschen so verschieden sind und denken: Alle wissen etwas, niemand weiß alles.

Wo wir alle mit allem verbunden sind, kann es keine Macht über etwas geben. Nur gemeinsam können wir wirkungsvoll sein.

Wir nehmen Widersprüche und Konflikte als etwas ganz Normales an. Wir sehen uns dabei als Fragende, die sich langsam in eine Antwort hineinleben.

METHODEN-FINDER

	Seiten	Träumen	Planen	Handeln	Feiern	Dauer (Min)*	Meine Favoriten (Notizen)
Tief zuhören (Pinakarri)	25	●	●	●	●	5–10	
Authentisch sprechen	27	●	●	●	●	5	
Projekttypen	35	◐	●			20	
Check-in/Check-out	42	●	●	●	●	20–30	
Selbstanalyse im Rad	44		●	●		20–30	
Traumkreis	65 ff	●	●	◐		60–90	
Träume verkörpern	71	●	●	◐		60–90	
Teamregeln finden (Mia Mia)	78	●	◐	◐	◐	45–60	
Vorwurfsrunde	86		●	●		30–60	
Ziele bestimmen	90 ff	●	●			45–60	
Leitsatz/Zielsatz erstellen	103	●	●			30	
Werte ermitteln	104	●	◐	◐		30–45	
SWOT-Gespräche	109	●	●	◐		90–120	
Stakeholder-Analyse	111		●	◐		30–60	
Kraftfeld-Analyse	112	◐	●		●	60–90	
Projektspielplan (Karabirrdt)	119		●	●		60–90	
Aufgaben verteilen	127		●	●		15–30	
Prototyping	138	●	●			–	
20-Minuten-Budget	145 ff		●	◐		30–45	
Commitment-Test	152 ff	●	●			30–45	
Empowered Fundraising	166		●	●		–	
Tägliche Selbstorganisation	177	●	●	●	●	10–15	
Fortschritte dokumentieren	179		◐	●		10–20	
Selbstorganisierte Sessions	185	●	●	●	●	–	
Indikatoren	192 ff		●	●	◐	30–60	
Team-Faktoren	207		●	●	◐	45–90	
Systemisches Konsensieren	214	●	●	●	●	–	
Convergent Facilitation	216	●	●	●	●	–	
Stuck Exercise	221	●	●	●	●	60–90	
Unser Projektmythos	235				●	60–90	
Lebensfäden (Songlines)	245	●			●	60–120	
Blockaden-Rad	257	◐	●	●	●	45–90	
Größte Kritik einladen	259	◐	●	●		–	
Feedback-Meetings	262 f.		●	●	●	–	
Buddy-Teams	265	●	●	●	●	60	
Money Pile	275				●	30–120	
Abschluss-Ritual im Rad	278				●	20–45	

* Die Zeiten sind grobe Schätzungen und hängen auch von der Anzahl der Teilnehmenden ab. Nicht immer ist eine Schätzung möglich oder sinnvoll.

INDIGENE EINFLÜSSE

Die Kultur der Indigenen Australiens haben Vivienne Elanta und John Croft, Co-Gründer:in von Dragon Dreaming, stark geprägt und damit auch die Methoden und Theorien. Viele Jahre haben sich die beiden für die Anerkennung der Kultur und Weisheit der Indigenen eingesetzt – vor allem die der Nyungar, einem Volk Westaustraliens. So hat John in seinen Workshops von Konzepten wie Pinakarri, der Traumzeit, den Songlines oder dem Karlupgur erzählt oder den Projektplan als »Karabirrdt« bezeichnet, was in der Sprache der Nyungar »Spinnennetz« bedeutet.

Im Zuge unserer Recherchen haben wir uns auch mit dem Thema »kulturelle Aneignung« auseinandergesetzt. Indigene Völker mussten über viele Generationen hinweg immer wieder traumatisch erleben, dass weiße Menschen sie enteigneten. Als die Briten zum Beispiel am 18. Januar 1788 an der Küste Australiens landeten, erklärten sie das Land kurzerhand zur »Terra Nullius« (zum unbewohnten Kontinent), sodass sie es nach britischem Recht in Besitz nehmen konnten. Und das obwohl damals schätzungsweise 300.000 Indigene dort lebten.

Vor diesem Hintergrund halten es manche Menschen für sehr problematisch, wenn wir im Dragon Dreaming Begriffe und Konzepte ohne Erlaubnis und tiefe Kenntnis der Kultur nutzen. Für uns Autorinnen war es für dieses Buch unmöglich, diese Voraussetzungen zu erfüllen: Die Weltsicht und Spiritualität der Nyungar tief zu verstehen, erfordert viele Jahre des Studiums vor Ort. Das konnten wir nicht leisten. Zudem konnten wir auch keine offizielle Freigabe für die Verwendung der Begriffe erhalten.

Gleichzeitig möchten wir die Indigenen Australiens als wichtige Quelle der Inspiration und des Wissens für Dragon Dreaming auf keinen Fall verschweigen. Deshalb nutzen wir in diesem Buch vor allem deutsche Begriffe (also zum Beispiel »tiefes Zuhören« anstatt »Pinakarri«). An passenden Stellen findest du aber auch Hintergrundinformationen und Hinweise zu den indigenen Ursprüngen und Begrifflichkeiten. Wir beziehen uns dabei auf Bücher und andere Quellen ausgewiesener Expert:innen.

Wir hoffen, so den Spagat zu schaffen: Auf der einen Seite möchten wir uns respektvoll gegenüber den Kulturschätzen der Indigenen Australiens verhalten. Auf der anderen Seite ihren großen Einfluss auf Dragon Dreaming und den Wert ihres Wissens und ihrer Kultur zumindest andeuten.

WAS BISHER GESCHAH ...

Dragon Dreaming hat sich über 30 Jahre lang entwickelt und ist eng verbunden mit John Croft. 1975 inspirierte ihn die Gaia-Hypothese von James Lovelock zu seiner Postgraduiertenarbeit am Institute of Education des University College London (1976–1979). Lovelock wies nach, dass die Erde ein lebendiges System ist, das sich durch die Fähigkeit der Selbstorganisation auszeichnet.

Der zweite wesentliche Einfluss stammt vom brasilianischen Pädagogen Paolo Freire. John Croft lernte ihn 1977 in Genf kennen und übernahm sein Konzept der »conscientization« für seine Philosophie, die er später als Universitätsdozent für Bildungssoziologie und -philosophie sowie für die Ausbildung von Indigenen nutzte.

Die Ideen Freires verknüpfte Croft auch mit seinen Erfahrungen in Papua-Neuguinea, wo er von 1980 bis 1983 seine Philosophie als Koordinator für nichtformale Bildung in die Praxis umsetzte. Dabei untersuchte er für seine Doktorarbeit auch die Prozesse von Gemeindeentwicklungsprojekten – vor allem die Blockaden zwischen Praxis und Theorie sowie zwischen Individuum und Umwelt.

Während seines Berufslebens hatte John Croft häufig Kontakt zu Indigenen und führte Projekte zur Erhaltung ihrer Kultur und zur Entwicklung ihrer Gemeinschaften durch. So flossen viele ihrer Kenntnisse in Dragon Dreaming ein. Zum Beispiel benannte John seine Methoden zunächst nach der Regenbogenschlange der Nyungar-Kultur in Südwestaustralien: dem Waugyl. Da sich nicht-Noongar dieses Wort jedoch schwer merken konnten, wählte er später stattdessen den Drachen und kam so auf »Dragon Dreaming«.

1986 gründete John Croft zusammen mit seiner Frau Vivienne Elanta[1] die Gaia Foundation in Australien. Diese Gruppe inspirierter Menschen bildete eine Art Netzwerk, um etwas in der Welt zu bewegen und ihre Erfahrungen in die Praxis umzusetzen. Dadurch entwickelte sich Dragon Dreaming weiter zu einem umfangreichen Methoden-Set.

In dieser Zeit brachte Vivenne Elanta auch das Wissen der Tiefenökologin Joanna Macy ein und entwickelte damit die Philosophie von Dragon Dreaming weiter. Joanna Macy schlägt die große Wende (The Great Turning) hin zu einer neuen, nachhaltigen Kultur vor. Aus diesen Einflüssen entwickelten sich auch die drei Dragon-Dreaming-Grundsätze: Persönliches Wachstum, Gemeinschaftsbildung und Dienst an der Erde.

Nach Viviennes Tod im Jahr 2004 organisierte John Croft eine Weltreise und Dragon Dreaming verließ mit ihm Australien. Mit Linda Seeley in San Luis Obispo, Kalifornien, leitete Croft den ersten Dragon-Dreaming-Workshop außerhalb seiner Heimat. Ein zweiter Dragon-Dreaming-Workshop fand mit Joanna Macy in Berkeley, San Francisco, statt. Dabei lernte Marshall Rosenberg, der Gründer der Gewaltfreien Kommunikation, Dragon Dreaming kennen.

2008 zog John Croft nach Deutschland und stellte Dragon Dreaming in einem Workshop zusammen mit Joanna Macy vor. Daraufhin luden ihn Kosha Joubert und Julia Kommerell ins Ökodorf Sieben Linden ein, wo er viele Jahre Workshops gab. Es folgten Seminare mit der deutschen Permakultur Akademie, mit Beat Roellig vom Schweizer Permakultur Netzwerk und an der Valley View Private Chartered University in Oyibi, Ghana.

In den folgenden Jahren verbreitete sich Dragon Dreaming in ganz Europa: Es gab Workshops in Berlin, Luzern, Frankreich, Genf, Norfolk, am Shumacher College in Dartington sowie in Lugano und Castelina. Zum Einführungskurs kam ein längerer Intensivkurs hinzu. Dann folgte die Trainer:innenausbildung sowie das erste Dragon Dreaming Confestival, das 2009 mit der Permakultur-Konferenz in Deutschland stattfand.

Ali und Inci Gökmen halfen, Dragon Dreaming in Ankara zu verbreiten. Ein Workshop in Graz führte zu einem Wohnprojekt Wien, organisiert vom Verein für nachhaltiges Leben. Angel Hernandez half durch einen Workshop in Barcelona dabei, Dragon Dreaming in Spanien zu verbreiten. Und Ita Gabert, Bewohnerin von Sieben Linden, organisierte 2011 Dragon-Dreaming -Workshops mit John Croft an verschiedenen Orten in Brasilien.

Dort lernte ich John Croft kennen. Ab 2012 arbeiteten wir zusammen und entwickelten Dragon Dreaming weiter, wobei meine Kenntnisse als Therapeutin und sein Wissen um Projekte zusammenflossen. So entstand unter anderem das Blockaden-und-Vertrauens-Modell, mit dem sich Projekte analysieren, das Bewusstsein schärfen und Blockaden überwinden lassen.

Aus dieser Erfahrung heraus definiere ich Dragon Dreaming als einen Wissensfundus für gemeinschaftliche Projekte, der eine Philosophie, ein Modell und eine Methode umfasst. Jedes dieser Elemente lässt sich einzeln verstehen. Doch um Dragon Dreaming wirklich nutzen zu können, muss man es vollständig anwenden. ↗ *Lizandra Barbuto Gomez, Psychotherapeutin und Dragon-Dreaming-Trainerin, Brasilien*

INTRO

DER GROSSE WANDEL

Dragon Dreaming ist nicht einfach nur eine Methode, die die Projektarbeit verbessert (das auch). Dragon Dreaming hat das Potential, dein Leben zu verändern. Denn es unterstützt dich auf vielfältige Weise dabei, dein Umfeld positiv mitzugestalten.

Unsere Welt verändert sich rasant. Nicht wenige machen sich angesichts der Entwicklungen – wie Krieg, Artensterben, Pandemie, Klimakatastrophe, Digitalisierung, Migration und vieles mehr – große Sorgen. Ja, leider zeichnet sich in dieser Zeit nicht nur Gutes ab. Der US-amerikanische Volkswirtschaftler Paul Krugman und der Globalisierungskritiker David Korten sprechen sogar von »The Great Unravelling«, also von der großen Auflösung.

Viele Menschen fühlen sich dem nicht mehr gewachsen. Sie stecken den Kopf in den Sand. Die einen scheinen zu hoffen, dass das Ganze irgendwie vorüberzieht. Die anderen, dass irgendwer schon eine Lösung für sie finden wird (die Regierungen, die Wissenschaft, die Wirtschaft). In beiden Fällen scheint die Hoffnung, dass ein »Weiter so« unseres Lebensstils irgendwie möglich ist. Vielleicht weil viele befürchten, dass Veränderung automatisch eine Verschlechterung bedeutet. Doch warum?

Die Welt verändert sich ohnehin pausenlos, ob du das willst oder nicht. Warum also sollten wir nicht mit jedem einzelnen unserer Projekte dafür sorgen, dass aus »The Great Unravelling« ein positiver Wandel hin zu einer Welt wird, wie wir sie uns erträumen? »The Great Turning«, nennt dies die Aktivistin und Buddhistin Joanna Macy und die Menschen in der Dragon-Dreaming-Community haben sich dem angeschlossen.

Wir wollen, dass jedes einzelne Projekt eine Art Keimzelle, ein Prototyp für die Welt ist, die wir uns wünschen. Das beginnt damit, dass jedes Projekt der Erde mehr zurück gibt, als es ihr nimmt. Wir nennen wir das im Dragon Dreaming den **Dienst an der Erde: Wir schützen die Natur dort, wo sie noch intakt ist, und heilen das, was krank oder gar kaputt ist.**

Wenn du das tust, wird deine Arbeit zu einem Teil eines größeren, wichtigen Ganzen und das schenkt deinem Leben Sinn, macht dich stolz und zufrieden. Es zeigt dir, dass du – wie alle Menschen – ein unglaubliches Potenzial hast: Die Kraft deiner Ideen und Kreativität kann im Zusammenspiel mit anderen die Welt verändern.

Leider liegt dieser Schatz bei vielen tief vergraben. Oft verinnerlichen wir seit unserer Kindheit ein Bild von uns selbst, das uns klein, unbedeutend und unsicher zeigt. Wie ist es bei dir? Kennst du auch diese Stimme in deinem Kopf, die dir leise ins Ohr flüstert: »Wer bist du, dass du die Welt verändern willst?« Oder: »Wer würde deinen Traum schon unterstützen wollen?« Oder: »Was kannst du schon ausrichten?«

Deshalb legt Dragon Dreaming so viel Wert auf **persönliches Wachstum: Lernen, Mut gewinnen, die eigene Komfortzone verlassen und Selbstwirksamkeit erfahren**. Ein Projekt, das dieses Ziel erreicht, ist ein Katalysator: Es macht alle, die damit zu tun haben, kraft- und machtvoller als zuvor. Wenn du schon mal einen Traum verwirklicht hast, dann weißt du, wovon wir hier schreiben. Eine solche Erfahrung bereichert und befreit dich ungemein. Es zeigt dir: Auf dich kommt es an! Du kannst etwas tun! Die Welt braucht dich!

Diese Erfahrung ist jedoch nur möglich, wenn es uns gelingt, die Weisheit und Energie der Vielen freizusetzen. Deshalb unterstützt jedes Dragon-Dreaming-Projekt die **Gemeinschaftsbildung: Vertrauen, Wertschätzung und gegenseitige Unterstützung und Verständnis im Team wachsen.** Alle können sich dadurch weiterentwickeln.

Projekte, welche die drei Prinzipien von Dragon Dreaming verfolgen (siehe rechts), erzeugen somit einen Kreislauf der Ermutigung und Befreiung: Aus jedem Projekt kommt jedes einzelne Individuum, die Gemeinschaft und die Welt insgesamt gestärkt hervor. Eine weltweite Community hat sich diesem Weg verschrieben. Sie alle eint der Wunsch, mit jedem Projekt erneut eine Win-Win-Kultur zu erschaffen. Denn es liegt in unserer Hand, den großen Wandel zu einer großen Chance zu machen. Wir können das Privileg nutzen, in diese unglaublich spannende Zeit geboren worden zu sein.

Jedes Dragon-Dreaming-Projekt verfolgt diese drei Prinzipien

INDIVIDUELLES WACHSTUM

Dein Projekt ermutigt und fördert alle, die damit zu tun haben.

GEMEINSCHAFTSBILDUNG

Dein Projekt stärkt die Gemeinschaft im Team und um das Projekt.

DIENST AN DER ERDE

Dein Projekt schützt und heilt das Leben auf der Erde.

ÜBUNG: SYSTEM THINKING

Wer die Welt, wie rechts beschrieben, als ein Geflecht von temporären Knotenpunkten sieht, baut auf das Systemdenken. Dieses geht davon aus, dass alles – ein Team, eine Organisation, eine Familie, ein Ökosystem, ein Gegenstand oder ein Prozess – ein komplexes System ist.

Jedes System besteht aus Elementen, die sich gegenseitig beeinflussen. Die Herausforderung ist, so ein System zumindest teilweise zu verstehen: Was läuft etwa im System »Team« schief, sodass ein Mitglied geht? Warum vertrauen Teile des Systems »Gesellschaft« anderen nicht mehr? Wer dieser Denkweise folgt, kann unmöglich verstehen, warum ein Baum stirbt, wenn er nicht das gesamte Ökosystem »Wald« betrachtet.

Probiere es selbst einmal mit der folgenden Übung aus: Wähle einen beliebigen Gegenstand von deinem Schreibtisch. Betrachte ihn genau, wiege ihn in deiner Hand, rieche an ihm, fühle ihn. Nimm dir zehn Minuten Zeit und male dir aus, was alles notwendig war, um diesen Gegenstand herzustellen und zu dir zu bringen.

Welche Rohstoffe brauchte es und woher kommen sie? Welche Menschen waren an der Rohstoffgewinnung, Herstellung und dem Transport beteiligt? Welchen Einfluss hat dieser Gegenstand auf dich, alle Beteiligten und die Erde insgesamt? Lass dir dafür Zeit. Welche Gefühle und Gedanken entfalten sich dabei in dir?

TEMPORÄRE KNOTENPUNKTE

Gemeinsam eine gerechte, friedliche und lebensfreundliche Welt gestalten – diese Sehnsucht haben die Menschen seit Jahrtausenden. Unsere Vorfahren haben unzählige Projekte gestartet, um diesen Traum zu erreichen. Und doch haben wir es immer noch nicht geschafft. Warum?

Auf diese Frage gibt es natürlich viele Antworten. Eine ist: Weil wir das Gefühl haben, einsam und allein in einer feindlichen Welt um unsere Existenz kämpfen zu müssen. Unbewusst glauben wir, dass nicht genug für alle da ist. Ob es um Geld, Macht, Ansehen, Liebe, Ehre, Essen, ein Dach über dem Kopf oder etwas anderes geht: Wir meinen, darum kämpfen zu müssen. Ein Kampf, der damit endet, dass jemand gewinnt und jemand verliert.

So sind wir in einer Welt der Konkurrenz gestrandet: Wir kämpfen in der Schule, der Familie, in unserer Beziehung, bei der Arbeit und auch in unserem Projektteam. Wir haben gelernt, dass es uns nützt, andere zu entwerten, Macht über sie auszuüben. So schaffen wir Win-Lose-Systeme.

Manche werden uns bewusst. Wir fangen an, sie aufzuweichen. Die weltweite #metoo-Kampagne rüttelt an der alltäglichen Gewalt gegen Frauen, die »Black Lives Matter«-Bewegung am Rassismus. Andere hinterfragen wir weniger: Unser Schul-, Gesundheits-, Geld- oder Wirtschaftssystem, für das wir gnadenlos Menschen, Tiere und die Natur ausbeuten. »So ist das eben«, sagen wir uns.

Dabei ist die Vorstellung vom »Anderen« als etwas von uns Getrenntem bei genauerer Betrachtung eine Illusion. Nimm diese Buchseite als Beispiel. Es kommt dir vielleicht so vor, als wäre sie ein fester Gegenstand, mit dem du machen kannst, was du willst. Du kannst sie umblättern oder herausreißen und einen Papierflieger daraus basteln.

Das Papier ist das Objekt, du bist das Subjekt. Du hast die Macht, das Papier nicht. Was du mit diesem Blatt Papier anstellst, hat scheinbar keinen Einfluss auf dich. Ihr seid getrennt. Wäre das nicht so, hättest du vielleicht viel mehr Skrupel, destruktiv damit umzugehen.

Du kannst die Welt aber auch anders sehen. Dann ist dieses Blatt kein fixes Objekt. Es ist ein Knotenpunkt aus Materie, Energie, Kreativität und Chaos. Denn damit dieses Blatt Papier entstehen konnte, mussten ganz offensichtlich Bäume wachsen, aus deren Zellulose (Material) es besteht. Damit diese Bäume wachsen konnten, mussten sie Photosynthese betreiben. Also steckt in diesem Blatt auch die Energie der Sonne.

Dieses Papier gibt es zudem nur, weil wir Menschen Sprache und Schriftzeichen haben, diese aufschreiben wollen und dazu eben irgendwann Papier erfanden. Dieses Blatt ist damit auch ein Produkt enormer Kreativität und einer jahrtausendealten Kultur. Dass all dies genau hier in diesem Moment in diesem Blatt Papier zusammenkommt, ist das Element des Chaos. Dieses Blatt Papier ist auf vielfältige Weise mit der Welt verbunden. Auch mit dir.

Dazu ein Gedankenspiel: Wenn du das Blatt Papier später auf den Kompost bringst, wird es zu Humus. Kommt dieser in ein Hochbeet wird es zum Beispiel Teil eines Salatkopfes oder einer Tomate. Wenn du dir daraus einen Salat machst und isst, wird es zu einem Teil von dir. Du siehst, auch dein Körper ist ein Knotenpunkt aus Materie, Energie, Kreativität und Chaos. Er besteht zum Beispiel zu rund 70 Prozent aus Wasser. Wie viele dieser Wassermoleküle waren wohl schon vor ein oder zwei Monaten Teil deines Körpers? Oder gehörten sie da noch zu einer Pflanze, einem Tier, einer Wolke oder einem Fluss – wer weiß?

Auch dein Projekt, dein Team oder deine Organisation sind temporäre Knotenpunkte: Menschen kommen zusammen, um ein Ziel zu erreichen. Dann trennen sie sich wieder – so wie die Wassermoleküle deinen Körper verlassen. Ihr seid verbunden. Alles, was du mit anderen machst, geschieht deshalb auch dir selbst. Win-Lose-Spiele zu spielen macht aus dieser Perspektive gesehen keinen Sinn. Erst durch eine Win-Win-Kultur kannst du dafür sorgen, dass es den anderen, der Welt und damit auch dir selbst gut geht.

STRATEGIEN DES WANDELS

Die Umweltaktivistin und Tiefenökologin Joanna Macy, die Dragon Dreaming stark geprägt hat, hat drei Projektkategorien ausgemacht, die einen Paradigmenwechsel hin zu einer nachhaltigen Gesellschaft fördern:

Projekte, welche die Zerstörung verlangsamen oder aufhalten: Das sind Projekte in Politik (etwa Lobby-Arbeit), Recht (etwa Gerichtsprozesse) und direktem Widerstand (ziviler Ungehorsam, Boykotte und vieles mehr). Sie verlangsamen die Zerstörung und schaffen somit Zeit für den Aufbau von Alternativen.

Projekte, die alternative Institutionen und Systeme schaffen: Dazu gehören Projekte wie intentionale Gemeinschaften, Solidarische Ökonomien (etwa solidarische Landwirtschaft), Permakultur, Transition Towns und anderes.

Projekte, die unsere Wahrnehmung der Realität verändern: Sie liefern ein neues Wertefundament und einen anderen Blick auf unsere Welt. Das können philosophische oder spirituelle Gemeinschaften, Bildungsinitiativen oder Lernorte und vieles mehr sein. Entscheidend ist, dass sie die Einsicht stärken, dass auf unserem Planeten alles miteinander in Verbindung steht. Wir Menschen leben nicht außerhalb der Natur, sondern sind als ein Teil von ihr. Wir sind existenziell auf sie angewiesen.

↗ *www.joannamacy.net*

WIN-WIN-KULTUR

Wer die Welt als ein unglaublich faszinierendes, aber auch komplexes Netzwerk aus temporären Knotenpunkten sieht, dem ist klar: du bist nie allein! Es bedeutet aber auch: Du kannst keine Macht über etwas oder jemanden ausüben. Alles, was du mit anderen tust, beeinflusst auch dich. Machst du andere zu Verlierenden, verlierst auch du – nämlich Vertrauen, Freundschaft, Liebe und wer weiß was noch alles. Jeder Kampf um Sieg oder Niederlage ist immer ein Verlust – auch für die Person, die gewinnt.

Dennoch kämpfen wir. Vielleicht, weil wir fest daran glauben, dass wir keine Wahl haben. Weil wir davon überzeugt sind, dass immer eine Seite gewinnt und die andere verliert. Und siegen wir nicht, verlieren wir automatisch. Nur die Aussicht darauf, dass wir danach auch wieder gewinnen könnten, lässt uns in diesem endlosen Win-Lose-Spiel weitermachen. Stünde von vornherein fest, dass wir auf jeden Fall verlieren, würden wir entweder aussteigen (etwa kündigen) oder die Spielregeln ändern (zum Beispiel streiken).

Doch stimmt diese Gleichung überhaupt? Wir sagen »Nein!« Wenn du der Achse zwischen »Win« und »Lose« nämlich eine zweite hinzufügst, entstehen vier Felder, wie die Grafik rechts zeigt. Zum einen das Feld links unten, in dem beide Seiten verlieren (dort enden viele Win-Lose-Spiele). Zum anderen das Feld rechts oben, in dem beide gewinnen. Dorthin wollen wir mithilfe von Dragon Dreaming.

Entscheidend dafür ist die innere Haltung: Hast du den Mut, nicht zu kämpfen? Glaubst du, dass es eine Win-Win-Lösung geben kann? Und vertraust du darauf, dass alle am Projekt Beteiligten eine Win-Win-Kultur verwirklichen wollen, in der ihnen deine Träume, Anliegen und Wünsche genauso wichtig sind wie ihre eigenen?

Eine solche Haltung in der Theorie zu durchdenken ist das eine. Sie in der Praxis zu entwickeln ist etwas ganz anderes. Das ist nicht einfach. Es ist sogar außerordentlich schwierig. Von Kindesbeinen an sind wir in einer Win-Lose-Kultur aufgewachsen. Nicht zu kämpfen scheint uns irgendwie riskant, vielleicht sogar bedrohlich. Viele Menschen bezweifeln, dass eine Win-Win-Kultur überhaupt möglich ist.

Natürlich ist sie ein Ideal, das vermutlich noch kein Dragon-Dreaming-Team in Reinform verwirklicht hat. Doch das Streben danach ist die entscheidende Triebfeder aller Dragon-Dreaming-Projekte, egal was das eigentliche Projektziel ist. Dragon Dreaming sieht Projekte als idealen Lernort: Für einen bestimmten Zeitraum können wir uns als überschaubar große Gemeinschaft die Regeln und Grundsätze geben, die uns einer Win-Win-Kultur dienlich scheinen.

Wir können hier üben, wie wir miteinander umgehen und kommunizieren, wie wir Konflikte handhaben oder unsere kollektive Kreativität freisetzen. Wir können ausprobieren, unter welchen Bedingungen Mut und Vertrauen wachsen – im Team, aber auch zwischen ihm und dem Projektumfeld. Dragon Dreaming liefert damit nicht nur Methoden und theoretisches Hintergrundwissen, um Projekte nachhaltig und kollektiv zu verwirklichen. Es möchte Menschen helfen, den inneren mit dem äußeren Wandel zu verbinden.

Dein Leben lässt sich auch als ein Fraktal aus lauter verschachtelten Projekten betrachten.

ALLES IST EIN PROJEKT

Im Dragon Dreaming ist ein Projekt »jede zeitlich begrenzte Anstrengung, die unternommen wird, um ein bestimmtes Ziel zu erreichen ... unabhängig von der Größe, dem Budget oder dem Zeitrahmen des Projektes«, schreibt John Croft.[1] Dein Projekt kann also ein großes, weltveränderndes Vorhaben sein – oder etwas ganz einfaches, wie ein Abendessen mit deiner Familie oder eine Meditationsstunde. Jeder Tag, jedes Jahr, jeder Abschnitt deines Lebens (etwa eine Ausbildung oder die Erziehung deines Kindes) kann ein Projekt sein.

All die kleinen und großen Projekte verweben sich zu deinem Leben. Daher spielt es eine Rolle, wie du ein Projekt gestaltest – egal ob es groß oder klein ist: Hilft es, über dich hinauszuwachsen? Stärkt es die Gemeinschaft um dich herum? Dient es der Erde? So betrachtet ist jedes Projekt ein Abschnitt auf deinem lebenslangen Lernprozess. Hier zeigt sich eine wesentliche Wurzel von Dragon Dreaming: John Croft entwickelte als junger Mann ein Konzept für neue Formen des Lernens, basierend auf der Befreiungspädagogik des Brasilianers Paolo Freire. Aus diesem Ansatz entstand später Dragon Dreaming.

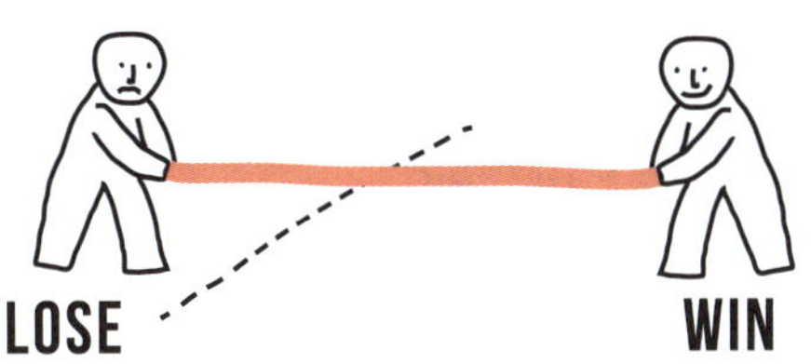

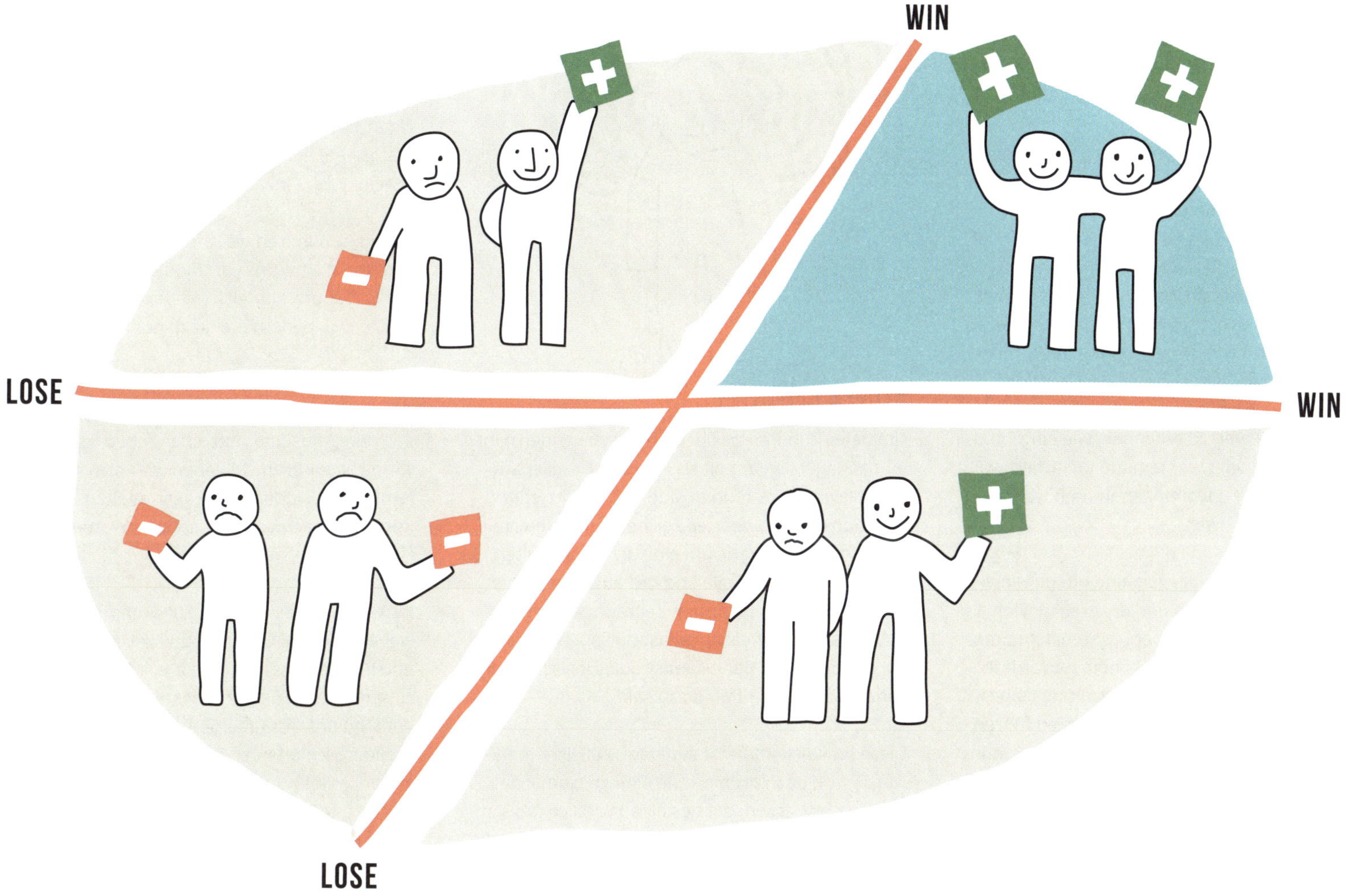

WIN

LOSE

WIN

LOSE

TIEF ZUHÖREN

Es ist bereits angeklungen: Um eine Win-Win-Kultur in die Tat umzusetzen, kommt es auf die innere Haltung an. Dabei hilft, was wir im Dragon Dreaming das »tiefe Zuhören« nennen. Damit ist nicht nur gemeint, dass du die Worte hörst, die jemand sagt. Es bedeutet auch, still zu werden, sich zu öffnen und sich selbst, die anderen und die Welt mit allen Sinnen, ganz bewusst und unvoreingenommen wahrzunehmen.

Diese Form des tiefen Zuhörens wird in unserer Gesellschaft meist nicht gerade kultiviert. Oft denken wir, wir hörten aufmerksam zu. Dabei beachten wir diese beständige Stimme in unserem Kopf gar nicht mehr, die alles, was wir wahrnehmen, kommentiert: »Das finde ich richtig«, »das stimmt nicht« oder »was denkt sie von mir?«. Alles, was du wahrnimmst, wird von dieser Stimme interpretiert, also mehr oder weniger verzerrt. Du siehst die Welt nicht, wie sie ist. Du siehst sie, wie du bist. Das macht es schwer, zu erkennen, wie eine Situation eigentlich ist oder was jemand tatsächlich will. Ja, sogar uns selbst unvoreingenommen wahrzunehmen fällt uns schwer.

Tiefes Zuhören meint dagegen eine offene Hinwendung zu uns, den anderen und unserer Umwelt. Es bedeutet: ohne Bewertung beobachten, hinhören und hineinfühlen. Was du dabei hörst, erfordert manchmal die komplette Neuausrichtung deines Denkens. Das kann dich an deine Grenzen führen. Vor allem wenn dies an lieb gewonnenen Gewohnheiten und Ansichten rüttelt und dich aus deiner Komfortzone bringt. Gleichzeitig entsteht nur so ein echter Lernprozess, der einen Menschen, eine Beziehung, ein Team, ein Projekt oder eine Organisation zum Durchbruch führen kann.

PAUSEN DER STLLE

Um tiefes Zuhören zu üben und anzuwenden, gibt es im Dragon Dreaming als Praxis die »Stillepause«: Alle im Team können jederzeit und in jeder Situation ein vereinbartes Zeichen geben (etwa eine Zimbel schlagen), um ein kurzes Innehalten, einen Moment der Stille und des äußeren Nichtstuns einzuläuten. In diesem Zeitraum (etwa eine halbe bis zwei Minuten) kannst du spüren, was in dir gerade los ist. Dann kannst du es loslassen, um ganz präsent und offen da zu sein.

Diese Praktik kommt dir zunächst vielleicht merkwürdig vor, doch probiere sie einfach einmal aus. Du wirst feststellen, dass es einen wirklich großen Einfluss auf dich, das Miteinander im Team und die Arbeitsqualität hat, wenn ihr euch dieses Innehalten zur Gewohnheit macht.

PINAKARRI & DADIRRI

Viele aus der Dragon-Dreaming-Community nutzen für »tief zuhören« das Wort »Pinakarri«. Es stammt aus der Sprache der Nyungar, einem indigenen Volk Westaustraliens.[2] Wir wollen hier die Künstlerin und Lehrerin Miriam Rose Ungunmerr Baumann zitieren, die in einer öffentlichen Rede beschreibt, was in ihrer Sprache der Ngan'gikurunggurr und Ngen'giwumirri »Dadirri« (da-did-ee) heißt und das Gleiche zu bedeuten scheint wie »Pinkarri«:

»Ruhiges Zuhören und Stille – Dadirri – erneuert uns und macht uns vollständig. Es gibt keinen Anlass für umfangreiche Reflexionen oder viele Gedanken. Es bedeutet einfach nur, bewusst zu sein.«

Und sie erklärt: »Als Ureinwohnende lernen wir von frühester Kindheit an zuzuhören. Wir könnten gar kein gutes und nützliches Leben führen, wenn wir nicht zuhören. So haben wir normalerweise gelernt – nicht, indem wir Fragen stellten. Wir lernten durch Beobachten und Zuhören, Warten und dann Handeln.«

Ihr Volk hat diese Art des Zuhörens über 40.000 weitergegeben. Obwohl ihr Volk Unterdrückung und Vernichtung erfahren hat, schreibt sie: »Still zu sein bringt Frieden – und es bringt Verständnis. Wir sind uns des Ameisenhügels bewusst und der Schildkröten und der Seerosen. Unsere Kultur ist anders. Wir bitten unsere australischen Mitbürgerinnen und Mitbürger, sich Zeit zu nehmen, uns kennenzulernen, still zu sein und uns zuzuhören.«[3]

↗ *www.miriamrosefoundation.org.au*

GEFÜHRTE STILLEPAUSE

Üblicherweise ist es während einer Stillepause tatsächlich still. Du kannst aber auch eine geführte Meditation anbieten. Zum Beispiel bei besonderen Gelegenheiten, wie zu Beginn eines Meetings. Die folgende Anleitung stammt von John Croft und ist im Dragon Dreaming weit verbreitet:

Setze dich und stelle beide Füße stabil auf den Boden. Schließe deine Augen. Spüre dein Gewicht auf deinem Stuhl (oder der Unterlage). Mach dir die Schwerkraft bewusst, die dich auf der Erde hält. Es ist vermutlich die älteste Kraft der Erde. Die Erde trägt dich ... immer. Fühle, wie die Erde dich trägt. Wenn sie ein Mensch wäre, würden wir dieses Halten und Tragen bedingungslose Liebe nennen.

Richte deine Aufmerksamkeit nun auf deinen Atem. Höre die Luft beim Einatmen und beim Ausatmen ... Hörst du, dass sie dabei einen jeweils anderen Ton macht? Dies ist dein persönliches Lied. Kein Mensch auf der Erde hat die gleiche Melodie. Wandere nun mit deiner Aufmerksamkeit zu deinen Lungen. Spüre, wie die Luft sie beim Einatmen füllt und beim Ausatmen wieder verlässt. Nimm wahr, dass es die gleiche Luft ist, die wir alle atmen. Sie verbindet uns alle miteinander.

Gehe mit deiner Aufmerksamkeit wieder zur Nase und fühle, wie kalte Luft beim Einatmen hineinfließt. Spüre beim Ausatmen die warme Luft an deinen Nasenflügeln. Das ist die Wärme der Sonne, die deinen Körper durchflutet und dich mit dem Kosmos verbindet.

Bleibe bei deiner Nase und spüre beim nächsten Einatmen die Trockenheit der Luft. Kannst du fühlen, dass sie beim Ausatmen ein bisschen feuchter ist? Das ist das Wasser, aus dem dein Körper besteht. Und auch dieses Wasser fließt nicht nur durch dich. Es fließt durch die ganze Welt. Spüre die Verbindung zu den Flüssen, den Ozeanen und den Wolken. Verbinde dich mit all den anderen Wesen, deren Körper vor allem aus Wasser bestehen, so wie dein Körper.

Wandere nun mit deiner Aufmerksamkeit durch deinen ganzen Körper: Gibt es irgendwo eine Anspannung? Wenn ja, dann gehe mit deiner Aufmerksamkeit dorthin. Atme beim nächsten Ausatmen die gesamte Spannung aus. Atme beim Einatmen Energie in diesen Bereich. Wenn es dir hilft, kannst du das auch visualisieren. Du kannst dir zum Beispiel vorstellen, wie du die Anspannung in bestimmter Form ausatmest – vielleicht als dunkle, dicke Flüssigkeit. Und wie du Energie beispielsweise als hellen, bunten Staub einatmest. Finde deine eigene Visualisierung. Wenn du möchtest, atme noch mehrmals tief aus und ein.

Komme nun wieder in diesen Raum zurück und öffne die Augen.

ZEIT FÜR EINE STILLEPAUSE

Es lohnt sich – übrigens auch, wenn du für dich alleine arbeitest –, über den Tag verteilt eine Routine regelmäßiger Stillepausen einzuführen. Probiere es einfach mal drei oder vier Wochen lang aus (besorge dir dazu zum Beispiel eine Mediations-App, die dich zu bestimmten Zeiten daran erinnert). Du wirst es merken.

Außerdem gibt es bestimmte Zeitpunkte in Prozessen, an denen stille Fokuspause besonders hilfreich sind:

- ... wenn ihr euch in Diskussionen oder gar hitzigen Debatten verheddert.
- ... zu Beginn und am Ende einer Aufgabe, eines Arbeitsabschnittes oder Prozesses.
- ... zu Beginn eines Meetings.
- ... wenn die Energie und Konzentration nachlässt.

AUTHENTISCH SPRECHEN

Denke bitte jetzt an einen unerfüllten Traum. Glaubst du, dass du das Recht hast, ihn zu verwirklichen? Wenn du nun zögerst, dann sagen wir: Herzlich willkommen in der Welt von Sieg und Niederlage! Unser Leben in Win-Lose-Systemen formt von Kindesbeinen an unser Selbstbild. Es macht uns zu Menschen, die lieber der erwarteten Norm entsprechen, als ihre Träume ernst zu nehmen.

Oft dringen Träume gar nicht erst an die Oberfläche unseres Bewusstseins. Und tun sie es doch, dann reichen Gedanken wie »was denken andere darüber?« manchmal aus, um sie für immer im Verborgenen zu halten. Doch wenn du Träume verwirklichen willst, musst du sie teilen. Zum Beispiel, um andere zum Mitmachen einzuladen oder um sie um Unterstützung zu bitten.

Aber wie kannst du über deine Träume sprechen, ohne der kritischen Stimme in deinem Kopf die Oberhand zu geben, die fortwährend kommentiert, was du gerade sagst: »Das interessiert doch keinen.« »Das hätte ich nicht sagen sollen.« Oder: »Was muss ich sagen, damit du tust, was ich will?« Wer so denkt (und das tun wir vermutlich fast alle), steckt mittendrin in einem Win-Lose-Spiel. Wir wollen gewinnen und ein »Ja« hören. Ein »Nein« fühlt sich für uns oft wie eine Niederlage an.

Um eine Win-Win-Kultur zu unterstützen, drehen wir das Ganze bei der authentischen Kommunikation um. Anstatt davon auszugehen, was andere über dich und das, was du sagst, denken, nimmst du zuallererst Verbindung zu dir selbst auf: Was ist dir wirklich wichtig? Worauf kommt es dir an? Du folgst dabei vor allem deiner Intuition, deinen Emotionen und deinen Bedürfnissen. Indem du zum Besipiel die fünf Schritte machst, die rechts in der Anleitung beschrieben sind, schaffst du eine Win-Win-Atmosphäre in dir. Dann gelingt es dir leichter, von Herzen zu sprechen. Dann willst du andere nicht zu etwas überreden. Du kannst ein »Nein« genauso annehmen kann wie ein »Ja«.

Das authentische Sprechen fällt manchen Menschen leicht, anderen kommt es sehr befremdlich vor. Für manche ist es richtig schwierig, ihr Innerstes offen zu zeigen, denn es macht verletztlich und kann in unserer Win-Lose-Welt riskant sein. Wir möchten dich ermutigen, das authentische Sprechen dennoch auszuprobieren.

Fang dazu am besten in einem sicheren Rahmen an und steigere dich. Probe zum Beispiel eine Präsentation oder Rede mit einer vertrauten Person. Halte sie einmal ganz normal, wie immer. Mach dann die Übung auf der rechten Seite und stelle dein Thema noch einmal vor. Bitte dein Gegenüber um Feedback und überlege, ob dich das überzeugt. Überlichweise wirken Menschen nach den fünf Schritten konzentrierter, ruhiger, mit einer tieferen Stimme und mehr Emotion. Das kommt an. Wenn es keinen Unterschied gibt, dann mach dir keinen Stress! Diese Form der Kommunikation braucht Übung.

MIT DRACHEN TANZEN

»Ein Kernaspekt von Dragon Dreaming ist der Archetyp des Drachens ... Der Drachen ist ein Symbol der Macht, das oft mit Angst behaftet ist. Er ist der Hüter einer Weisheit oder eines verborgenen Schatzes. Er repräsentiert einen Raum außerhalb unserer Komfortzone, einen Raum des Unbekannten, des Potenzials oder der Magie«, schreibt John Croft.[4]

Die Praxis des tiefen Zuhörens hilft dir, bei der Begegnung mit Drachen Ruhe zu bewahren – also weder zu kämpfen noch zu flüchten. Du kannst dadurch lernen, dich selbst, die anderen und die Situation nicht voreilig zu bewerten oder sie kontrollieren zu wollen. Im Dragon Dreaming heißt es daher auch, dass wir mit unseren Drachen »tanzen«.

Auf diese Weise lernst du. Du gewinnst eine tiefere Verbindung zu dir selbst, den anderen und der Welt. Die Belohnung ist Erkenntnisgewinn, ja vielleicht sogar Weisheit. Das ist der Schatz, den jeder Drache bewacht.

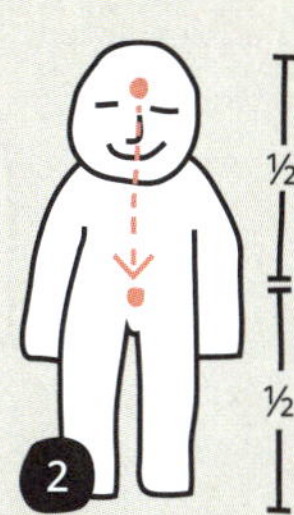

ÜBUNG: AUTHENTISCH SPRECHEN

Sich zu öffnen und ganz authentisch zu sprechen braucht etwas Training. Probiere doch diese Übung aus, bevor du über etwas Wichtiges sagst – etwa bevor du jemandem von deinem Traumprojekt erzählst. Ehrgeiz und Perfektionismus sind dabei Gift. Nimm es locker. Es gilt: »Fake it till you make it!«

1. **Stillepause:** Führe eine Stillepause von mindestens einer Minute durch. Achte dabei auf deinen Atem, entspanne deinen Körper und lass Gedanken, die auftauchen, einfach weiterziehen.

2. **Verschiebe den Fokus:** Da der Sehsinn deine wichtigste Orientierungsquelle ist, verweilst du mit deiner Aufmerksamkeit meist unbewusst im Bereich von Augen und Stirn. Dieses Feld liegt jedoch weit außerhalb deines Körperzentrums. Menschen, die einen Kampfsport betreiben, wissen: Du bist dann in deiner Mitte, wenn du dein Bewusstsein in deinem »Hara« sammelst. Es liegt etwa ein bis drei Daumenbreit unterhalb deines Bauchnabels in deiner Körpermitte. Wandere deshalb nun mit deinem Bewusstsein in dieses Zentrum und spüre, wie fest und sicher du stehst oder sitzt.

3. **Visualisiere deinen Raum:** Wie jeder Mensch hast du einen bestimmten Raum um deinen Körper herum, der irgendwie noch zu dir gehört. In manchen Kulturkreisen ist dieser Raum sehr groß, in anderen klein. Manche Menschen lassen wir nahe an uns heran (etwa Kinder). Andere weniger (zum Beispiel die Chefin oder den Chef). In manchen Situationen halten wir größere Nähe aus (etwa in einem vollen Fahrstuhl), manchmal nicht. Nimm nun einmal den Raum um deinen Körper herum wahr, der momentan zu dir gehört. Wie groß ist er?

4. **Sieh den Raum der anderen:** Schau dich um: Kannst du die Räume der anderen Menschen um dich herum erkennen? Wie groß sind sie? Berühren sie sich? Lass dann deinen Raum wachsen, sodass er die Menschen mitsamt ihren Räumen aufnimmt und hält, zu denen du gleich sprechen möchtest. Tue dies sanft und einladend.

5. **Lass Worte entstehen:** Verbinde dich nun mit deinem Projekt. Welche Emotionen hast du, wenn du an dein Anliegen oder dein Projekt denkst? Spüre die Präsenz, die dies in dem von dir geschaffenen Raum hat. Was für eine Lautstärke, welche Klänge und Tonlagen entstehen daraus? Und welche Worte erzeugt dies wiederum?

6. **Sprich authentisch:** Teile nun mit den anderen deinen Traum oder dein Anliegen. Versuche dabei, in deinem Hara zu bleiben, nah bei dir und in deinem Raum.

AN ALLE MODERIERENDEN

Professionelle Moderierende sind sich bereits bewusst, dass eine Win-Win-Haltung für den Erfolg eines Prozesses oder der Anwendung bestimmter Methoden elementar ist. Wenn du Dragon Dreaming in deinem Team anleiten willst und noch nicht so viel Erfahrung mit Gruppenmoderation hast, dann ist es besonders wichtig, dass du dich im Vorfeld mit deinen eigenen Sicht- und Verhaltensweisen auseinandersetzt.

Frage dich zum Beispiel, ob du gleichzeitig Projektmitglied und Moderation sein kannst. Wenn ja, dann mach dir bewusst, dass du beim Moderieren einerseits aus der Adlerperspektive schaust, was der richtige nächste Schritt für die Gruppe, den Prozess und das Projekt ist. In dieser Rolle machst du den anderen Vorschläge zum Ablauf und zu den Methoden. Du führst.

Andererseits bist du aber auch Teammitglied. Als solches ist die Froschperspektive ebenso wichtig. Du musst immer auch im Blick behalten, was dir als Mensch wichtig ist oder was deine Meinung zu einer Sache ist. Es geschieht nur allzu leicht, dass du deine Position als Moderation nutzt, um (womöglich unbewusst) deine individuelle Sicht durchzusetzen. Das solltest du aber auf jeden Fall vermeiden. Nicht nur, weil du damit dazu beiträgst, eine Win-Lose-Kultur zu etablieren. Sondern auch, weil deine Rolle als Moderation darunter leiden würde: Die anderen würden dir nicht mehr zu hundert Prozent vertrauen können.

Folgende Regeln helfen dir beim Moderieren für eine Win-Win-Atmosphäre zu sorgen:

- Erkenne, wo du bewertest und beurteilst.
- Teile relevante Informationen, die den Prozess beeinflussen können.
- Lenke die Aufmerksamkeit auf Interessen, nicht auf Personen.
- Öffne dich für Veränderungen am Prozess oder den Methoden, wenn deine Ideen dem Team nicht weiterhelfen.
- Zeige mit einem Gegenstand an, wann du als Moderation oder als Mitglied sprichst.
- Sprich heiße Themen an.
- Begleite Entscheidungsprozesse.
- Schaffe Vertrauen.
- Vertraue darauf, dass alle ihr Bestes tun.

WIN-WIN-WIN-PLÄTZE

Manche aus der Dragon-Dreaming-Community sprechen auch von einer Win-Win-Win-Kultur, weil jedes Projekt die drei Prinzipien von Dragon Dreaming verfolgt: das Wachstum jedes Inidividuums, die Gemeinschaftsbildung und den Dienst an der Erde. Das sind also drei und nicht nur zwei »Wins«.

In der Hektik der Planungs- und Umsetzungsphase kann es passieren, dass die letzten beiden »Wins« außer Sicht geraten: Was stärkt den Teamgeist? Und was dient der Erde?

Um sich daran zu erinnern, stellen manche in den Meetings zwei freie Stühle in den Redekreis: einen für die Gemeinschaft und einen für die Erde. Es steht dann allen frei, sich auf einen der beiden Stühle zu setzen, um aus der Perspektive der Gemeinschaft oder der Erde eine Sache zu beurteilen.

WEISHEITEN FÜR DIE WIN-WIN-KULTUR

- Genieße die Stille.
- Höre, wie die Welt zur dir spricht in diesen Zeiten.
- Alles ist ein temporärer Knotenpunkt aus Energie, Materie, Kreativtät und Chaos.
- Alles ist verbunden.
- Du gewinnst, wenn andere gewinnen.
- Es ist genug für alle da.
- Sprich von deinem Herzen aus.
- Wachse über dich hinaus.
- Sorge für Gemeinschaftsbildung.
- Diene der Erde.

ZEIT ZUM NACHDENKEN

Wenn du Lust hast, nimm dir in den kommenden drei Wochen vor, dich jeden Morgen zu fragen: Was kann ich tun, um heute zu wachsen? Was kann ich für die Gemeinschaftsbildung in meinem Team/meiner Familie tun? Wie kann ich der Erde dienen?

DAS PROJEKTRAD

Das Wort »Projekt« stammt vom lateinischen »pro-iectum«, was aus »pro« für »vorwärts« und »iacere« für »werfen« besteht. Es bedeutet also so viel wie »vorwärtswerfen«. Darin verbirgt sich die Vorstellung, dass wir uns in unseren Projekten vom Hier und Jetzt auf einen Zeitpunkt in der Zukunft zubewegen, an dem wir unser Ziel erreicht haben werden. Eine gute Planung vorausgesetzt, gehen wir in unserer Vorstellung ohne Umwege darauf zu – so als würden wir der Flugbahn von etwas folgen, das wir vorher selbst geworfen haben.

Natürlich hat jedes Projekt einen Anfang und ein Ende. Doch die Zeit dazwischen ist keineswegs nur linear. Sie ist auch zyklisch. Das bedeutet, dass jedes Projekt immer wieder Phasen einer bestimmten Qualität durchläuft – so wie die Natur immer wieder vier Jahreszeiten erlebt. Ein ähnliches Muster liegt auch allen Projekten zugrunde. Anstatt wie im klassischen Projekt-Management die Prozesse zu kontrollieren und zu lenken, geht es im Dragon Dreaming auch darum, den Zyklen des sich selbst regulierenden Systems »Projekt« zu folgen.

Das Projektrad ist das Bild und das theoretische Fundament für diesen natürlichen Rhythmus. Wer sich daran orientiert, kann Projekte viel nachhaltiger und energetisch ausgewogener planen und umsetzen. So lassen sich die verschiedenen Methoden von Dragon Dreaming bewusst in einen sinnvollen Ablauf bringen. Das Rad kann aber auch bei der Analyse unterstützen, um Klarheit zu gewinnen. Es hilft, den Blick vom Kleinklein des Alltags immer mal wieder auf das große Ganze zu weiten. So erhältst du Hinweise darauf, warum die Projektarbeit fließt oder stockt.

Wenn du dich am Projektrad ausrichtest, folgst du in deinen Projekten natürlichen Zyklen. Dann entstehen Zuversicht und Motivation, Gemeinschaft, Lernen, Kreativität, Gesundheit und Energie. Es entsteht ein Projekt, das die drei Dragon-Dreaming-Prinzipien verfolgt, eine Win-Win-Kultur ermöglicht und damit eigentlich erst wirklich erfolgreich ist. Das gilt für alle Projekte – ob du nun eine Organisation gründest oder ein Abendessen planst.

Dennoch ist das Projektrad keine Musterlösung und kein Patentrezept, nach der du dein Projekt von vorn bis hinten einfach abarbeiten kannst. Grundsätzlich geht es beim Dragon Dreaming nicht darum, einen fixen Masterplan zu haben. Lebendige, kollektiv geführte Projekte lassen sich nicht komplett vorherbestimmen oder kontrollieren.

Deshalb kommt es im Dragon Dreaming darauf an, Wege zu finden, um gut mit Komplexität und Unvorhersehbarem umzugehen. Das nicht Kontrollierbare kreativ und spielerisch zu integrieren. Es ist ein Tanz zwischen Chaos und Ordnung. Eine gewisse »Chaordnung« ist unser Ziel. In ihr entstehen Kreativität und Leben. Das Projektrad ist dabei der Kompass, der dir hilft, typische Fallstricke der sonst üblichen Herangehensweise an Projekte zu umgehen.

LINEAR ODER ZYKLISCH?

Für die meisten von uns ist Zeit linear. Wir zeichnen sie als Linie oder Pfeil, wobei wir denken, dass wir durch die Zeit fortschreiten. Die Zukunft hat im Vergleich zur Vergangenheit oder Gegenwart einen höheren Wert, denn wir Menschen können sie aktiv gestalten, planen oder gar kontrollieren. Wir können aber auch Zeit verlieren oder verschwenden. Wenn die Zeit linear ist, können wir nie wieder zu einem Zeitpunkt zurück.

Andere Kulturen sehen die Zeit zyklisch. Hier sieht sie eher wie ein Kreis oder eine Spirale aus. Diese Vorstellung basiert auf dem Rhythmus natürlicher Zyklen, wie Tag und Nacht oder den vier Jahreszeiten. Wer nach dieser Idee lebt, kann keine Zeit sparen. Alles kehrt wieder. Was wir heute nicht tun, machen wir morgen, nächstes Jahr oder in unserem nächsten Leben …

Ein wesentlicher Unterschied zwischen diesen beiden Zeitauffassungen ist auch, dass wir lineare Zeit abstrakt messen (Uhrzeit). Mithilfe von Uhren teilen wir sie in Minuten und Sekunden. Eine zyklische Zeit wird hingegen in Ereignissen gemessen (Ereigniszeit): Das Projekt beginnt, wenn der Traum da ist. Das Meeting fängt an, wenn alle bereit sind etc. Diese Sichtweise verändert viel an der Art, wie wir (zusammen)arbeiten. Aber natürlich ist es eine Herausforderung, dies mit unserer durchgetakteten Kultur zu vereinbaren.

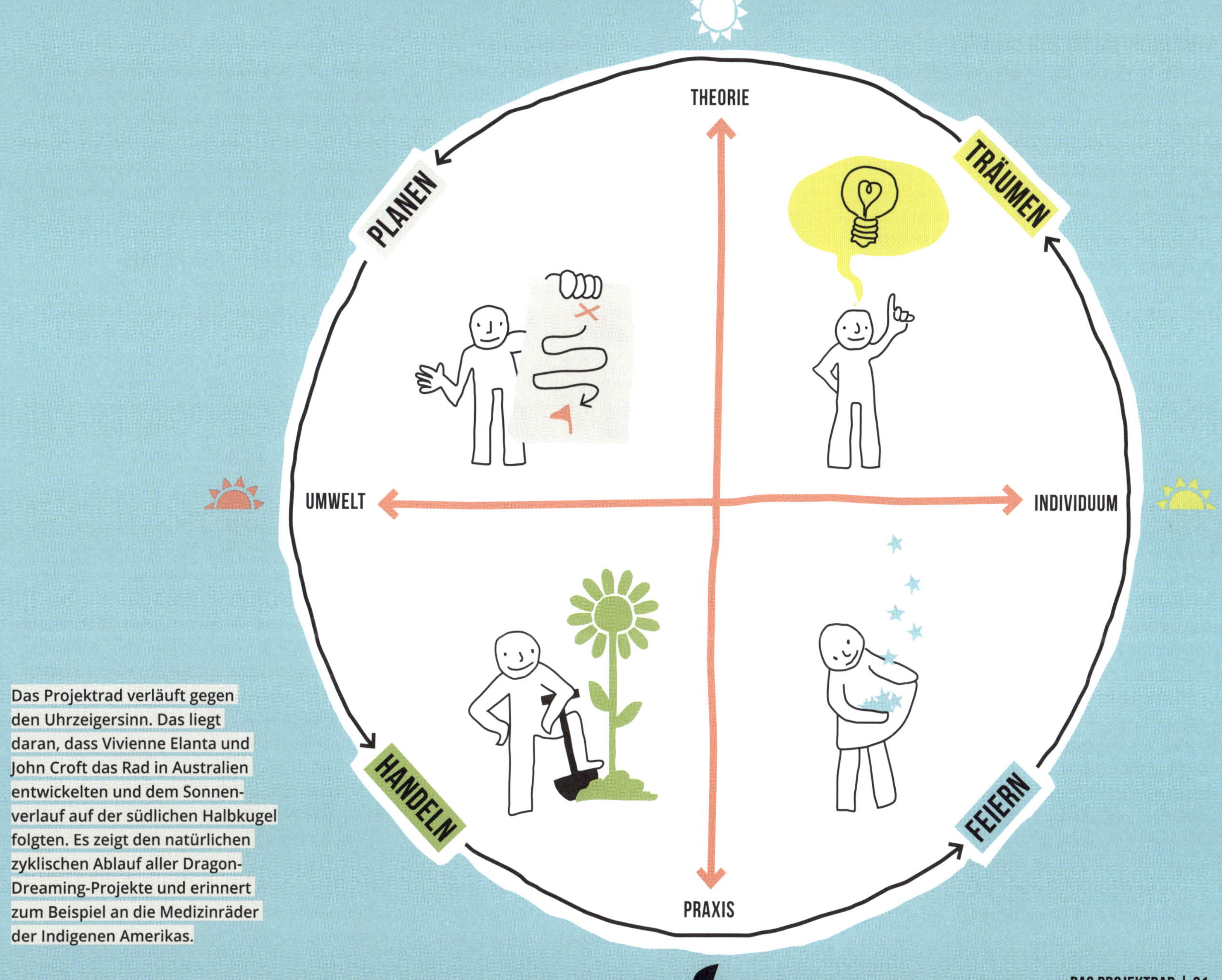

Das Projektrad verläuft gegen den Uhrzeigersinn. Das liegt daran, dass Vivienne Elanta und John Croft das Rad in Australien entwickelten und dem Sonnenverlauf auf der südlichen Halbkugel folgten. Es zeigt den natürlichen zyklischen Ablauf aller Dragon-Dreaming-Projekte und erinnert zum Beispiel an die Medizinräder der Indigenen Amerikas.

VOM INDIVIDUUM ZUR UMWELT

Um das komplexe Projektrad zu verstehen, fängst du am besten vorn an – dort, wo ein Projekt beginnt. Das kann ein wichtiges Erlebnis oder ein großer Aha-Moment mit einem tollen Einfall sein. Manchmal bringen dich aber auch kleine, sogar unwichtig wirkende Dinge dazu, die Welt mit anderen Augen zu sehen. Bei Isaac Newton war es ein fallender Apfel, der ihn die Schwerkraft entdecken ließ. Gandhi entdeckte durch eine unsanft unterbrochene Zugfahrt seine Mission, so heißt es. Wenn dir so etwas geschieht und du dich innerlich davon berühren lässt, dann kann in dir ein Traum entstehen. Wenn du dir, den anderen und der Welt insgesamt tief zuhörst, wird ein Projekt geboren, das die Welt verändern soll.

Um diesen Traum zu verwirklichen, brauchst du andere Menschen und Ressourcen, wie Materialien, Geld, Zeit oder Wissen. Du brauchst also eine Umwelt, die deinen Traum empfängt und darauf reagiert. Diese Verbindung zwischen dir als Individuum und Umwelt zeigt im Projektrad die horizontale Achse.[1] Stimmt der Austausch zwischen den beiden Polen (hören sich Individuum und Umwelt tief zu), floriert das Projekt und ist erfolgreich. Stockt dieser Fluss, so ist ein Projekt weniger erfolgreich oder kann sogar scheitern.

Das kann zum Beispiel geschehen, wenn du dir ein Angebot (eine Veranstaltung, ein Bildungsangebot, eine Informationskampagne, ein Produkt oder eine Dienstleistung) überlegst, das gar nicht so gut zu deiner Zielgruppe passt. Vielleicht müsstest du es nur ein bisschen ändern. Aber wenn du dich nicht mit deiner Umwelt (also der Zielgruppe) austauschst, wirst du es nie erfahren.

Aus diesem Grund ist das, was im Rad wie ein Pfeil nach rechts (Individuum) und links (Umwelt) aussieht, in Wirklichkeit eine Spirale zum Positiven oder Negativen: Tauschst du mit deiner Umwelt etwa Infos aus, entsteht Erfolg im tieferen Sinne. Greifst du das Feedback aus der Umwelt auf, lernst du, wie sich dein Projekt am besten verwirklichen lässt. Es gedeiht.

Stockt hingegen der Austausch, entstehen Misstrauen, Missverhältnisse und Unwissenheit. Daran kann ein Projekt scheitern. Es ist daher wichtig, bei der Gestaltung von Projektprozessen auf einen guten Fluss von Information, Energie, Kreativität und Materie zwischen diesen beiden Polen zu achten. Kommt dein Projekt nicht voran, kannst du dich fragen, ob der Austausch zwischen Individuum, Team und Umwelt blockiert ist (↗ siehe auch Seite 256).

INPUT UND OUTPUT IM GLEICHGEWICHT

Du könntest auch sagen, das Ziel ist ein Gleichgewicht zwischen Geben und Nehmen. Es ist ganz normal, dass ein Projekt zu Beginn viel Input von den Individuen verlangt. Später, wenn es zur Umsetzung kommt, ändert sich das. Der Input der Umwelt ist wichtig. Es sollte aber auch gleichermaßen zum Output durch das Projekt kommen. Es sollte die Welt bereichern und zumindest gleich viel zurückgeben. Andernfalls ist es nicht nachhaltig. Eine Win-Lose-Situation entsteht. Das Projekt beutet dann zum Beispiel die Mitarbeitenden und/oder die Natur aus.

Später, wenn sich das Projekt seinem Ende nähert, ist der Austausch mit der Umwelt nicht mehr so groß. Dafür entsteht der Output für dich und dein Team. Etwa wenn ihr euer Honorar erhaltet oder wesentliche Dinge durch eure Arbeit gelernt habt. Auch hier muss das Verhältnis von Input (am Anfang des Projekts) und Output (am Ende des Projektes) stimmen. Andernfalls laugt dich das Projekt aus bis hin zum Burn-out. Um diese und andere Muster eines Projektes rechtzeitig zu bemerken, ist eine zweite Achse entscheidend.

VON DER THEORIE ZUR PRAXIS

Jedes Projekt ist zu Beginn pure Theorie. Es ist ein Traum, eine Idee, eine Möglichkeit – zum Beispiel in deinem Kopf. Entwickelst du das Projekt, verwirklichst du nach und nach deine Vorstellungen. Das Projekt existiert mehr und mehr in der Praxis. Es wird relevant, denn es verändert etwas in der Welt. Dies zeigt sich im Projektrad durch die zweite, die vertikale Achse zwischen Theorie und Praxis.[2]

Damit ein Projekt erfolgreich und ausgeglichen ist, hilft es, wenn du zwischen diesen beiden Polen ebenfalls einen fortwährenden Austausch erzeugst. Denn steckt ein Projekt in der Theorie fest, entsteht das, was wir im Dragon Dreaming die »Analyse-Paralyse« nennen: Menschen diskutieren stundenlang darüber, welche Vorgehensweise die richtige ist – anstatt es einfach mal mithilfe eines Prototyps oder eines Tests auszuprobieren und praktisch die beste Lösung zu finden.

Umgekehrt kann es aber auch passieren, dass ein Projekt in der Praxis gefangen ist. Dann kann blinder Aktionismus entstehen: Die Menschen versuchen, ihren Traum immer wieder auf die gleiche Weise zu verwirklichen. Doch weil sie ihr Handeln nicht reflektieren (Theorie), merken sie nicht, dass der von ihnen gewählte Weg so nicht funktioniert.

UMWELT

Ein Projekt, das mehr Input von der Umwelt verlangt, als es an Output gibt, ist zum Beispiel eines, das Natur und Menschen ausbeutet.

Ein Projekt ist im Gleichgewicht, wenn Input und Output für Individuum und Umwelt jeweils gleich groß sind.

Ein Projekt, das mehr Input von Individuen verlangt, als es an Output gibt, frustriert die Menschen und laugt sie aus.

INDIVIDUUM

THEORIE

Zu viel Theorie macht es Menschen schwer, ins Handeln zu kommen. Es blockiert die Tatkraft.

Ein Projekt ist dann im Gleichgewicht, wenn Theorie und Praxis sich oft abwechseln

Steht die Praxis zu sehr im Fokus, können Menschen aus ihren Fehlern kaum lernen. Auch können sie ihren Traum aus dem Blick verlieren.

PRAXIS

Jedes Projekt bewegt sich zwischen den Polen »Individuum und Umwelt« sowie »Theorie und Praxis«. Das Ziel ist das Gleichgewicht. Die Grafik zeigt, was geschieht, wenn einer der Aspekte dominiert.

DIE VIER PHASEN

Aus den beiden Achsen Individuum–Umwelt sowie Theorie–Praxis ergeben sich vier Phasen: Träumen, Planen, Handeln und Feiern. Dass die vier Phasen im Projektrad jeweils ein Viertel des Kreises ausmachen, ist kein Zufall. Alle vier brauchen gleich viel Zeit, Energie und Budget, damit dein Projekt die drei Dragon-Dreaming-Ziele erreichen und eine Win-Win-Kultur ermöglichen kann. Das ist keine Selbstverständlichkeit.

In unserer Kultur gibt es einen klaren Fokus auf das Planen und Handeln. Das Träumen und Feiern bewerten wir in der Regel nicht so positiv. »Träume sind Schäume!« heißt es zum Beispiel oder »Ach, du bist ein Träumer«. Viele verstecken daher ihre Träume und nehmen sie nicht so ernst. Doch ohne Träume gibt es keine Weiterentwicklung, weder für das Individuum noch für die Gemeinschaft oder die Welt insgesamt. Träume zu kultivieren und zu teilen ist also sehr wichtig – auch wenn es manchmal Mut kostet.

Zugleich ist die Traumphase in einem Projekt meist diejenige, in der Menschen ein großes Maß an Unsicherheit und Chaos aushalten müssen. Noch ist unklar, wie das Projekt genau aussehen wird, ob und wie es sich realisieren lässt und was das für jedes Individuum bedeutet. Deshalb tendieren viele Menschen dazu, so schnell wie möglich ins Planen überzugehen. Die Struktur und Ordnung von Strategien, Plänen und Taktiken gibt ihnen scheinbar Sicherheit. Doch wer die Traumphase abkürzt, reduziert Kreativität, Vielfalt und Innovation.

Ähnlich sieht es mit dem Feiern aus. Die Bezeichnung leitet sich von dem englischen Wort »Celebra-

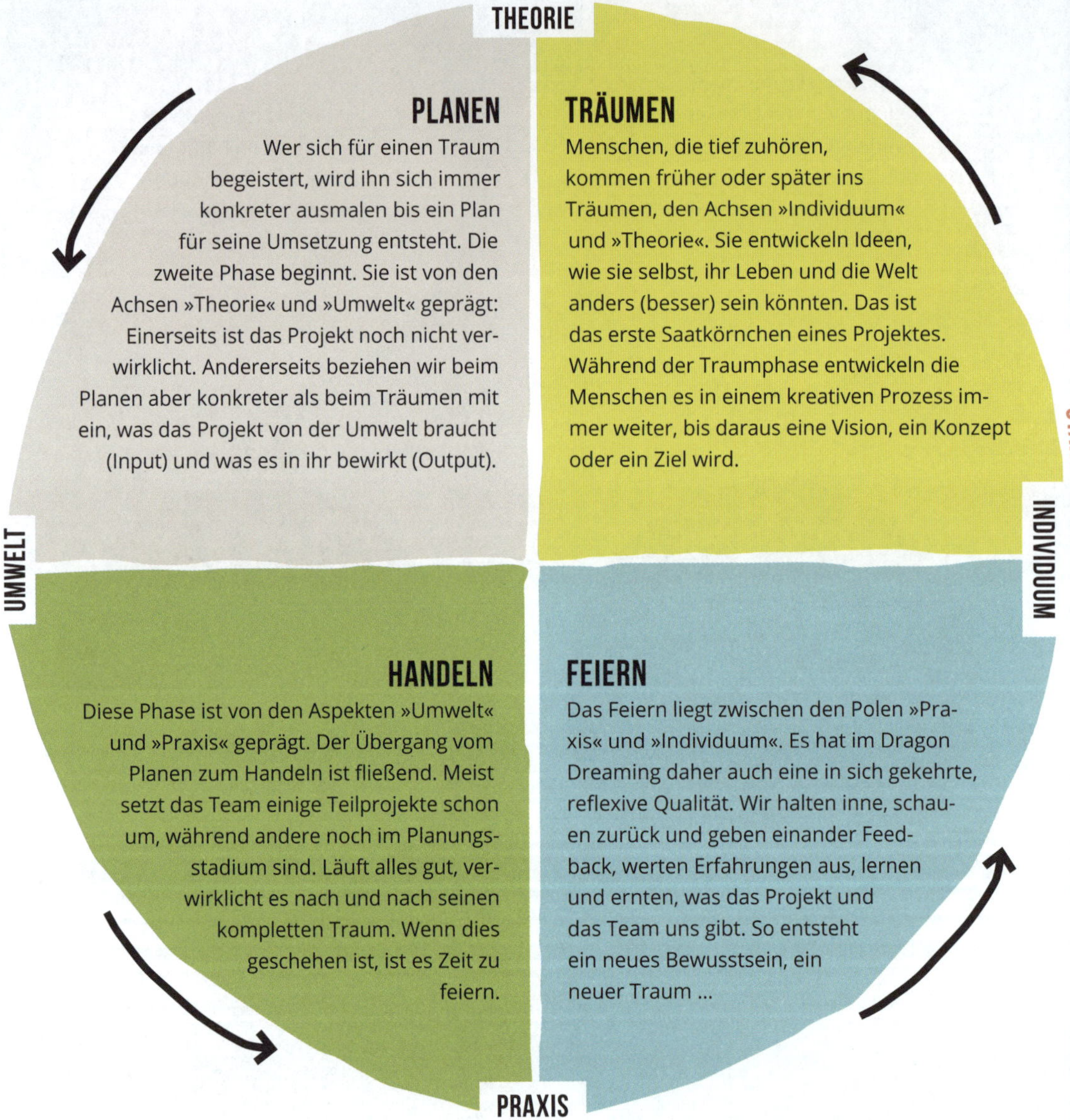

THEORIE

UMWELT

INDIVIDUUM

PRAXIS

START

TRÄUMEN

Menschen, die tief zuhören, kommen früher oder später ins Träumen, den Achsen »Individuum« und »Theorie«. Sie entwickeln Ideen, wie sie selbst, ihr Leben und die Welt anders (besser) sein könnten. Das ist das erste Saatkörnchen eines Projektes. Während der Traumphase entwickeln die Menschen es in einem kreativen Prozess immer weiter, bis daraus eine Vision, ein Konzept oder ein Ziel wird.

PLANEN

Wer sich für einen Traum begeistert, wird ihn sich immer konkreter ausmalen bis ein Plan für seine Umsetzung entsteht. Die zweite Phase beginnt. Sie ist von den Achsen »Theorie« und »Umwelt« geprägt: Einerseits ist das Projekt noch nicht verwirklicht. Andererseits beziehen wir beim Planen aber konkreter als beim Träumen mit ein, was das Projekt von der Umwelt braucht (Input) und was es in ihr bewirkt (Output).

HANDELN

Diese Phase ist von den Aspekten »Umwelt« und »Praxis« geprägt. Der Übergang vom Planen zum Handeln ist fließend. Meist setzt das Team einige Teilprojekte schon um, während andere noch im Planungsstadium sind. Läuft alles gut, verwirklicht es nach und nach seinen kompletten Traum. Wenn dies geschehen ist, ist es Zeit zu feiern.

FEIERN

Das Feiern liegt zwischen den Polen »Praxis« und »Individuum«. Es hat im Dragon Dreaming daher auch eine in sich gekehrte, reflexive Qualität. Wir halten inne, schauen zurück und geben einander Feedback, werten Erfahrungen aus, lernen und ernten, was das Projekt und das Team uns gibt. So entsteht ein neues Bewusstsein, ein neuer Traum ...

tion« ab und ließe sich auch mit »Zelebrieren« oder »Feierlichkeit« übersetzen. Im Dragon Dreaming bedeutet »Feiern« also nicht nur, gemeinsam laut, ausgelassen und fröhlich zu sein. Feiern hat hier auch eine achtsame und empfangende Qualität. Es ist ein Raum für Reflexion, Auswertung und Ruhe, der bei vielen Projekten aus Zeit- und/oder Kostengründen kleiner als geplant ausfällt. Ja, in unserer Kultur hat sich sogar die Vorstellung verbreitet, dass das Feiern eher ins Privatleben gehört. Wir reden von »Work-Live-Balance«, so als ließe sich das Leben von der Arbeit trennen. Doch nur durch diese Art des Feierns kannst du aus Erfahrungen (inklusive Fehlern!) lernen. Das Innehalten bringt dich vom Involviertsein zum Beobachten. Du siehst aus der Vogelperspektive, wo du, die anderen und das Projekt stehen und was es uns und der Welt gegeben hat. So kannst du Dankbarkeit und Wertschätzung kultivieren. Aus dieser Art zu feiern entsteht neue Kraft für die Projektarbeit, das Leben.

Durch das Feiern entsteht somit ein neues Bewusstsein, ein neuer Traum, wie es anders (besser) sein könnte. Dann überschreitest du die Schwelle vom Feiern zum Träumen. Der Kreislauf des Rades beginnt von vorn. Findet ein positiver Entwicklungsprozess statt, entwickelst du dich weiter, ebenso wie deine Gemeinschaft und die Welt. Der innere Wandel (Feiern, Träumen) und der äußere Wandel (Planen, Handeln) ergänzen sich. Das Rad ist dann in Wirklichkeit eine Spirale, die sich ins Positive schraubt. Ohne ausreichend Träumen und Feiern dreht sie sich ins Negative. Misstrauen, Kontrollsucht und Machtspielchen nehmen zu. Menschen verlieren ihre Motivation und den Sinn. Sie verlassen vielleicht sogar das Projekt oder erleiden einen Burn-out. Das ist eine Win-Lose-Kultur.

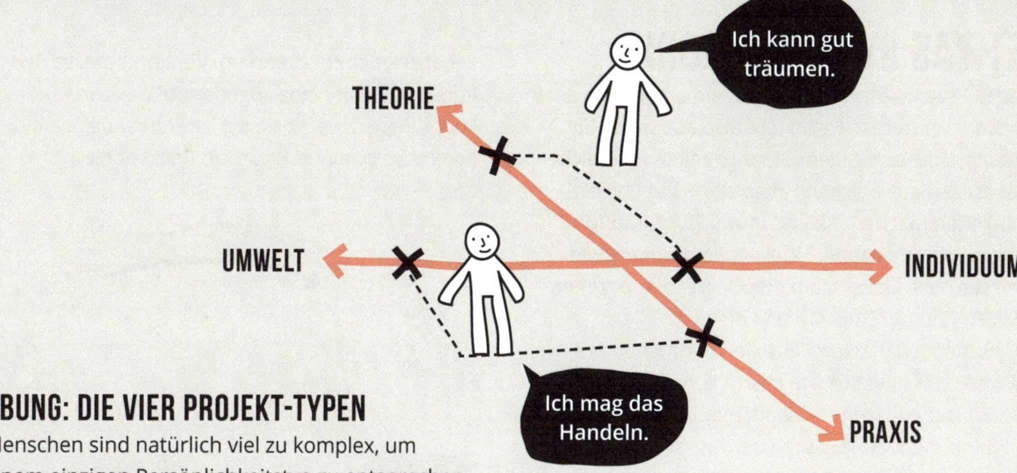

ÜBUNG: DIE VIER PROJEKT-TYPEN

Menschen sind natürlich viel zu komplex, um einem einzigen Persönlichkeitstyp zu entsprechen. Und doch haben wir Vorlieben, wie wir lernen, denken und handeln. Ausgehend von den Modellen von C.G. Jung und David Kolb hat John Croft eine Übung entwickelt, bei der ihr schauen könnt, wohin ihr jetzt gerade tendiert: zum Träumen, Planen, Handeln oder Feiern?

Damit könnt ihr etwas mehr Klarheit über euch selbst, die anderen und euer Team bekommen. Besteht es zum Beispiel fast nur aus Menschen, die sich zum Planen hingezogen fühlen? Dann werdet ihr euer Projekt entsprechend gestalten. Um alle vier Phasen gleichermaßen zu berücksichtigen, wäre es allerdings gut, auch Menschen dabei zu haben, die zu einem der drei anderen Bereiche tendieren.

Um die Tendenzen zu ermitteln, legt ihr das Rad im Raum aus. Für die Achsen könnt ihr schöne Bänder verwenden und für die Begriffe Karten. Nun bewegt ihr euch schweigend entlang der Achsen Individuum–Umwelt und Theorie–Praxis. Versucht, euch selbst einzuordnen, indem ihr folgende Fragen still für euch beantwortet:

- ✕ Bin ich eher extrovertiert und mit der Außenwelt im Austausch? Dann gehe ich Richtung »Umwelt«. Bin ich eher introvertiert und wende meine Aufmerksamkeit eher auf mein Innenleben, dann gehe ich Richtung »Individuum«.
- ✕ Lasse ich mich eher von Theorien und Visionen begeistern? Dann orientiere ich mich Richtung »Theorie«. Oder lerne ich am liebsten aus Erfahrung? Dann gehe ich Richtung »Praxis«.

Alle markieren ihre Position pro Achse auf einem Zettel oder auf dem Boden. Aus der gedachten Verbindungslinie ergibt sich die momentane Orientierung (siehe oben).

Wichtig: Es gibt viel komplexere Typbestimmungen. Zudem ist das Ergebnis immer nur eine Momentaufnahme. Wir Menschen verändern uns ständig und sind voller Widersprüche. Lass dir und anderen also immer auch Raum für Veränderungen.

ETWAS SYSTEMTHEORIE

Jedes Projekt lässt sich auch als ein komplexes System verstehen. Es besteht also aus vielen Elementen, die sich gegenseitig beeinflussen: Welche Menschen mit welchen Fähigkeiten und Persönlichkeiten machen mit und in welcher Beziehung stehen sie zueinander? Welche Ressourcen (wie Wissen, Zeit, Geld, Raum oder Materialien) stehen zur Verfügung? Und wie sind die kulturellen, wirtschaftlichen und politischen Rahmenbedingungen? Das alles steht in einem komplexen, meist unüberschaubaren Netzwerk miteinander in Verbindung. Das Magische ist, dass solche Systeme immer nach typischen Wirkmechanismen oder auch Mustern funktionieren.

Eines dieser Muster ist die sogenannte Rückkopplung. Sie kann zu einer Selbstverstärkung führen oder zu einer Selbstregulation sowie Stabilisierung. Du kennst bereits ein Beispiel dafür: Wenn jemand einen Traum hat und anderen davon erzählt, dann entsteht eine positive Rückkopplung, wenn sie begeistert sind und den Traum ebenfalls verwirklichen wollen. Bei kritischem Feedback ändern manche Menschen ihre Träume, manche geben sie auf und nur wenige halten dennoch daran fest. Solche Rückkopplungen findest du überall in deinen Projekten. Und es unterstützt den Erfolg deines Projekts, wenn du sie bewusst suchst und einbaust.

Ausgehend von der Systemtheorie von Gregory Bateson[3] hat John einen Rückkopplungskreislauf in vier Schritten entwickelt: Alles beginnt mit einem Impuls (einem Traum). Nur wenn der Impuls stark genug ist, überschreitet er eine Schwelle (etwa Bequemlichkeit) und führt zur Aktion (anderen davon erzählen). Dies löst eine Antwort aus (das Feedback der Zuhörenden). Verstärkt dieses den Impuls, entsteht eine sogenannte positive Rückkopplung. Schwächt sie ihn oder beendet sie ihn, kommt es zu einer negativen Rückkopplung.

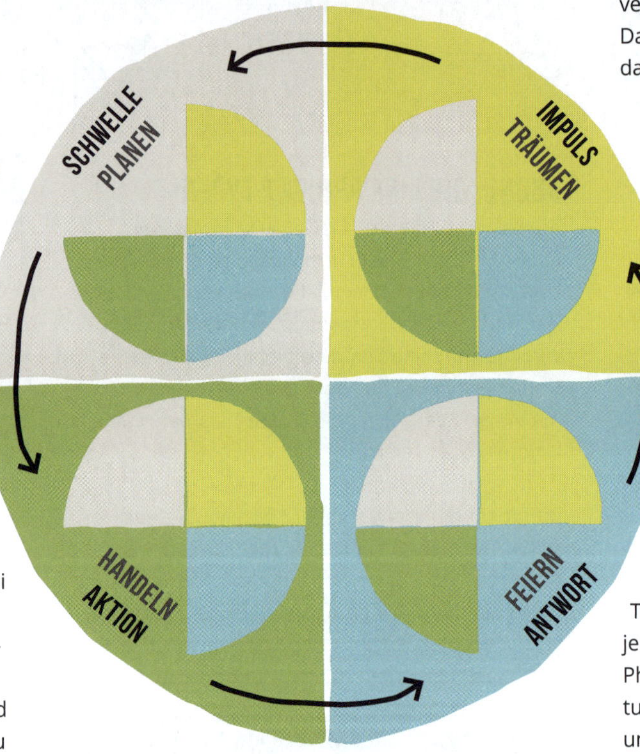

Das Projektrad folgt dieser Logik: Das Träumen ist der Impuls, das Planen die Schwelle, das Handeln die Aktion und das Feiern die Antwort. Das erklärt, warum das Rad kein sich endlos drehender Kreis, sondern in Wahrheit eine Spirale nach oben (positive Rückkopplung) oder nach unten (negative Rückkopplung) ist. Und es erklärt auch, warum ein Projekt nur dann im Gleichgewicht ist, wenn alle vier Phasen gleich viel Raum erhalten.

ALLES IST FRAKTAL

Allen vier Phasen gleich viele Ressourcen einzuräumen heißt nicht, dass wir etwa bei einem zwölfmonatigen Projekt drei Monate lang träumen, drei Monate planen, drei Monate mit der Umsetzung verbringen und schließlich drei Monate lang feiern. Das machen wir nicht, weil ein Projektrad (und damit deine Projektgestaltung) fraktal ist.

Fraktal bedeutet, dass sich innerhalb des Systems vom Großen zum Kleinen immer wieder die gleichen Muster mit den gleichen vier Phasen abbilden. Dieses Prinzip findet sich in allen komplexen Systemen wieder. Abstrakt ausgedrückt trägt daher jede Phase des Projektrades die Qualitäten der drei anderen Phasen in sich. Im großen Rad zeichnen sich vier kleinere Räder ab, die wiederum jeweils vier noch kleinere Räder enthalten.

Praktisch gesehen bedeutet das, dass das zwölfmonatige Beispielprojekt natürlich die vier Phasen durchläuft. Doch jede Phase, jedes Teilprojekt, jeder Arbeitstag, ja jedes Meeting und jede einzelne Aufgabe durchläuft ebenfalls die vier Phasen. Darauf zu achten, dass in allem, was ihr tut, alle vier Phasen jeweils gleich viel Bedeutung und Ressourcen erhalten, verändert deine Art zu arbeiten gewaltig. Es verbessert dein Wohlbefinden und das der anderen. Es verändert den Teamgeist und die Wirkung deines Projekts.

GAY PRIDE IN DER FEUERWEHR

Dieses Projekt ist aus dem Traum eines Feuerwehrmannes entstanden. Alles begann mit einem Coaching-Programm, das die holländische Dragon-Dreaming-Trainerin Annette Dölle für die Angestellten einer Feuerwache in Amsterdam durchführte. Dabei stellte sie unter anderem auch das Projektrad von Dragon Dreaming vor. Während die gesamte Feuerwehrmannschaft um das Projektrad herumstand, erzählte einer der Feuerwehrleute von seinem Traum: Er wünschte sich, eine Gay Pride in der Feuerwache zu veranstalten.

Die Amsterdamer Gay Pride (AGP) ist ein LGBT-Festival, das immer am ersten Wochenende im August mit vielen Veranstaltungen überall in der Stadt stattfindet. Und nun träumte hier jemand von einem Laufsteg in der Mitte, von Musik und Farben und einer bunten Vielfalt an Menschen. Aber er hatte auch Zweifel angesichts diskriminierender Stimmen in der Organisation und der Gesellschaft. Doch das Team war so berührt von seiner Idee, dass ihn bald die ganze Feuerwache unterstützte. Alle wollten nun eine Gay Pride organisieren!

Bei einer gemeinnützigen Organisation sind die Verwaltung und die Politik sehr wichtig. Glücklicherweise unterstützten diese die Idee vollständig, so dass sich dem Projekt später auch noch die Polizei und die Ambulanz anschlossen. »Es kamen immer mehr Aufgaben dazu und unser Kanban wuchs und wuchs«, erinnert sich Dölle. Als das Team anfing, hatte es nur noch fünf Wochen Zeit. Die Bürokratie war laut Annette manchmal schon eine Herausforderung. Aber das Team konnte immer darüber lachen und das Gute an allem sehen.

Mit ein Grund dafür ist, dass Feuerwehrleute, Polizisten und Rettungssanitäter unheimlich pragmatische Menschen sind. Die Zusammarbeit mit ihnen ist für Annette daher immer wieder etwas Besonderes: »Sie verbinden Denken, Reden und Handeln miteinander. Ihre Gedanken sind so schnell, dass man sich kaum umdreht und schon ist eine Aufgabe erledigt«, berichtet sie. Nachdem der Traum fest stand, lief deshalb auch alles fast wie von selbst. Die Planungsphase hatte das Team in gefühlten fünf Minuten abgeschlossen. Und die Schwelle vom Planen zum Handeln – die für viele Teams so schwer zu überschreiten ist – war für diese Gruppe praktisch nicht vorhanden.

Gleichzeitig fehlt den Menschen die Geduld, sich lange auf die Planung zu konzentrieren. »Deshalb haben wir anstelle des Dragon-Dreaming-Projektplans ein Kanban-Board verwendet, das ganze sechs Quadratmeter groß war«, so Annette.

Und so fand gerade mal fünf Wochen später eine gigantische Party in der Feuerwache statt: Die Front der Feuerwehrstation zierte ein riesiges Einhorn, Food Trucks aus alten Feuerwehrautos standen vor dem Gebäude, eine Parade herausragender Drag Queens schritt über den Laufsteg und rund fünfhundert Besucherinnen und Besucher jubelten ihnen zu. »Da das Feiern und Träumen ein wesentlicher Bestandteil dieses Projektes war, fiel es uns leicht, diese beiden Phasen zu integrieren«, berichtet Dölle. Dazu gehörte auch, dass das Team selbst schwierige Diskussionen offen führte und schwere Momente gemeinsam durchstand – so wie in jedem normalen Projekt.

↗ Annette Dölle, Dragon Dreaming Facilitatorin, Amsterdam, annettedolle.nl

DIE 16 SCHRITTE

Das Projektrad funktioniert ähnlich wie eine Matrjoschka-Puppe: Jede der vier Phasen enthält wiederum die gleichen vier Phasen. So ergibt sich ein Kreislauf mit insgesamt 16 Schritten. Sie beschreiben ein fraktales Muster aus den Elementen der Systemtheorie: Impuls, Schwelle, Aktion und Antwort. Dieses liegt allen Projektprozessen zugrunde. Nehmen wir als Beispiel die Entstehungsgeschichte dieses Buch hier. Gehen wir einmal durch, wie es als Projekt in 16 Schritten entstanden ist.

12 ODER 16 SCHRITTE?

Ursprünglich hatte das Dragon-Dreaming-Rad nur zwölf Schritte. Der Schritt des Feierns (Antwort) zeigte sich lediglich in einem Pfeil von Schritt drei pro Phase zu Schritt eins pro Phase. Allerdings hatte das einen strukturellen Nachteil: Im Projekt-Spielplan, in dem wir das Rad aufklappen, um daraus eine Karte für unseren Projektablauf zu machen, fehlt dadurch der Raum für das Feedback, die Rückmeldung, die Reflexion. Deshalb entwickelten John Croft und Lizandra Barbuto Gomez das Rad weiter, wie wir es hier beschreiben.

TRÄUMEN

1. **Bewusstsein (Impuls):** Alles fing damit an, dass uns die Teilnehmenden unserer Workshops immer wieder nach einem Dragon-Dreaming-Buch fragten (das es noch nicht gab). Für uns war das der Impuls. Wir entwickelten ein neues Bewusstsein: »Es braucht ein Dragon-Dreaming-Buch.«

2. **Motivation (Schwelle):** Allerdings brauchte es Zeit, bis dieser Impuls die Schwelle der Traumphase überwinden konnte: die Motivation. Erst als wir für eine Trainer:innenausbildung recht viele Unterlagen erstellt hatten, schien uns der Schritt zu einem Buch nicht mehr ganz so groß (ein gewaltiger Irrtum ;-).

3. **Informationen sammeln (Aktion):** Wir machten einen Traumkreis und eine erste Inhaltsübersicht, sahen uns Bücher an, die für uns ein Vorbild waren, und sprachen mit Menschen, die aus unserer Sicht zur Zielgruppe des Buches gehörten.

4. **Revision (Antwort):** Alle diese Informationen veränderten unser Bewusstsein und unsere Motivation – die Idee schien uns immer verlockender und machbarer. Dies war der vierte Schritt im Träumen, die Revision. Diese kann entweder in einem Kreis zurück zu Schritt eins (Bewusstsein) führen. Oder es zeigt sich, dass die Informationen mittlerweile so konkret und detailliert sind, dass der nächste Schritt ins Planen führt, zum Abwägen der Alternativen.

PLANEN

5. **Alternativen prüfen (Impuls):** Wir fingen an, uns genauer Gedanken über unsere Möglichkeiten zu machen: Welchen Verlag konnten wir uns vorstellen? Wie sollte das Design aussehen? Wie stellten wir uns unsere Zusammenarbeit vor? Der erste Schritt des Planens: das Abwägen von Alternativen für die Umsetzung.

6. **Strategie entwickeln (Schwelle):** Mit der Zeit ergab sich daraus eine Strategie mit Aufgabenpaketen, Zeitplanung und Finanzbudget. Dies ist die Schwelle im Planen, denn hier entscheidet sich, ob das Projekt wie gedacht machbar ist. Manchmal versuchen Teams, eine Strategie zu entwickeln, bevor sie sich über ihre Alternativen im Klaren sind. Das kann Ressourcen verschwenden.

7. **Testen/Prototypen (Aktion):** Die Aktion im Planen ist das Testen oder Prototyping. In unserem Fall war es die Frage, ob ein Verlag unser Buch herausbringen wollte. Man könnte sagen, dass unser Exposé eine Art erster Prototyp war (Danke an unseren Lektor Dennis Brunotte, dass er sofort begeistert war!).

8. **Auswertung (Antwort):** Die Rückmeldungen (Antwort) auf den Test zeigen, wie erfolgreich die Strategie ist. Fallen sie negativ aus, kannst du im Projektrad entweder zu Schritt fünf zurückgehen, deine Alternativen prüfen und deine Strategie überarbeiten. Vielleicht ist es aber auch notwendig, noch einmal zu Schritt zwei zu gehen, deine Motivation zu prüfen, weitere Informationen zu sammeln und so ein neues Bewusstsein, eine neue Perspektive auf dein Projekt zu gewinnen.

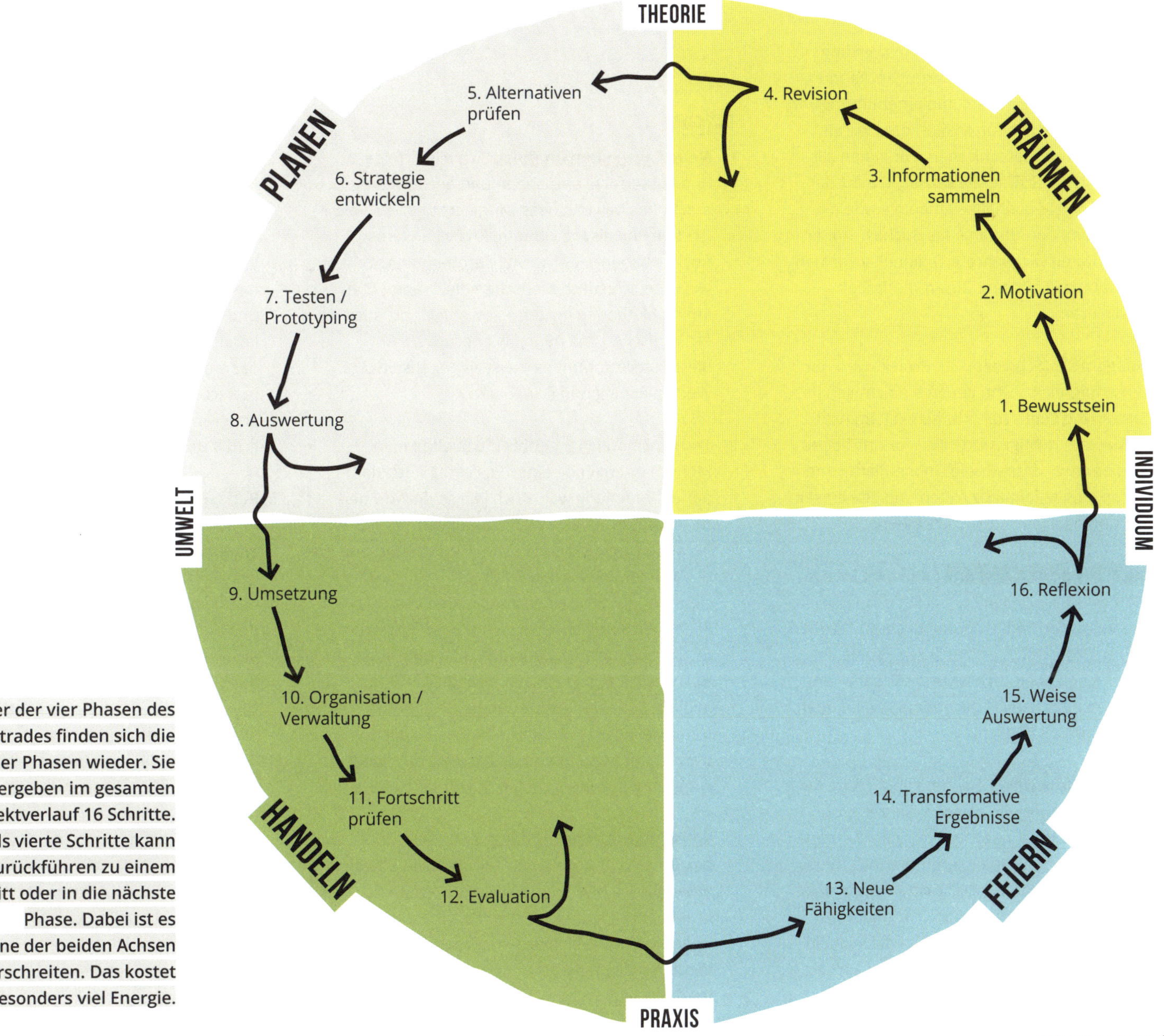

In jeder der vier Phasen des Projektrades finden sich die gleichen vier Phasen wieder. Sie ergeben im gesamten Projektverlauf 16 Schritte. Der jeweils vierte Schritte kann entweder zurückführen zu einem vorigen Schritt oder in die nächste Phase. Dabei ist es notwendig, eine der beiden Achsen zu überschreiten. Das kostet oftmals besonders viel Energie.

HANDELN

9. **Umsetzung (Impuls):** Führt die Auswertung des Tests zu keinen Verbesserungen, kann es an die Umsetzung gehen (Implementierung). In unserem Fall bedeutete dies, dass wir ein erstes Probekapitel schrieben. Wir legten alles genau fest: die Schrift, die Farben, die Art der Illustrationen, die Inhaltselemente sowie die Machart und den Umfang des Buches. Außerdem richteten wir mehrere Online-Plattformen ein, über die wir unsere Zusammenarbeit koordinierten.

10. **Management (Schwelle):** Ein Projekt wird nur dann erfolgreich, wenn genau die richtigen Ressourcen und Leute zur richtigen Zeit im richtigen Maß am richtigen Ort sind. Für uns bedeutete dies etwa, dass wir die Online-Plattformen nutzten, uns regelmäßig trafen und gemeinsam nach und nach alle Kapitel erstellten.

11. **Fortschritt prüfen (Aktion):** Einmal im Monat trafen wir uns, um den Fortschritt unseres Handelns zu prüfen. Wir schauten unseren Traum, unseren Projektplan und unsere Teilziele an. Wir sprachen aber auch über die Zusammenarbeit, ob irgendetwas besonders gut lief oder weniger gut, als gedacht.

12. **Evaluation (Antwort):** Aus dem elften folgt der zwölfte Schritt – die Evaluation. Sie zeigt, ob etwas an der Implentierung oder dem Management zu ändern ist. In unserem Beispiel führte sie etwa dazu, dass wir die Online-Plattform wechselten, unseren Workflow veränderten und Aufgaben umverteilten. Zeigt die Evaluation, dass alle Träume erfüllt sind, ist es Zeit zu feiern.

FEIERN

13. **Neue Fähigkeiten (Impuls):** Sich alle Erfolge und Misserfolge anzusehen und anzuerkennen macht uns bewusst, was wir gelernt haben – als Gruppe und als Individuum. Im Fall unseres Buches haben wir etwa viel darüber gelernt, wie unterschiedlich Menschen die Dragon-Dreaming-Methoden nutzen – sowohl wir als auch die Menschen, mit denen wir sprachen. An dieser Stelle kommt es meist zu gegenseitiger Wertschätzung und Dankbarkeit.

14. **Transformatives Ergebnis (Schwelle):** Kein Mensch ist am Ende eines Projektes noch der, der er am Anfang war. Doch wie schätzt du deine Veränderung ein? Wer bist du jetzt? Ist die Veränderung wirklich relevant für dich und deine Absicht? Wie du den Erfolg deines Projektes siehst, hängt von seiner transformativen Kraft ab (auf dich und andere). In unserem Fall würde das zum Beispiel bedeuten: Inspiriert unser Buch viele Menschen dazu, Dragon Dreaming in ihren Projekten anzuwenden, dann hat sich für uns ein ganz wichtiges Anliegen erfüllt. Ein transformatives Ergebniss ist eingetreten und wir gelangen zum nächsten Schritt des Rades.

15. **Weise Auswertung (Aktion):** An diesem Punkt betrachten wir unsere »Ernte«, also alle Erträge, Erkenntnisse und Erfahrungen des Projektes. Es handelt sich um eine emphatische und vielleicht auch systemische Auswertung mit Weitblick, die mehr als nur die reinen Fakten berücksichtigt. Weise auszuwerten kann aber auch bedeuten, dass wir Überschüsse (etwa an Geld, Wissen und Freude) mit anderen teilen. In unserem Fall könnte das zum Beispiel bedeuten, dass wir das weltweite Kontaktnetz, das wir durch unsere Recherchen auf- und ausgebaut haben, auch anderen zur Verfügung stellen. Dieses Teilen erfüllt unser Leben mit Bedeutung und Sinn.

16. **Reflexion (Antwort):** Die weise Auswertung führt meist zu weiteren Aha-Momenten. Wir erkennen auf einer tieferen Ebene, was wir gelernt haben. Erst durch die Reflexion kommt es zu einem wesentlichen Lernprozess. Bei den Beteiligten entsteht der Eindruck »ich sehe dich« und »ich fühle mich gesehen«. In Verbindung mit unserem Buch haben wir zum Beispiel eine neue Haltung zum Thema »Kulturelle Aneignung« gewonnen. Wir haben angefangen, Kontakte zu Nyungar in Australien aufzubauen. Unser Gefühl der Verbundenheit und Solidarität ist dadurch gewachsen. Aus unserem Traum vom Buch ist ein neuer Traum entstanden.

Tipp: Es lohnt sich, die Schritte für deine Projekte oder deinen Arbeitsalltag einmal durchzugehen: Welche der Schritte lässt du üblicherweise ausfallen? Und was bedeutet dies für dich, deine Arbeit, deine Mitmenschen, dein Projekt – dein Leben?

DIE FARBEN DES RADES

Zu den Farben des Projektrades schreibt John: Sie »sind rot, gelb, weiß und schwarz. Nachdem ich das Rad entwickelt hatte, entdeckte ich 1989 zu meiner großen Freude, dass die Indigenen Australiens ein Rad verwenden, das den Medizinrädern der Indigenen Amerikas ähnelt (und damit auch dem Projektrad). Sie sahen die primären Pole zwischen Licht (Manaitjch, der geistige weiße Kakadu) und dem Dunklen (Waardung, dem praktischen schwarzen Raben). Aus diesem Grund sind die Achsen und Schritte im Rad bei »Theorie« weiß und bei »Praxis« schwarz. Die beiden Farben sind dabei aber keine Gegensätze, sondern ergänzen sich gegenseitig.

Wie bei anderen Kulturen auch beginnt das Rad der Indigenen Australiens im Osten mit dem Sonnenaufgang. Es ist verbunden mit dem Aufleuchten des gelben »Karl«, dem Feuer des Tages im Osten. Deshalb sind die Achsen und Schritte auf der Seite des Individuums gelb. Die Sonne bewegt sich in der südlichen Hemisphäre dann über Norden nach Westen, hin zu der roten Abendsonne. Deshalb sind die Achsen und Schritte in Richtung »Umwelt« rot. Danach geht der Himmel in die Schwärze der Nacht über.« *John Croft, aus »On the Use of Coloured Cards in Dragon Dreaming Circles«.*

PROZESSE GESTALTEN

Bei vielen Menschen löst das Projektrad einen Aha-Moment aus. Auf einmal sehen sie glasklar, warum sie in ihrem Arbeitsalltag ausbrennen. Wieso ihnen der Sinn ihres Tuns nach und nach abhanden gekommen ist. Warum sie oft erst dann mitkriegen, dass etwas schiefläuft, wenn es (fast schon) zu spät ist. Oder warum die Motivation im Team abflaut: Sie haben zu wenig gefeiert und geträumt!

Es ist symptomatisch, dass wir das Feiern und Träumen in unserer Kultur so gering schätzen. Doch ohne sie lernen wir nicht wirklich dazu. Wir erkennen nicht, was für einen Unterschied unser Handeln ausmacht, was uns und anderen guttut – und was nicht. Alle Prozesse deiner Projektarbeit am Projektrad zu orientieren ist deshalb mehr als nur ein gute Gelegenheit. Es ist die entscheidende Ausrichtung, die aus deinem Projekt etwas macht, das die Menschen, die Gemeinschaft und die Welt insgesamt bereichert. Nur indem du allen Phasen gleich viel Wertschätzung, Aufmerksamkeit und Ressourcen widmest, kannst du die drei Dragon-Dreaming-Ziele erreichen und eine Win-Win-Kultur verwirklichen.

Daher zeigen wir hier das Muster für den Basisprozess. Dazu haben wir das Projektrad quasi aufgeklappt und als Elemente im linearen Ablauf eines Prozesses dargestellt. Wie du siehst, beginnen wir bei der praktischen Anwendung von Dragon Dreaming sehr oft auch mit dem Feiern (und nicht mit dem Träumen). Das unterstützt die Menschen dabei, sich auf einander einzuschwingen. Und auch, weil die Zeit zum Feiern am Ende – etwa eines Meetings – meist etwas knapper ausfällt.

Träumen Planen Handeln Feiern

Links: So sieht der typische Ablauf eines Dragon-Dreaming-Intro-Workshops aus, bei dem die Menschen die Methoden noch nicht kennen und diese deshalb erklärt werden müssen. Anhand der Farben siehst du: Alles ist fraktal.

Rechts: Eine Übersicht der Dragon-Dreaming-Methoden (innerhalb des Kreises) zugeordnet zu den vier Phasen. Um den Kreis herum haben wir einige Methoden und Konzepte gesammelt, die aus unserer Sicht gut zu Dragon Dreaming passen. Auch sie haben wir der jeweiligen Phase zugeordnet.

CHECK-IN & CHECK-OUT

Diese beiden Rederunden eröffnen und beschließen jedes Treffen, sei es ein Meeting, ein Workshop oder etwas anderes. Sie sind ein Feier-Element und schaffen Verbindung, Verständnis. Damit erzeugst du Vertrauen im Team oder in der Gemeinschaft. Für Check-ins kannst du diese drei Fragen nutzen:

1. Wie sieht dein inneres Wetter aus? (Wie würdest du deine Gefühlslage in Form eines Wetterberichtes wiedergeben?)
2. Hattest du (in der letzten Nacht) einen Traum und möchtest du ihn teilen? (Die Träume dienen der Inspiration.)
3. Was war gestern ein wichtiges Aha für dich? (Welche wesentlichen Erkenntnisse haben dich bereichert?)

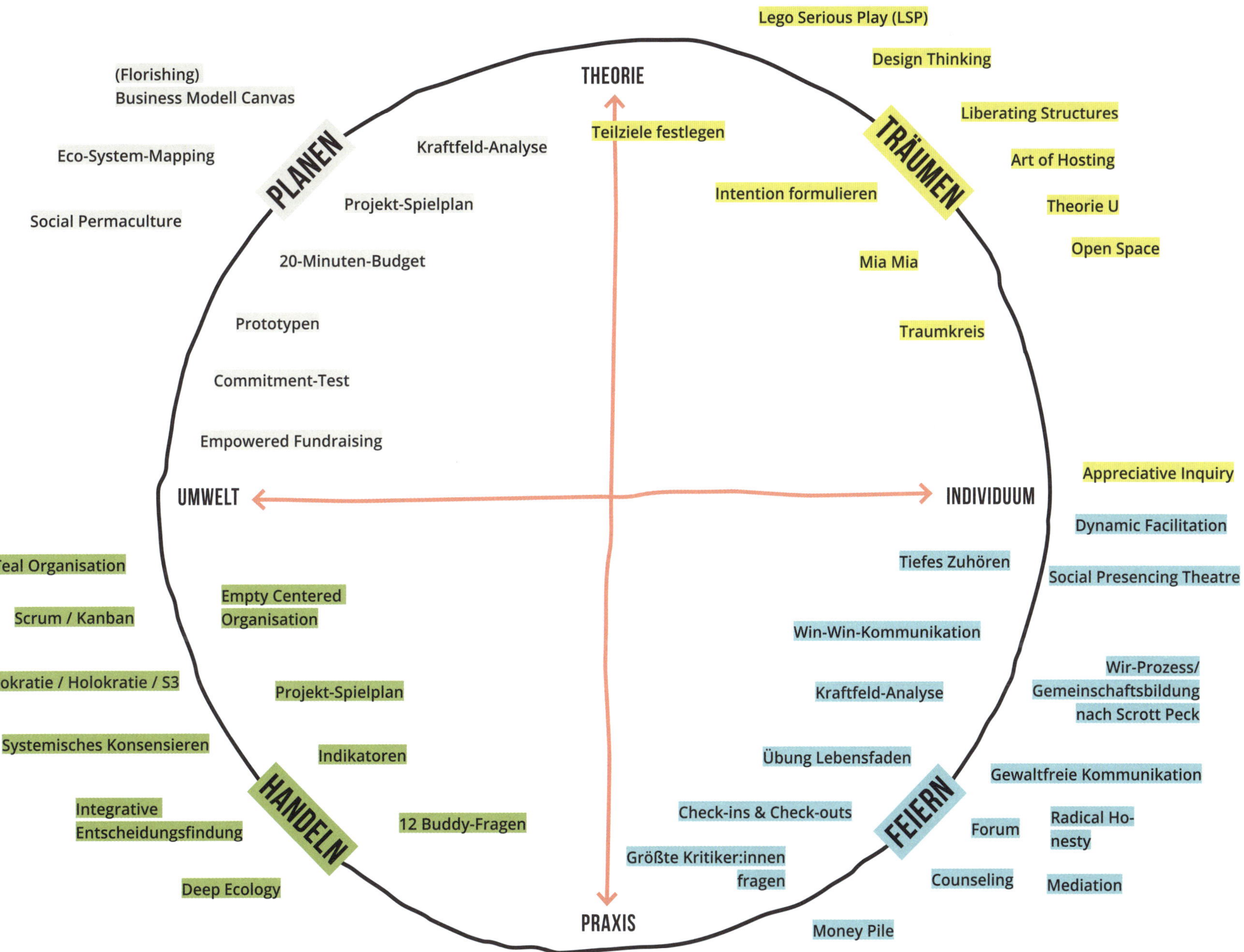
THEORIE
PRAXIS
UMWELT
INDIVIDUUM
PLANEN
TRÄUMEN
HANDELN
FEIERN
(Florishing)
Business Modell Canvas
Eco-System-Mapping
Social Permaculture
Kraftfeld-Analyse
Projekt-Spielplan
20-Minuten-Budget
Prototypen
Commitment-Test
Empowered Fundraising
Lego Serious Play (LSP)
Design Thinking
Liberating Structures
Art of Hosting
Theorie U
Open Space
Teilziele festlegen
Intention formulieren
Mia Mia
Traumkreis
Appreciative Inquiry
Dynamic Facilitation
Tiefes Zuhören
Social Presencing Theatre
Win-Win-Kommunikation
Wir-Prozess/
Gemeinschaftsbildung
nach Scrott Peck
Kraftfeld-Analyse
Übung Lebensfaden
Gewaltfreie Kommunikation
Check-ins & Check-outs
Forum
Radical Ho-
nesty
Größte Kritiker:innen
fragen
Counseling
Mediation
Money Pile
Teal Organisation
Empty Centered
Organisation
Scrum / Kanban
ziokratie / Holokratie / S3
Projekt-Spielplan
Systemisches Konsensieren
Indikatoren
Integrative
Entscheidungsfindung
12 Buddy-Fragen
Deep Ecology

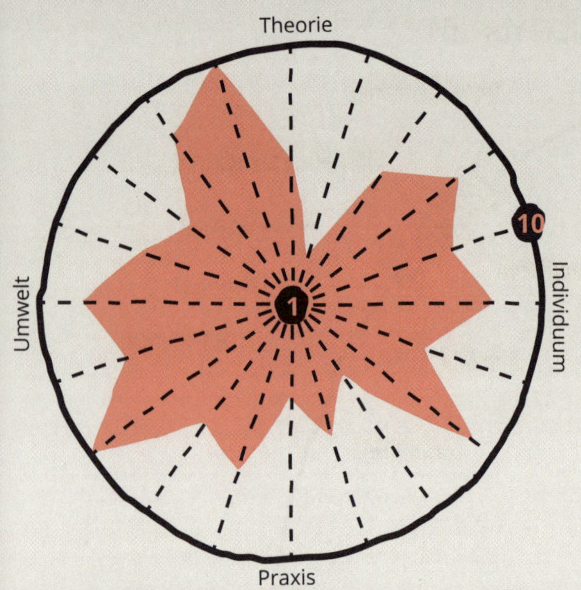

DAS RAD ALS RAUM

Die meisten Dragon-Dreaming-Prozessbegleitenden haben sich für die Begriffe des Projektrades (also die zwei Achsen, vier Phasen und 16 Schritte) jeweils eine Karte gemacht. Wenn sie das Rad in einem Workshop erklären, legen sie diese nach und nach im Raum aus. Für die beiden Achsen legen sie schöne Bänder auf den Boden. Weil die Teilnehmenden meist in einem Kreis sitzen, ergibt sich das Projektrad so im Raum. Das gibt den Leuten die Möglichkeit, immer mal wieder durch das Rad zu gehen. Etwa um sich dorthin zu stellen, wo sich die Gruppe gerade in ihrem Prozess befindet.
Das Rad im Raum liefert so einen tollen Raum für Reflexionsübungen. Eine – »Die vier Projekttypen« – haben wir bereits vorgestellt (↗ Seite 35). Die beiden Übungen rechts sind weitere schöne Gelegenheiten, um zwischendurch spielerisch sich selbst, die Situation im Team oder auch den Stand des Projektes zu erkunden.

ÜBUNG 1: WAS KANN ICH? WAS WILL ICH?

Diese Übung funktioniert mit vier bis 30 Personen – je nach Größe des Raumes. Zunächst stehen alle Menschen auf und laufen ziellos durch den Raum. Es kann helfen, dabei den Körper zu lockern und ihn bewusst zu spüren. Vielleicht tun auch ein paar Dehnübungen gut. Wenn sich die Menschen entspannt haben, bitte sie, sich in den Quadranten zu stellen, in dem sie sich am meisten zuhause fühlen. Lade sie ein, dabei mehr ihrem Körpergefühl zu folgen als ihrem Kopf.

Wenn alle zum Stehen gekommen sind, bilden die Teilnehmenden pro Phase (Träumen, Lernen, Handeln, Feiern) eine Murmelgruppe und tauschen sich in rund 5–10 Minuten (je nach Gruppengröße) darüber aus, warum sie hier stehen.

Ist die Zeit um, laufen die Teilnehmenden wieder durch den Raum. Falls es guttut, können sie noch einmal ein paar Körperübungen machen, auf ihren Atem achten oder spüren, wie sie sich fühlen. Danach stellen sie sich in den Quadranten, in dem sie sich gerne öfter aufhalten würden, dessen Aspekte sie gern umsetzen oder in ihren Alltag integrieren würden. Sobald alle Teilnehmenden stehen, bilden sie wieder pro Quadrant eine Murmelgruppe und tauschen sich aus. Abschließend kann eine Reflexion in der gesamten Runde stattfinden.

ÜBUNG 2: WO STEHEN WIR?

Diese Übung eignet sich für Gruppen bis zwölf Personen pro Sitzkreis. Alle Teilnehmenden erhalten vorab einen Stift und ein Blatt Papier, auf dem das Projektrad mit seinen 16 Schritten eingezeichnet ist. Von der Kreismitte bis zu jedem Schritt enthält es eine Skala von 1–10 (siehe Abbildung links).

Bevor diese Übung losgeht, sollte allen Teilnehmenden das Ziel und der Ablauf klar sein, denn sie sollte in Stille stattfinden. Es empfiehlt sich, die Übung mit einer geführten Stillepause zu starten, damit sich alle zentrieren und mit ihrer Aufmerksamkeit aus ihrem Kopf heraus und mehr in ihren Körper hineinkommen.

Dann gehen alle den Kreis entlang der 16 Schritte ab. Pro Schritt beginnen sie außen und laufen auf einer gedachten Skala (1–10) in die Mitte des Kreises. Dabei sollten weniger der Kopf als das Bauchgefühl und die Füße entscheiden, welcher Wert die richtige Antwort ist auf eine oder beide der folgenden Fragen:

- Wo sind meine Stärken und Schwächen im Projekt?
- Wo stehen wir als Gruppe in jedem Schritt?

Das Ergebnis tragt ihr in dem Rad auf eurem Blatt Papier ein. Wer fertig ist, setzt sich still hin und wartet ab, bis alle ihre Antworten gefunden haben. Anschließend tauscht ihr euch aus, teilt eure Ergebnisse, finden Gemeinsamkeiten, Unterschiede und findet auch heraus, was dies für euer Projekt bedeutet. So könnt ihr zum Beispiel gemeinsame Lücken und Schwächen in einem bestimmten Schritt sichtbar machen, die dringend angeschaut werden sollten.

WEISHEITEN FÜR DAS PROJEKTRAD

- Chaos ist das Tor zur Praxis.
- Alles ist ein temporärer Knotenpunkt in einem Prozess des Fließens.
- Finde Nachfolger, die den Job besser machen als du.
- Folge den natürlichen Rhythmen.
- Betrachte Zeit nicht nur linear, sondern auch zyklisch.
- Tue Dinge dann, wenn die Zeit dafür reif ist.
- Plane für alle vier Phasen gleich viel Zeit und Ressourcen ein.
- Achte auf den Fluss zwischen Individuum und Umwelt.
- Finde einen guten Rhythmus, um zwischen Theorie und Praxis zu wechseln.

ZEIT ZUM NACHDENKEN

Nimm dir dein Notizbuch und beantworte die Fragen: Wo stehst du mit deinen aktuellen Projekten gerade? Wie viel Zeit hast du für das Träumen und Feiern? Was bedeutet Feiern und Träumen für dich konkret?

1. Bilde Gemeinschaften
wo auch immer du bist

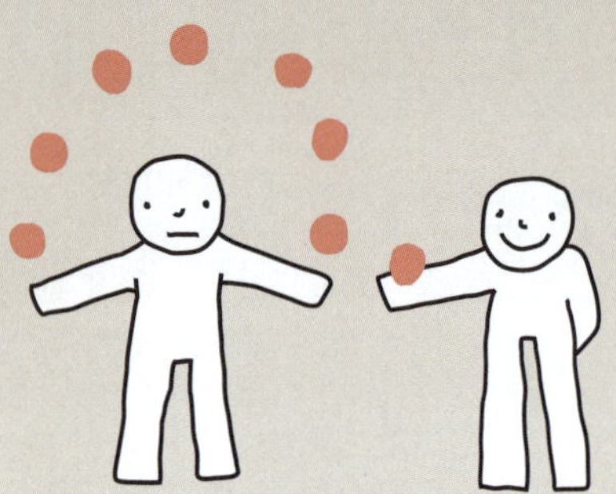

2.Vereinfache dein Leben
und reduziere Komplexität

3. Maximiere Kreativität
in allen Bereichen

4. Löse Konflikte gewaltfrei
oder lerne wie das geht

DIE NATUR DER VERÄNDERUNG

Jedes Projekt will die Welt verändern. Nun gut, sicher nicht gleich den ganzen Planeten. Aber einen kleinen Teil davon auf jeden Fall. Man könnte auch sagen: Projekte eröffnen uns den Handlungsspielraum, um die Welt so mitzugestalten, wie wir sie uns wünschen. Doch wie gelingt Veränderung? Können wir überhaupt etwas bewirken? Wer sich in der Welt umsieht mag vielleicht manchmal daran zweifeln. Der Klimawandel, das Artensterben oder die Vergiftung der Natur sind vom Mensch gemachte Ökokrisen, die uns als Gemeinschaft vor gewaltige Herausforderungen und existentielle Bedrohungen stellen. Wir müssen unsere gesamte Lebensweise überdenken. Und zwar so, dass wir dabei auch noch Frieden und Gerechtigkeit herstellen.

Das scheint eine überwältigend große Aufgabe. »Was kann ich da allein schon tun?«, fragst du dich vielleicht. Oder auch: »Wir als kleine Gruppe – wir können doch nicht die Welt verändern!«. Aber warum nicht? Sicher kennst du den viel zitierten Satz der berühmten Ethnologin Margeret Mead: »Zweifle nie daran, dass eine kleine Gruppe engagierter Menschen die Welt verändern kann – tatsächlich ist dies die einzige Art und Weise, in der die Welt jemals verändert wurde.« Wir glauben fest daran. Und tatsächlich verändert sich die Welt ja ohnehin ständig. Die Vorstellung, dass irgend etwas fix für die Ewigkeit bestünde, ist pure Illusion. Sicher, ein Stein braucht länger, bis er sich verändert, als eine Blume. Doch früher oder später wird sich selbst der größte Fels, ja sogar ein Berg verwandeln. Auch er ist nur ein Knotenpunkt aus Energie, Materie, Kreativität und Chaos in einem endlosen Prozess des Entstehens und Vergehens. Auch er ist, wie du, in diesem Fluss mit allem anderen verbunden. Was du also tust (oder lässt) wirkt sich in der Welt aus. Vielleicht nicht immer für dich sichtbar, aber dennoch.

Die Aktivistin, Buddhistin und Tiefenökologin Joanna Macy hat sich viel mit der Frage auseinander gesetzt, wie wir Menschen aus unserer Unsicherheit, Ohnmacht oder gar Verzweiflung herauskommen, die wir angesichts all des Leids in unserer Welt ganz natürlicherweise empfinden – und diese

5. Bewahre Wissen & Weisheit
nicht nur Daten & Informationen

6. Schätze Vielfalt
als Geschenk des Lebens

7. Etabliere Systeme,
die all das unterstützen

»Wie können wir den großen Wandel so leicht und sicher wie möglich gestalten?«
Das fragt sich John Croft in einem YouTube-Video. Seine Antwort sind diese sieben Punkte links. »Wenn wir sie verwirklichen und all die schrecklichen Krisen – wie Klimakatastrophe, Artensterben und Ende der Ressourcen – doch nicht eintreten ... dann haben wir dennoch viel gewonnen. Wir können dabei nicht verlieren. Aber wenn wir all dies umsetzen, könnten wir die Welt innerhalb von neun Monaten komplett verändern«, meint er. [1]

in Mut und Zuverischt verwandeln können. Ein Kernpunkt ihrer Erkenntnis ist, dass wir die Welt und unsere Zukunft nicht so sehen, wie sie ist. Wir sehen sie, wie wir sind. Diese Erkenntnis ist nicht neu.

Noch bevor Hirnforscher dies bestätigt haben, haben die Philosophen das verstanden. Dass wir uns in weiten Teilen dennoch einig sind, was ist und was nicht, hängt damit zusammen, dass wir uns – vor allem bei sehr komplexen und unübersichtlichen Zusammenhängen – auf bestimmte Vorstellungen und Erklärungsmuster einigen. Es ließe sich also sagen, dass wir uns Geschichten darüber erzählen, wie die Welt (oder ein bestimmter Zusammenhang) ist. Die Sozialwissenschaft spricht hier auch von Narrativen. Wenn es um unsere Zukunft geht, so gibt es laut Macy im Wesentlichen drei Geschichten. In der einen geht im Prinzip alles einfach so weiter, wie heute. Wir werden das gleiche Wirtschaftssystem haben, die gleiche Regierungsform und die gleiche Kultur. Das ist zwar eher unwahrscheinlich. Doch es ist scheinbar das, was sich die meisten Menschen hierzulande wünschen.

Vermutlich auch deshalb, weil die zweite gängige Geschichte über unsere Zukunft von Untergang, Kollaps und Zerstörung handelt. Wir Menschen verwüsten unseren Planeten und ruinieren unsere Zivilisation. Selten hören wir eine dritte Geschichte von einer Zukunft, in der zwar vieles anders, aber zugleich auch viel besser ist. Eine Zukunft, in der es ein gutes Leben für alle gibt – und nicht nur für einen kleinen Teil der Menschheit.

Natürlich kann uns niemand garantieren, dass wir die dritte Geschichte erleben, wenn wir uns nur richtig reinhängen. Leider. Und doch gibt es das sogenannte Thomas-Theorem. Die US-Soziologin Dorothy Swaine Thomas und ihr Mann, der Soziologe William Isaac Thomas haben erkannt: »Wenn die Menschen Situationen als wirklich definieren, sind sie in ihren Konsequenzen wirklich«. Je mehr wir also daran glauben, dass die dritte Geschichte wahr wird, desto wahrscheinlicher wird sie. Damit du mit deinem Dragon-Dreaming-Projekt zu diesem großen, grandios schönen Wandel beitragen kannst, findest du in diesem Kapitel einige wichtige Hintergrundinformationen dazu. Du erfährst, wann Veränderung nachhaltig ist, wann du im Projektverlauf welche Energiereserven brauchst, und welchen Verlauf die Motivation bei all dem nimmt.

VERÄNDERUNGSPROZESSE

Meist sind die Veränderungsprozesse, die wir mit unseren Projekten anstreben, komplex und keineswegs immer so eindeutig klar, wie wir dies in den Kurven rechts idealtypisch darstellen. Und doch haben wir alle Bilder davon im Kopf, wie Veränderungen vonstatten gehen sollten, wenn alles richtig rund und ohne Zwischenfälle verläuft.

Am liebsten wäre es wohl vielen, Veränderungen würden möglichst sofort, also sprunghaft eintreten (↗ Grafik 1, rechts). Doch anders, als uns unsere schnelllebige und konsumorientierte Kultur nahelegt, gelingt das nur sehr selten. Auch eine lineare Veränderung vom Ausgangs- zum gewünschten Endpunkt (↗ Grafik 2) kommt nicht sehr häufig vor.

Schon öfter finden wir Veränderungen, die auf dem Prinzip der positiven Rückkopplung basieren, etwa beim exponentiellen Wachstumt (↗ Grafik 3): Ein Projekt verändert zu Beginn nur wenig – es findet ja in der Traumphase vor allem als Idee in den Köpfen einiger Menschen statt. Erst während der Planungsphase nehmen die Veränderungen zu, je stärker das Projekt mit der Umwelt im Austausch ist. Entsteht hierbei eine positive Rückkopplung, verändert sich immer mehr und die Kurve steigt immer stärker.

Ein Beispiel dafür ist eine gelungene Crowdfunding-Kampagne. Je mehr Menschen Geld beitragen, desto mehr Menschen machen bei der Kampagne mit. Die Veränderungskurve steigt also immer schneller, immer steiler an. Doch Vorsicht: In unserer westlichen Kultur gilt der Mythos »mehr ist besser«. Veränderungsprozesse mit exponentiellem Wachstum scheinen uns als das Ideal.

Deshalb glauben wir an so verrückte Dinge wie die unendliche Kapitalakkumulation (also dass aus Geld unendlich viel mehr Geld werden kann) und endloses Wirtschaftswachstum. Mit den bekannten Folgen: Die Umweltausbeutung und -verschmutzung nimmt im gleichen Maße zu. Machen wir so weiter, führt dies unweigerlich zum ökologischen und sozialen Kollaps. Die Veränderung, die wir durch das unendliche Wirtschaftswachstum erreichen wollten (Wohlstand für alle), fällt in sich zusammen. Eine Entwicklung, die die dritte Kurve rechts zeigt.[2]

Würden wir verstehen, dass wir nicht mehr brauchen, sondern nur gerechter teilen müssen, könnten wir kollektiv entscheiden: »Jetzt ist es genug«. Dann könnten wir heute noch eine negative Rückkopplung einleiten (↗ Grafik 4). In der Wirtschaft bräuchten wir dazu einen anderen Indikator als das Bruttoszialprodukt. Das könnte zum Beispiel die Bilanz der Gemeinwohlökonomie sein oder die Grenzen der Donut-Ökonomie (Kasten rechts). In unseren Projekten dienen uns dazu die Schlüsselindikatoren (↗ Seite 188 ff.), die zeigen, wann wir unsere Träume und Ziele erreicht haben.

Wenn ihr eure Fortschritte regelmäßig prüft, werdet ihr fast von Beginn an feststellen, dass ihr erste Träume bereits erfüllt habt. Nach und nach werden es immer mehr sein, sodass ihr immer mehr Tätigkeiten einstellen und eure Erfolge feiern könnt. Sofern das Projekt frei von Wachstumszwängen ist, ist irgendwann sein Zweck erfüllt. Dann läuft es in der Feiernphase in einem sanften Bogen auf dem gewünschten Veränderungsniveau aus.

DIE DONUT-ÖKONOMIE

Die britische Ökonomin Kate Raworth hat, wie viele andere, erkannt, dass wir andere Indikatoren für unsere wirtschaftlichen Tätigkeiten brauchen, als allein das Bruttosozialprodukt und das Wirtschaftswachstum.

Als Leitplanken für eine ökologisch und sozial sinnvolle Wirtschaft hat sie die Form des Donut gefunden: die innere Grenze ist durch die internationalen Menschenrechte gesetzt. Alle Tätigkeiten, die diese Linie überschreiten, müssen wir unterlassen. Die äußere Grenze markieren die Kapazitäten der Natur: Alles, was das Ökosystem Erde nicht an Verschmutzung und Verbrauch tragen kann, müssen wir beenden.

Amsterdam hat als erste Wirtschaftszone damit angefangen, in Kooperation mit Kate Raworth diese Prinzipien umzusetzen. Wir sind gespannt! *www.kateraworth.com*

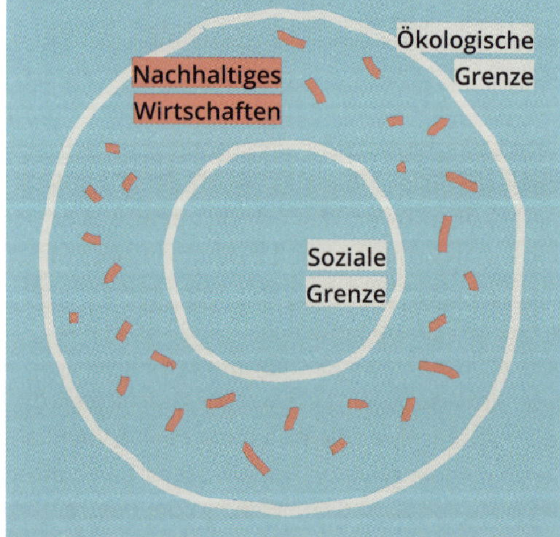

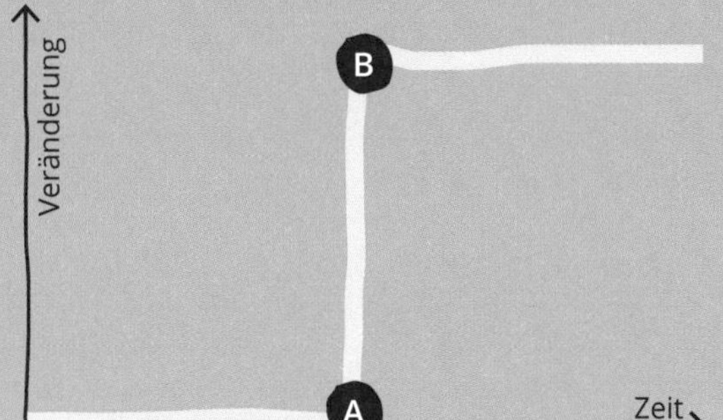

1. Die sprunghafte Veränderung vom Ausgangszustand (A) zum Wunschzustand (B) ist sehr selten.

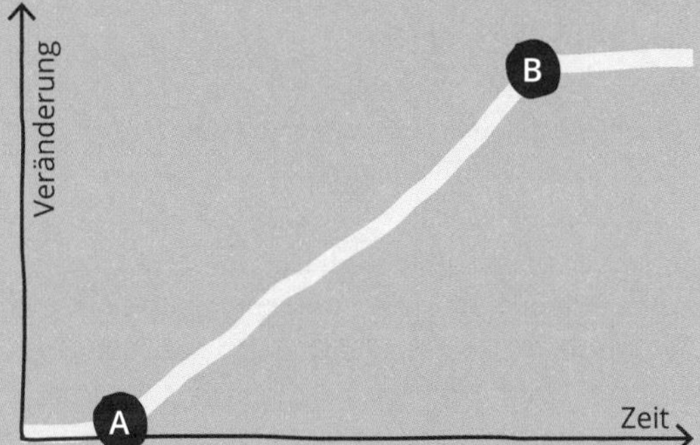

2. Die lineare Veränderung prägt meist unser Bild von Wandelprozessen, ist aber die Ausnahme.

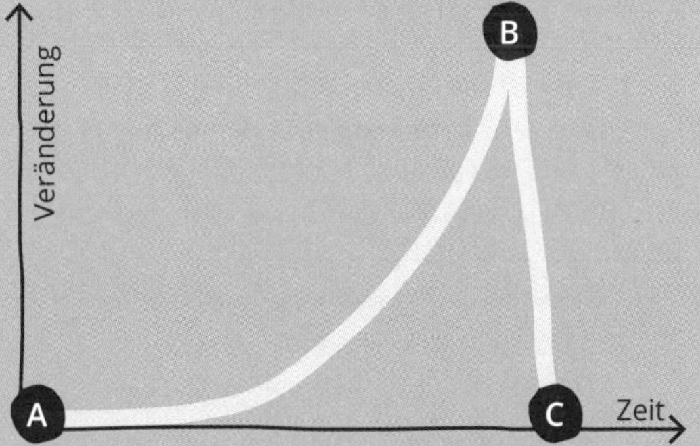

3. Exponentielles Wachstum ist nicht von Dauer, es führt in der Natur meist zu einem Kollaps (C).

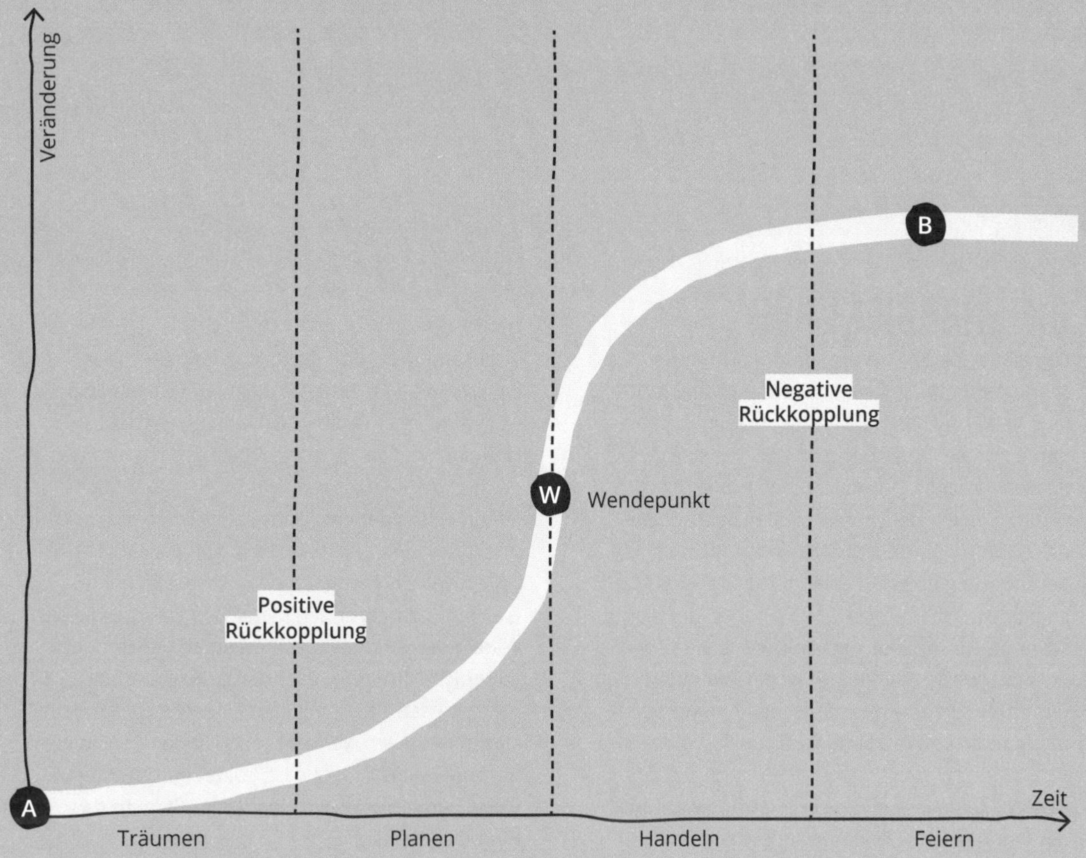

Veränderung

B

Negative Rückkopplung

W Wendepunkt

Positive Rückkopplung

A

Zeit

Träumen | Planen | Handeln | Feiern

4. Nachhaltige Veränderungsprozesse brauchen zwei Rückkopplungsmechanismen: Beim Träumen beschleunigt sich die Veränderung durch die positive Rückkopplung zunächst langsam, während des Planens immer schneller (A–W). Dies würde zu unendlichem Wachstum führen, gäbe es nicht die negative Rückkopplung (W–B): Indem wir erkennen, dass wir nach und nach unsere Ziele erreicht haben, stellen wir immer mehr Tätigkeiten ein. So läuft die Kurve irgendwann auf dem gewünschten Veränderungsniveau aus (B).

DIE ENERGIEKURVE

Ohne Energie, keine Veränderung. Du musst schon Aufmerksamkeit, Kreativität, Liebe, Arbeit und Ressourcen in dein Projekt fließen lassen, damit sich die Veränderung in der Welt zeigt, die du dir wünschst. Doch nicht jede Projektphase verlangt gleich viel Energie- und Arbeitsaufwand. Am Anfang während der Traumphase, in der die Veränderung langsam anläuft, braucht ein Projekt auch meist nicht so viel Energie. Über Ideen und Wünsche zu sprechen, schenkt Menschen sogar normalerweise Energie. Oft ist ein Team nach dem Traumkreis in einer euphorischen Anfangsstimmung und kann es kaum erwarten, loszulegen.

In dem Maße, indem die Veränderung während der Planung Fahrt gewinnt, steigt auch der Energiebedarf. In dem Augenblick, in dem die Veränderungskurve ihre Richtung wechselt (aus der positiven wird die negative Rückkopplung), sinkt der Arbeitsbedarf des Projektes: in der Mitte – auf der Schwelle zwischen Planen und Handeln – erreicht sie daher ihren Höhepunkt, fällt dann erst schnell und danach immer langsamer, bis die Kurve in der Feiernphase ausläuft.

Die Energiekurve, die du rechts in der Grafik siehst, lässt sich sowohl auf dich als Individuum anwenden, als auch auf die Arbeitsleistung deines Teams insgesamt. Natürlich ist auch diese Kurve idealtypisch. In kaum einem Projekt wird sie genau so und ohne irgendwelche Schwankungen aussehen. Und doch hat sie dir etwas Wichtiges mitzuteilen:

Erstens, dass der Energiebedarf am Scheitelpunkt der Kurve niemals die individuellen oder kollektiven Energiereserven übersteigen sollte. Geschieht das, brennen Menschen aus. Sie werden krank oder verlassen das Projekt (innerlich oder äußerlich). Zweitens, dass der größte Kraftakt rund um den Übergang vom Planen zum Handeln stattfindet. Auch wenn es gegen Ende des Planens besonders anstrengend ist, solltet ihr durchhalten. Wenn genug Energie ins Planen fließt, geht das Handeln leichter.

Wenn du die vier Phasen des Projektrades unter die beiden Kurven legst, siehst du: Am meisten Energie gibst du in den Phasen »Planen« und »Handeln« ab. Die Phasen »Träumen« und »Feiern« brauchen am wenigsten Energie. Das zeigt dir, warum es so wichtig ist, allen vier Phasen gleichermaßen Zeit, Aufmerksamkeit, Bedeutung und Budget zu geben. Nach den anstrengenden Phasen »Planen« und »Handeln« brauchst du die kraftspendenden Phasen »Feiern« und »Träumen«. Andernfalls brennst du aus.

KRAFTRESERVEN

Je größer dein Vorhaben ist, desto größer ist der Berg, den du rechts in der Grafik siehst. Damit du diesen Aufstieg schaffst, solltest du im Vorfeld prüfen, ob du genug Kraftreserven und Tankstellen hast – sonst rollst du einfach den Berg wieder hinunter. Sollte die Strecke A–H–B deine Kapazitäten oder die deines Team übersteigen, überlege dir:

- Gibt es externe Unterstützung, etwa in Form von Partnern, Dienstleistern oder Ehrenamtlichen?
- Kannst/willst du deine Leistungfähigkeit steigern? Zum Beispiel, in dem du eine Weiterbildung machst und dadurch deine Aufgabe effizienter erfüllen kannst.
- Kannst/willst du deine Ziele verkleinern? Das muss nicht bedeuten, dass du Träume aufgibst. Vielleicht läuft es auch einfach darauf hinaus, dass du aus einem Projekt zwei oder drei machst.

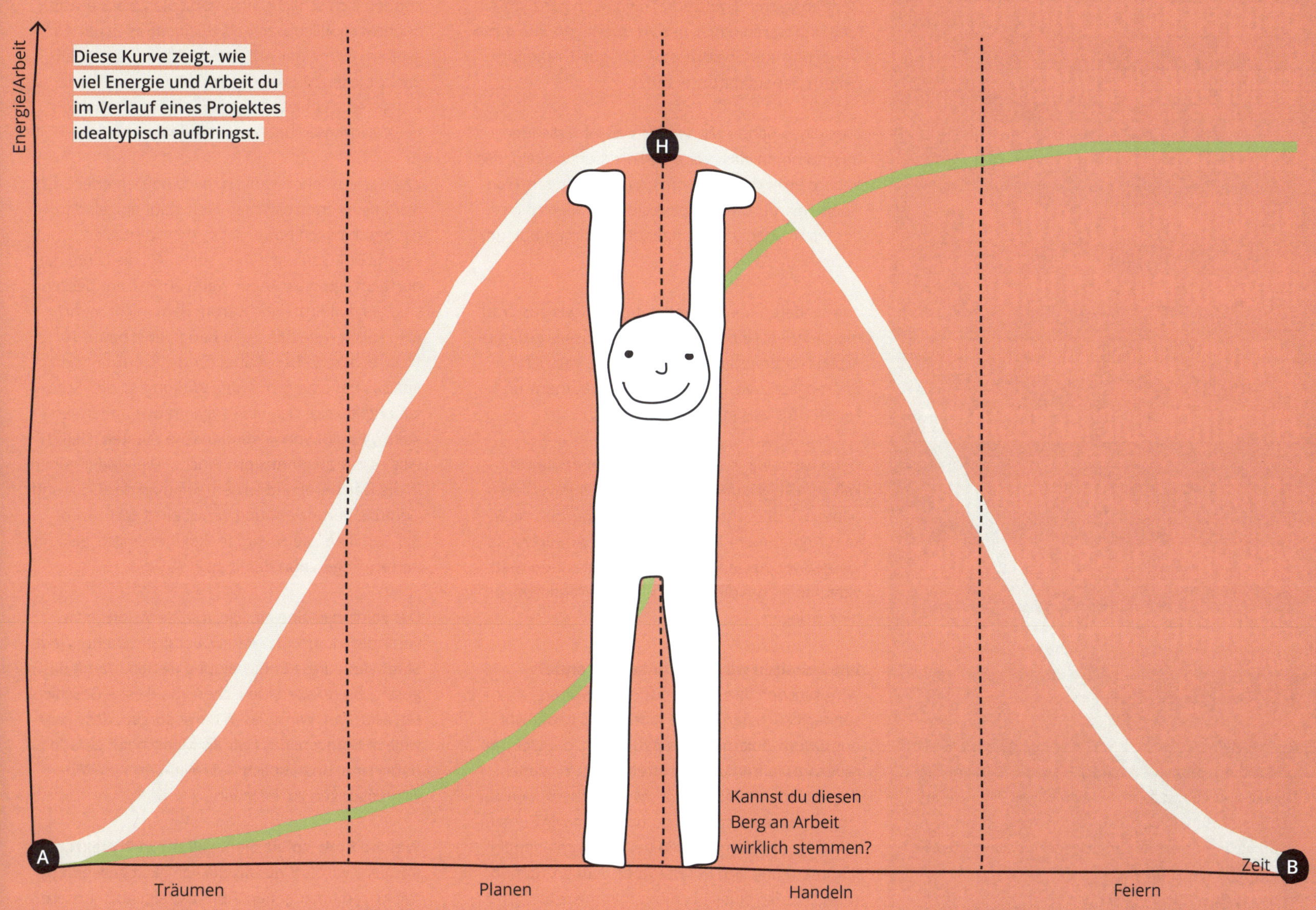
Energie/Arbeit
Diese Kurve zeigt, wie viel Energie und Arbeit du im Verlauf eines Projektes idealtypisch aufbringst.
H
A
B
Zeit
Kannst du diesen Berg an Arbeit wirklich stemmen?
Träumen
Planen
Handeln
Feiern

»WIR MÜSSEN DAS TRÄUMEN UND FEIERN KULTIVIEREN, WENN WIR UNERHÖRT ERFOLGREICHE PROJEKTE VERWIRKLICHEN WOLLEN. UND WIR MÜSSEN DAFÜR SORGEN, DASS GANZ VIELE ERFAHREN: DIE MENSCHHEIT ERFINDET GERADE UNGLAUBLICH VIELE DIESER UNERHÖRT ERFOLGREICHEN PROJEKTE«

ROB HOPKINS

Rob Hopkins ist britischer Dozent, Umweltaktivist und Gründer der weltweiten Transition-Town-Bewegung. Die letzten 15 Jahre hat er Projekte ins Leben gerufen, die unsere Lebensweise grundlegend veränderten. Dragon Dreaming war dabei eine wichtige Inspirationsquelle.
↗ *https://transitionnetwork.org*

Warum war Dragon Dreaming für dich wichtig?
Ich traf John Croft das erste mal 2006. Damals standen wir mit Transition Town noch ganz am Anfang und waren dabei, uns zu überlegen, wie diese Bewegung aussehen müsste. Dragon Dreaming hat uns dabei sehr unterstützt.

Zum einen haben wir damals von John die Idee übernommen, dass wir ein Projekt entwickeln, das andere Projekte unterstützt. Wir gestalteten Transition Town Totnes so, dass sie allen Menschen der Stadt einen unterstützenden Rahmen bot, um selbst aktiv zu werden.

Zum anderen hat die Idee mit dem Kreis aus Träumen, Planen, Handeln und Feiern unsere gesamte Arbeitskultur verändert. Seit damals versuche ich, möglichst viele Elemente des Träumens und Feierns in alle Projekte einzubauen.

Denn wenn wir in unserer Gesellschaft die Fähigkeit zum Feiern und Träumen weiterhin verlieren, haben wir ein echtes Problem. Wir werden einerseits immer mehr Burn-outs sehen. Andererseits werden wir zu wenig Einfallsreichtum und Kreativität haben, um die notwendigen Veränderungen hinzukriegen.

Wie behalten wir dabei unsere Energie?
Wir brauchen dazu nicht nur den äußeren, sondern auch den innere Wandel. Es geht nicht nur darum, Solarpanele aufzustellen, mit Elektrorädern zu fahren und Karotten selbst zu ziehen. Wir dürfen das Paradigma »Mehr ist besser« nicht länger reproduzieren. Dazu brauchen wir Gemeinschaften, in denen sich die Beiligten umeinander kümmern und sich unterstützen. Nur so können wir das Risiko eines Burn-out minimieren.

Und wie bringen wir Menschen zum Träumen?
Eine wichtige Frage. Die allermeisten Menschen können sich schlicht nicht vorstellen, dass etwas anderes möglich wäre, als Business-as-usual. Ein großer Teil meiner Arbeit besteht heute deshalb darin, diesen Muskel der Vorstellungskraft zu trainieren. Damit wir aus dem »what is«-Denken herauskommen und »what if«-Fragen stellen.

Wie das aussehen kann, hab ich neulich erlebt. Ich war in eine französischen Kleinstadt eingeladen, die beschlossen hatte, dass 20 Prozent allen Schulessens Bio-Qualität haben sollte. Als die Leute das hörten fragten sie »Aber wenn 20 Prozent besser sind als null Prozent – warum dann nicht mehr?« Also kauften sie Land und bauen dort heute 70 Prozent aller Lebensmittel für die Schulkantinen an. Das hat eine großartige Wirkung: In den Schulen entwickelte sich eine vollkommen andere Esskultur. Es gibt vorwiegend frische Zutaten. Fleisch gibt es nur an einmal pro Woche. Die Kinder gehen in die Gärtnerei und lernen, wie man das Obst und Gemüse heranzieht und verarbeitet. 60 Prozent der Familien, die zuvor nie Biolebensmittel gekauft hatten, fingen nun damit an.

Das zeigt, das eine einzige, mutige Vision so viel verändern kann. Das kann überall geschehen. Jede Stadt kann diese Entscheidung treffen. Damit das geschieht, müssen Menschen von diesen Geschichten erfahren. Wir müssen dafür sorgen, dass ganz viele mitkriegen, dass wir als Menschheit gerade dabei sind, unglaublich viele Win-Win-Win-Win-Win-Lösungen zu erfinden.

Welche Rolle spielt die Resilienz in Projekten?
Resilienz wird oft nur als die Fähigkeit gesehen, mit Krisen umzugehen. Aber es zeigt auch unsere

Foto: Mattias Olsson / Campfire Stories

Verletzlichkeit. Wer da mit einer positiven Haltung rangeht, entdeckt eine riesige Fundgrube an Möglichkeiten.

Nehmen wir Totnes als Beispiel: Ein großer Teil der Lebensmittel kommt von außerhalb. Aber wenn die Lastwagen mal nicht mehr fahren, gehen uns innerhalb von fünf Tagen die Lebensmittel aus. Jeder Schritt, der dazu beiträgt, dass wir eine lokale Lebensmittelversorgung wiederherstellen, ist aber auch eine große Chance in Bezug auf Gesundheit, Arbeitsplätze, Wissen, Investitionen und vieles mehr.

Bist du eigentlich optimistisch, dass wir als Menschheit diesen Wandel schaffen?
Ich hoffe es. Ich weiß es nicht. Ich habe John vor 15 Jahren das erste Mal getroffen. Seit dem haben wir ein Drittel aller von Menschen gemachten Treibhausgase in die Atmosphäre entlassen. Das bedeutet wir konnten das nicht wirklich reduzieren. All die Bewegungen, die versuchen, hier etwas zu unternehmen, stehen einer unglaublich ausgeklügelten und mächtigen Maschinerie gegenüber. Wir alle tun seit Jahren unser Bestes – aber es ist eben nichts im Vergleich dazu, welche Möglichkeiten Konzerne wie Exxon oder andere haben.

Dennoch denke ich: Wenn der Moment kommt, in dem vielen Menschen bewusst wird, dass wir größere Veränderungen brauchen, als einfach nur neue Steuern oder den Umstieg auf Elektroautos, dann werden Bewegungen wie Transition Town und Dragon Dreaming die Silicon-Valley-Forschungslabore sein, die in den letzten 15 Jahren versucht haben, neue Wege zu finden, zu experimentieren und neue Infrastrukturen aufzubauen. Wenn sich das Bewusstsein verändert, dann sind wir mit unseren Ideen, Träumen und Win-Win-Lösungen da.

DER MOTIVATIONSVERLAUF

In welchem Verhältnis dein Energieaufwand zu der Veränderung steht, die du durch dein Projekt erreichst, beeinflusst direkt deine Motivation. Die grüne und rote Kurve rechts zeigen: Nach dem Träumen und Planen hast du zwar schon viel Energie und Arbeit in dein Projekt gesteckt, aber es ist immer noch reine Theorie. Praktisch hat es in der Welt noch immer wenig verändert. Das kann deine Motivation schwächen. Gleichzeitig steigt das Potenzial für Konflikte, weil ab dem Planen zunehmend Entscheidungen anstehen. Auch das kann Kraft rauben und demotivieren. Was dann hilft? Feiern! (Mehr dazu auf der nächsten Seite).

WIR-PROZESS

Ein weiteres Modell, das der Motivationskurve zugrunde liegt, beschreibt der US-amerikanische Psychologe Scott Peck in seinem Prozess der Gemeinschaftsbildung. Auch er hat vier Phasen gefunden: Die Pseudogemeinschaft am Anfang, wenn alle begeistert sind voneinander und vom gemeinsamen Traum. Dann die Chaos-Phase, in der die Mitglieder mehr und mehr die Unterschiede sehen. Hier treten Konflikte und Machtkämpfe auf. Dies mündet im Idealfall in eine Phase der Leere. Die Menschen werden innerlich still, lassen ihre Verurteilungen los und nehmen die Welt auch aus der Perspektive der Anderen wahr. Aus dieser Leere kann dann in der Erholungs- und Transformationsphase eine authentische Gemeinschaft entstehen. Mehr dazu auch im Interview mit Marie-Luise Stiefel (↗ Seite 202).

GEMEINSCHAFTSBILDUNG & MOTIVATION

Ein Team durchläuft während eines Projektes oft die folgenden zehn Phasen. Das wirkt sich auch auf die Motivation aus, wie die idealtypische Kurve rechts zeigt. Sie ist eine Adaption der Kurve des Wandels von Elizabeth Kübler-Ross und anderen.

1. Annäherung: Du hörst erstmals von dem Projekt und denkst »interessante Sache«. Du engagierst dich aber noch nicht. Dann erfährst du mehr und entscheidest dich mitzumachen.

2. Anziehung: Nun kommt es zu einem Prozess gegenseitiger Anziehung. Alle aus dem Team beginnen gemeinsam zu träumen.

3. Engagement: Die Motivation steigt und damit wächst das Engagement. Nach dem ersten Treffen gibt es weitere.

4. Flitterwochen: Alle Projektbeteiligten denken sich: »Wow, was für ein tolles Projekt! Wir werden die Welt verändern!« Die Begeisterung und Motivation ist groß. Unterschiede und Konflikte blendet das Team meist noch aus oder übergeht sie taktvoll.

5. Verneinung: Die ersten Probleme tauchen auf. Es gibt Hindernisse und Konflikte. Doch noch denkt das Team »Das ist ja nicht so schlimm. Das schaffen wir schon«. Dennoch sinkt die Motivation.

6. Kompromiss: Um Probleme zu lösen, gehen manche Kompromisse ein. Doch Kompromisse bedeuten: Manche Träume sind nicht so wichtig. Das führt zu Machtkämpfen, Vertrauensverlust, verhärteten Fronten und Lagerbildungen. Frust und Demotivation sind die Folge.

7. Flucht, Kampf, Starre: Ab hier sinkt die Motivation ins Negative. Typische Reaktion sind dann: Flucht (Menschen verlassen das Projekt), Kampf (etwa: »wenn X nicht tut, was ausgemacht ist, dann mach ich auch nicht, was X sich wünscht«) oder Starre (Kopf in den Sand stecken).

8. Depression: Halten die Macht- und Konkurrenzkämpfe ohne Lösung an, verfallen die Projektmitglieder in eine Depression. Wer in so einer Situation und in so einem Umfeld steckenbleibt, läuft Gefahr auszubrennen (Burn-out).

9. Erholungsphase: Schafft es das Team zu feiern, können sich die Menschen jenseits ihrer Konflikte, auf einer anderen Ebene treffen. Das führt zu Erholung und Entspannung in und zwischen den Menschen – die Motivationskurve steigt wieder.

10. Transformation: Feiern kann Menschen und Teams verändern. Körperliche Anspannung kann abfallen, wenn Menschen gemeinsam tanzen, singen, lachen und essen. Das Miteinander kann zu einer neuen Akzeptanz führen. Vielleicht sehen Menschen Seiten am anderen, die sie zuvor in der Anspannung der Konflikte nicht wahrgenommen haben. Wenn dies geschieht, steigt die Motivation wieder. Am Ende eines Projektes sollte sie auf jeden Fall wieder im positiven Bereich sein.

Hinweis: Die hier skizzierten Phasen sind idealtypisch. In jedem Projekt verlaufen sie unterschiedlich stark und lang. Das heißt, die Kurve muss nicht so stark abstürzen. Dazu kommt, dass die Menschen diese Phasen vielleicht in verschiedenem Tempo erleben: Während die eine noch in der Flitterwochenphase schwebt, steckt der andere tief in der Verneinung.

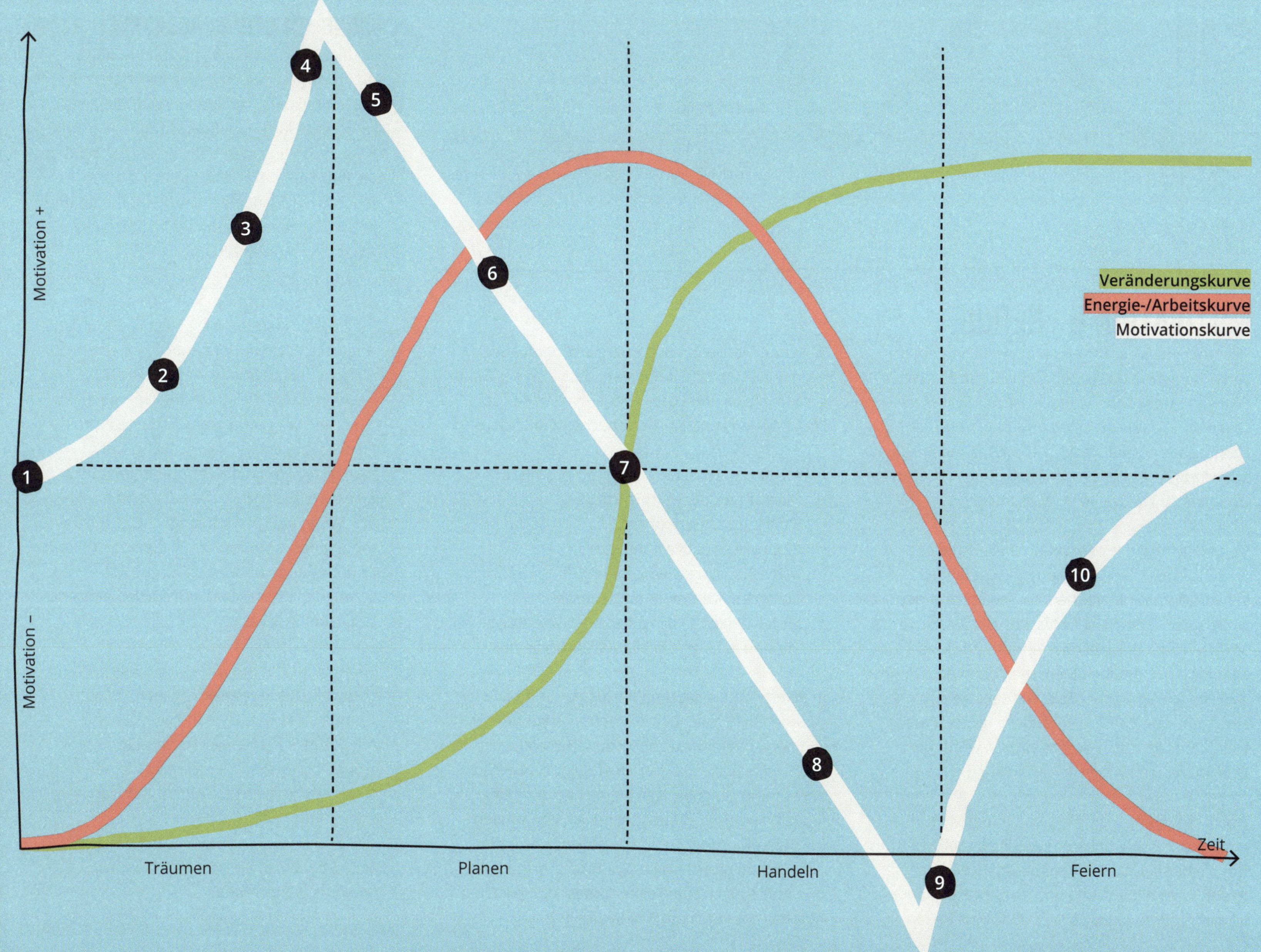
Motivation +
Motivation –
1
2
3
4
5
6
7
8
9
10
Veränderungskurve
Energie-/Arbeitskurve
Motivationskurve
Zeit
Träumen
Planen
Handeln
Feiern

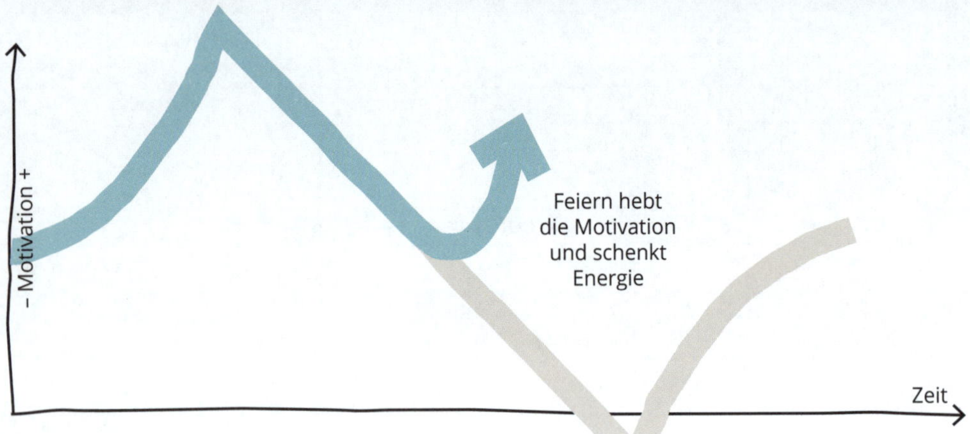

MOTIVATION & ENERGIE

Hast du jemals ein Projektteam erlebt, in dem alle von Anfang bis Ende super motiviert und voller Energie waren? Sehr wahrscheinlich nicht. Menschen und Teams durchleben Höhen und Tiefen. Das ist ganz normal. Jeder Mensch hat mal einen schlechten Tag oder braucht Ruhe und Erholung. Und dann sollte das auch möglich sein.

Denn das Ideal der permamenten Leistungsbereitschaft oder gar -optimierung ist gefährlich. Das gilt vor allem für Menschen, die etwas verändern wollen, was ihnen wirklich wichtig ist. Das Klima zu schützen zum Beispiel oder Armut und Hunger zu bekämpfen. Oft haben Menschen dann das Gefühl, dass sie nie genug tun. Egal, wie sehr sie sich anstrengen: die sichtbare Veränderung bleibt meist weit hinter dem zurück, was sie sich wünschen. Und so treiben sie sich immer weiter an.

Doch im Grunde folgt dies genau dem Mythos »mehr ist besser« unserer Leistungsgesellschaft. Der treibt aber nicht nur immer mehr Menschen in den Burn-out. Er stellt uns als Gesellschaft vor immer größere ökologische und soziale Krisen.

Sinkende Motivation und Energie können aber auch Anhaltspunkte dafür sein, dass sich ein Team gerade in eine Win-Lose- oder sogar Lose-Lose-Situation verrennt. Einige Anzeichen dafür sind:

- Menschen schließen faule Kompromisse
- Menschen ziehen sich zurück
- Sie bilden Lager/Fronten
- Es gibt destruktive Konflikte
- Menschen hören nicht mehr tief zu
- Sie reden nicht mehr authentisch
- Sie verfangen sich in einer Analyse-Paralyse
- Sie sind gefangen in blindem Aktionismus

In einem Projekt regelmäßig zu feiern und zu träumen hilft, solche Anzeichen zu erkennen und zu überwinden! Dazu gehört zum Beispiel, dass ihr euch tief zuhört, authentisch sprecht sowie Dankbarkeit und gegenseitiger Wertschätzung pflegt. Manchmal reicht es auch schon, an schwierigen Punkten innezuhalten und zu sehen, was ihr trotz allem schon erreicht habt. Weitere Informationen und Anleitungen zum Feiern findest du im letzten Abschnitt des Buches (↗ Seite 226 ff.).

ÜBUNG: DIE STIMMUNGSKURVE

Da unsere Gruppe aufgrund von Konflikten im Verlauf des Projektes mehrfach mit Motivationstiefs konfrontiert war, haben wir beim Feiern des Projektes sichtbar gemacht, wie sich die Gruppenmotivation im Verlauf des Projektes verändert hat. Wir wollten dadurch herausfinden, welche Momente und Interventionen uns geholfen haben, unsere Motivation zu steigern.

Dafür haben wir erst mal alle Treffen und Ereignisse – insbesondere solche, die unsere Motivation beeinflusst haben – auf einem horizontalen Zeitstrahl eingetragen. Die y-Achse bildete die Motivation in Prozent ab. Dann sind wir gemeinsam die Zeitabschnitte durchgegangen und haben uns spontan geeinigt, wie hoch die Gruppenmotivation jeweils vor, während und nach dem Ereignis war. Wenn die Einschätzungen weit auseinander gingen, haben wir uns über die Gründe unterhalten und anschließend Mittelwerte gebildet. So entstand unsere gemeinsame Motivationskurve.

Der Prozess hat uns um einige Ahas reicher gemacht. Das Ergebnis hat uns nicht nur amüsiert. Es hat uns auch Zuversicht für zukünftige Projekte geschenkt: Auch aus großen Motivationstiefs heraus können Menschen gemeinsam wieder Motivation erschaffen!

Anna Dolf, Dragon Dreaming Facilitatorin, Hamburg, Deutschland

WEISHEITEN FÜR DEN GROSSEN WANDEL

- Wenn es keinen Spaß macht, lohnt es sich nicht.
- Alles ist ein temporärer Knotenpunkt in einem Prozess des Fließens.
- Schaffe dir gezielt Kraftquellen und Energietankstellen.
- In 20 Prozent der Zeit schaffen wir 80 Prozent der Arbeit.
  Die restlichen 80 Prozent unserer Zeit brauchen wir für die letzten 20 Prozent der Arbeit.
- Achte auf positive und negative Rückkopplungen.
- Menschen planen nicht zu scheitern, sie scheitern beim Planen.
- Wenn die Motivation sinkt: Feiere. Feiere immerzu.
- Baue eine wirklich gute Gemeinschaft auf.

ZEIT ZUM NACHDENKEN

Nimm dir dein Notizbuch und beantworte die Fragen: Was sind deine Kraftquellen? Welche Phasen in einem Projekt sind für dich die anstrengendsten? Wann hast du genug? Wo stehst du jetzt gerade mit deiner Motivation?

TRÄUMEN

DER TRAUM

Jedes Projekt will Veränderung. Und jede Veränderung braucht einen Traum. Es braucht die Vorstellung davon, wie die Welt in Zukunft anders, nein: besser sein könnte. Nur so entstehen Sehnsucht, Kreativität und Motivation in uns. Hätten wir keine Träume, hätten wir wohl auch keine Musik, keine Literatur, keine Philosophie, keine Wissenschaften und keine Demokratie. Wir wären nie zum Mond geflogen und Frauen hätten kein Wahlrecht. Uns etwas vorzustellen und diese Idee, diese Vision, diesen Traum zu verwirklichen macht uns Menschen aus.

»Ich habe einen Traum« (I have a dream). So lautet der Titel der berühmten Rede von Martin Luther King Jr. Gehalten hat er sie 1963 vor über 250.000 Menschen. Sie alle waren zum Lincoln Memorial in Washington gekommen, um endlich die Gleichstellung der Afroamerikaner und -amerikanerinnen zu fordern. Fast 60 Jahre später ist dieser Traum noch immer nicht in Erfüllung gegangen. Leider! Dennoch glauben die Menschen immer noch fest daran, dass er eines Tages Wirklichkeit wird. Weltweit gehen sie mit dem Slogan »Black Lifes Matter« auf die Straße.

Das zeigt, dass große kollektive Träume – wie sie Menschen wie King, Gandhi oder Mandela in den Menschen geweckt haben, um nur einige zu nennen – eine gewaltige Energie und Kraft in uns Menschen freisetzen können. Durch sie können wir auch längere Phasen der Anstrengung, Frustration oder Rückschläge durchstehen. Ja, für sie nehmen manche von uns sogar erhebliche Nachteile in Kauf, wie Gefängnis, körperliche Gewalt, das Ende einer Karriere oder Verunglimpfungen.

Ganz so heroisch geht es in unserem Projektalltag natürlich nicht (immer) zu. Dennoch verfolgen alle Dragon-Dreaming-Projekte ja die drei Prinzipien: Jedes Individuum soll über sich hinauswachsen, die Gemeinschaft gedeihen und die Erde als Ganzes bereichert werden. Daraus ergibt sich der Anspruch, dass die Welt durch ein Dragon-Dreaming-Projekt zu einem besseren Ort wird. Das kann im Einzelfall Unterschiedliches bedeuten. Es erzeugt aber bei jedem Projekt einen übergeordneten Sinn.

Der Traum ist damit der Dreh- und Angelpunkt jedes Dragon-Dreaming-Projektes. Gibt es keinen starken Traum, gibt es vermutlich auch nicht genug Motivation, das Projektziel zu erreichen. Der brasilianische Pädagoge Paulo Freire, der Dragon Dreaming mit seiner Philosophie stark beeinflusst hat, hat es folgendermaßen auf den Punkt gebracht:

»Es gibt keine Veränderung ohne Traum, so wie es keinen Traum ohne Hoffnung gibt.«

Um einen starken, alle motivierenden Traum zu entwickeln, gibt es im Dragon Dreaming die Methode »Traumkreis«. Der Clou daran ist, dass sich das Team gemeinsam geistig in die beste aller realistisch denkbaren Zukünfte versetzt. Es wählt einen Zeitraum und reist in Gedanken dorthin – seien dies nun fünf Wochen oder fünf Jahre. Dann erzählt jede Person Traum für Traum und reihum rückblickend, was in dieser Zeit alles geschehen ist, was die Gruppe gemeinsam erreicht und bewirkt hat. Dieser kleine Trick zeigt immer wieder eine erstaunliche Wirkung: Auf einmal geht es nicht mehr darum, was an Anstrengungen, Aufgaben und Schwierigkeiten noch vor einem liegt – sondern was alle gemeinsam an tollen Dingen erreicht, gelernt, erlebt und bewältigt haben.

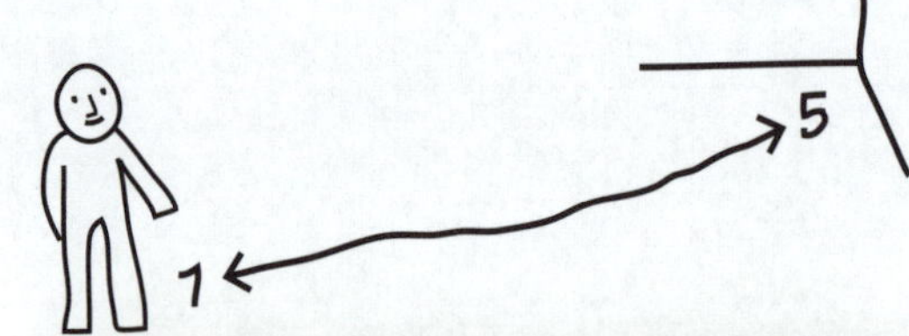

DEN RICHTIGEN ZEITRAUM FINDEN

Eigentlich soll ein Traumkreis maximal ein Jahr umfassen. Bei großen, komplexen Projekten braucht es jedoch eine Vision von bis zu fünf Jahren. Noch längere Zeiträume führen teilweise zu so abstrakten Träumen, dass die weitere Planung und Umsetzung schwierig werden kann. Den idealen Zeitraum kann entweder der Mensch festlegen, der das Projekt initiiert, oder das Team gemeinsam. Dazu können sie sich in einem Raum in der Diagonale auf einem Zeitstrahl aufstellen. In einer Ecke des Raumes liegt dann zum Beispiel ein Zettel mit der Aufschrift »1 Monat«. In der gegenüberliegenden Ecke liegt einer mit »1 Jahr«.

Die Projektmitglieder können sich nun im Raum auf der Achse an den für sie sinnvollen Zeitpunkt stellen. Wer sich also genau in der Raummitte aufstellt, hält im oben genannten Beispiel einen Zeitraum von 6 Monaten für ideal. Dabei unterstützt es das Ergebnis, wenn die Teilnehmenden ihre Aufmerksamkeit auf ihren Körper lenken und tatsächlich spüren, an welchem Ort im Raum sie sich physisch »richtig« fühlen. Für die Ziele und den Projekt-Spielplan solltet ihr dann kürzere Zeiträume wählen.

ÜBER DIE GEDULD

Man muss den Dingen
die eigene, stille
ungestörte Entwicklung lassen,
die tief von innen kommt
und durch nichts gedrängt
oder beschleunigt werden kann,
alles ist austragen – und
dann gebären …

Reifen wie der Baum,
der seine Säfte nicht drängt
und getrost in den Stürmen des Frühlings steht,
ohne Angst,
dass dahinter kein Sommer
kommen könnte.

Er kommt doch!

Aber er kommt nur zu den Geduldigen,
die da sind, als ob die Ewigkeit
vor ihnen läge,
so sorglos, still und weit …

Man muss Geduld haben

Mit dem Ungelösten im Herzen
und versuchen, die Fragen selber lieb zu haben,
wie verschlossene Stuben
und wie Bücher, die in einer sehr fremden Sprache
geschrieben sind.

Es handelt sich darum, alles zu leben.
Wenn man die Fragen lebt, lebt man vielleicht
allmählich,
ohne es zu merken,
eines fremden Tages
in die Antworten hinein. (Rainer Maria Rilke)

Im Traumkreis kommen alle Projektteilnehmenden in einem Kreis zusammen. Sie versetzen sich gedanklich in die Zukunft und sammeln Vorstellungen davon, wie das Projekt idealerweise gewesen sein wird. Teilen dabei alle ihre tiefen Wünsche und Sehnsüchte, so entsteht eine starke Identifikation mit dem Projekt. Hören alle allen tief zu, kommt es zu einem kollektiven Flow, einer starken Gemeinschaftsbildung. Es ist, als wäre das Projekt schon da und lebendig.

DER TRAUMKREIS

Eine inspirierende Frage ist bei einem Traumkreis die wesentliche Quelle der gemeinsamen Kreativität (ab Seite 70 gibt es Tipps, wie sich die Kreativität zusätzlich entfachen lässt). Vielen Menschen sind Antworten ja lieber als Fragen. Sie vermitteln ein Gefühl von Sicherheit und Orientierung. Antworten lassen uns denken, wir hätten unser Leben, unsere Projekte und unsere Umwelt unter Kontrolle.

Natürlich stimmt das so nicht. Es ist aber ein Grund, warum sich viele Menschen, Projekte und Organisationen in einem blinden Aktionismus verfangen: Weil sie die Antwort vermeintlich schon haben, wiederholen sie, was bereits in der Vergangenheit zu keiner Lösung führte. Im Kleinen scheitern dadurch vielleicht nur Projekte. Im Großen steht die Menschheit vor globalen Öko-Krisen sowie sozialen Ungerechtigkeiten und findet nicht heraus aus ihrem Dilemma.

Wer die Antwort schon zu kennen meint, kann keine neuen Wege finden. Daher ist eine offene, geduldig fragende, abwartende Haltung – wie Rilke sie in seinem Gedicht »Über die Geduld« beschrieben hat – wichtig. Besonders für die Phase des Träumens. Diese ist oft geprägt von Chaos, Intransparenz, Unordnung und Unsicherheit. Oft kann das Team das Projekt noch nicht in seinem vollen Umfang greifen – vor allem wenn es etwas Großes ist wie eine Unternehmens- oder eine Gemeinschaftgründung. Oder auch wenn es etwas ganz Neues ist, beispielsweise ein Kunstwerk oder ein wirklich neues Produkt.

Der Traumkreis hilft dabei, Transparenz und Klarheit zu gewinnen – ohne das kreative Chaos zu opfern: In einem Traumkreis können die unterschiedlichsten Dinge bunt gemischt nebeneinander stehen – Ideen, Wünsche, Bedürfnisse, Visionen, Aufgaben ...

Dabei hilft eine sogenannte generative Frage. Das ist eine Frage, die in den unterschiedlichsten Kontexten inspiriert. Im Dragon Dreaming hat sich die folgende generative Frage durchgesetzt, die sich im Grunde für alle Traumkreise anwenden lässt:

Wie muss das Projekt im Zeitraum ___ für dich sein oder was muss geschehen, damit du sagst: Besser als mit diesem Projekt und diesen Menschen hätte ich meine Zeit nicht verbringen können?

Die Frage nutzt die Lebenszeit als das Wertvollste, was uns Menschen zur Verfügung steht. Sie stellt uns vor die Entscheidung, wofür wir diese Kostbarkeit einsetzen wollen. Die meisten Menschen denken dadurch tiefer und essenzieller über die Träume nach, die sie mit dem Projekt verbinden. Sie kommen dadurch näher an sich selbst und ihre tiefen Sehnsüchte und Lebensträume heran. So entsteht ein Dokument voller ausformulierter Sätze, die das Projekt zu einem Herzensanliegen für jedes Teammitglied macht.

Und weil sich unser Leben ja irgendwie auch als eine Aneinanderreihung von (beruflichen und privaten) Projekten verstehen lässt, so schenkt jedes tief erträumte Dragon-Dreaming-Projekt unserem Leben mehr und mehr Sinn und Tiefe – und damit Glück und Lebensfreude.

AUTHENTISCH TRÄUMEN

Die klassische generative Frage des Traumkreises legt die Betonung stark auf »das Beste«. Das führt manchmal dazu, dass Menschen in einen Optimierungsmodus des »höher, schneller, weiter« fallen. Sie entwickeln viel zu hohe Erwartungen an das, was bei einem Projekt herauskommen soll. Der Traum wird unrealistisch, was wiederum Menschen aus dem Prozess aussteigen lässt.

Damit der große Traum authentischer wird, mache ich vor dem Traumkreis eine Runde, bei der ich die Teilnehmenden einlade, ihre Augen zu schließen, sich vorzustellen, dass das Projekt erfolgreich beendet ist, und sich dann zu fragen: »Wie fühle ich mich?«

Indem wir uns so auf die Zukunft einschwingen, entsteht ein ehrliches Gespräch mit uns selbst. Alle Gefühle sind eingeladen, da zu sein und genannt zu werden. Deshalb kommen in dieser Runde durchaus auch Sätze wie »ich bin dann ganz zufrieden« oder auch »ich bin nicht genervt«. Erst danach kommt der eigentliche Traumkreis.

Die Ergebnisse von Traumkreisen, die ich in dieser Weise einleite, sind viel realistischer. Dadurch ziehen sie die Menschen stärker in die Zukunft und erzeugen einen nachhaltigeren Schwung.

↗ Friederike Abitz, Co-Creative Facilitator, Berlin/Belgien, friederikeabitz.com

ANLEITUNG: DER TRAUMKREIS

Die folgenden Schritte beschreiben die Vorbereitung und die Durchführung eines Traumkreises:

1. **Wähle die Teilnehmenden aus.** Ideal ist eine Gruppengröße von vier bis acht Personen. Sorge für einen ruhigen und schönen Ort zum Träumen sowie ausreichend Zeit. Je nach Projekt sind das eine bis mehrere Stunden. Träumen braucht Zeit!

2. **Richte einen Sitzkreis ein**, sorge für eine schöne Mitte und halte einen Redestein sowie eine Glocke für die Stillepausen bereit.

3. **Schaffe eine vertrauensvolle Atmosphäre.** Kennen sich die Teilnehmenden noch nicht, ist eine Vorstellungsrunde, ein gemeinsames Essen oder Ähnliches sehr gut. Spannungen sollten unbedingt geklärt sein.

4. **Stelle Projektidee und Kontext vor und kläre Verständnisfragen.** Sprich vom Herzen! Mache dazu zum Beispiel die Übung für die authentische Kommunikation (↗ Seite 26).

5. **Legt gemeinsam den Zeitraum fest und stellt die generative Frage** (siehe links). Schreibt sie gut lesbar für alle auf. Führe ein Stillepause durch (↗ Seite 25).

6. **Träumt reihum.** Dazu beantworten alle der Reihe nach die generative Frage. Wer den Redestein hat, nennt einen Traum (nicht mehr!) und gibt den Redestein gegen den Uhrzeigersinn weiter. Dass jede Person immer nur eine Antwort auf die generative Frage pro Runde nennt, sorgt dafür, dass alle – die Introvertierten wie die Extrovertierten – einen in etwa gleich großen Redeanteil haben. So dominieren nicht einige wenige die Vision. Gleichzeitig ist der Traumkreis erst beendet, wenn alle ihre Träume genannt haben. Niemand muss also um sein Recht zu reden »ringen«. Ein Traum kann etwas Inhaltliches, Fachliches, Organisatorisches oder Persönliches sein.

7. **Dokumentiert jeden Traum.** Dazu schreibt jemand aus der Runde den Namen des Träumenden auf und notiert dahinter die Essenz des Traumes in einem ausformulierten Satz. Vor dem Niederschreiben ist es meist gut, kurz mündlich zu klären, ob die Zusammenfassung zutreffend ist, und sie bei Bedarf zu ändern. Die Dokumentation kann entweder eine Person ausführen. Oder es dokumentiert immer die Person, die zuvor ihren Traum genannt hat. Letzteres ist ein bisschen unruhiger, sorgt aber dafür, dass alle gleich involviert sind.

8. **Lasst den Redestein so lange kreisen, bis alle Träume genannt sind.** Durch tiefes Zuhören können sich alle von den Träumen der anderen inspirieren lassen. Wird ein Traum doppelt genannt, könnt ihr den Namen zum bereits notierten Satz dazuschreiben. Wem nichts einfällt, gibt den Stein einfach weiter und kommt in der nächsten Runde wieder dran. Der Traumkreis ist zu Ende, wenn keine Träume mehr kommen, sie sich wiederholen oder immer mehr Details auftauchen.

9. **Alle Träume vorlesen.** Zum Abschluss lesen alle nacheinander noch einmal ihre Träume abwechselnd laut vor. Feiert dies!

Der Raum: Finde einen schönen, ruhigen Ort und eine gute Zeit für den Traumkreis.

Die Einladung: Lade die Menschen ein, die das Projektteam bilden.

Das Anliegen: Schildere deinen Projekttraum und kläre alle Verständnisfragen.

Der Traumkreis: Träumt gemeinsam mithilfe der generativen Frage. Dokumentiert alle Träume.

Der Abschluss: Feiert das Ende, indem ihr alle Träume in Vergangenheitsform vorlest, als wäre schon alles geschehen.

Wie sieht ein Traumdokument aus? Unter *dragon-dreaming-playbook.net/ressourcen* findest du ein exemplarisches Ergebnis.

KOLLEKTIV TRÄUMEN

Jedes Projekt beginnt als Traum eines Individuums. Das haben wir im dritten Kapitel über das Dragon-Dreaming-Rad geschrieben. Soviel zur Theorie. In der Praxis gibt es viele Gründe, warum wir ein Projekt angehen: Nehmen wir mal die Projekte, die jemand »von oben« verordnet. Das ist die gängigste Praxis. Mitarbeiter müssen mitmachen – es sei denn, sie kündigen. Doch sind sie wirklich motiviert? Und wenn ja, welche Art von Motivation treibt sie an? Geht es ihnen wirklich um die Sache oder ihre Karriere? Oder haben sie gar innerlich gekündigt und sabotieren das Projekt?

Wenn Menschen andere nicht dafür bezahlen, dass sie einen Traum mit verwirklichen, müssen sie sie dafür begeistern. Zum Beispiel wenn sie eine Initiative, ein Nachbarschafts- oder Gemeinschaftsprojekt und Ähnliches gründen. Doch auch diese Projekte verlaufen nicht selten im Sand. Mehr und mehr haben die Projekt-Initiierenden das Gefühl, dass immer sie alles machen müssen, wenn es vorangehen soll. Die Leute steigen nach und nach aus. »Ich hab keine Zeit«, heißt es.

Findest du dich in einer dieser Situationen wieder? Dann überleg mal, ob es sein könnte, dass du immer noch die Urheber:innenschaft des Traums hast. Dass es immer noch »dein« Traum ist, »dein« Projekt, bei dem du die Kontrolle behältst. Die anderen können dabei mitmachen, wenn sie möchten. Aber es ist eben nicht »ihr« Projekt. Leider entstehen auf dieser Basis weder eine tiefe, tragfähige Motivation noch eine echte Gemeinschaft. Denn es gibt immer eine mehr oder weniger offensichtliche Hierarchie: Wer das Projekt intiiert hat, trägt zwar mehr Verantwortung, hat aber auch mehr Entscheidungsmacht. Wenn die Zeit knapp, die Schwierigkeiten groß oder die Durststrecke lang werden, ziehen sich Menschen, die nur beim »Projekt eines anderen« mitmachen, leichter zurück, als hätten sie das Gefühl: »Das ist auch mein Traum.«

Damit ein Traum zum Traum aller wird, muss du die Vorstellung loslassen, dass er dir »gehört«. Etwas poetisch ausgedrückt sagen wir beim Dragon Dreaming: Der Traum des Individuums muss im Traumkreis sterben, um als Traum aller wiedergeboren zu werden. Der ursprünliche Traum ist dadurch nicht weg. Aber er erweitert und verändert sich so, dass sich alle damit identifizieren können.

Von dem Projekt-Initiierenden verlangt das, die Kontrolle über die ursprüngliche Idee ein Stück weit loszulassen. Das fällt vielen nicht leicht. Vor allem, wenn es um ein Herzensanliegen geht (bei dem Projekt »von unten«) oder um vermeintliche Notwendigkeiten (bei dem Projekt »von oben«). Allerdings sollte es keine Dogmen geben. Frage dich, was wichtiger ist: die Kontrolle über das Projektergebnis oder die Gemeinschaft? Es gibt dabei kein Gut oder Böse.

In manchen Fällen – etwa bei der Gründung einer Gemeinschaft – ist es unbedingt notwendig, dass ein kollektiver Traum entsteht. Bei anderen Projekten – etwa in einer bestehenden Hierarchie – gibt es einen Gestaltungsspielrahmen. Dann sollte vor dem Traumkreis klar sein, in welchem Umfang die anderen mitträumen können. Ist es möglich, dass sie Teilbereiche des Gesamtprojektes so mitgestalten können, dass sie sich damit identifizieren können? Es muss nur allen klar sein. Denn nichts ist frustrierender als eine Einladung zur Partizipation, die gar nicht ernst gemeint ist.

DIE GRÖSSE DES DREAM TEAMS

Idealerweise nehmen vier bis acht Menschen an einem Traumkreis teil. Die Idee dahinter ist: Ein Minimum von vier sorgt für ein stabiles, ausgewogenes Team. Theoretisch ist es dann nämlich möglich, dass je ein Mensch im Team eine Qualität vertritt. Je nach Projekt und Situation können es aber auch weniger sein. So kann etwa auch ein einzelner Mensch einen Traumkreis mit sich allein durchführen – oder auch zusammen mit einem Partner oder einer Partnerin.

Das Maximum von acht Menschen ermöglicht eine gute Gruppendynamik. Bei mehr Personen kann es zu lange dauern, bis der Redekreis einmal durch ist. Ist das Projektteam nun mal größer, kann es sich in mehrere Gruppen aufteilen. Beispielsweise könnte es bei 200 Menschen 28 Traumkreis-Teams geben. Dann sollte man Zeit für das gemeinsame Teilen und Zusammenführen der Träume einplanen (↗ Seite 68). Alle Träume aller Teams werden so zum Gesamttraum des Projektes und zur Basis der nächsten Schritte.

Das Selmiyah Forum für Friedensarbeitende findet jährlich an unterschiedlichen Orten in Ägypten statt.

FRIEDENSARBEIT IN ÄGYPTEN

Selmiyah ist das arabische Wort für »friedlich«. Und das Selmiyah Forum bringt in Ägypten seit 2013 Menschen zusammen, die mit Friedensarbeit und gewaltfreier Kommunikation zu tun haben. Entstanden ist das Projekt, als mein Thinking Partner Khalil und ich in einem Café saßen, uns austauschten und dabei feststellten, dass wir zwar ganz viele Menschen aus diesem Bereich kennen – dass diese untereinander aber nichts voneinander wissen. Da hatte ich plötzlich den Traum, eine Veranstaltung zu organisieren, auf der sich all diese Menschen treffen, Synergien bilden und Projekte entwickeln. Ich erzählte Khalil von diesem Traum und er war spontan begeistert. Er ludt noch den Mediator Mongy ein, mit dem er damals eng zusammenarbeitete. Und drei Wochen später saßen wir in genau demselben Café und machten zu Dritt einen Traumkreis. Wir äußerten unsere Träume und schrieben sie auf. Und obwohl wir ja in einem Dreieck saßen, in diesem lauten Café voller Licht und Musik und Trubel, entstand so etwas wie ein heiliger Kreis. Ein Kreis, in dem klar war, dass wir die Sache ernst nehmen und in dem auch Schweigen willkommen war.

Zum ersten Selmiyah Forum haben wir rund 80 Menschen eingeladen. Etwa 60 sind gekommen. Das war für uns ein Riesenerfolg. Seitdem hat das Forum jedes Jahr an einem anderen Ort stattgefunden und wir können sehen, wie es wirkt und sich die Menschen in ganz Ägypten vernetzen.

Das Tolle ist: Angeregt durch eure Anfrage, haben wir noch mal das Dokument unseres ersten Traumkreises angeschaut. Und als wir es uns noch einmal durchlasen, bekamen wir eine richtige Gänsehaut. Denn im Rückblick haben sich tatsächlich alle unsere Träume von damals erfüllt – und das, obwohl wir beim Traumkreis schon dachten: »Wow, wenn das wahr wird, wäre das grandios!« Im Nachhinein haben wir gesehen, dass die Realität unsere Träume sogar noch übertroffen hat.

In meiner Arbeit erlebe ich immer wieder, dass sich viele Menschen nicht vorstellen können, dass sie ihre Träume verwirklichen könnten. Sie haben das Gefühl, dass das nicht erlaubt ist und dass sie sich dafür nicht die Zeit nehmen dürften. Sie haben kein Gefühl von Selbstwirksamkeit. Das wird uns in der Schule sukzessive abtrainiert.

Die neue Generation der ägyptischen Jugend ist hingegen wahnsinnig kreativ. Zum einen ist Ägypten ein Land voller junger Leute mit viel Eigeninitiative. Hier passiert immer total viel gleichzeitig. Zum anderen haben die Menschen in ihrem Leben hier gelernt, ein »Nein« nicht zu akzeptieren, viel zu improvisieren und gemeinsam kreative Lösungen zu entwickeln. Auch in der Friedensarbeit, wo Menschen aus allen Lebensbereichen, Religionen und Altersstufen zusammenkommen, um ein friedliches Land mitzugestalten.

↗ *Dr. Claudia Groß, Facilitatorin und Organisationsberaterin, Kairo/Ägypten. www.claudiagross.com*

ERFOLGREICH TRÄUMEN

Je tiefer die Antworten und damit die Motivation der Teilnehmenden sind, desto mehr Mut erfordert es, offen darüber zu sprechen. Denn über wirklich wichtige Herzensanliegen zu reden bedeutet, sich ganz zu öffnen und seine weichen Stellen zu zeigen. Aus diesem Grund funktioniert der Traumkreis umso besser, je wertfreier und vertrauensvoller das Umfeld ist. Das bedeutet für jeden im Kreis eine Art Schwebezustand: Ich bin ganz nah bei mir und meinen Träumen – und zugleich vollkommen offen für die Träume der anderen. Ich kann die Zukunft aus ihrer Perspektive sehen, ohne dies zu bewerten. Wenn das geschieht, dann entsteht in einem Traumkreis eine magische Atmosphäre. Wir vertrauen, öffnen uns ganz und verstehen die anderen. Es ist ein Flow der gegenseitigen Inspiration und gemeinsamen Imagination.

Damit das möglich ist, hilft es zum einen, vor dem Traumkreis zu feiern und sich in eine achtsame Stimmung zu bringen. Auf den folgenden Seiten findest du dazu ebenfalls Tipps und Anleitungen. Zudem solltest du vor dem Traumkreis sichergehen, dass niemand negative Konsequenzen fürchtet. Um einen Flow zu unterstützen, reicht es manchmal schon, wenn Vorgesetzte nicht anwesend sind, ein Konflikt ausgesprochen wird oder die Menschen wissen, dass sie – wenn sie einen Traum nennen – nicht zwangsläufig auch für dessen Umsetzung verantwortlich sind.

IM KREIS SPRECHEN

Ein Element, das Vertrauen und Offenheit fördert, ist das Sprechen im Kreis. Im Kreis zu sprechen war für die Menschen eine der ersten Formen der Zusammenkunft. Gemeinsam saßen sie um das Feuer, erzählten Geschichten und hielten Rat. Der Kreis ist dabei das Zeichen für die Gleichwertigkeit aller: Alle können sich sehen, sind sich gegenseitig zugewandt. Ein Kreis hat keinen Anfang und kein Ende, kein Oben und kein Unten, kein Vorne und kein Hinten. In einem Kreis sind alle gleich.

Das ist der Grund, warum Dragon-Dreaming-Projekte für das Träumen und auch die weiteren Planungsmethoden am liebsten den Sitzkreis wählen. Und dort, wo früher das Feuer war, markieren wir die Mitte mit einer Kerze, Blumen, Symbolen für die Elemente oder einem Klangkörper auf einer schönen Unterlage, etwa einem Tuch. Wer möchte, kann den gemeinsamen Traumraum auch symbolisch mit dem Anzünden einer Kerze eröffnen.

WARUM EIN REDESTEIN HILFT

Das zweite Mittel, das beim Träumen Gleichwertigkeit und tiefes Zuhören fördert, ist der Redestein. Dies kann ein beliebiger Gegenstand sein. Idealerweise ist er schön und fühlt sich gut an. Der Redestein unterstützt die Win-Win-Kommunikation, da nur die Person spricht, die den Redestein hält. Alle anderen hören (tief) zu. Sie achten darauf, dass die redende Person ihre volle Aufmerksamkeit hat. Sie versuchen, nicht über das nachzudenken, was zuvor gesagt wurde oder worüber sie als nächstes sprechen möchten. Sie versuchen, gedanklich im gegenwärtigen Augenblick zu sein und sich möglichst wertfrei auf das einzulassen, was die Person mit dem Redestein gerade mitteilen möchte. Auf diese Weise haben alle so viel Zeit, wie sie brauchen, um ihre Träume zu formulieren. Alle entscheiden selbst, wann es Zeit ist, den Redestein im Kreis weiterzugeben.

Dazu kommt, dass jeder Mensch nur einen Traum pro Runde nennt (↗ Seite 63). Auch wenn zu Beginn eines Traumkreises einige eine ganze Liste von Ideen im Kopf haben, so nennen sie doch nur eine davon. Sie wissen ja, dass sie in der nächsten Runde wieder dran sind. Hilfreich ist es, in Gedanken nicht bei der eigenen Liste zu bleiben, sondern sich auf den Moment zu konzentrieren. Also dem Menschen, der gerade spricht, tief zuzuhören. Der Stein dreht so lange seine Runden, bis alle alles gesagt haben, was ihnen wichtig ist.

Auf diese Weise muss niemand – wie sonst oft in Meetings – um Redezeit und Aufmerksamkeit kämpfen. Geichzeitig verhindert diese Regelung, dass Einzelne den Austausch dominieren und damit die Vision des Projektes. Es bremst diejenigen, die gern viel reden. Und es aktiviert die Introvertierten, sich mehr mitzuteilen. Da für alle die gleichen Regeln gelten, entsteht jedoch kein Gefühl von Schuldzuweisung oder Benachteiligung. Vielmehr sorgt es für eine spannungsfreiere, gelassenere Atmosphäre, die es allen erleichtert, sich auf die anderen einzulassen.

Ein Traumkreis passt zu jeder Art von Projekt. Ganz gleich, ob es dabei um ein Graswurzelprojekt geht, das gerade entsteht – oder ob es sich um eine große, etablierte Organisation handelt. Dennoch gibt es ein paar Dinge, auf die du achten solltest, damit ein Team in einem Traumkreis sein volles Potenzial entfaltet. Einige grundsätzliche Tipps findest du rechts in dem gelben Kasten. Auf der folgenden Doppelseite gibt es darüber hinaus auch noch ein paar Hinweise, die zu unterschiedlichen Projektsituationen passen.

9 TIPPS ZUM TRÄUMEN

1. Träumt positiv! Wer etwas nicht möchte, sollte sich überlegen, was er oder sie stattdessen will. Anstatt zu sagen »Ich möchte keine starren Hierarchien«, also zum Beispiel: »Wir organisieren uns soziokratisch und agil.«

2. Träumt wagemutig, aber realistisch! Träume sollten uns herausfordern, damit sie wirklich motivieren. Gleichzeitig können Projekte durch unrealistische Träume sogar scheitern. Aus einem Traum wie »In einem Jahr haben wir den Weltfrieden bewirkt« lassen sich nämlich keine realistischen Ziele und damit keine Aufgaben ableiten.

3. Träumt wertfrei! Beim Träumen zählt die Vielfalt. Das bedeuet: Keine Kommentare – sowohl positive wie natürlich auch negative. Ein Traum ist immer von persönlicher Bedeutung. In einem Team, in dem alle sich für die Verwirklichung aller Träume einsetzen (auch wenn sie noch nicht genau wissen, wie), kann Vertrauen, Offenheit und dadurch kollektive Kreativität entstehen.

4. Träumt langsam! Ausreichend Zeit ist wichtig für einen Traumkreis. Zu viel Zeit kann ihn aber auch langatmig machen. Dann sinkt die Energie. Die ideale Geschwindigkeit eines Traumkreises gleicht in etwa einem schreitenden Gang.

5. Träumt unperfekt! Manchmal kommt es in einem Traumkreis zu einer Analyse-Paralyse. Dann versucht das Team, Träume in perfekten Sätzen zu formulieren. Es ist zwar wichtig, dass die Sätze möglichst treffend und leicht verständlich sind. Doch Perfektion ist hier der Feind des Guten. Am besten ist es, das Formulieren jeweils zwei Menschen zu überlassen: Dem, der träumt, und dem, der notiert.

6. Nutzt Stillepausen! Vor allem am Anfang sind (vielleicht sogar angeleitete) Stillepausen sehr hilfreich. Traumkreisunerfahrenen Menschen hilft die Übung der authentischen Kommunikation.

7. Träumt von der Zukunft aus! Nicht allen Menschen fällt es leicht zu träumen. In vielen Organisationen liegt das fernab der Alltagspraxis. Dann hilft es, sich gedanklich noch einmal bewusst in die Zukunft zu versetzen. Schließt ruhig mal die Augen und versucht, euch vorzustellen: Wie fühlt ihr euch? Worauf seid ihr stolz? Was freut und bereichert euer Leben besonders? Was ist euch endlich geglückt? Was habt ihr gelernt? Wofür seid ihr dankbar? Was hat euch überrascht? Was seht ihr vor euch? Was könnt ihr fühlen, riechen, schmecken, hören?

8. Träumt in ganzen Sätzen! Manchmal schreiben Teilnehmende eines Traumkreises nur Stichpunkte auf. Dies verringert jedoch erstens das gegenseitige Verständnis. Wer das Gehörte in einem vollständigen Satz formuliert, muss sich viel mehr Gedanken machen, wie der andere etwas gemeint hat. Zweitens sind vollständige Sätze viel einfacher zu verstehen. Zum Beispiel dann, wenn die Projektmitglieder nach einer längeren Zeit noch einmal auf das Traumdokument schauen (etwa um zu prüfen, ob sie bei der Umsetzung auf dem richtigen Weg sind). Oder wenn sich Menschen, die neu zum Projekt stoßen, einen Überblick verschaffen wollen, worum es in dem Projekt geht.

9. Träumt zu den drei Prinzipien! Manchmal tauchen weitere Träume auf, wenn sich das Team fragt, was durch das Projekt geschehen muss, damit alle drei Prinzipien des Dragon Dreaming erfüllt sind: Was müsste geschehen sein, damit ich persönlich wachse? Was müsste geschehen sein, damit wir als Gemeinschaft/Team zusammenwachsen und Vertrauen, Synergien und kollektive Intelligenz entstehen? Und was müsste geschehen sein, damit das Projekt die Welt schützt oder sogar heilt und aufbaut?

EIN LEBENDIGES DOKUMENT

Das Ergebnis eines Traumkreises (meist Traum genannt) ist ein lebendiges Dokument. Es verschwindet nicht in einer Schublade, sondern dient dem Team als Orientierung und zur Inspiration während des gesamten Dragon-Dreaming-Prozesses.

Während der Projektumsetzung hilft dir der Traum dabei, zu prüfen: Sind wir noch auf dem richtigen Weg? Verlieren wir in der Hektik des Alltags unsere Träume aus den Augen? Sind uns manche Aspekte unseres ursprünglichen Traumes gar nicht mehr so wichtig? Sind neue dazu gekommen? Wenn das der Fall ist, kann das Team jederzeit neue Träume aufnehmen oder alte streichen (natürlich nur, wenn es keinen Widerstand dagegen gibt).

Um sich die Träume gemeinsam ins Gedächtnis zu rufen, versammeln sich alle in einem Kreis. Dann liest das Team die Träume auf den Flipcharts laut vor – und zwar so, als sei alles schon geschehen. Das ist ein kleiner psychologischer Trick, der wunderbar funktioniert: Wir spüren auf einmal, wie toll es sich anfühlen wird, wenn wir dieses großartige Projekt verwirklicht haben. Wir versetzen uns in die Stimmung der Ernte, des Feierns – wenn alle Aufgaben und Mühen oder Konflikte hinter uns liegen und wir das genießen können, was uns das Projekt geschenkt hat.

Dabei kann es helfen, wenn sich alle vorstellen, dass sie bereits in genau der Zukunft sind, die sie sich erträumt haben. Nun berichten alle voller Begeisterung, was sich ereignet hat. Etwa indem alle abwechselnd die Träume vorlesen. Etwas Schauspielerei, Humor und Ausschmückungen sind durchaus erwünscht.

TRAUMKREISE IN GROSSGRUPPEN

Wer mit mehr als acht Menschen träumt, sollte in mehreren Kreisen träumen. Dann ist es wichtig, dass die Menschen nach den Traumkreisen ihre Träume miteinander teilen, bevor sie mit den weiteren Methoden fortfahren. Dafür kann es ganz unterschiedliche Formate und Möglichkeiten geben. Was passt, hängt natürlich auch davon ab, wie viele Menschen es sind und welchen Kontext das Projekt hat. Hier sind ein paar Vorschläge, mit denen wir gute Erfahrungen gemacht haben:

- **2–4 Traumkreise:** Bei rund 10–30 Menschen lassen sich noch alle Traumkreise auf die links beschriebene Weise teilen. Dann sollte jedoch pro Kreis nur eine Person den gesamten Traum vorlesen.
- **4–6 Traumkreise:** Bei rund 30–50 Menschen kannst du die Träume in einer Traum-Galerie ausstellen. Hänge dazu alle Flipcharts in einem großen Raum auf und gib den Menschen mindestens 30 Minuten, um in Ruhe umherzustreifen und sich die Träume aller durchzulesen. Pro Traumkreis kann eine Person bereitstehen und Fragen beantworten.
- **Mehr als 6 Traumkreise:** Es gibt Projekte, die von mehreren Hundert Menschen geträumt wurden. Dabei wurden die Träume digital erfasst und standen allen per Internet und Beamer zur Verfügung. Sinnvoll ist dann ein Redaktionsteam, das die Träume thematisch bündelt.

SCHULE NEU ERFINDEN

»Wie müsste das nächste Schuljahr aussehen, damit es das beste deines Lebens wird?« Diese Frage hat revolutionäres Potenzial. Denn normalerweise bestimmt das Curriculum, was Kinder lernen sollen. Lehrer und Lehrerinnen sollen die Kinder dazu bringen, sich den Stoff anzueignen – ob sie das wollen oder nicht. Doch was geschieht, wenn wir die Sache auf den Kopf stellen und das Schuljahr mit einem Traumkreis beginnen? Dieser Frage ist Tomislav Gjerkes nachgegangen, als er im Rahmen des internationalen Projekts »Children in Permaculture« nach neuen Lernformaten geforscht hat.

Permakultur bedeutet so viel wie »dauerhafte Kultivierung« und ist ursprünglich ein nachhaltiges Konzept für Landwirtschaft und Gartenbau, bei dem Menschen die natürlichen Ökosysteme und Kreisläufe sorgfältig beobachten und nachahmen. Mittlerweile hat sich Permakultur zu einer ökologischen Lebensphilosophie und weltweiten Graswurzelbewegung entwickelt – meist jedoch nur mit und für Erwachsene. Würden jedoch schon Kinder die Permakultur erlernen, würde dies viel stärker zu einer nachhaltigen Grundhaltung und Lebensweise in unserer Gesellschaft beitragen. Seit 2012 treffen sich Permakultur Designer und Designerinnen im internationalen Netzwerkes »Children in Permacultur«, um in Gruppen Formate und Lernräume für Kinder und Jugendliche zu entwickeln und sich über ihre Erfahrungen auszutauschen. So ist eine Plattform mit Videos, Unterrichtsmaterialien und vielen weiteren Ressourcen entstanden.

Dragon Dreaming nutzt das Netzwerk nicht nur, um sich selbst zu organisieren. Zum Beispiel sind alle Mitglieder der slowenischen Gruppe Dragon Deamer. Sie verwenden die Methoden auch mit den Kindern, Jugendlichen und Lehrenden. Zum Beispiel stellen sie Kindern die Frage: Wie sollte das nächste Schuljahr aussehen, damit es das beste deines Lebens wird?

Tomislav arbeitet mit Kindergärten, Schulen und auch Universitäten zusammen. Mit jungen Menschen ab zehn Jahren startet er einen Traumkreis zum Beispiel mit einem Warm-up in Vierergruppen. Dort erzählen sich die Kinder, was sie im Sommer so erlebt haben. In der nächsten Phase reflektieren sie das letzte Schuljahr: Was lief gut, was nicht so? Darüber reden die jungen Menschen im Kreis und notieren dies. Sie üben also schon mal, wie der Traumkreis funktioniert.

Danach machen die Kinder den Traumkreis in rund 20 bis 30 Minuten, je nach Dynamik. Dabei schreiben sie ihre Träume jeweils auf eine Karte. Im Anschluss daran beginnt die Erntephase. Hier legen die Kinder ihre Karten auf den Boden und clustern sie zu verschiedenen Themenblöcken. Anschließend finden sie dafür die Teilziele. Manche machen sogar eine vereinfachte Version des Projektplans. Das hängt auch vom Alter der Kinder ab.

»Die Kinder lieben den Dragon-Dreaming-Prozess. Für sie ist das wie ein Spiel«, berichtet Tomislav. Sie laufen herum und sagen so etwas wie: »Das kann ich gar nicht lesen, schreib das mal schöner«. So lernen sie miteinander und korrigieren sich gegenseitig. »Unterricht wird zu einem sich selbst regulierenden System. Für die Kinder ist es anfangs ganz neu, dass es keine Kontrolle von oben gibt. Und es ist wirklich schön, zu sehen, wie begeistert sie die Sache in die Hand nehmen«, erklärt er.

Weil dieser Prozess am Anfang des Schuljahres stattfindet, wirkt er sich auch sehr positiv auf das Gemeinschaftsgefühl der Klasse aus. Es stärkt den Zusammenhalt und gibt den Kindern ein ganz anderes Selbstbewusstsein, hat Tomislav festgestellt. Normalerweise geben die Lehrenden den Kindern etwas vor. Der Traumkreis verändert das grundlegend. Auf einmal kreieren die Kinder zusammen mit den Erwachsenen das Curriculum!

Tomislavs' Traum ist es, mehr solcher Methoden und Werkzeuge in die Schule zu bringen. Aber als Permakultur-Designer versucht er nicht, irgendwem irgendetwas aufzudrängen. Er bietet an, was er zu geben hat. Für so Veränderungen, wie die hier beschriebene, braucht es einerseits einen oder mehrere Lehrerinnen und Lehrer, die sich leidenschaftlich dafür einsetzen. Andererseits muss die Schulleitung die Bedeutung dessen verstehen und das Ganze unterstützen.

Meistens ist nicht das ganze Kollegium für so eine Veränderung offen, sondern nur ein, zwei oder drei Menschen. Dann muss man laut Tomislav schauen, wie diese neue Formate und Herangehensweisen finden können, ohne dass es in der Schule zu einer Lagerbildung und Abwehrreaktion kommt. Das Ziel muss aus seiner Sicht sein, dass es Diversität an Schulen gibt und dennoch die Gemeinschaft erhalten bleibt.

↗ *Tomislav Gjerkes, Dragon-Dreaming-Trainer und Permakultur Designer, Slowenien. childreninpermaculture.com*

ANGRENZENDE METHODEN

Der Traumkreis ist eine tolle Methode, um die Ideen und Gedanken aus den Menschen herauszuholen, die schon da sind. Doch was, wenn der Traum noch nicht so klar ist? Wenn Ideen weiterentwickelt oder Probleme gelöst werden wollen? Nun, in diesem Fall gibt es etliche Modelle, die vom Ansatz und der Haltung her mit Dragon Dreaming verwandt sind und sich super vor und nach dem Traumkreis einsetzen lassen.

Wenn es darum geht, Menschen noch freier in einen Austausch zu bringen, dann empfehlen wir Formate wie die Open Space Technologie (OST), Appreciative Inquiry, World Café, Zukunftskonferenz, Search Conference und viele mehr. Sie alle haben das Ziel, Menschen in ein tiefes konstruktives und strukturiertes Gespräch über die Zukunft zu bringen. In vielen Ländern gibt es Communities, die sich um diese Methoden herum bilden. Dazu gehören zum Beispiel Art of Hosting (AoH) oder die User Groups von Liberating Structures (LS). Hier kommen Menschen zusammen, um zu üben und sich über ihre Praxiserfahrungen auszutauschen. Mit ein bisschen Moderations- und Facilitation-Erfahrung kannst du deinen Dragon-Dreaming-Prozess selbst mit diesen Methoden erweitern.

Darüber hinaus gibt es auch relativ komplexe Prozessmodelle, welche die Kreativität, Innovation und Problemlösung fördern. Das wohl bekannteste ist das Design Thinking (DT). Obwohl es von der Philosophie her in vielen Punkten mit Dragon Dreaming übereinstimmt, unterscheidet es sich in einem Aspekt. Der Traumkreis nimmt eine eher introvertierte Perspektive ein: Die Projektvision leitet sich von der Inspiration der Teammitglieder ab. Dagegen wendet sich DT den Bedürfnissen einer Zielgruppe zu. In einem sechsstufigen Prozess erforscht es ihre Bedürfnisse, um dieses zu erfüllen. Damit ist DT ideal, um etwa Produkte oder Dienstleistungen zu entwickeln.

Eine anderes verwandtes Kreationsmodell ist die Theory U. Komplexe Probleme sollen dabei nicht auf Basis von Erfahrungen gelöst werden. Vielmehr sollen neue Denkmuster ein System als Ganzes betrachten helfen und die Beziehungen zwischen den Elementen erfahrbar machen. Komplexe Prozessmodelle wie DT oder Theory U erfordern Erfahrung und Hintergrundwissen. Für den Einstieg empfiehlt sich eine professionelle Begleitung.

WANN SIND TRAUMKREISE SINNVOLL?

Im klassischen Dragon-Dreaming-Prozess steht ein Traumkreis am Anfang eines Projektes. Allerdings sind alle Projekte fraktal, das heißt sie haben in sich selbstähnliche Strukturen. Deshalb lohnt sich ein Traumkreis nicht nur am Anfang eines Projektes. Du kannst ihn auch ohne die folgenden Methoden anwenden und/oder zu Beginn von Teilprojekten und größeren Aufgabenpaketen. Ein Beispiel: Die Planung einer Konferenz ist das Gesamtprojekt. Zu Beginn der Realisierung macht das Team einen Traumkreis, in dem alles zur Sprache kommt, was die Konferenz insgesamt betrifft. Danach können aber weitere Traumkreise für Teilbereiche stattfinden – zum Beispiel für die Öffentlichkeitsarbeit, die Finanzierung, das Programm, die Website, den Abschlussabend. Selbst zu Beginn eines Meetings ist ein kurzer Traumkreis mit ein bis drei Runden hilfreich: Die Antworten auf die generative Frage ergeben eine sinnvolle Agenda. Manchmal ist es auch inspirierend, zu den Teilprojekt-Traumkreisen Stakeholder und Experten einzuladen. In Sachen PR könnten etwa Vertreter der Zielgruppen dazustoßen, wie Menschen von der Presse. Beim Traumkreis sind aber vor allem die Haltung und Kultur wichtig. Es geht darum, immer wieder nach den wahren Bedürfnissen und größten Träumen zu fragen – sich selbst und auch die anderen. Immer wieder die eigenen Träume auszusprechen, sich daran zu erinnern und sich gegenseitig bei ihrer Erfüllung zu unterstützen.

TRÄUME VERKÖRPERN

Der Dragon-Dreaming-Trainer Virgilio Varela hat eine geführte Bewegungsmeditation entwickelt. So können sich Menschen mit ihrem ganzen Wesen auf einen Traumkreis einstimmen. Er schreibt:

Meditation: Beginne im Liegen mit geschlossenen Augen. Lass dich von meiner Stimme und der Musik leiten. Stell dir ein helles Licht vor, das die Essenz deines Traumes repräsentiert. Spüre, wie sich dein Scheitel entspannt und wie dieser Entspannungszustand zu deiner Stirn hinabsteigt. Fühle, wie sich deine Augen und Wimpern entspannen und wie diese Entspannung in dein Gesicht, deinen Nacken und deine Schultern fließt. Sie strömt weiter zu deinen Armen, deiner Brust, in deinen Unterleib, zu deinen Beinen, Knien und Füßen.

Verbinde dich nun mit deinem Bewusstsein. Spüre, wie es sich ausdehnt und wie ein weißes Licht deinen ganzen Körper in einer transparenten Blase umgibt. Stell dir vor, wie sich dieses Licht ausbreitet. Erst umfasst es alle in diesem Raum und umhüllt sie mit einem Gefühl von Frieden und Harmonie. Dann breitet es sich aus, umfasst das Haus, die Nachbarschaft, deine Stadt. Merke, wie du auf einer subtilen Ebene mit jedem Lebewesen verbunden bist. Spüre, wie sich die Blase ausdehnt und dein Land umarmt, den Kontinent und schließlich den ganzen Planeten. Fühle, was du wirklich bist: verbunden mit dem Planeten und allen Lebensformen der Vergangenheit und der Gegenwart.

Träume sind Teil dieser fließenden, kollektiven Co-Kreation. Sei präsent, offen, ohne zu urteilen. Stell dir vor, dass jede Pore deiner Haut die Essenz dieses Traums einfängt. Spüre, wie der Traum durch deinen Körper wandert, von Kopf bis Fuß. Aktiviere jede Zelle deines Körpers mit neuer Energie.

Tanz: (Zunächst zu ruhiger Musik, später zu Liedern, die der Sequenz am besten entsprechen) Bewege dich zu Beginn langsam, mit halb geschlossenen Augen. Je langsamer, desto besser. Achte darauf, wo die Bewegung beginnt und wo sie endet. Achte auf deine Atmung. Öffne dich und heiße den Traum willkommen. Erlaube dir, in die Verwundbarkeit einzutreten und gib dich dem Fluss hin. Achte auf alle Sinne (Hören, Tasten, Riechen, Sehen, Schmecken). Wenn dieser Traum eine Reihe von Farben wäre, welche Farben könntest du dir vorstellen? Wie könntest du sie mit deinem Körper ausdrücken? Höre zu. In welchen Teilen deines Körpers spürst du den Traum am stärksten? Kannst du den Traum mit deiner Atmung und Bewegung verstärken? Beschleunige oder verlangsame deine Bewegungen.

Wenn dieser Traum ein Mensch wäre, wie sähe er aus? Wie ein Kind oder ein Erwachsener? Welchen Tonfall und welche Mimik hätte er? Drücke mit deinem Körper sein Wesen aus. Passe die Geschwindigkeit deiner Bewegung der Energie an, die du empfängst. Du kannst verschiedene Charaktere heraufbeschwören: Welche Bewegungen stellt die Energie eines Träumenden dar, voller Ideen und Begeisterung für das Neue? Wie sieht die Energie eines Planenden aus, die Richtung, die Struktur, das Experimentieren? Lade die Energie des Machenden ein, das lokale Handeln, das Teilen von Aufgaben, das bewusste Wahrnehmen energetischer Grenzen, das dir Nachhaltigkeit ermöglicht. Oder nutze die Energie des Feiernden mit seiner Fürsorge, Wertschätzung und Anerkennung dessen, was getan wurde. Höre auf deinen Körper und integriere alles.

Stell dir vor, dass dieser Traum wahr geworden ist: Welche neuen Fähigkeiten und Eigenschaften hast du gewonnen? Welche Bewegungen zeigen das? Visualisiere die Gesichter der Menschen in deinem Team, wenn sie die Ergebnisse dieses Traums sehen. Wie reagieren die Menschen in der Gemeinschaft? Höre den Klang der Freude in ihren Stimmen, sieh die Dankbarkeit in ihrem Lächeln. Gib diesen Gefühlen eine Bewegung.

Spüre den Traum in deinem Herzen und teile ihn mit anderen: Bilde mit deinen Händen eine Schale. Suche eine Person im Raum und lege deinen Traum in ihre Hände. Träume sind kollektiv. Wenn wir sie teilen, weben wir das Netz des Lebens neu. Beobachte, wie die verschiedenen Träume und Farben Form annehmen und miteinander verschmelzen, während du sie tanzt.

Kunstwerk: (Spiele Musik, die Kreativität und Offenheit anregt) Male deinen Traum auf eine große Papierwand. Verwende Stifte, Pinsel, farbige Knetmasse. Spielen ist der einfachste Weg zum Traum.

Dankbarkeit: Beende den Prozess in Stille. Spüre die Energie in deinem physischen, intellektuellen, emotionalen, irdischen und spirituellen Körper. Spüre, wie die Erde dich trägt, unterstützt und eine Komplizin deiner Träume ist. Fühle Dankbarkeit.

↗ Virgilio Varela, Unternehmer, internationaler Berater und Trainer im Bereich soziale Innovation und innovative Methoden, Portugal, virgiliovarela.com

TRAUMFÄNGER-ÜBUNGEN

Das Träumen steht in unserer Kultur nicht allzu hoch im Kurs. Weder unseren Tagträumen noch unseren Träumen in der Nacht messen wir oft eine besondere Bedeutung zu. Es scheint Zeitverschwendung zu sein und unvernünftig, sich nach etwas zu sehnen, das vielleicht gewagt ist, ungewöhnlich oder auch nur anders. Kurz und gut: Wir ermutigen uns und andere selten zum Träumen. Dementsprechend fällt es vielen Menschen nicht ganz leicht. Sie müssen sich erst einmal von der Vorstellung befreien, dass das »nicht erlaubt« ist, »unnütz« oder »riskant«. Und sie müssen das in sich finden, was sie »wirklich, wirklich tun wollen«, wie es der Philosoph und Gründer der New Work Frithjof Bergmann nennt.

Er hat viele Menschen danach gefragt, was sie wirklich tun wollen, und festgestellt, dass die meisten darauf keine Antwort haben. Was er die »Armut der Begierde« nennt, ist nicht die Ausnahme, sondern die Regel. Wenn du also in einem Traumkreis nicht sofort weißt, was das Allerbeste, Wichtigste und Sinnvollste wäre, das du durch dieses Projekt erleben, lernen und verwirklichen möchtest, dann mach dir keinen Druck. Du bist in Gesellschaft der allermeisten Menschen!

Uns auf die Suche nach dem zu machen, was uns wirklich motiviert und bewegt, ist für die meisten ein Weg, ein Prozess. Manchmal dauert er ein Leben lang. Entsprechend viele Angebote, Praktiken und Methoden gibt es dafür, von Coachings über Achtsamkeitstrainings bis hin zu spirituellen Praktiken. Wenn du Projekte ganzheitlich gestaltest (↗ Kapitel »Dragon-Dreaming-Rad«), machst du dich automatisch auf den Weg. Du räumst dann den Phasen des Feierns und Träumens genauso viel Zeit, Aufmerksamkeit und Ressourcen ein wie dem Planen und Handeln. Das bringt dich automatisch in einen Prozess, in dem du vergangene Erlebnisse und Erfahrungen auswertest. Du erkennst, was du durch deine Projekte in der Welt verändert hast. Das gibt dir Mut und Zuversicht durch die wichtige Erfahrung der Selbstwirksamkeit. Alles wesentliche Grundlagen, um Glück und Lebenssinn zu empfinden.

Du wirst dadurch aber auch feststellen, dass jedes Projekt dich verändert. Die Zusammenarbeit mit anderen Menschen prägt dich. Du gewinnst bestimmte Fähigkeiten durch das, was du tust. Die Erlebnisse und Erfahrungen während der Zusammenarbeit mit anderen liefern dir neue Erkenntnisse. Nicht nur über sie, sondern vor allem auch über dich (↗ Kapitel »Konflikte«). Sich das bewusst zu machen und zu reflektieren hilft dir, dich und die Welt – Stück für Stück – immer besser kennenzulernen. Dann weißt du immer mehr, worauf es dir ankommt, wie ein Projekt aussehen muss, damit es deinem Leben Sinn schenkt – und auch, was du wagen kannst.

Im Dragon Dreaming gibt es Übungen und Praktiken, die dir helfen, dich bewusst mit deinen Träumen in Verbindung zu bringen. Einige davon findest du in den Kapiteln im vierten Teil dieses Buches »Feiern«. An dieser Stelle wollen wir dich lediglich auf zwei Dinge aufmerksam machen: Einmal die Bedeutung deiner Träume, die du nachts hast (↗ Kasten rechts). Und zum anderen laden wir dich ein, dein Leben als ein Abenteuer, eine Heldenreise zu betrachten (↗ Seite 244).

DAS DREAMING

Das Wort »Traum« ist für die Indigenen Australiens von vielschichtiger Bedeutung. In erster Linie ist es ein metaphysischer Zustand, der das Wirken göttlicher Prinzipien andeutet. Durch Zeremonien rufen sie die Erinnerungen an ihren Traum wach. Sie reflektieren sie und nutzen sie als Grundlage für ihr Leben. Jeder indigene Australiens hat einen Traum, verkörpert durch ein Totem, also ein Tier, eine Pflanze, ein Element oder Ort. Sie ist mit dem Totem-Ahnen, ihrem Totem/Traum und den tatsächlich lebenden Tieren oder anderem verbunden. So besitzten alle Indigenen Australiens eine duale Identität aus ihr selbst und dem Traum. Aus ihm schöpfen sie ihre (spirituelle) Kraft und Kreativität. Die Zugehörigkeit zu einem bestimmten Traum bedeutet eine lebenslange gesellschaftliche Verpflichtung, die sich weit über die eigene Familie hinaus erstreckt.[1]

TRÄUME DEUTEN

Bereits seit vielen Jahrtausenden fragen sich die Menschen immer wieder, welche Bedeutung das hat, was sie im Schlaf träumen. Schon der altägyptische König Merikare glaubte um 2170 vor Christus, dass ihm seine Träume einen Hinweis auf zukünftige Ereignisse geben würden. Für die alten Ägypter, Griechen und Römer waren Träume göttliche Botschaften. Professionelle Traumdeutende waren damit beauftragt, sie für die Herrschenden und Mächtigen zu entschlüsseln.

In Indien ging man dagegen davon aus, dass die Seele den Körper im Schlaf verlässt und sich eigene Erfahrungen sucht. Auch die alten Chinesen meinten, dass die Traumwelt so real sei wie die Welt unseres Wachzustandes. Das Traum-Ich ist aus ihrer Sicht die ergänzende Hälfte des Wach-Ichs. Im Schlaf ist die Wachwelt nicht real und im Wachsein die Traumwelt. Auch bei uns gab es bereits zu heidnischen Zeiten solche Vorstellungen: In der Rauhnächte (vom 25. Dezember bis zum 6. Januar) soll etwa die Grenze zwischen unserer Welt und der der Geister aufgehoben sein. Was wir in dieser Zeit träumen, sagt uns das nächste Jahr voraus.

Im Christentum, Judentum und im Islam spielen Träume immer wieder eine wichtige Rolle. Hier übermittelt Gott seine Botschaft, um die Menschen zu bestimmten Taten zu bewegen: Josef träumt zum Beispiel, dass Maria als Jungfrau schwanger wurde. Später warnt ihn ein Traum vor Herodes, der seinen Sohn Jesus ermorden lassen will.

Mit der Aufklärung verloren Träume zwischenzeitlich ihre Bedeutung für die Menschen. Erst mit der modernen Psychoanalyse gerieten sie wieder in den Fokus. Allerdings haben sie hier keine prophetische Bedeutung mehr, sondern dienen eher der Selbsterkenntnis. Freud meinte zum Beispiel, dass uns Träume unsere geheimen, verdrängten Wünsche zeigen. Allerdings in verzerrter Form, weil wir sie uns nicht eingestehen wollen.

C.G. Jung sah das etwas anders. Er ging davon aus, dass wir in Träumen ein kollektives Unbewusstes mit unserer inneren Welt verbinden. Auf diese Weise können uns Träume mitteilen, was wir in unserem Leben ändern sollten. Nach Freud und Jung gibt es noch viele weitere Psychologen und Therapieformen, die die Traumdeutung in ihr Repertoire aufgenommen haben. Dazu gehören zum Beispiel die Gestalttherapie oder das Focusing.

Ob Träume nun Botschaften der Götter, der Erde oder unseres Unbewussten sind – durch sie haben Menschen schon immer über sich, ihr Handeln und ihre Zukunft nachgedacht. Und wie im Traumkreis sind wir in unseren nächtlichen Träumen weder an Zeit noch Ort gebunden. Alles kann nebeneinander stehen, unsortiert, chaotisch, kreativ.

Im Dragon Dreaming versuchen wir, uns an unsere Träume zu erinnern. Eine der drei Fragen im morgendlichen Check-in lautet daher »Hattest du heute Nacht einen Traum und möchtest du davon berichten?« Die Erfahrung hat gezeigt, dass sich dadurch spannende Einsichten und überraschende Verbindungen ergeben können. Träume zu teilen fördert außerdem Intimität und Vertrauen und stärkt dadurch das Gruppengefühl ungemein.

Kannst du dich an deinen letzten Traum erinnern? Wenn nicht, versuch es doch mal mit dem Tipp rechts.

SCHRITT 1

Fülle ein Glas mit Wasser. Trinke die erste Hälfte vor dem Schlafengehen. Nimm dir vor, beim Trinken der zweiten Hälfte deine Träume zu erinnern.

Jede Nacht erlebst du 4–6 Traumphasen. Im Schnitt träumst du 1,5 Stunden pro Nacht und rund 547,5 Stunden im Jahr.

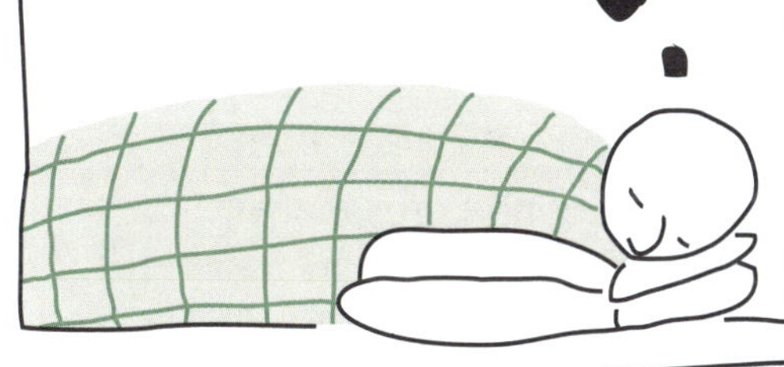

SCHRITT 2

Trinke gleich nach dem Aufwachen die zweite Hälfte und notiere in dein Traumtagebuch deine Träume.

ÜBER WIDERSPRÜCHE

Während eines Traumkreises erkennen die Menschen oft auch, wo es Widersprüche und damit Konfliktpotenziale in ihrem Team gibt. Das ist etwas Positives. Denn normalerweise ignorieren wir Konflikte, bis es nicht mehr anders geht – das ist meist in der ohnehin schon anstrengenden Planungsphase (↗ Seite 54).

Solange wir in der Traumphase nur über Ideen, Vorstellungen und Theorien sprechen, ist es möglich, Konflikte zu vermeiden. Denn in dieser abstrakten Form bleibt alles vieldeutig. Jede Person interpretiert die Worte und Sätze in ihrem Sinne und denkt, die anderen meinten das Gleiche. Doch wenn es an die Detailplanung und Umsetzung geht, zeigt sich, wie unterschiedlich die Vorstellungen in Wirklichkeit sind. Dabei steigt in der Planungs- und Umsetzungsphase der Zeit- und Handlungsdruck. Der Spielraum und die Bereitschaft für die Suche nach kreativen Lösungen werden kleiner. So kann es zu faulen Kompromissen und Machtkämpfen kommen, die sogar den ganzen Projekterfolg gefährden können.

ANALYSE-PARALYSE

Es kann passieren, dass sich im Laufe eines Traumkreises trotz Redestein Debatten und Diskussionen entspinnen. Zum Beispiel über die »beste« Formulierung eines Traumes. Dies nennen wir im Dragon Dreaming »Analyse-Paralyse«. Wann immer diese auftritt, versucht sie abzubrechen. Zum Beispiel, indem ihr ein Stillepause oder einen kurzen Energizer macht, bevor ihr mit dem Träumen fortfahrt. Die wichtige Erkenntnis: Perfektion ist der Feind des Guten!

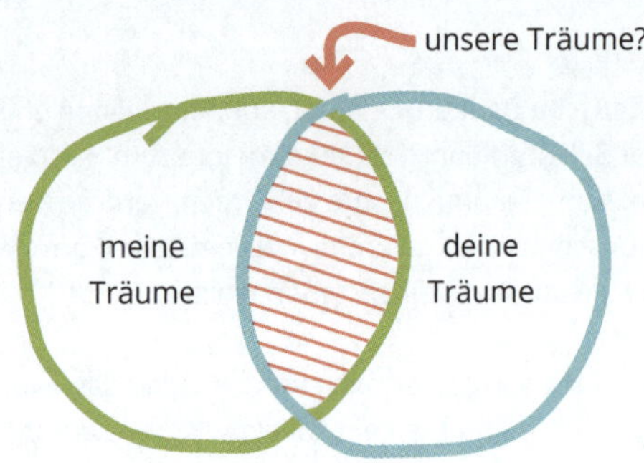

Meist schauen wir, wo die gemeinsame Schnittmenge unserer Ideen und Bedürfnisse liegt, und realisieren diese.

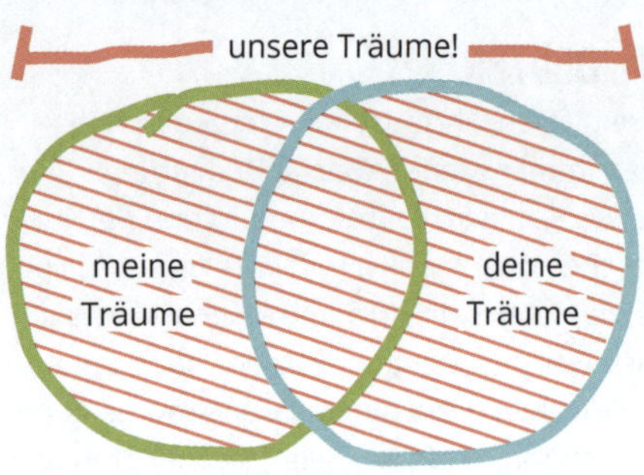

Beim Dragon Dreaming gilt: Keine Kompromisse! Wir versuchen, 100 Prozent aller Träume zu verwirklichen.

Daher fördert es den Erfolg und die Gemeinschaftsbildung, wenn schon der Traumkreis Konflikte sichtbar macht. Sie zu sehen bedeutet nicht, sofort eine Lösung finden zu müssen. Die Herausforderung ist dann, die Spannung und Unsicherheit dieser Disharmonie auszuhalten und »in der Frage zu leben«, wie es der Dichter Rainer Maria Rilke »Über die Geduld« beschrieb. So eine Einstellung gegenüber Konflikten setzt erfahrungsgemäß viel Kreativität frei. Im Vertrauen, dass sich das Team »in eine Antwort hineinleben« kann – um es noch einmal mit den Worten Rilkes zu sagen –, ist es ihm möglich, über den üblichen Rahmen hinauszudenken. Dann kann es Einsichten und Lösungen finden, auf die es sonst nie gekommen wäre.

Um für möglichst viel Offenheit und Breite zu sorgen, gibt es beim Traumkreis – ähnlich wie beim Brainstorming – keinerlei Wertung der Träume. Vermeintlich Unrealistisches, Konfliktträchtiges oder Widersprüchliches bleibt in der Dokumentation des Traumkreises kommentarlos nebeneinander stehen. Das Credo lautet:

Keine Kompromisse. Wir wollen 100 Prozent aller Träume verwirklichen!

Dass es nicht immer möglich ist, tatsächlich alle Träume zu 100 Prozent zu realisieren, spielt dabei keine Rolle. Die Intention zählt. Sie entscheidet, ob in einem Dragon-Dreaming-Projekt tatsächlich eine Win-Win-Kultur gelebt wird: Wenn sich alle sicher sein können, dass sich alle für die Verwirklichung aller Träume einsetzen, fallen viele Ursachen für Ängste, Misstrauen und Kämpfe weg. Niemand muss dann befürchten, mit seinen Ideen, Bedürfnissen und Visionen zu kurz zu kommen. Das fällt uns schwer, denn wir sind nun mal in einer Win-Lose-Welt aufgewachsen und haben dies tief in unserem Unbewusstsein verinnerlicht. Aus diesem Grund haben wir dem Konflikt und seiner positiven Kraft das ganze nächste Kapitel gewidmet.

WEISHEITEN FÜRS TRÄUMEN

- Versuche, 100 Prozent aller Träume wahr werden zu lassen.
- Bilde dein Traumteam, indem du Menschen, die du liebst und bewunderst, denen vorstellst, die du liebst und bewunderst.
- Maximiere deine Aha-Erlebnisse.
- Alles ist ein temporärer Knotenpunkt im Fluss von Energie, Materie, Kreativität und Chaos.
- Lass den individuellen Traum sterben, um einen kollektiven Traum zu erschaffen.
- Bleibe in der Frage und lebe deinen Weg in die Antwort.
- Genieße die Stille. Höre, wie die Welt zu dir spricht in diesen Zeiten.
- Perfektion ist der Feind des Guten.
- Halte es spielerisch.

ZEIT ZUM NACHDENKEN

Nimm dir dein Notizbuch und beantworte die Fragen: Hast du unerfüllte Träume – wie lauten sie? Warum hast du sie bis jetzt noch nicht verwirklicht? Wenn die Erde ein Mensch wäre, welche Träume hätte sie?

KONFLIKTE

Wer einen Traum verwirklichen und ein Projekt umsetzen will, wird immer auch Konflikte erleben. Denn jedes Projekt ist eine Veränderung. Und jede Veränderung wirft unweigerlich die Frage auf, wie dieses »Andere« denn nun genau aussehen soll. Je mehr Menschen gemeinsam das Neue gestalten wollen, desto häufiger kommt es auch zu Unstimmigkeiten, sich scheinbar widersprechenden Bedürfnissen, Vorstellungen, Werten und Ideen. Vor allem wenn diese Menschen unterschiedliche Erfahrungen, Sichtweisen, Kenntnisse und Fähigkeiten haben. Dann ist es so wie bei dem kleinen Bilderwitz rechts: Der eine sieht eine Neun, während der andere ganz klar eine Sechs vor sich erkennen kann. Kollektive Weisheit entsteht in einer Gruppe dann, wenn die Menschen nicht darum ringen, wer recht hat. Sie entsteht, wenn alle die Perspektive der anderen als Bereicherung annehmen und nutzen können.

»Es gibt kein Leben, keine humane Existenz ohne Streit und Konflikt. Der Konflikt bringt unser Bewusstsein hervor. Ihn zu ignorieren heißt, die kleinsten Einheiten unserer Lebens- und Sozialerfahrung zu leugnen. Ihm zu entfliehen heißt, der Erhaltung des Status quo behilflich zu sein.«

Das meinte der Pädagoge Paulo Freire, der Dragon Dreaming stark inspiriert hat, in einem 1993 erschienen Brief.[1] Doch wie ist das gemeint? Dazu möchten wir dir eine kleine Geschichte erzählen: Stell dir vor, wie du an einem x-beliebigen Morgen gerade noch rechtzeitig zum ersten Meeting im Büro eintriffst. Es geht darum, eine Veranstaltung zu planen, die der Öffentlichkeitsarbeit eures Projektes dienen soll. Die anderen drei Teammitglieder sind schon da. Das Meeting beginnt. »Was soll denn bei der Veranstaltung genau passieren?«, fragt du in die Runde. »Das kommt darauf an, wie viel Zeit und Geld wir dafür aufbringen wollen«, meint deine Kollegin. »Also ich finde, wir sollten erst mal klären, wo und wann die Veranstaltung stattfindet«, kontert ein anderer. »Hmm, also ich denke, wir sollten uns als Allererstes fragen, was wir mit der Veranstaltung beim Publikum bewirken wollen. Der Rest ergibt sich daraus«, findet nun eine weitere Kollegin. Und schon steckt ihr vier in einem Konflikt darüber, wie ihr bei der Planung der Veranstaltung am besten vorgeht.

Nicht gerade selten beginnt nun eine Dikussion darüber, wer »recht« hat. Alle gehen nämlich stillschweigend davon aus, dass es so etwas wie die eine richtige Lösung geben könnte. Wenn es blöd läuft, sammeln bald alle nur noch Argumente, warum die jeweilige Sichtweise die »richtige« ist. Ein Schlagabtausch beginnt. Vielleicht bilden sich Lager. Und vielleicht lasst ihr euch aus Höflichkeit noch ausreden – wirklich zuhören tut ihr aber vermutlich nicht mehr.

Kommt dir das bekannt vor? Kein Wunder, denn so gehen wir im Normalfall mit Konflikten um: Wir kämpfen. Im Dragon Dreaming hat sich dafür auch der Begriff der »Analyse-Paralyse« eingebürgert: Wir glauben, mit noch mehr »Analyse« (also Argumenten) die »Wahrheit« finden zu können. Dabei gibt es sie vermutlich gar nicht! Oder zumindest ist sie für uns Menschen unerreichbar. Denn niemand weiß alles. Und niemand weiß nichts, wie die Grafik rechts oben zeigt. Oder anders gesagt: Wir sehen die Welt nicht so, wie sie ist, sondern wie wir sind. Welche Erfahrungen wir im Leben sammeln, bestimmt, was wir für richtig oder falsch halten. Von

„Neun", sagt der eine. „Sechs", kontert der andere. Konflikte gibt es, wenn wir unterschiedliche Perspektiven auf das haben, was wir „Wirklichkeit" nennen.

UNNÖTIGE KONFLIKTE

Konflikte sind gut! Warum, das haben wir auf dieser Doppelseite lang und breit erklärt. Doch das stimmt natürlich nicht ganz. Es gibt auch Konflikte, die gar nichts bringen – außer Energie zu binden und die Stimmung im Team zu vermiesen. Dennoch lässt sich beobachten, dass Menschen ein gewisses Quantum an Konflikten zu brauchen scheinen. Vielleicht, um dem Leben ausreichend Würze zu verpassen. Deshalb halten wir uns teilweise auch recht ausdauernd mit Konflikten auf, die gar nicht notwendig sind.

Unnötige Konflikte entstehen zum einen aus Unachtsamkeit, zum Beispiel durch Missverständnisse: Was wir mit einem Wort, Satz, Bild oder Text meinen, lässt sich unterschiedlich interpretieren. Das kann den Eindruck erwecken, dass es einen Konflikt gibt. Wer nachfragt und dann auch wirklich zuhört, findet schnell heraus, ob das so ist oder nicht. Zum anderen sind Rechthaberei und Angst vor Statusverlust Quellen unnötiger Konflikte. Wer zulassen kann, dass es mehrere Perspektiven gibt, verschwendet keine Energie an unnötige Konflikte.

Manche hören das nicht gerne: Aber ein einzelner Mensch weiß tatsächlich sehr wenig. Angenommen der große **gelbe Kreis** links würde alles Wissen darstellen, das die Menschheit insgesamt erfassen kann. Dann könnten die **dunkelgrünen Kreise** zum Beispiel der kleine Ausschnitt sein, den ein einzelner Mensch wissen kann. Darum herum gibt es die **hellgrünen Kreise**, von denen er weiß, dass er das nicht weiß. Doch von dem allermeisten weiß er noch nicht mal, dass er es nicht weiß. Das zeigt, wie unsinnig es ist, andere Perspektiven und Erfahrungen abzuwerten und für ungültig zu erklären. Hätten wir das Leben dieser Person geführt, würden wir denken und fühlen wie sie. Ein Konflikt ist damit immer die Einladung, zu entdecken, was ich nicht weiß – und dazu aus meiner Komfortzone herauszutreten.

klein auf wählen wir zwischen Alternativen: Finden wir Spontaneität gut oder Verlässlichkeit? Mögen wir das Chaos oder die Ordnung? Sind wir laut oder leise? Solche Entscheidungen treffen wir nicht immer wieder aufs Neue. Wir haben uns Gewohnheiten zugelegt, Entscheidungsautomatismen. Das ist auch gut so, denn nur so können wir unseren Alltag bewältigen.

Doch in Konfliktsituationen ist das anders. Dann stößt du vielleicht auf jemanden, der andere Erfahrungen und damit andere Automatismen hat. Er weiß Dinge, von denen du vielleicht noch nicht mal weißt, dass du sie nicht weißt. Dabei könntest du es belassen, hättest du mit ihm nicht etwas gemeinsam: euer Projekt. Ist dir das wichtiger als der Konflikt, dann gibt es eigentlich nur eine Lösung: Du musst aus deiner Komfortzone heraus und neu über das vermeintlich Selbstverständliche nachdenken. Oder anders gesagt: Du musst deinen Autopiloten aus- und dein Bewusstsein anschalten.

Konflikte sind damit im Grunde etwas Positives. Wie Paolo Freire bemerkte, kannst du durch sie die Dinge aus einer neuen Perspektive betrachten. Du lernst dazu. So kann es vorkommen, dass du vielleicht sogar eigene Irrtümer entdeckst. Konflikte bringen also einen breiteren Blickwinkel, mehr Kreativität und damit einen größeren Handlungsspielraum in ein Projekt. Schaffen es alle in dem Team der kleinen Geschichte, sich dem Wissen ihrer Kolleginnen und Kollegen zu öffnen, werden sie merken, dass sie alle mehr Aspekte der Veranstaltung im Blick haben, als sie es allein hätten.

Einfach und leicht ist das oft nicht. Konflikte ergebnisoffen anzugehen erfordert Mut zum Risiko. Konflikte sind daher wie die Angst einflößenden Drachen in den Märchen: Wir fürchten uns vor ihnen. Gelingt es uns aber, unsere Drachen zu zähmen, dann wartet auf uns ein Schatz der Erkenntnis. Das geht am besten, wenn du mit deinen Drachen tanzt, wie wir beim Dragon Dreaming sagen – wenn du es also spielerisch und leicht angehst.

DAS WIN-LOSE-SCHEMA

Du musst dich nicht über alle Konflikte freuen. Aber du wirst vielleicht doch zugeben, dass es viele Nachteile hat, Konflikte zu vermeiden: Du verlierst dann die Freude an der Arbeit, das Vertrauen in die anderen und zum Schluss vielleicht sogar die Motivation für das Projekt insgesamt. Dennoch meiden viele von uns Konflikte, wo sie nur können. Dafür gibt es viele Gründe. Ein ganz wesentlicher ist, dass wir Konflikte oft als Kampf um Sieg und Niederlage erleben. Wir sind verstrikt in einem Schwarz-Weiß-Denken von Gegensätzen: Wir glauben etwa, ein Projekt könne entweder profitorientiert oder gemeinnützig, entweder hierarchisch oder basisdemokratisch organisiert sein. Im Grunde geht es um den unbewussten Glaubenssatz: »Du darfst nicht sein, wie du bist, damit ich so sein kann, wie ich bin!« In uns hat sich die Vorstellung festgesetzt, dass ich verliere, wenn andere im Konflikt bekommen, was sie sich wünschen. Also kämpfe ich dagegen an. Das mag ich bedauern. Ich kann mir sogar sagen, dass ich dazu gezwungen bin. Dass die Welt nun mal so ist und ich keine andere Wahl habe. Doch das ist nicht so.

Zum einen kann dich wirklich niemand dazu zwingen, einen Konflikt einzugehen. Wenn du das nicht möchtest, kannst du dich einfach entscheiden, den anderen zu verstehen und deine Ansprüche loszulassen. Erst wenn du das nicht möchtest, gibt es wirklich einen Konflikt. Diese Einsicht hilft oft dabei, aus der Opferhaltung herauszukommen, die Menschen in Konflikten typischerweise einnehmen: »Ich will mich ja gar nicht streiten, aber der/die andere lässt mir keine Wahl …« Dazu kommt, dass wir in Wahrheit schon verloren haben, wenn wir einen Konflikt überhaupt als Kampf betrachten.

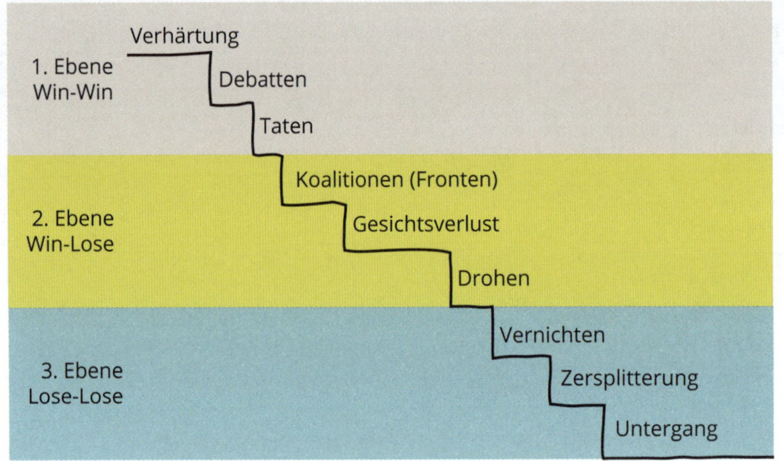

Der Konfliktforscher Friedrich Glasel hat neun Eskalationsstufen auf drei Ebenen entdeckt: Auf der ersten ist noch eine Win-Win-Lösung möglich. Auf der zweiten wird ein Konflikt so »gelöst«, dass eine Seite verliert. Auf der dritten gibt es nur noch »Lösungen«, bei denen beide Parteien verlieren.

Denn dann verlierst du zum einen den Verlierenden. Er oder sie hat immer weniger Lust, mit dir an dem Projekt zu arbeiten. Zum anderen verlierst aber auch du als vermeintlich siegende Person deine Menschlichkeit, deine Würde und deine Chance, dazu zu lernen und über dich hinauszuwachsen. Solche Win-Lose-Spiele sind unproduktiv und unvernünftig. Denn tatsächlich lösen kannst du Konflikte so natürlich nicht. Der oder die andere wird bei nächster Gelegenheit Rache üben. So entsteht eine Negativspirale. Die ideale Voraussetzung dafür, dass sich Konflikte auf der Beziehungsebene verhärten, obwohl sie auf der Sachebene gelöst zu sein scheinen. Du siehst: Schnell hat sich der scheinbare Sieg in eine Niederlage verwandelt.

Um einen Konflikt nicht eskalieren zu lassen, meiden wir ihn, wie gesagt, lieber. Natürlich gestehen wir uns das nicht immer ein. Bewusst oder unbewusst schlucken wir unsere Empörung, Wut oder Enttäuschung oft lieber herunter, als Klartext zu reden. Die Folge: Wir kriegen schlechte Laune, sind demotiviert, werden misstrauisch und engstirnig. Nicht selten sammeln wir in unserem Kopf so lange Minuspunkte über das Verhalten anderer, bis wir explodieren. Das senkt natürlich auch die allgemeine Lebensfreude, erhöht dafür aber den Stress und die Neigung, ein Projekt zu verlassen. Das wiederum steigert das Risiko, dass das Projekt insgesamt scheitert. Unklare oder unterdrückte Konflikte können sehr viel Energie binden. Energie, die der Umsetzung des Projektes fehlt.

Wie viele Projekte deshalb schon missglückt sind, wissen wir nicht. Doch vermutlich hast auch du das schon mal erlebt. Das ist nicht verwunderlich. Konflikte anzusprechen, sich verletztlich zu zeigen und auch Kritik anzunehmen erfordert viel Mut. Damit das besser gelingt, hat die niederländische Dragon-Dreaming-Trainerin Annette Dölle eine Methode entwickelt, die sie »Mia Mia« nennt. Was das genau ist, wozu das gut ist und wie das geht, erfährst du auf der nächsten Doppelseite.

Die vier Quadranten des Win-Lose-Graphen aus Kapitel eins (↗ Seite 23) kennst du schon. Zu ihnen passen die vier Konflikttypen rechts: Ich besiege dich (Win-Lose), ich gebe nach (Lose-Win), ich vermeide Konflikte (Lose-Lose) oder ich suche den Konsens (Win-Win). Eine fünfte Alternative ist der Kompromiss, bei dem alle nur einen Teil ihrer Anliegen erfüllt bekommen.

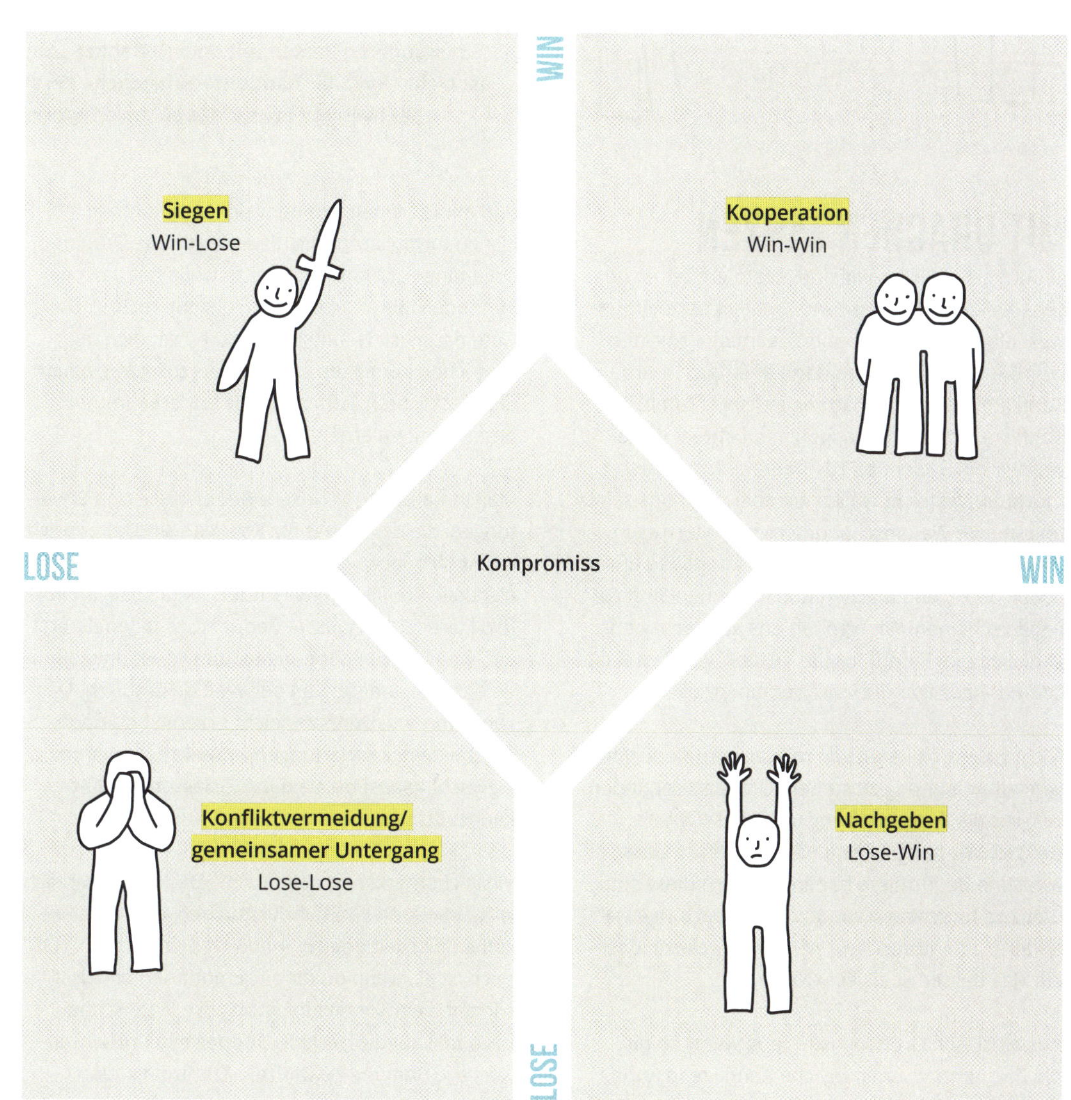

REFLEXION: WIE GEHE ICH MIT KONFLIKTEN UM?

Denke an einen schweren Konflikt, den du in den letzten sechs Monaten hattest. Wie hast du dich verhalten: Bist du ihm aus dem Weg gegangen? Hast du nachgegeben oder dich mit deinen Interessen durchgesetzt? Warum hast du dich so verhalten: Was stand für dich auf dem Spiel? Welche negativen Konsequenzen hätte es gehabt, wenn du dich anders verhalten hättest? War das richtig oder falsch? Bist du sicher? Erkennst du in deiner Verhaltensweise ein Muster? Falls du den Konflikt vermieden, dich durchgesetzt oder nachgegeben hast: Was hast du dadurch verloren? Welche Alternativen siehst du? Welche Win-Win-Lösung könnte es geben? Was verbindet dich mit der anderen Person?

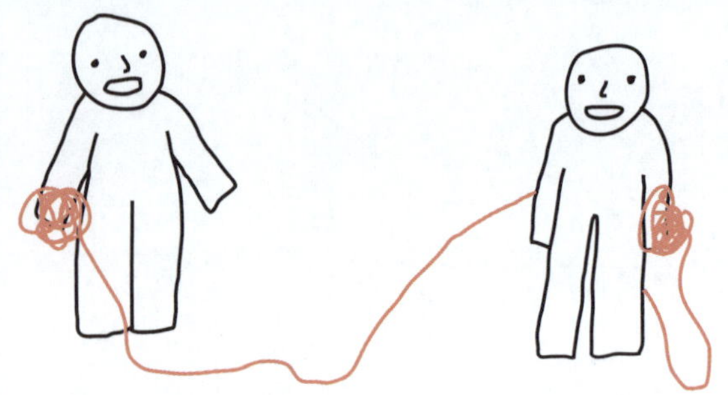

Die Konfliktlinie sollte immer zwischen dir und deinem Konfliktpartner bleiben, empfiehlt der Management-Berater Reinhard Sprenger.[2] Nimm sie also nicht zu dir nach dem Motto „Ich bin nicht okay". Schiebe sie aber auch nicht zu einer anderen Person mit dem Gedanken „Sie ist nicht okay". Ihr habt unterschiedliche Perspektiven auf etwas, das euch verbindet.

MIT DRACHEN TANZEN

Je unterschiedlicher wir sind, desto größer ist unser kollektiver Wissens- und Kreativitätsspielraum, weshalb wir dies in Dragon-Dreaming-Projekten begrüßen. Leider gibt es dann aber auch mehr Konflikte. Das kann anstrengend sein. Zumal wir Konflikte nicht immer angehen möchten. Vielleicht weil wir die Beziehung zu anderen nicht belasten möchten. Vielleicht wollen wir aber auch uns selbst und unsere Weltanschauung nicht hinterfragen. Ein anderer Grund kann sein, dass Konflikte unser Leben aufregend machen und ihm einen Sinn zu geben scheinen. Wir wähnen uns auf der »richtigen« Seite im Kampf für das »Gute«. Wir lieben das Drama – ja, sogar die Märtyrer:innenrolle.

Nicht zuletzt riskieren wir, mit unseren Bedürfnissen auf Ablehnung zu stoßen. Oftmals empfinden wir dies als Zurückweisung unserer selbst als Ganzes. Wir haben irgendwie das Gefühl, dass wir keine Bedürfnisse haben, sondern diese sind. Gleichzeitig scheuen wir uns, die Erwartungen anderer zu enttäuschen. Wir haben gelernt, dass ein »Ja« besser ist als ein »Nein«.

Aus all diesen Gründen ist es gut, wenn du dir die Zeit nimmst, um mögliche Konflikte in Ruhe und mit Offenheit in einem sicheren Rahmen klar zu formulieren. Die niederländische Dragon-Dreaming-Facilitatorin Annette Dölle hat dazu die Methode »Mia Mia« entwickelt (siehe rechts). Das Gute daran ist: Nimmst du dir die Zeit, dich mit möglichen Konflikten auseinanderzusetzen, bevor diese eskalieren, kannst du die anderen immer besser kennenlernen.

Manchmal sind uns unsere Bedürfnisse und Erwartungen, die der Anlass für Konflikte sind, aber auch selbst nicht bewusst. Deshalb lassen sich auch nicht alle Konflikte (etwa mittels »Mia Mia«) im Vorfeld klären. Unbewusste Bedürfnisse fallen dir erst auf, wenn es zu Spannungen kommt. Dann stößt du dich am anderen, an der Welt da draußen. Das kann weh tun. Denn vielleicht erkennst du dann, welche deiner Erwartungen unrealistisch waren. Vielleicht kannst du sie dann loslassen. Vielleicht kannst du sie verändern.

Vielleicht merkst du aber auch: »Das ist mir wirklich wichtig!« Dann könnt ihr versuchen, eine gemeinsame Entscheidung zu finden (↗ Seite 210 ff.). Hilfreich ist es, wenn du dir der Emotionen bewusst wirst, die ein Konflikt in dir auslöst. Wie? Schau dazu mal auf die nächste Doppelseite und unser Kurzinfo über die gewaltfreie Kommunikation.

TEAMREGELN FINDEN

Ich habe diese Methode 2015 entwickelt, weil ich erlebt habe, dass Menschen oft unsicher sind, obwohl alle im Team nett sind. Sie sind manchmal zu höflich, um Konflikte anzusprechen. Sie haben Angst, sie könnten die Beziehungen zu den anderen oder die gute Atmosphäre belasten. Und so schweigen sie. Daher habe ich so eine Art Hinderrnisspiel entworfen, das einen persönlichen, spielerischen und gleichzeitig sachlichen Austausch über individuelle Drachen und rote Linien unterstützt. Das Ergebnis ist ein schönes Dokument, das alle Verhaltens- und Kommunikationsvereinbarungen beschreibt, die sich die Gruppe für den gemeinsamen Projektprozess geben möchte.

Dieses Dokument kann und sollte immer nur ein Provisorium sein. Eine vorläufige gemeinsame Selbstverpflichtung, die sich bei guten Gründen auch jederzeit wieder ändern lässt. Daher hat sie die Bezeichnung »Mia Mia« erhalten. In der Sprache der Nyungar bedeutet dies »vorübergehende Unterkunft«. Es ist eine Hütte aus Zweigen und Blättern. Genauso soll das Mia Mia einen temporären Raum der Sicherheit und des Vertrauens schaffen.

Die Methode sollte am besten zu Beginn des Projektes gemacht werden, nach dem Traumkreis und vor der Planungsphase. Auf jeden Fall sollten Teams das Mia Mia das erste Mal durchführen, bevor sie als Gruppe in die Storming-Phase geraten, die ja von Statuskonflikten geprägt ist. Denn dann ist es viel schwieriger, sich zu öffnen und seine wunden Punkte zu zeigen.

↗ Annette Dölle, Dragon-Dreaming-Trainerin und Projekt-Facilitatorin aus Amsterdam. annettedolle.nl

ANLEITUNG: MIA MIA

Das Mia Mia teilt sich in zwei Phasen: In der ersten spielt das Team eine Art Hindernisspiel. In der zweiten erstellt es das Mia-Mia-Dokument.

1. **Lade das Team ein.** Sorge dafür, dass alle genug Zeit mitbringen und offen für den Prozess sind. Schaffe eine schöne Atmosphäre und leite den Prozess ein, indem du den Mut der teilnehmenden Menschen würdigst. Jede Gruppe sollte 2–6 Personen umfassen. Ist das Team größer, teilt es sich auf.

2. **Stelle die generative Frage: »Was muss geschehen, damit du das Projekt hundertprozentig verlässt?«** Hier geht es nicht um Gründe, jemanden aus dem Team zu werfen. Es geht darum, sich auf sichere Weise alten Wunden zuzuwenden – Situationen, denen du nicht wieder begegnen möchtest.

2. **Mach eine Stillepause** und die fünf Schritte der Win-Win-Kommunikation (↗ Seite 24).

3. **Jede Person bekommt rund drei Haftzettel.** In Stille und vielleicht auch in Abgeschiedenheit haben nun alle Zeit, pro Zettel eine Antwort aufzuschreiben. Dabei gibt es kein Zeitlimit. Vertraue dem Kollektiv, dass es bereit ist, wenn es bereit ist.

4. **Teile und feiere die Drachen.** Dazu kommen alle wieder in den Kreis. Nach einer weiteren Stillepause teilt jede Person 1–3 Gründe mit, warum sie das Team verlassen würde. Drachen, die mehrfach vorkommen, werden zusammengelegt. Es sollten insgesamt nicht mehr als acht Zettel zusammenkommen. Es ist auch möglich, dass alle ihre Drachen zunächst in Paaren besprechen und dann erst in der Runde. Jeder Grund, das Team zu verlassen, ist eine wertvolle Information über das Teammitglied und wird feierlich angenommen.

6. **Findet Verbindungen.** Auf einem Flipchart klebt das Team dazu alle Haftzettel in Form eines Quadrats auf. Bei sechs Personen sind das zum Beispiel drei Reihen und sechs Spalten. Dann sucht das Team nach gemeinsamen Themen. Diese Themen verbindet es mit einer Linie. Dies geschieht in Stille. Am Ende gibt es maximal sechs Linien und Themen. Das sind die möglichen Hindernisse dieser Gruppe.

7. **Umarmt die Realität.** Dies ist ein wichtiger Moment. Anstatt Hindernisse zu leugnen, sieht das Team mögliche Konflikte an. Es erkennt vielleicht destruktive Muster der Vergangenheit, aber auch, welche Werte ihm wichtig sind.

8. **Erstellt das Mia-Mia-Dokument.** Nach einer weiteren Stillepause nimmt das Team dazu ein neues Flipchart. Es leitet aus jedem als wirklich wichtig erachteten Hindernis eine positive Affirmationen ab. Das ist ein Satz, der mit einem »Wir werden ...« beginnt und das Gegenteil der negativen Situation beschreibt. Aus »Ich würde gehen, wenn es Leute im Team gäbe, die mir gegenüber laut werden.« könnte zum Beispiel werden: »Wir werden uns zuhören und ruhig miteinander reden – auch im Streit.« Die Gruppe kann die Sätze entweder gemeinsam oder in Zweier-Teams entwickeln. Pro Affirmation sollte rund 10 Minuten Zeit sein. Es ist auch möglich, diesen Prozess wie bei der Leitsatzformulierung in Stille durchzuführen (↗ Seite 103).

9. **Die Affirmationen beschließen.** Es hat sich als hilfreich und festigend erwiesen, wenn das Team nun gemeinsam noch einmal durch alle positive Affirmationen geht. Gibt es dabei noch Änderungswünsche? Oder können alle diesen Satz so mittragen und feierlich beschließen? Das wäre ein Anlass zum Feiern!

10. **Das Mia Mia visualisieren.** Wie beim Traum ist es sinnvoll, das Mia-Mia-Dokument noch einmal schön in Form eines Bildes oder Posters zu visualisieren. Es sollte im Alltag für alle möglichst gut sichtbar sein. Es ist aber auch ein lebendiges Dokument, kann also immer wieder verändert werden.

UMGANG MIT EMOTIONEN

Heftige Emotionen – wie Wut, Frust, Traurigkeit oder Angst – sind ein Anzeichen dafür, dass irgendwo in deiner Nähe ein Drache auf dich wartet. Dass da ein Konflikt ist, durch den du lernen und wachsen kannst.

Zugleich ist aber auch höchste Vorsicht angebracht, was deine Urteilskraft und Reaktionsweisen angeht, wenn deine Emotionen hohe Wellen schlagen. Warum? Nun, dazu musst du wissen, wie Emotionen entstehen und was sie auslösen: Immer wenn du etwas wahrnimmst, das deinen Zielen (etwa ein Bedürfnis zu erfüllen) im Wege stehen könnte, entstehen Emotionen. Sie setzen in deinem Körper die Energie frei, die du brauchst, um zu handeln. Das geht in Gefahrensituationen, etwa bei einem Konflikt, auch ohne die Beteiligung höherer Gehirnregionen. Dann lösen der Thalamus und der Mandelkern ein Reaktionsmuster aus.

Das bedeutet im Klartext: Wir spulen die Automatismen ab, die wir gelernt haben. Wir sehen uns nicht in Ruhe das gesamte Feld aller Handlungsmöglichkeiten an und wählen dann die beste aus. Nein, wir tun – ohne darüber nachzudenken – das, was wir schon immer getan haben. Da ist die Wahrscheinlichkeit hoch, dass das in genau diesem Konfliktfall nicht unbedingt hilfreich ist. Das gilt vor allem, wenn du wütend bist. Dann heißt es am besten: »Mund zu und durch die Nase atmen.« Deine Kommentare solltest du dir für später aufheben, wenn du dich etwas beruhigt hast.

Wut ist jedoch keineswegs etwas Schlechtes, für das du dich schämen solltest. Im Gegenteil. Solche Gefühle haben eine wichtige Schutzfunktion. Die Theorie der Gewaltfreien Kommunikation schätzt die Wut zum Beispiel sehr. Warum? Weil diese starke Emotion darauf hindeutet, dass ein dir wichtiges Bedürfnisse in Gefahr ist, nicht erfüllt zu werden.

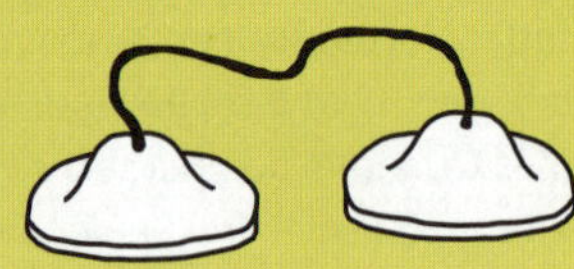

EMOTIONEN WAHRNEHMEN

Emotionen wahrzunehmen und einzuordnen ist nicht immer einfach und lässt sich auch nicht von heute auf morgen erlernen. Übung ist gefragt. Praktiziere dazu mehrmals täglich eine Stillepause und prüfe die Checkliste:

- ☐ **Dein Atem:** Ein unruhiger Atem ist oft ein Zeichen für Emotionen – Schluchzen zeigt zum Beispiel Traurigkeit, Schreien Wut, Luft anhalten Angst und vieles mehr.
- ☐ **Dein Körper:** Spürst du Anspannungen oder Ermüdungen?
- ☐ **Deine Gedanken:** Rattert es in deinem Kopf nur so vor pauschalen Urteilen, Abwertungen und Vorwürfen?
- ☐ **Deine Worte:** Hörst du zu oder willst du recht behalten? Wertest du andere ab?

Übrigens: Wie fühlst du dich jetzt gerade? Beschreibe deine körperlichen Empfindungen möglichst genau.

Der US-amerikanische Psychologe Marshall B. Rosenberg hat herausgefunden, dass alle Menschen die ähnliche Bedürfnisse haben. Dazu gehören etwa Zugehörigkeit, Autonomie, Harmonie oder Wertschätzung. Was wir tun und sagen, dient dazu, uns diese Bedürfnisse zu erfüllen. Soweit ist daran nichts auszusetzen. Die Krux beginnt, wenn es darum geht, mit welchen Strategien und Taktiken wir dies versuchen: Wir manipulieren andere. Wir setzen also verbale Gewalt ein, wie Gandhi sagen würde. Er hat den Begriff der Gewaltlosigkeit (in Sanskrit »Ahimsa«) nicht nur auf körperliche Gewalt bezogen. Auch negative Gedanken, Hass, verletzende Worte oder die üble Nachrede gehörten für ihn dazu.

Diese Sichtweise hat Marshall B. Rosenberg nun auf seine Arbeit bezogen und die Gewaltfreie Kommunikation (GfK) entwickelt. Dabei handelt es sich auch um Methoden. Das Allerwichtigste dabei ist jedoch – wie beim Dragon Dreaming – die Haltung, mit der ein Mensch diese Methoden anwendet. Fehlt das Bewusstsein, dass alle Menschen ähnliche Bedürfnisse haben und jede Aktion – auch die, die ich nicht billige – dazu dient, legitime Bedürfnisse zu erfüllen, so lässt sich die GfK auch als Mittel der Macht und Manipulation missbrauchen.

Das Feld der GfK ist breit und tief. Es gibt GfK für Schulen, Unternehmen, Ehepaare, Eltern, Kriegsparteien, Straftäter:innen und noch vieles mehr. Wenn du dich dafür genauer interessierst, empfehlen wir dir in jedem Fall den Besuch eines Workshops. Die Übung rechts gibt dir aber schon mal einen ersten groben Überblick über die Praxis.

ÜBUNG: GEWALTFREI KOMMUNIZIEREN

Viele würden vermeintlich negative Gefühle, wie Wut oder Angst, am liebsten loswerden. Dabei haben sie wichtige Funktionen für uns. Denn hinter ihnen stecken für uns wichtige Bedürfnisse. Wie du diese findest und dich für ein konstruktives Konfliktgespräch öffnest, zeigen dir die folgenden Schritte.

1 – Melke die Wut
Nimm dir ein bisschen Zeit und zieh dich an einen ruhigen Ort zurück. Besorge dir etwas zum Schreiben. Mache eine ausgedehnte Stillepause. Denke anschließend an eine Situation, in der du so richtig, richtig wütend geworden bist. Beschreibe, was geschehen ist.

2 – Tritt neben dich
Gehe deine Beschreibung durch und markiere alles, was Interpretationen, also Bewertungen sind. »XY hat mich abgekanzelt« ist eine Bewertung. »XY hat mich unterbrochen und gesagt ...« ist eine Beobachtung. Schreibe vor jede Bewertung »Ich denke«. All dies sind keine gesicherten Fakten. Diese Interpretation der Ereignisse findet erst mal nur in deinem Kopf statt und ist eher ein Spiegel deiner Erfahrungen.

3 – Erkenne deine Gefühle
Beschreibe möglichst konkret, wie es sich körperlich angefühlt hat, in der Situation zu sein. Welche Gefühle traten zusammen mit der Wut auf? Sei möglichst präzise. Das ist nicht immer ganz leicht. Du brauchst dafür auch ein bisschen Übung. Am allerbesten ist sind gute GfK-Lehrer oder -Lehrerinnen.

4 – Sieh deine Bedürfnisse
Spontan neigen wir dazu, andere für unsere Gefühle verantwortlich zu machen. Das spiegelt sich in Aussagen wider wie »Du machst mich wütend«. Wichtig ist jedoch zu erkennen, dass starke Gefühle wie Wut ihre Ursache immer in unerfüllten Bedürfnissen haben. Frage daher: Warum macht dich das wütend? Was wünschst du dir? Warum soll XY dich zum Beispiel nicht unterbrechen – wünschst du dir Wertschätzung und eine Verbindung zu XY?

5 – Bade in der Fülle
Stelle dir vor, wie es sich körperlich anfühlt, wenn deine Bedürfnisse erfüllt werden. Bade in diesem Gefühl der Fülle! Es geht nun nicht mehr um die konkrete Situation, die du beschrieben hast. Dein Bedürfnis muss nicht genau von der Person erfüllt werden, die deine Wut ausgelöst hat. Erkenne, dass dies nicht an eine Person, einen Ort, eine Handlung, eine Zeit oder eine Situation geknüpft ist.

6 – Den Anderen verstehen
Schenke nun dem/der anderen deine Aufmerksamkeit. Mach noch einmal eine Stillepause und die Schritte der authentischen Kommunikation (↗ Seite 27), um andere in deine Blase einzuladen. Überlege: Warum verhält sich diese Person so? Welche Bedürfnisse will sie sich erfüllen? Versuche möglichst wertfrei zu bleiben. Wenn dir das nicht gelingt, gehe noch einmal zurück zur Selbsteinfühlung (Schritt 4) .

7 – Formuliere deine Bitte
Überlege nun, worum du den anderen bitten möchtest. Wichtig: Ein »Nein« als Antwort sollte für dich und die andere Person genauso okay sein wie ein »Ja«. Erst dann ist es wirklich eine Bitte, keine versteckte Manipulation. Formuliere deine Bitte aus dem Gefühl der Fülle heraus. Also etwa: »Ich könnte mich mit dir viel besser austauschen, wenn wir uns ausreden lassen würden – wäre das für dich okay?«

8 – Lade zum Gespräch ein
Vereinbare mit der Person einen Termin, falls sie bereit ist, zu reden. Behalte währenddessen deine Gefühle im Blick. Mach dazu öfter mal eine Stillepause. Mach eine Pause, wenn du heftige Emotionen hast, und fühle in dich hinein. Das Ziel des Gesprächs ist es, den Konflikt klarer zu sehen. Nicht unbedingt, ihn zu lösen. Ganz oft braucht es keine Lösung mehr, wenn sich beide wirklich öffnen und sehen.

DER SCHATZ ROTER TÜCHER

Wo wir auf Menschen treffen, da treffen wir auch auf solche, die ein rotes Tuch, ein Drache für uns sind. Sie müssen nur den Mund aufmachen, um uns auf die Palme zu bringen – und manchmal noch nicht einmal das. Doch was tun, wenn dieser Mensch nun mal zu deinem Projektteam gehört?

Nun, zum einen lässt sich feststellen: Die Beziehungsebene dominiert in Konflikten immer und grundsätzlich die Sachebene. Sobald dir ein anderer Mensch wirklich wichtig ist, du ihm vertraust und ihn schätzt, ja vielleicht sogar liebst, wirst du immer eine Lösung auf der Sachebene finden. Bei Menschen, die ein rotes Tuch für dich sind, ist das sehr viel schwieriger. Selbst wenn es da bei einem Konflikt auf Sachebene vermeintlich eine Lösung gibt, schwelt der Beziehungskonflikt womöglich weiter. Dann sucht ihr immer neue Sachthemen für Konflikte. Doch du kannst die Begegnung mit diesem Drachen auch zu einer spannenden Entdeckungsreise machen …

Um zu erklären, wie das geht, müssen wir ein bisschen ausholen. Der Psychiater C. G. Jung hat erkannt, dass wir alle einen sogenannten »Schatten« mit uns herumschleppen, und der ist folgendermaßen entstanden: Seit unserer frühesten Kindheit haben wir gelernt, welche Verhaltensweisen »gut« sind (also belohnt werden) und welche »schlecht« (und eine Strafe nach sich ziehen). Dadurch haben wir bestimmte Verhaltensweisen in den sogenannten Schatten verdrängt. Wir haben sie uns verboten – unbewusst natürlich.

Wenn nun jemand daherkommt und genau diese Verhaltensweisen an den Tag legt, bringt uns das zum Kochen: Wie kann da jemand tun, was ich mir versage? Die »selbstverliebte Vielschwätzerin«, die unendlich über ihre Erfolge monologisieren kann, ist ja vielleicht deshalb ein rotes Tuch für mich, weil auch ich gerne mal so im Mittelpunkt der Aufmerksamkeit stehen würde. Doch ich erlaube es mir eben nicht. Denn so vehement, wie ich diesen Menschen verurteile, so vehement verbiete ich mir mein eigenes geheimes Bedürfnis.

Sichtbare Konfliktebene
Positionen, Verhalten, Stimme, Körpersprache

Unsichtbare Konfliktebene
Anliegen, Interessen, Bedürfnisse, Werte, normative Erwartungen

Konflikte sind wie Eisberge: Nur ein winziger Teil ist sichtbar. Der weitaus größte Teil liegt für uns verborgen unter der Oberfläche.

Plötzliche Aggressionen, Machtkämpfe, Unzufriedenheit oder depressive Verstimmungen, alles »Störende«, das du wahrnimmst und verurteilst – all das deutet auf Schattenthemen hin. Alles, was dir Angst macht, sinkt in den Schatten. So wachsen manchmal ganz schön große Drachen heran.

Diese Sichtweise hat ihren Reiz. Denn wenn ich mir eingestehe, dass meine Aversion auf einen Schatten hindeutet, kann ich mich auf die Suche nach meiner »besseren Hälfte« machen: Mein rotes Tuch wird so plötzlich zu meinem persönlichen Coach. Er oder sie kann mir zeigen, dass ich mir Dinge erlauben darf, ohne dass mir (wie damals als Kind) eine Strafe droht …

Alle Konflikt mit anderen stehen damit immer auch in Verbindung zu meiner Beziehung mit mir selbst – die wiederum in Verbindung steht mit den Beziehungen, die ich bislang in meinem Leben mit anderen gehabt habe. Das alles läuft letztlich auf die Frage hinaus: Wie hoch schätze ich eigentlich selbst meinen Wert ein? Dabei gilt: je geringer mein Selbstwert ist, desto stärker bin ich auf Statussymbole und/oder die Anerkennung der anderen angewiesen. Je stärker ich darauf angewiesen bin, desto unfreier bin ich. Das wiederum macht es mir schwerer, unvoreingenommen und ergebnisoffen in Konfliktgespräche zu gehen. Denn jede andere Sichtweise wird mich dann verunsichern.

Konflikte sind damit wie ein Spiegel deiner selbst. Das ist übrigens auch der Grund, warum du vielleicht einzelnen Konflikten aus dem Weg gehen kannst. Etwa indem du dich von einem Partner trennst oder ein Projekt verlässt. Du nimmst dich aber immer selbst mit und damit auch deine Konfliktmuster und Schatten …

ÜBUNG: MIT SCHATTEN SPRECHEN

Diese Übung hilft dir, Menschen, die deine persönlichen Drachen sind, zu deinen Coaches zu machen. Sie zeigt dir, wie du mit deinem Drachen tanzen und den Schatz entdecken kannst, den er bewacht! Nimm dir dafür Zeit und vergiss deinen Humor nicht!

1. **Schritt:** Falte ein DIN-A4-Blatt in der Mitte. Beschreibe auf der linken Seite einen Menschen, der ein richtig rotes Tuch für dich ist. Liste dazu alle Eigenschaften und Verhaltensweisen auf, die du ablehnst und verurteilst. Sei nicht gnädig oder höflich. Beschreibe ihn oder sie in den schlimmsten Formen und Farben. Spare nicht mit Kritik.

2. **Schritt:** Gehe die Beschreibung nun Punkt für Punkt durch und frage dich: Was davon trifft auf mich selbst ebenfalls zu (vielleicht in milderer Form)? Unterstreiche dies.

3. **Schritt:** Suche nun noch einmal die ganze Liste nach Eigenschaften oder Verhaltensweisen ab, die auf dich vielleicht nicht zutreffen, die aber einen positiven Kern haben, der dich vervollständigen könnte.

   So kann sich herausstellen, dass die »eitle Aufschneiderin«, die wir bereits erwähnt haben, vielleicht positive Aspekte besitzt wie »Einfluss haben«, »andere mitreißen« oder »Aufmerksamkeit genießen«. Oder wenn dich das Phlegma eines Kollegen in den Wahnsinn treibt, könnte sich vielleicht daraus ergeben, dass du für dich mehr Ruhe, Entspannung und weniger Perfektionismus gebrauchen kannst.

   Tipp: Wenn dir das schwerfällt, dann stell dir diese Eigenschaften oder Verhaltensweisen einfach mal als eine Person vor: Welchen Körper, welches Gesicht hat sie? Wie bewegt sie sich und wie ist ihre Mimik? Wie klingt ihre Stimme? Und was sagt sie? Wenn du willst, kannst du sie auch malen. Betrachte sie dann und überlege, was sie dir Positives zu berichten hat. Stelle ihr Fragen und unterhalte dich mit ihr.

4. **Schritt:** Schreibe das Positive auf die rechte Seite und streiche das Negative durch. Frage dich, was du von dem Positiven in dein Leben (noch mehr) integrieren könntest.

5. **Schritt:** Gibt es nun noch Punkte in deiner Beschreibung, die sich weder mit Schritt 2 noch mit Schritt 3 erklären lassen? Wenn ja, dann nutze deine Verurteilungen anderer, um deinen eigenen, vielleicht uneingestandenen Gefühlen und Bedürfnissen noch weiter auf die Spur zu kommen (siehe dazu auch Seite 83).

VERSTECKTE VORWÜRFE HÖREN

Wir begleiteten ein Wohnprojekt und waren mitten im Traumkreis, als uns das Team sagte, dass sie ein massives Problem in ihrer Gruppe haben – ob wir helfen könnten. Wir machten gerade eine Ausbildung im Contextuellen Coaching, hatten die »Vorwurfsrunde« neu kennengelernt und beschlossen nun, diese mit Dragon Dreaming zu verbinden.

Es handelte sich um eine Gruppe von sechs oder sieben Menschen und wir saßen für diese Übung etwa anderthalb Stunden zusammen. Für manche war es zunächst schwierig, ihre Vorwürfe auch auszusprechen. »Wir haben keine«, war so eine typische Ausflucht. Doch jeder Mensch denkt irgendwann mal etwas Negatives über den anderen. Wir forderten die Teilnehmenden auf, ihren Heiligenschein abzulegen und Klartext zu reden. Wichtig ist allerdings, dass allen bewusst ist, dass es sich hierbei um einen geschützten Raum handelt, aus dem nichts nach außen dringt und alle sicher sind. Und dass das, was hier gesagt wird, immer nur eine Momentaufnahme und subjektive Meinung ist.

Die Gemeinschaft hat es damals unheimlich befreit, offen anzusprechen, was bis dahin immer nur im Hintergrund da war. Viele haben das Feedback, obwohl es negativ war, wie ein Geschenk empfunden. Denn es setzt Vertrauen voraus, Vorwürfe tatsächlich auch einmal auszusprechen. Langfristig zeigt sich, wie durch solche Vorwurfsrunden das Vertrauen wächst und die Bereitschaft, gut miteinander zu arbeiten. Seitdem setzen wir die Methode regelmäßig in Dragon-Dreaming-Projekten ein.

↗ *Freimut & Heike Hennies, Dragon-Dreaming-Training & Coaching, Göttingen, TeamZusammenSpiel.de*

DIE VORWURFSRUNDE

Anderen sagen wir meist nur im Streit, was wir wirklich über sie denken. Und dann meist recht emotionsgeladen. Bis dahin schwelen die Vorwürfe im Hintergrund und belasten die Zusammenarbeit. Hilfreich ist es, diese Meinungen, Vorbehalte und Vorwürfe in einer ritualisierten Form dem anderen und der Gruppe gegenüber auszusprechen, aufzugeben oder gegebenenfalls mit einem Wunsch zu verbinden. Das läuft folgendermaßen ab:

1. Alle kommen in einem Sitzkreis zusammen. Im ersten Schritt schreiben alle zu allen jeweils alle negativen Meinungen und Vorwürfe auf, die sie im Kopf haben.

2. Bevor es losgeht, ist es hilfreich, noch einmal darauf hinzuweisen, dass dies ein geschützter Raum ist, aus dem nichts nach draußen dringen soll, und dass das hier Gesagte nur eine Meinung von vielen, eine Momentaufnahme ist. Dann beginnt eine Person und spricht alle ihre Vorwürfe zu jedem einzelnen Menschen im Kreis nacheinander aus. Dazu verwendet sie folgende Formulierungen:

   Ich [Name] finde, dass du … [Vorwürfe]. Ich gebe diese Meinung auf. Ich wünsche mir, dass du … [Wunsch].

   Jeder so angesprochene Mensch ist frei, diesen Wunsch ritualisiert mit »Danke. Ja, das mache ich« oder mit »Danke. Nein, das mache ich nicht« zu beantworten. Beides ist gleich willkommen. Keiner der Vorwürfe wird diskutiert. Es spricht jeweils nur die Person, die mit ihren Vorwürfen gerade dran ist. Alle anderen hören (tief) zu.

3. Danach geht reihum, bis alle einmal gesprochen haben. Das bedeutet, dass jeder Mensch in der Runde von jedem anderen mindestens einen Vorwurf oder eine negative Meinung geschenkt bekommen hat.

4. Wer die Vorwurfsrunde das erste Mal macht, sollte zum Abschluss noch eine gemeinsame Auswertung machen. Fragen dabei können sein »Wie geht es dir?« oder »Was war dein größtes Aha?«.

WEISHEITEN FÜR KONFLIKTE

- Mach dir deine Vorurteile und Glaubenssätze bewusst. Erkenne: Du hast sie, aber du bist sie nicht.
- Lade die andere Person zum Gespräch ein, übernimm die Rolle eines Lernenden, höre tief zu und lass dich berühren.
- Nimm andere Glaubenssätze als gleichberechtigt an. Werte andere Beiträge nicht ab.
- Widersprich nicht, sondern ergänze. Nutze dazu konsequent die Formulierung »und gleichzeitig« statt »ja, aber«.
- Sei bescheiden und großzügig. Höre auf, recht haben oder gewinnen zu wollen.
- Suche keine Wahrheit. Auch nicht unbedingt eine Lösung.
- Mache Pausen. Schweige. Lass Gedanken einsickern. Spüre auch deine körperlichen Reaktionen auf die Situation und das, was du hörst.
- Senke deine Schutzschilde. Erkenne und zeige deine Bedürfnisse und Erwartungen (auch die peinlichen).
- Gehe aus dem Gespräch anders heraus, als du hineingegangen bist.

ZEIT ZUM NACHDENKEN

Nimm dir dein Notizbuch und beantworte die Fragen: Welches sind deine typischen Konfliktmuster? Welche roten Tücher gibt es zur Zeit in deinem Leben? Wie gehst du mit schwierigen Gefühlen wie Wut, Trauer, Angst oder Ohnmacht um?

TEILZIELE

Ziele sind wichtig! Warum? Weil du ohne sie deine Projekte nicht wirklich planen kannst. Wenn dir nicht klar ist, wohin du eigentlich willst, weißt du auch nicht, welchen Weg du einschlagen sollst und welche Schritte als nächstes wichtig sind. Dann werfen dich die Ereignisse deines Alltags schnell mal hin und her. Wichtig scheint dir, was dir zufällig ins Auge springt. Orientierungslos paddelst du durch dein Projekt und weißt nicht, warum du das eine tust und das andere lässt. Irgendwann bist du vielleicht frustriert, weil scheinbar nichts vorangeht.

Hast du dir hingegen Ziele gesteckt, hast du eine Referenz, eine Richtung, eine Orientierung. Mit dem Traumkreis habt ihr im Team bereits das ganz große Bild gemalt. Wenn es sich dabei um ein großes Projekt handelt, etwa eine Gemeinschaft zu gründen oder eine Organisation, dann kann dieser Traum überwältigend sein. Überwältigend schön. Aber auch überwältigend komplex, chaotisch und verwirrend. Denn im Traumdokument steht üblicherweise alles gleichwertig nebeneinander: Der individuelle Wunsch neben der Wirkung des Projektes auf die Gesellschaft insgesamt. Die große Vision neben einer Detailidee.

Das ist gewollt, denn beim Träumen wollen wir – ähnlich wie beim Brainstorming – in die Breite denken. Bewertung, Struktur, Ordnung sollen dabei außen vor bleiben. Wir wollen das kreative Chaos einladen, die intuitive Inspiration. Je mehr unterschiedliche Ideen, Wünsche und Vorstellungen kommen, desto besser – selbst wenn diese vielleicht sogar widersprüchlich sind. Doch so inspirierend und meist auch motivierend ein Traumkreis in der Regel ist, manche Menschen werden beim Anblick des Ergebnisses etwas nervös. Sie fragen sich: Können wir diesen tollen Traum wirklich erreichen? Und wenn ja – wie?

Beim Traumkreis hast du dich ans Ende des Projektes imaginiert und die Welt sowie dein Leben in der bestmöglichen Zukunft gesehen. Indem du strategische Teilziele bestimmst, kannst du den Weg dorthin skizzieren. Spielte beim Träumen die zeitliche Reihenfolge mehr oder weniger keine Rolle, so fangen wir nun langsam an, in der linearen Zeit zu denken. Wir fokussieren uns auf die wesentlichen Schritte und fragen uns, welche Etappenziele wir zuerst erreichen müssen, damit sich 100 Prozent unserer Träume verwirklichen.

Die Methode dafür ist wie ein organischer Übergang vom Traumdokument zum Projekt-Spielplan. Viele erleben dies als befreiend. Aus der kreativen Chaosphase des Träumens kristallisiert sich ein Weg heraus, der die ersten, sinnvollen Schritte und Aufgaben deines Projektes zeigt. Das verschafft euch ein großes Stück mehr Klarheit. Diese Methode hilft euch damit, über die Schwelle vom Träumen zum Planen zu gehen und lässt sich aufgrund ihrer strategischen Bedeutung auch im Abschnitt »Planen« verorten.

Je komplexer ein Projekt und je größer eine Projektgruppe ist, desto hilfreicher, aber auch aufwendiger ist dieser Schritt. Bei kleinen Projekten kannst du die Methode vielleicht auch überspringen und vom Traumkreis direkt zum Projekt-Spielplan gehen.

DIE TRAUMZEIT

Für die australischen Ureinwohner ist die Traumzeit die fortwährende Schöpfungsgegenwart. Sie umfasst alle Dinge, die einmal geschehen sind, die immer noch geschehen und in Zukunft geschehen werden.[1] Daher heißt sie manchmal auch die Immerzeit. Etwa 500 indigene Völker Australiens mit rund 250 Sprachen und 800 Dialekten haben ihr jeweils eigenes Verständnis von der Traumzeit.[2]

In Zeremonien und Ritualen singen die Indigenen Australiens das Land und alle Wesen, die während der Traumzeit entstanden sind, fortwährend in ihre Existenz. Dadurch halten sie die Welt lebendig. Die Lieder und Geschichten aus der Traumzeit handeln von tiefen Emotionen, von Verbundenheit, von der Liebe zur Familie und zum Land.[3]

Die Mythen der Traumzeit haben für die indigenen Völker Australiens eine heilige Autorität. Ihre Ordnungsprinzipien prägen ihr Selbstverständnis und ihre Werte.[4] Dabei verschmelzen Themen, die wir in der westlichen Welt üblicherweise trennen, wie Ökologie, Kosmologie, Theologie, Moral, Kunst, Komödie und Tragödie. Tatsächliche Ereignisse und Mythisches verbinden sich zu einem Ganzen.[5]
Manuela Bosch

Die Traumzeit ist eine raum- und zeitlose Quelle der Existenz.

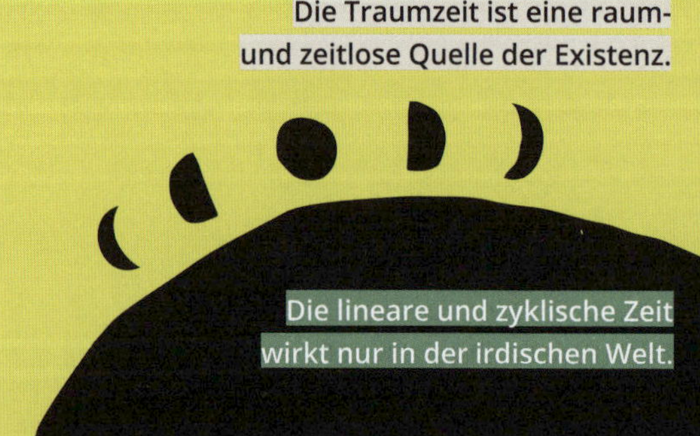

ÖFFNEN UND SCHLIESSEN

Indem du mehrere Methoden miteinander kombinierst, entsteht ein Prozess. Dabei gibt es öffnende Phasen, die in die Breite und Vielfalt gehen. Und es gibt schließende Phasen, die Dinge auf den Punkt bringen und strukturieren. In allen Prozessen sollten sich öffnende und schließende Phasen immer abwechseln.

Diese Bewegung gibt es auch im Projekt insgesamt: Beim Traumkreis habt ihr euch geöffnet und in die Breite gedacht. Die Methode erzeugt Quantität und Vielfalt. Alle Ideen, Wünsche, Vorstellungen, Ziele oder Bedürfnisse können hier bunt nebeneinander stehen. Wie in der Traum- oder Immerzeit der australischen Indigenen ist alles zeitgleich da. Ob sich ein Traum morgen oder in zwei Jahren erfüllt, ist hier noch nicht wichtig.

Wenn du die strategischen Ziele bestimmst, kommst du von dieser Immerzeit in eine lineare Zeit. Du überlegst dir: »Welches Ziel müssen wir als erstes erreichen? Welches als zweites?« Und so weiter. Wie bei einer Sanduhr sorgst du dafür, dass ein Sandkörnchen nach dem anderen durch die enge Öffnung in der Mitte nach unten rutscht. Diese Phase folgt einer sich schließenden Bewegung.

Im Handeln verwirklichst du einen Traum nach dem anderen, bis alle Träume erfüllt sind. Du bewegst dich wieder in die Breite: Am Ende dieser Phase sind möglichst alle Träume in der Praxis erfüllt. Das Feiern fasst das Wichtigste zusammen, schafft Klarheit und kommt auf den Punkt. Du schließt den Prozess.

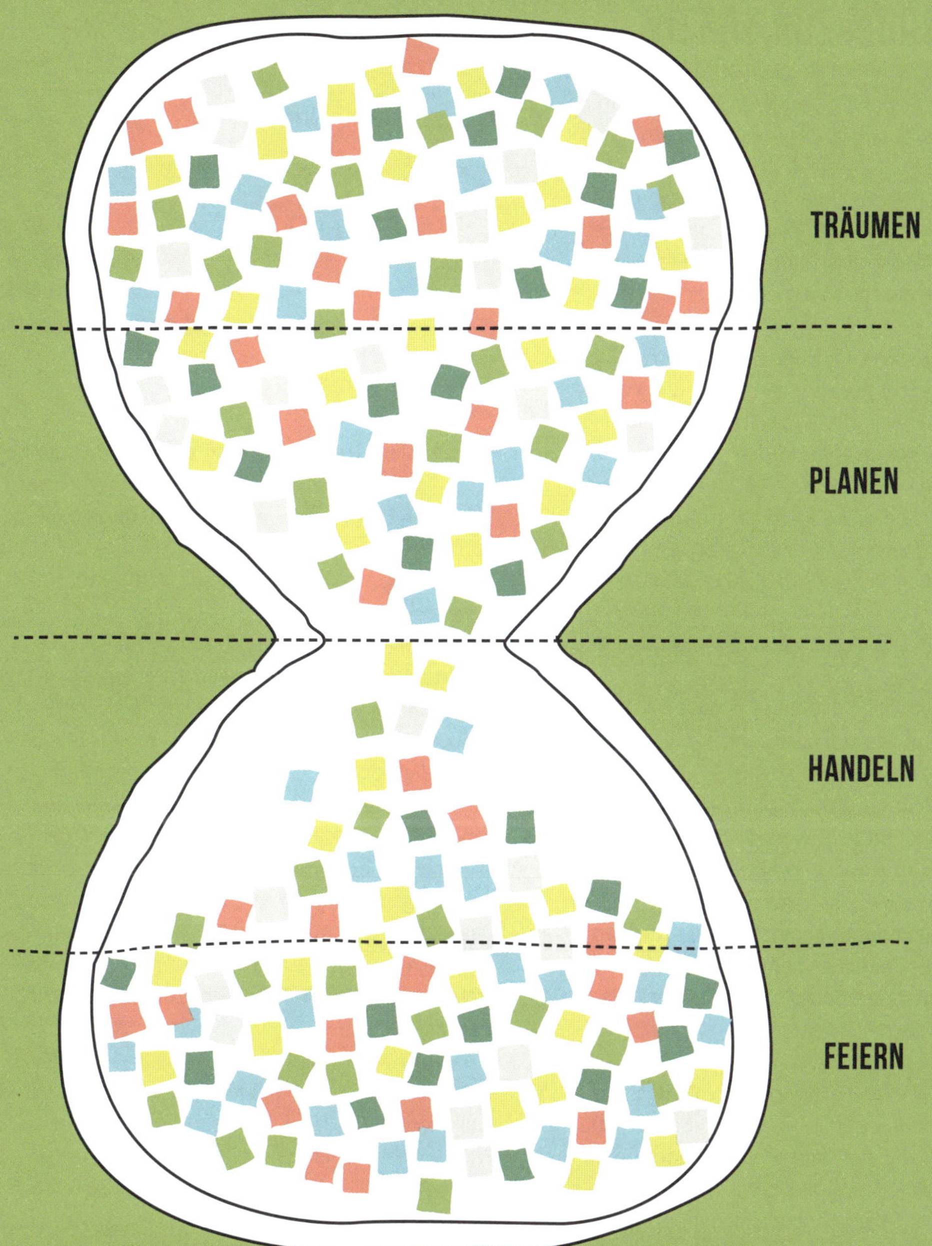

VOM TRAUM ZUR TAKTIK

Dragon-Dreaming-Projekte sind oft transformative Projekte. Sie haben ein Ziel: Sie wollen etwas in der Welt verändern. Manchmal handelt es sich dabei um einen großen Traum. Zum Beispiel wollen wir mit allen Dragon-Dreaming-Projekten eine Win-Win-Win-Kultur verwirklichen. Dann kann es geschehen, dass ihr als Team vor der Frage steht: Wie lässt sich das genau erreichen?

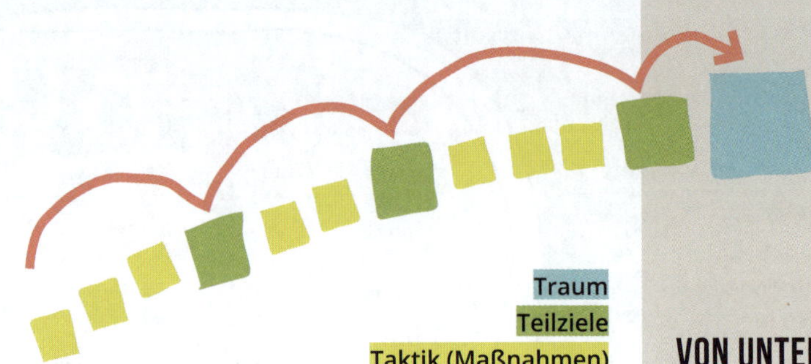

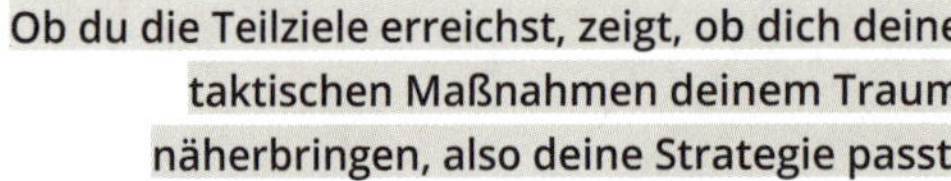

Um vom Träumen zum Handeln zu kommen, hilft es, wenn du nicht nur das ganz große Ziel – also deinen Traum – kennst. Dir sollten auch die vielen Teilziele bewusst sein, die darin stecken. Aus diesen Zielen kannst du deine Strategie ableiten. Um beim Beispiel zu bleiben: Um eine Win-Win-Win-Kultur zu leben, soll jedes Dragon-Dreaming-Projekt die Weiterentwicklung jedes Einzelnen fördern, die Gemeinschaft stärken und die Welt insgesamt schützen und aufbauen – das sind drei wichtige Teiliele.

Deine Taktik wiederum bestimmt, mit welchen konkreten Maßnahmen du deine Strategie umsetzt (also deine Teilziele erreichst). Um etwa das Gemeinschaftsgefühl zu stärken, könnte dein Team eine Team-Freizeit machen, regelmäßige Reflexionstreffen, eine Ausbildung in gewaltfreier Kommunikation (GfK) und vieles mehr. Alle Taktiken sollten deinen Teilzielen dienen, die alle wiederum deinen Traum unterstützen. Tut eine Taktik das nicht, ist sie auch nicht sinnvoll.

Welche Taktik genau wie wirkungsvoll ist, ist im Vorfeld aber vielleicht unklar: Du weißt womöglich nicht genau, ob eine Team-Freizeit besser für eure Gemeinschaft (und damit die Win-Win-Win-Kultur) ist oder ein GfK-Kurs. Ihr entscheidet euch vielleicht für eine Taktik – ohne freilich zu wissen, ob diese die Richtige ist.

Ob du die Teilziele erreichst, zeigt, ob dich deine taktischen Maßnahmen deinem Traum näherbringen, also deine Strategie passt.

Das ist schade, denn so handelt ihr etwas orientierungsloser und weniger strategisch, als ihr es könntet. Das ist nicht so wichtig, wenn das mal bei einem Ziel vorkommt. Aber in der Summe kann dies durchaus dazu führen, dass euer Projekt nicht genau das bewirkt, was ihr erträumt habt. Oder ihr verzettelt euch mit Maßnahmen, die gar nicht so wichtig sind, um euren Traum zu verwirklichen. Deshalb wäre es – um beim Beispiel zu bleiben – sinnvoll, wenn ihr als Team wisst: Trägt die Team-Freizeit oder der GfK-Kurs mehr zur Win-Win-Win-Kultur bei?

Richtig konkret könnt ihr werden, wenn ihr dazu Indikatoren entwickelt (↗ Seite 188 ff.). Auf diese Weise könnt ihr als Team dazu lernen und erkennen, wann es sich lohnt, Zeit und Energie in eine Strategie zu investieren und wann nicht.

VON UNTEN NACH OBEN PLANEN

In weiten Teilen des Berufslebens kommen Ziele vom Chef oder der Chefin. Dragon Dreaming geht umgekehrt vor: Ihr ermittelt die Ziele in einem kollektiven, spielerischen Prozess. Ausgehend vom Traumkreis überlegt ihr euch, was ihr tun müsst oder was geschehen sollte, damit alle eure Träume Wirklichkeit werden – aus den Clustern der Antworten ergeben sich eure strategischen Ziele.

Durch diese umgekehrte Vorgehensweise kann niemand von der Gewissheit ausgehen, die Teilziele bereits zu kennen (auch nicht die mit Erfahrung in diesem Bereich). Das verhindert, dass einige wenige die Gruppe dominieren. Und es entfacht auch die kollektive Kreativität. Mitunter sorgt diese Methode für echte Überraschungen und Aha-Momenten: »Ach, so ist das also!« Durch das Card-Sorting ist es eher so, als ob das Projekt durch dich und deine Intuition mitteilt, welche Teilziele tatsächlich von Belang sind.

Dabei ist es an dieser Stelle noch nicht wichtig, dass ihr als Team an alles denkt. Eure Antwort auf die rechts gestellte Frage muss nicht vollständig sein. Es geht nur darum, dass ihr die richtigen Cluster findet. Wenn ihr später den Projekt-Spielplan macht, habt ihr noch genug Zeit, alle wichtigen Aufgaben zusammenzutragen.

ANLEITUNG: THEMEN CLUSTERN

Kommt in Gruppen von 4–8 Menschen im Kreis zusammen. Wenn ihr mehr als acht Personen seid, teilt euch auf und bringt die verschiedenen Teilziele anschließend zusammen (↗ Seite 94). Nachdem der Ablauf für alle klar ist, lest ihr gemeinam noch einmal eure Träume durch. Macht dann am besten noch eine Stillepause und beginnt mit der folgenden Card-Sorting-Methode:

1. **Klebezettel verteilen:** Teilt rund 30 Post-its einer Farbe unter allen Projektmitgliedern auf. Bei kleineren Gruppen reichen erfahrungsgemäß auch sechs Zettel pro Person.

2. **Stilles Brainstorming:** Nehmt euch rund 5–10 Minuten Zeit. Alle schreiben still für sich pro Zettel eine Antwort auf die folgende Frage auf:

Was müssen wir tun/was muss geschehen/ worauf müssen wir uns fokussieren, damit wir 100 Prozent unserer Träume verwirklichen?

Schreibt pro Post-it nur eine Antwort oder Sache auf. Schreibt mit dickem Stift und so leserlich, dass die Anderen den Text auch aus ein paar Metern Entfernung lesen können. Notiert euren Namen oder eure Initialen rechts unten in klein, damit bei Rückfragen (auch zu einem späteren Zeitpunkt) klar ist, an wen sich Fragende wenden können.

Wichtig: Sei beim Finden deiner Antworten nicht zu kopflastig, sondern folge deiner Inspiration und Intuition. Denk zum einen daran, dass du nicht an alles denken musst. Die Antworten von allen werden sich ergänzen. Zum anderen kommt es in diesem Schritt nicht auf Vollständigkeit an.

3. **Post-its clustern:** Nach etwa zehn Minuten kommen alle in einem Kreis zusammen – egal, ob alle ihre Zettel vollgeschrieben haben oder nicht. Nun geht eine Person nach der anderen nach vorne, liest was auf ihrem Post-its steht, und hängt sie nacheinander an die Wand oder auf ein Flipchart. Alle anderen hören tief zu.

   Dabei clustert ihr die Zettel: Maßnahmen, die zu einem gleichen Themenbereich gehören, hängt ihr untereinander in eine Spalte. Dinge, die nicht zusammengehören, hängt ihr daneben in eine neue Spalte.

4. **Anzahl der Spalten:** Wenn alle Zettel hängen, sollte es ungefähr sechs bis acht Spalten geben. Dies ist eine gute Größe, um Projekte zu strukturieren. Wenn ihr mehr Spalten habt, prüft, welche ihr zusammenfassen könnt. Bei weniger als sechs, ob sich nicht ein oder zwei Spalten aufteilen lassen.

   Der Grund für die Vorgabe ist, dass es manche Gruppen gibt, die vor allem die Gemeinsamkeiten sehen. Sie würden – überspitzt gesagt – irgendwann alle Post-its- in eine Spalte hängen. Andererseits gibt es diejenigen, die vor allem die Unterschiede bemerken. Eine solche Gruppe würde dann am Ende im Extremfall pro Zettel eine Spalte aufmachen.

5. **Cluster prüfen:** Am Ende des Clusterns hilft es, wenn die Moderation nochmals alle Spalten mit der Gruppe durchspricht, um sicherzugehen, dass alle mit dem Ergebnis einverstanden sind.

CLUSTERT SPIELERISCH!

Wenn jemand den Post-its von einem Anderen in eine andere Spalte umhängen möchte, kann er die Urheberin oder den Urheber ansprechen. Beide gehen für die Klärung kurz zur Seite, ohne dabei die restliche Gruppe zu involvieren. Sind beide einverstanden, hängen sie den Zettel im Anschluß direkt um.

Wichtig ist, dass die Gruppe eine Analyse-Paralyse vermeidet! Ihr solltet also nicht zu lange debattieren, wo ein Klebezettel hängen soll. Außerdem sollte niemand die Themen anderer bewerten! Wenn ihr euch nicht einigen könnt, in welche Spalte ein Post-it gehört, entscheidet der Mensch, der ihn beschrieben hat.

Wenn ihr euch in einer Debatte verheddert habt, macht eine Stillepause, einen Energizer oder eine kleine Pause!

DER SINN SMARTER ZIELE

Ziele schenken nicht nur Orientierung und Klarheit. Sie können auch ungemein motivieren. Vor allem dann, wenn du sie aufschreibst. Das belegte die Psychologin Gail Matthews durch eine Studie an der Dominican University in San Rafael, Kalifornien.[6]

Sie teilte so unterschiedliche Menschen wie Künstler:innen, Geschäftsführende, Lehrer:innen oder Pflegekräfte aus so verschiedenen Ländern wie den USA, Indien, Belgien, Australien oder Japan in Gruppen ein: Die erste Gruppe überlegte sich ein Projekt, das sie in den nächsten vier Wochen umsetzen wollte. Die andere tat das Gleiche, schrieb aber die damit verbundenen Ziele auch auf. Die Erfolgsquote stieg dadurch signifikant!

Deshalb laden wir dich ein, deine Ziele in einem sorgfältig ausformulierten Satz aufzuschreiben. Ein Satz umreißt ein Ziel, wenn er einen bestimmten Zustand in der Zukunft beschreibt, der eine Handlung verlangt. Wenn du deine Ziele darüber hinaus SMART formulierst, weißt du später ganz genau, ob du dein Ziel erreicht hast! Das Akronym SMART bedeutet, dass eure Zielsätze folgende Merkmale haben:

S wie »spezifisch« bedeutet, dass euer Ziel möglichst präzise und eindeutig formuliert ist. »In drei Monaten haben wir mittels Fundraising 20.000 Euro eingenommen« ist spezifisch. »Finanzierung unserer Kampagne« ist es nicht.

M wie »messbar« trägt dazu bei, dass ein Ziel spezifisch wird. Ihr könnt zum Beispiel ganz genau messen, ob ihr das Fundraisingziel von 20.000 Euro in drei Monaten erreicht habt oder nicht.

Aus den Themen-Clustern (gelbe Zettel) ergeben sich die Ziele (grüne Zettel). So kommst du spielerisch und intuitiv von einem komplexen zu einem reduziert-fokussierten Status.

Achtung: Vor allem bei qualitativen Zielen ist es oft schwierig, eine genaue Messgröße anzugeben. Wie willst du zum Beispiel genau messen, ob das Vertrauen in eurem Team durch Maßnahmen zur Gemeinschaftsbildung gewachsen ist?

A wie »attraktiv« ist unserer Erfahrung nach ein überaus wichtiger Punkt, den viele aber leicht außer Acht lassen. Gleichzeitig scheuen sich viele davor, Ziele aufzuschreiben, weil sie sich dadurch unter Druck gesetzt fühlen. Deshalb ist es wichtig, ein Ziel wirklich attraktiv zu formulieren, sodass es motiviert. Um bei dem Fundraising-Beispiel zu bleiben, könnte das bedeuten, dass wir unser Ziel umformulieren zu: »In drei Monaten haben wir mit einer spannenden Fundraising-Kampagne leicht und voller Freude 20.000 Euro eingenommen.«

R wie »realistisch« bedeutet, dass deine Ziele trotz aller Attraktivität zugleich auch realistisch sein sollen. Das ist sehr wichtig, damit sich niemand von den Zielen überfordert fühlt. Gleichzeitig dürfen Ziele ruhig am Rande eurer Komfortzone liegen. Das motiviert am meisten.

T wie »terminiert« besagt, dass eure Teilziele eine zeitliche Frist haben sollten. In manchen Fällen ist das nicht sinnvoll, zum Beispiel wenn die Frist für ein SMART-Ziel zugleich das Ende des Projektes ist. Das trifft etwa für das Teilziel in Sachen »Gemeinschaftsbildung« zu.

ANLEITUNG: SMARTE ZIELE

Nachdem alle Klebezettel in Spalten aufgeteilt sind, könnt ihr den folgenden, selbst organisierenden Ablauf nutzen, um aus den Themen-Clustern strategische Ziele zu formulieren:

1. **Spalte wählen:** Teilt euch in Zweiergruppen auf, die gemeinsam ein Ziel formulieren. Jedes Paar geht zum Flipchart, schnappt sich alle Zettel einer Spalte und zieht sich damit zurück. Da die Post-its dieser Spalte nicht mehr da sind, ist für alle ersichtlich, dass dieses Ziel gerade in Arbeit ist. Eine andere Gruppe wählt daher automatisch eine andere Spalte.

   HINWEIS: Manche wollen die Ziele lieber gemeinsam in der ganzen Gruppe formulieren. Das dauert allerdings viel länger. Mehr Meinungen führen zudem zu keinen besseren Ergebnissen. Traut euch, Kontrolle abzugeben!

2. **Schlüsselbegriffe**: Um die Ziele zu formulieren, unterstreicht ihr die Worte auf allen Zetteln, die für euch eine Schlüsselfunktion haben. Oft sind das Worte, die auf mehreren Zetteln auftauchen. Formuliert daraus das SMART-Ziel und schreibt es auf einen Klebezettel einer anderen Farbe. Hängt dann alle Zettel wieder in eine Spalte auf das Flipchart oder die Pinnwand und platziert den Zettel mit dem Ziel darüber.

3. **Nächste Spalte:** Gibt es noch Spalten ohne Ziel, so wählt ihr einfach die nächste aus. Die Anderen tun das Gleiche. Dies geht so lange, bis alle Spalten ein strategisches Ziel in einem ausformulierten, SMARTen Satz haben.

ANLEITUNG: TEILZIELE PRIORISIEREN

Sind alle Ziele formuliert (hängen also über allen Spalten Zettel in einer anderen Farbe), dann priorisiert ihr sie gemeinsam.

Wichtig ist hierbei, dass es bei der Priorisierung nicht darum geht, zu entscheiden, welches strategische Ziel wichtiger oder weniger wichtig ist! Da wir alle Träume zu 100 Prozent verwirklichen wollen, sind auch alle strategischen Ziele gleich wichtig! Bei der nun folgenden Priorisierung geht es vielmehr darum, die zeitliche Reihenfolge zu bestimmen, in der ihr die Ziele sinnvoll angeht. Die Frage dazu lautet:

Welche Ziele müssen wir als erstes angehen, weil sie alle anderen unterstützen?

Jede Person kann drei Punkte verteilen. Sie kann dabei entweder drei verschiedenen Teilzielen jeweils einen Punkt geben – oder bei einem Teilziel zwei Punkte und bei einem anderen einen Punkt anbringen. Was nicht erlaubt ist, ist ein Teilziel mit allen drei Punkte zu priorisieren.

WICHTIG: Diese Form des Priorisierens bringt uns aus dem Entweder-oder-Denken heraus. Wenn du Träume mit dieser Methode in Ziele verwandelst, führt dich das zu Sowohl-als-auch-Lösungen – und damit zu Win-Win-Entscheidungen.

Wie sehen die Cluster und Ziele aus? Unter *dragon-dreaming-playbook.net/ressourcen* findest du ein exemplarisches Ergebnis.

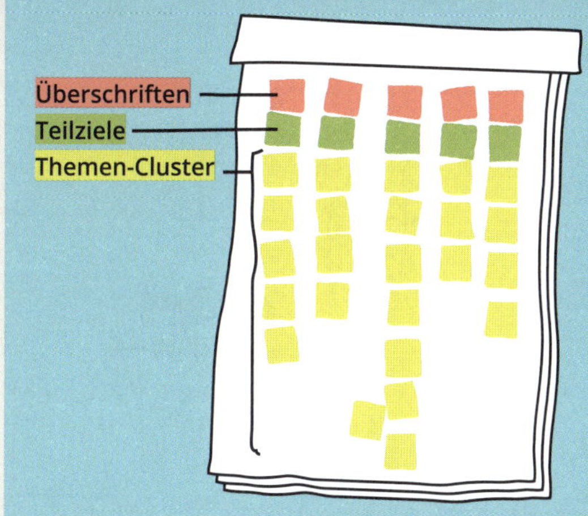

VARIATION: MIT ÜBERSCHRIFTEN

In der Praxis hat es sich als eine Vereinfachung erwiesen, die Spaltenüberschriften in zwei Schritten zu entwickeln: Im ersten Schritt hängt die Gruppe gemeinsam pro Spalte ein Post-it in einer neuen Farbe auf. Auf diese Haftzettel notiert sie für jede Spalte eine Überschrift mit ein oder zwei Worten. Etwa »Finanzen« oder »Öffentlichkeitsarbeit«. Darunter hängt das Team pro Spalte einen Klebezettel in einer dritten Farbe. Auf sie notieren Zweiergruppen wie links beschrieben die SMART-Ziele.

Diese Vorgehensweise hat mehrere Vorteile: Erstens fällt es vielen leichter, das SMART-Ziel zu formulieren, wenn sie die Überschrift haben. Zudem kommen sie nicht auf die Idee, statt des SMART-Ziels einfach nur eine Überschrift zu formulieren.

Zweitens können alle auch aus mehreren Metern Entfernung sehen, welche Spalte mit welchem Thema (Ziel) zu tun hat. Damit ein SMART-Ziel auf einen Zettel passt, müssen Menschen nämlich meist so klein schreiben, dass es aus der Entfernung nicht mehr leicht und schnell zu lesen ist.

MIT VIELEN ZIELE FINDEN

Je größer die Gruppe, desto herausfordernder ist es, gemeinsam die Teilziele zu finden. Aber es geht. Weltweit haben Dragon-Dreaming-Teams mit 40, 50 oder gar Hunderten von Personen Teilziele aus ihren Träumen abgeleitet. John Croft erzählt, dass an dem größten, von ihm begleiteten Dragon-Dreaming-Projekt rund 400 Menschen teilgenommen haben.[8]

An einem Wochenende sollten sie alle einen neuen 50-Jahres-Plan für die Stadt Perth in Australien entwickeln. Dazu teilten sie sich in 40 Gruppen zu je zehn Personen auf. Jede Gruppe leitete eine Moderation durch den Prozess. Ein Protokollteam erfasste die Träume und Ziele mittels Computer. Und eine 15-köpfige Redaktion führte alle Informationen aus allen Gruppen zusammen und teilte das Ergebnis wiederum mit allen Gruppen, bevor diese zum nächsten Schritt übergingen und den 50-Jahres-Plan entwickelten.

Die Dragon-Dreaming-Trainerin Tanya Stergiou aus São Paulo in Brasilien teilt größere Gruppen ebenfalls in kleinere auf, die jeweils ihre Teilziele formulieren. Dann wählt jedes Team zwei bis drei ihrer Teilziele aus und bestimmt eine Teamvertretung. Diese sitzen wie bei einem Fish-Bowl in einem inneren Kreis und stellen die Ziele vor. Manchmal steht ein leerer Stuhl in diesem Kreis, auf den sich alle setzen können, um eine Frage an die Vertretenden zu stellen. Mit Punkten wählen die Vertretenden zwei bis drei Ziele aus und stellen sie allen vor. Diese Ziele werden nicht weiter diskutiert, sondern erst einmal in der Praxis getestet. Eine weitere Möglichkeit, Ziele mit Vielen zu entwickeln, beschreibt das folgende Beispiel.

GEMEINSCHAFT IM HAUS BIERENBACH

Umgeben von Wiesen und Wäldern liegt ein Gebäudeensemble aus Seminarhaus, Freizeitheim, Kapelle samt Meditationsgarten, einem stillgelegten Freibad und weiteren Gebäuden in einem kleinen Tal in der Nähe von Köln. In dem ehemaligen Freizeitheim soll eine Mehrgenerationen-Gemeinschaft für 50 bis 60 Menschen entstehen: die Gemeinschaft im Haus Bierenbach (www.gemeinschaft-haus-bierenbach.de). Im Frühjahr 2020 war die Immobilie bereits gekauft, eine Genosschenschaft gegründet und die Renovierungen und Umbauten hatten begonnen.

Doch noch war aus den Vielen kein echtes Wir geworden. Es gab Fragen wie: Welche Motive und Ziele haben wir für die Gemeinschaft? Wo will jedes Individuum und wo wollen alle zusammen hin? Wo gibt es vielleicht Konflikte? Und wie wollen wir damit umgehen? In dieser Situation fiel die Entscheidung, einen Dragon-Dreaming-Workshop durchzuführen – und ich stieß als Facilitatorin dazu.

An diesem Wochenende Anfang Januar wollten wir mutig einen gemeinsamen Weg finden: Die Gemeinschaft träumte von einem Plan, der die Langsamen und Schnellen gleichermaßen mitnimmt – und durch klare Ziele und Prioritäten dafür sorgt, dass sich niemand verzettelt und/oder ausbrennt.

Rund 25 Menschen kamen so zusammen. Um den Traumkreis, die strategischen Ziele und einen Projektplan zu machen, teilte sich die Gruppe in vier Teams von jeweils sechs bis sieben Personen auf. Nachdem sie geträumt und ihre Träume im Plenum miteinander geteilt hatten, machten sie sich daran, die Teilziele zu bestimmen.

Inspiriert durch die Träume der anderen, gingen die Teilnehmenden in ihre jeweiligen Gruppen zurück, um in rund 45 Minuten vier bis sechs Themen-Cluster zu erstellen. Die Anzahl der Spalten reduzierte ich bewusst (normalerweise sind sechs bis acht Spalten das Ziel der Übung). Der Grund dafür war, dass wir alle Ziele im Anschluss an die Gruppenarbeit zusammenfügen wollten. Und dafür brauchten wir einen kleinen Spielraum von ein bis zwei Spalten.

Nachdem jede Gruppe ihre Themen-Cluster gefunden und ihnen jeweils eine Überschrift gegeben hatte, kamen sie ins Plenum zurück. Wir setzten uns in einen großen Kreis und stellten zwei Metaplan-Wände auf. Dann kam eine Gruppe nach der anderen zu den Pinnwänden, hing ihr Flipchart-Papier mit den vier bis sechs Spalten auf und stellte die von ihnen gefundenen Themen vor. Am Ende hingen auf den Stellwänden vier Flipchart-Bögen mit insgesamt 24 Themenspalten.

Bereits während der Präsentation zeichnete sich ab, dass einige Themenspalten in allen oder zumindest mehreren Gruppen immer wieder auftauchten. In Absprache mit den Teilnehmenden hängte ich alle Zettel eines Themas zusammen. Während wir sortierten, wählten wir eine der Überschriften aus, die meist aus ein, zwei oder drei Worten, wie »Konzept für Seminarbetrieb« oder »Gemeinschaftsbildung« bestanden. Am Ende landeten wir bei acht Spalten, denn zwei Gruppen hatten Themencluster, die andere so nicht hatten. Diese bekamen jeweils ihre eigene Spalte.

Dieser Prozess war für alle anstrengend und so nahmen wir uns erstmal Zeit zum Feiern! Wir reflektierten den Prozess, machten einen Energizer und eine kleine Pause. Danach wurde es noch mal knifflig: Wir wollten pro Spalte ein SMARTes Teilziel formulieren. Dazu teilte sich die Gemeinschaft in acht Gruppen auf: pro Spalte ein Team.

Während der Pause hatte ich über die Überschriften je einen Haftzettel in einer auffallend anderen Farbe platziert. Jede Gruppe ging nun nach vorne, nahm sich alle Klebezettel einer Spalte sowie das leere Post-it, das darüber hing, und zog sich damit zurück, um das Teilziel zu formulieren. Für diese Phase stecke ich gerne ein ambitioniertes Zeitziel, weil ich die Erfahrung gemacht habe, dass mehr Zeit nicht unbedingt zu besseren Ergebnissen führt. In diesem Fall hatten die Teams 15 Minuten, um ihr Ziel zu finden.

Im Anschluss trafen wir uns wieder im großen Kreis vor den Metaplan-Wänden. Pro Gruppe platzierte eine Botschafterin oder ein Botschafter das gefundene Teilziel über der Spalte und las es laut vor. Wir bejubelten und beklatschen jedes Ziel mit der inneren Haltung, dass jede Formulierung gut genug für jetzt ist und sicher genug, um damit weiterzugehen. Nachdem alle Teilziele hingen und die Gemeinschaft sie priorisiert hatte, nahmen wir uns noch einmal Zeit: In einer Stillephase ließen wir die Teilziele auf uns wirken – diese Skizze des gemeinsamen Weges, der da vor unseren Augen lag.

Nach einer Mittagspause bildeten die Teilnehmenden pro Teilziel eine Gruppe und erstellten für dieses Teilziel einen Projekt-Spielplan. Es kommt oft vor, dass die Teilziele deckungsgleich mit Arbeitsbereichen, wie »Finanzierung« oder »PR« sind. Alle Spielpläne hängten wir am Ende des Nachmittages an einer großen Wand nebeneinander, wie eine Art Galerie aus Teilprojekt-Spielplänen (auf jeweils einem Flipchart). Jede Gruppe stellte ihren Plan vor. Wir erkundeten Gemeinsamkeiten, Unterschiede und Abhängigkeiten und zogen mithilfe von Schnüren Verbindungslinien zwischen Aufgaben aus unterschiedlichen Teilprojekt-Spielplänen, wenn dies wichtig war. *Ilona Koglin*

Jedes erreichte Teilziel ist ein Grund zum Feiern!

DIE KRAFT DES FRAKTALEN

Ziele haben eine weitere, sehr wichtige Aufgabe, die mit dem Projektrad in Verbindung steht (↗ Seite 30 ff.): Alle Projekte sind in sich fraktal. Das bedeutet, dass sie aus vielen Teilprojekten bestehen. Nun definiert John Croft ein Projekt als »jede zeitlich begrenzte Anstrengung, die unternommen wird, um ein bestimmtes Ziel zu erreichen … unabhängig von der Größe, dem Budget oder dem Zeitrahmen des Projekts«. Zu jedem Teilziel gehört damit auch ein Teilprojekt.

Das wiederum bedeutet: Sobald du eines der hier ermittelten Ziele erreicht hast, hast du die Phasen »Träumen«, »Planen« und »Handeln« einmal durchschritten – und es ist Zeit zu feiern! Was dann passiert, ist, dass du deinen Blick von der vielleicht noch langen Wegstrecke abwendest, die bis zur Erfüllung deines gesamten Traumes noch vor dir liegt. Du hälst inne und nimmst dir die Zeit, um zurückzublicken.

Für diesen Perspektivwechsel fehlt uns in unserer Kultur viel zu oft die Muße. Meist fixieren wir unseren Blick fest auf das, was wir noch nicht erreicht oder geleistet haben. Doch dadurch hast du ständig das Gefühl, noch nicht genug getan zu haben. Ja, nicht gut genug zu sein! Auf Dauer entmutigt dich das und macht unglücklich.

Bleibst du jedoch auch mal stehen und schaust zurück, so siehst du, was du an Aufgaben, Herausforderungen und Mühen schon gemeistert hast. Lange bevor du dein Gesamtziel erreichst, verschaffst du dir auf diese Weise selbst viele kleine Erfolgserlebnisse. Du erkennst: »Ich habe etwas erreicht!« und »Ich bin meinem Traum wieder ein Stückchen näher gekommen.«

Das schenkt dir Kraft, Selbstvertrauen und Zuversicht. Es motiviert dich und dein Team dranzubleiben, selbst wenn es mal schwierig wird. Ja, sogar wenn du mit einem Projekt tatsächlich einmal scheitern solltest und deinen Traum nicht verwirklichen kannst. Du weißt auf diese Weise nämlich, dass du doch eine ganze Menge erreicht hast, auf das es sich lohnt, stolz zu sein.

Teilziele laden also zum Feiern ein! Das ist auch deshalb wichtig, weil du dir dann bewusst machen kannst, was genau du richtig und falsch gemacht hast. Du lernst und lässt deine weise Auswertung in den Zyklus des nächsten Teilprojektes einfließen. Das mag auch der Grund dafür sein, weshalb den Straßenkehrer Beppo in dem Roman »Momo« von Michael Ende die richtige Weise zu Arbeiten folgendermaßen erklärt:

»Manchmal hat man eine sehr lange Straße vor sich. Man denkt, die ist so schrecklich lang; das kann man niemals schaffen, denkt man. Und dann fängt man an, sich zu eilen. Und man eilt sich immer mehr. Jedes Mal, wenn man aufblickt, sieht man, dass es gar nicht weniger wird, was noch vor einem liegt.

Und man strengt sich noch mehr an, man kriegt es mit der Angst zu tun und zum Schluss ist man ganz außer Puste und kann nicht mehr. Und die Straße liegt immer noch vor einem. So darf man es nicht machen. Man darf nie an die ganze Straße auf einmal denken, verstehst du?

Man muss immer nur an den nächsten Schritt denken, an den nächsten Atemzug, an den nächsten Besenstrich. Dann macht es Freude; das ist wichtig, dann macht man seine Sache gut. Und so soll es sein.« (Aus »Momo« von Michael Ende)[9]

ETHNO MUSIC CAMP

Beim Ethno Music Camp kommen junge Menschen aus aller Welt mit ähnlichen Interessen, einer Leidenschaft, aber unterschiedlichen kulturellen Hintergründen zusammen. Zehn Tage lang machen rund 50 Menschen gemeinsam Musik und tanzen dazu. Am Ende gibt es Konzerte und Tanzvorführungen. Aber das ist nur das Sahnehäubchen. Das eigentliche Ziel ist der Transformationsprozess, den alle Teilnehmenden während der gemeinsamen Zeit erleben.

Das Orga-Team besteht in Deutschland aus nur vier Leuten. Wir organisieren den Ort, die Unterbringung, die Verpflegung, die Auswahl der Teilnehmenden, die musikalischen Mentor:innen, die Konzerte und Performances und vieles, vieles mehr. Damit sind wir fast ein ganzes Jahr beschäftigt. Weil sich aber der Ablauf im Grunde jedes Jahr ähnelt, haben wir einmal einen Plan entwickelt. Ihn können wir wie eine Art Checkliste jedes Jahr wieder nutzen. Um ihn zu erstellen, haben wir uns an den vier Phasen des Projektrades orientiert: Im November und Dezember fangen wir mit dem Träumen an. Von Januar bis Mai dauert die Planen-Phase, wobei diese fließend ins Handeln übergeht – das rund um den August ansteht, wenn das Ethno Camp stattfindet. Danach haben wir eine Phase des Feierns, bis im November das Träumen für das nächste Camp beginnt.

So haben wir jedes Jahr fixe Termine: Bis wann brauchen wir beispielsweise die fertigen Texte? Bis wann müssen wir das Camp bewerben? Wann muss das Anmeldeformular da sein, damit alle Teilnehmenden rechtzeitig ihr Visum beantragen können? Und so weiter. Während des Camps gibt es dann noch mal ein kleines Rad, das wir gemeinsam mit den Mentor:innen und Helfenden vor Ort durchlaufen.

Um den Jahresplan zu erstellen, haben wir pro Phase geträumt. Wir haben uns gefragt: Was muss im November und Dezember passieren? Was von Januar bis Mai? Und so weiter. Davon ausgehend haben wir detailliert alle Aufgaben aufgeschrieben und zu Verantwortungsbereichen zusammengefasst. In Runden haben wir dann die Verantwortlichen für jeden Bereich gefunden: für die Tontechnik, die Social-Media-Arbeit, die Kommunikation zu den Mentor:innen, die Räumlichkeiten und vieles mehr. Dabei sind uns auch neue Ideen gekommen. Etwa, dass es schön wäre, am Ende des Camps ein Tune-Book zu haben. Seit dem gibt es die Aufgabe, von allen Teilnehmenden die Noten zu sammeln und Aufnahmen zu machen, damit wir sie nach dem Camp zur Verfügung stellen können.

↗ *Friederike Abitz, Dragon-Dreaming-Facilitatorin, Berlin und Belgien, zusammen mit Cedric Berner, www.ethnogermany.de*

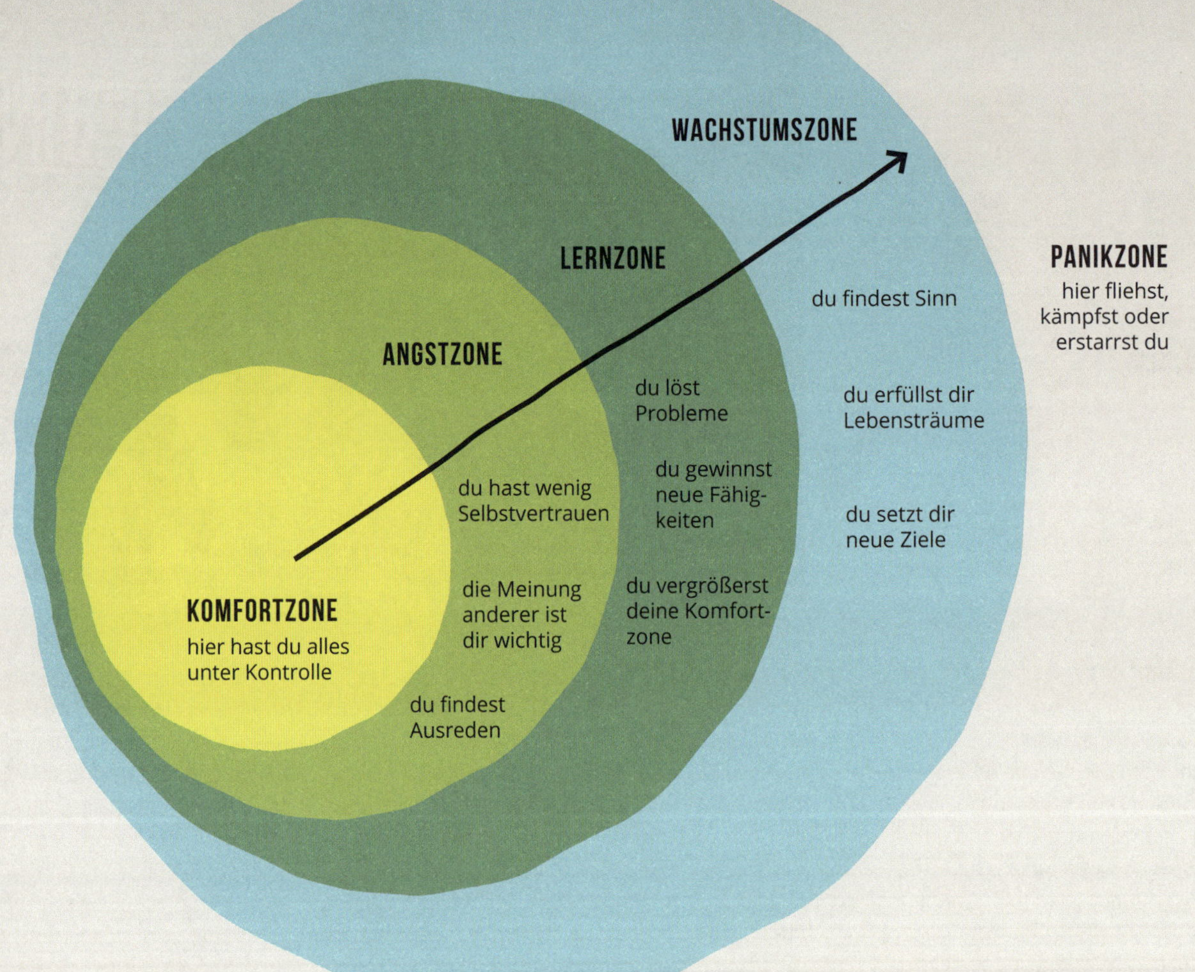

JENSEITS DER KOMFORTZONE

Träume sollten wagemutig, aber realistisch sein, heißt es im Dragon Dreaming. Das gleiche gilt für deine Ziele: im Idealfall liegen sie in deiner Lern- oder Wachstumszone, denn dann motivieren sie dich am meisten. Außerdem wirst du auf dem Weg zu Zielen in diesen Zonen besonders viele Aha-Momente erleben, also etwas dazulernen.

Wenn du in deiner Projektarbeit kaum oder keine Aha-Momente erlebst, kann das darauf hindeuten, dass deine Ziele in deiner Komfortzone liegen – oder in deiner Angstzone. Das ist kurz außerhalb deiner Komfortzone: Die Ziele dort reizen dich noch nicht genug, um die Bequemlichkeit und Sicherheit deiner Komfortzone hinter dir zu lassen.

Pass allerdings auch auf, dass du nicht in deiner Panikzone landest. Denn dort wird dich das Ungewohnte so sehr überfordern, dass du kämpfst, fliehst oder erstarrst. Je weiter du in deine Panikzone hinaus musst, desto geringer wird deine Leistung und damit auch deine Freude an der Projektarbeit sein.

WEISHEITEN FÜR TEILZIELE

- Bring die Dinge sicher außer Kontrolle.
- Alles ist ein temporärer Knotenpunkt in einem endlosen Prozess des Fließens.
- Verhindere Analyse-Paralyse – feiere!
- Finde die Balance zwischen Aufteilen und Zusammenfügen.
- Warte nicht darauf, dass es perfekt ist.
- Finde die richtigen Prioriäten.
- Schaffe Klarheit und Orientierung.
- Vermeide unnötige Anstrengungen. Mach dir klar, warum du etwas tust.

ZEIT ZUM NACHDENKEN

Nimm dir dein Notizbuch und beantworte die Fragen: Welche Rolle spielen Ziele in deinem Leben und deiner Arbeit bislang? Welche Ziele hast du dir für dieses Jahr gesetzt? Wo willst du in fünf Jahren sein? Welche Ziele hast du in deinem Leben?

DIE INTENTION

Energie folgt der Aufmerksamkeit! Spätestens wenn du Dragon Dreaming anwendest, wirst du merken, dass das stimmt. Sobald du deine Aufmerksamkeit auf deine Träume und Ziele richtest, wird sich in deinem Leben etwas verändern. Das Gleiche gilt für dein Projekt. Wenn du deine Antennen schärfst und tief zuhörst, wirst du erkennen: Jedes Projekt hat einen Charakter, eine Persönlichkeit mit Intentionen und Werten.

Die Intention deines Projektes liefert die eigentliche, tiefer liegende Antwort auf die Frage »Warum machen wir das Projekt eigentlich?«. Sie bildet den Kern eurer Motivation und gibt dem Projekt Bedeutung und Sinn. Dee Hock, der Gründer der dezentralen Finanzorganisation Visa, schrieb in seinem Buch »Die chaordische Organisation«: »Ohne gemeinsame ethische Werte und Überzeugungen hinsichtlich dessen, wie [...] Ziele erreicht werden sollen, in die alle ihr Vertrauen setzen und auf die alle sich verlassen können, lösen sich Gemeinschaften schrittweise auf und verwandeln sich Organisationen nach und nach in Instrumente der Tyrannei.«[1]

Gleichzeitig finden Worte wie »Vision« und »Werte« geradezu inflationär Verwendung. Von der Aktivistin bis zur Brand-Managerin wissen mittlerweile so ziemlich alle, dass sie zumindest für die Kommunikation wichtig sind. Das führt zum einen dazu, dass es unterschiedliche Vorstellungen davon gibt, was diese Begriffe bedeuten. Zum anderen suchen sich manche Organisationen einfach eine Reihe von Werten und einen hübsch formulierten Visionssatz aus, ohne dies jedoch wirklich zu leben. Eine solche Unklarheit und/oder Oberflächlichkeit bringt ein Projekt aber nicht weiter. Bei dem »Warum?« eines Projektes geht es nicht um geschliffene und werbeträchtige Sätze. Es geht vor allem darum, was für euch als Team von großer Inspirationskraft und Bedeutung ist. Das muss für andere Menschen um euch herum nicht unbedingt auch so sein. Der Soziologe und Politikwissenschaftler Hartmut Rosa nennt das »Resonanzerfahrung«: Durch das »Warum« solltet ihr euch lebendig und verbunden fühlen. Es sollte mit euch resonieren.

Ein guter Hinweis, ob ein »Warum?« wirklich authentisch ist, ist deshalb auch die Antwort auf die Frage: **Wenn es für dich ein persönlicher Nachteil wäre, an dieser Intention festzuhalten, würdest du es dennoch tun?** Wenn du ehrlichen Herzens einräumen musst, dass das nicht so ist – dann suche weiter. Denn Intentionen (und die zugrunde liegenden Werte) sind unveränderlich. Die Ziele und die Mission können sich hingegen verändern. Sie beschreiben das »Wie?« – also die Frage »Wie wollen wir unsere Vision erreichen?«. Oder auch: »Wie drücken sich unsere Werte und Intentionen in konkreten Taten aus?«.

Wenn deine Intention etwa ist, das Klima zu schützen, könnte deine Mission lauten »Wir pflanzen viele Bäume« und dein Ziel »Im Laufe eines Jahres pflanzen wir in Europa 1.000 Bäume«. Wenn sich herausstellt, dass es effektiver ist, CO_2 mithilfe von Schwarzerde im Boden zu speichern, anstatt Bäume zu pflanzen, könnten sich deine Mission und Ziele ändern. Deine Werte und deine Intention bleiben jedoch bestehen.

Manchmal ist die Suche nach dem »Warum?« leicht und schnell – manchmal langwierig und schwierig. Dieses Kapitel liefert dir Ideen, Anleitungen und Hintergrundwissen, um der Intention deines Projektes leicht und spielerisch auf die Spur zu kommen. Mach dich dabei darauf gefasst, dass der Prozess meist eine klärende Wirkung hat: Einige Gruppen kommen dadurch enger zusammen. In anderen Teams merken einige Menschen vielleicht aber auch, dass das Projekt doch nichts für sie ist. Für uns ist beides ein Grund zum Feiern: Wenn ein »Warum« das Gemeinschaftsgefühl stärkt – und wenn aus einem Projekt zwei werden lässt (die vermutlich genug Anknüpfungspunkte haben, um miteinander zu kooperieren).

ÜBUNG: DIE FÜNF »WARUM?«

Diese Übung hilft dir, das eigentliche »Warum?« deines Projektes zu finden. Schreibe zunächst in einem Satz auf, warum dein Projekt wichtig ist. Frage dich dann »Warum ist das so?«. Schreibe die Antwort darauf ebenfalls in einem Satz auf. Frage dich auf diese Weise noch drei- oder viermal »warum?«. Du wirst sehen, dass du dadurch immer tiefer zum eigentlichen Kern deiner Motivation vordringst.[2]

Ihr könnt diese Übung auch in Zweier-Teams machen. Dann fragt ihr euch gegenseitig fünfmal »Warum?« und notiert je einen Satz. Anschließend kommt ihr zusammen, stellt reihum eure tiefsten Warum-Sätze vor. Tauscht euch auch über die Gemeinsamkeiten und Unterschiede aus.

DIE BEGRIFFE-ZWIEBEL

Vision, Mission, Intention, Werte … was sollen all diese Worte eigentlich bedeuten? Manchmal debattieren Teams stundenlang, ohne geklärt zu haben, was sie genau meinen. Hier ist unser Vorschlag, um das Wirrwarr an Begriffen zu beenden: Die verschiedenen Aspekte eures Projektcharakters legen sich wie Zwiebelschichten von innen nach außen um den Kern eures Projektes.

Der Traum des Dragon Dreaming kann alles enthalten: Anteile der Vision, der Mission, der Ziele, Werte oder Intention – sogar konkrete Aufgaben. Wie in der Traumzeit (↗ Seite 88) ist alles zeitgleich da. Er ist euer Fundament.

Die Vision beschreibt die Welt, die wir uns wünschen. Sie ist groß, gibt dem Projekt Sinn und motiviert euch auf einer tiefen Ebene.

Die Mission beschreibt euren erfüllbaren Weg zur Vision. Sie besagt, was ihr tun wollt, um sie zu erreichen.

Die Ziele zeigen, welche kurz-, mittel- oder langfristigen Etappen es gibt. Sie sind konkreter als die Mission und lassen sich erfüllen.

Die Werte sind Teil eurer Vision und unvergänglich. Wie die Intention bleiben sie erhalten – auch dann, wenn ihr eure Ziele, eure Vision und eure Mission erfüllt habt.

Die Intention (Absicht oder Purpose) ist der Grund eures Projektes. Sie ist die Essenz, der Kern und bleibt auch dann bestehen, wenn die Mission erfüllt und eure Ziele erreicht sind.

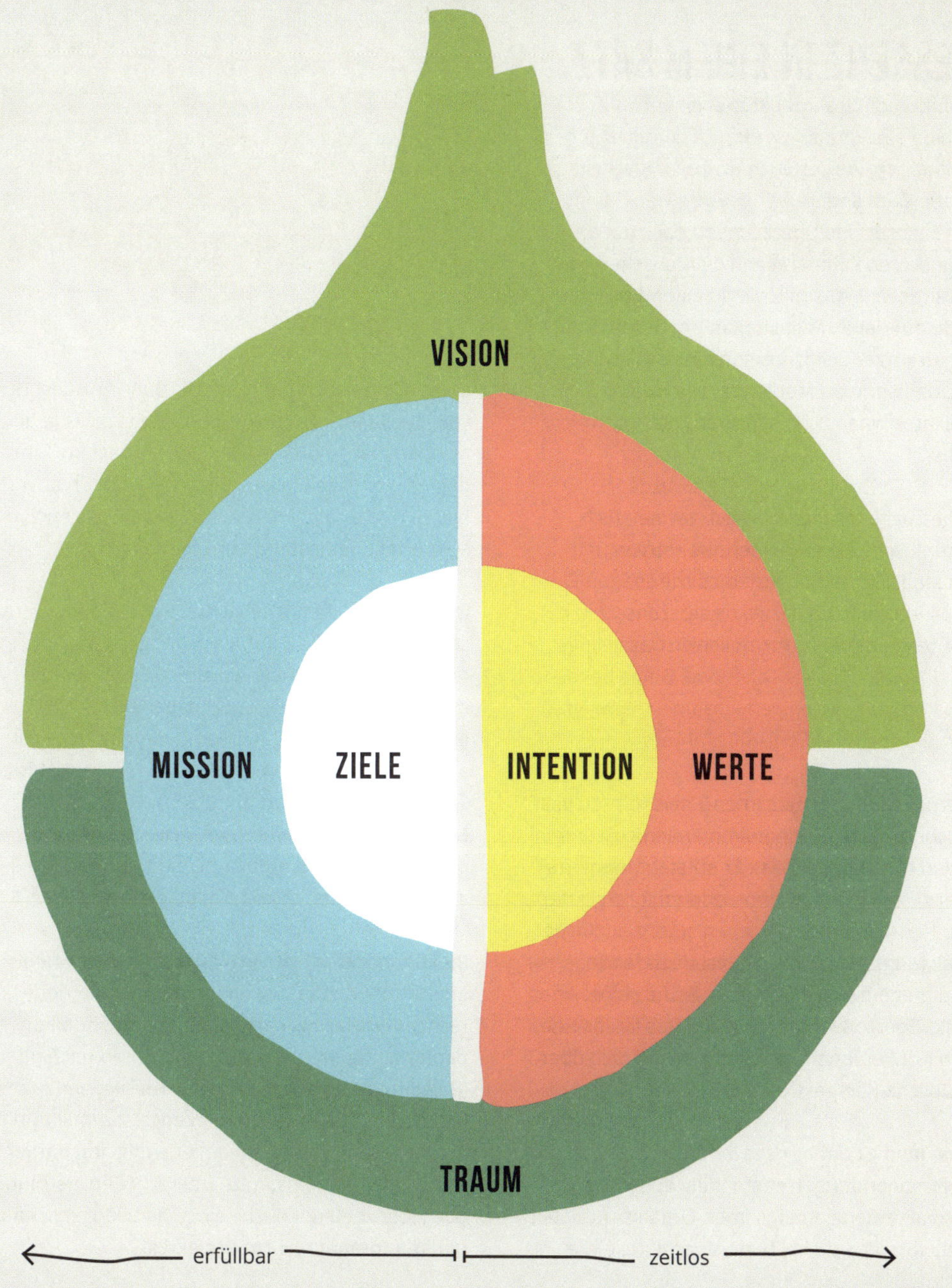

INTENTION CO-KREATION
WERTE TRÄUME ZIELE

DIE ESSENZ IN EINEM SATZ

Die Intention deines Projektes in einem Satz beschreiben zu können ist extrem hilfreich. Zum einen natürlich, weil es euch als Team Klarheit verschafft. Zum anderen aber auch, weil du mit diesem Satz gut und überzeugend nach außen kommunizieren kannst: Wenn du Menschen triffst, die dich fragen: »Was machst du eigentlich?« Wenn du auf deiner Website oder in den sozialen Medien in kurzer Zeit Unterstützende gewinnen willst. Oder wenn du Medienvertretende und Multiplikator:innen schnell und präzise informieren möchtest.

Doch die Suche nach dem einen (vermeintlich perfekten) Satz kann sehr viel Zeit, Nerven und Geld kosten. Die rechts beschriebene Dragon-Dreaming-Methode hat das Ziel, diesen Leitsatz in nur 30 Minuten kollektiv zu formulieren. Das gelingt jedoch nur, wenn ihr als Team zwei Dinge beherzigt: Ihr kommt in einen gemeinsamen Flow – und ihr lasst euren Perfektionismus fahren.

Das Gefühl eines gemeinsamen Flows hast du vielleicht schon erlebt, wenn du mit anderen getanzt, gesungen oder gejamt hast. Er entsteht, wenn du die Grenze zwischen dir und anderen fallen lassen kannst. Neurochemisch gesehen setzt dein Körper dann leistungssteigernde, lustproduzierende Verbindungen frei wie Dopamin, Endorphine, Anandamid, Serotonin und Oxytocin. Das lässt deine inneren Kritiker:innen verstummen und dich über deine übliche Perspektive hinaussehen.

Entscheidend ist dabei, dass ihr euch nicht als einzelne, voneinander getrennte Individuen begreift, sondern als einen gemeinsamen Organismus. Stell dir dazu vor, dass du im Team so arbeitest, wie du es alleine auch tun würdest: Dann würdest du verschiedene Formulierungen eines Satzes ja auch nicht erst lange diskutieren. Du würdest im Tempo deines kreativen Flusses einfach Varianten ausprobieren und immer weiter verfeinern. Falls euch das schwerfällt, findest du rechts ein paar Tipps.

Um euch von dem Drang nach Perfektion zu verabschieden, achtet darauf, dass der gesamte Prozess tatsächlich nicht länger als eine halbe Stunde dauert. Seid spielerisch und haltet euch an das Motto »Perfektion ist der Feind des Guten«. Feilt auf keinen Fall an dem Satz so lange herum, bis er »perfekt« ist. Das wird ohnehin nie der Fall sein. Manchen hilft auch die Regel »Der Satz darf nicht perfekt sein«. Seid mutig und geht mit dem, was ihr in 30 Minuten erreicht habt, einfach weiter.

Ihr könnt und solltet euch eurem Leitsatz ohnehin immer mal wieder zuwenden und die Methode rechts mehrfach wiederholen. Das ist vor allem dann wichtig, wenn ihr euch von unten nach oben (Bottom-up) organisiert. Immer mal wieder zu prüfen, ob euer Leitsatz für euch noch stimmig und für alle verständlich ist, hält ihn lebendig. Ihn immer mal wieder gemeinsam zu überarbeiten, verbindet euch stets neu mit euch selbst, der Gemeinschaft und der Intention eures Projektes.

TIPPS FÜR DEN KOLLEKTIVEN FLOW

Um als Gruppe in einen gemeinsamen Flow zu kommen, helfen folgende Bedingungen:

Vertrauen: Alle sind authentisch und bereit, ihre Komfortzone zu verlassen. Alle vertrauen der Gruppe, dem Prozess und sich selbst. Sie fühlen sich gleichberechtigt.

Präsenz: Alle Anwesenden sind voller Energie. Übungen und Spiele im Vorfeld können die Leichtigkeit und Kreativität stärken. Meditationen oder Bewegungsübungen unterstützen die Körperwahrnehmung und Konzentration. Die Stille und Konzentration während des Prozesses hilft, tief zuzuhören.

Ergebnisoffenheit: Alle lösen sich von der Vorstellung, wie das Ergebnis auszusehen hat, damit etwas Neues entstehen kann. Oft reicht es dafür schon, sich im Prozess die eigene Bewertung bewusst zu machen und sich dann wieder der Aufgabe zuzuwenden.

Loslassen: Alle lassen die Identifikation mit ihren Ideen hinter sich. Es gibt nicht mehr meine oder deine Idee. Es gibt nur noch Ideen, mit denen alle gemeinsam spielen. Lasst Wörter miteinander tanzen.

ANLEITUNG: DEN LEITSATZ FINDEN

Mit dieser Methode kannst du mit einem Team von bis zu zwölf Menschen in 30 Minuten die Intention eures Projektes kurz und knackig formulieren. Der Prozess findet schweigend statt. Das ist ziemlich wichtig – du wirst es merken. Die Stille erzeugt eine besondere, konzentrierte Atmosphäre und vermeidet eine Analyse-Paralyse.

Beschreibe den Ablauf im Vorfeld gut und kläre alle Verständnisfragen. Die verschiedenen Abschnitte zeigst du dann am besten akustisch an, etwa indem du eine Zimbel läutest oder Ähnliches.

Tief zuhören: Hängt eure Träume und Ziele auf. Macht eine ausgedehnte Stillepause – wenn ihr möchtet, leitet mündlich eine kleine Meditation an. Es hilft, wenn ihr dabei auf den unterschiedlichen Ebenen mit dem Projekt und seiner Intention in Verbindung tretet. Beende dies mit einem Ton. Geht danach schweigend für einige Minuten durch den Raum. Lest euch eure Träume und Ziele in Ruhe durch. Beende auch diese Phase mit einem Läuten oder Ähnlichem.

Still schreiben: Alle haben nun fünf bis zehn Minuten Zeit, um für sich einen Leitsatz zu formulieren und aufzuschreiben. **Der Leitsatz sollte kurz und knapp sein, leicht erinnerbar, einschließend (in Bezug auf euren Traum) und inspirierend.** Tauscht euch untereinander nicht aus und diskutiert die Sätze nicht. Denkt daran: Ihr schweigt während der gesamten 30 Minuten. Beende das stille Schreiben mit einem Klang.

Gemeinsam texten: Kommt anschließend schweigend im Kreis zusammen. Ihr könnt euch vor ein Flipchart stellen oder den Flipchart-Bogen in eure Mitte legen. Wer als Erstes den Impuls hat, schreibt den eigenen Satz in die Mitte des Flipchart-Bogens (also sowohl von oben–unten als auch von links–rechts aus gesehen). Nehmt euch Zeit, um diesen Satz auf euch wirken zu lassen. Alle können dann Wörter in diesem Satz ergänzen oder ersetzen. Die Voraussetzung für alle Veränderungen ist, dass sie den Satz kürzer und prägnanter, einschließender, erinnerbarer und inspirierender machen. Beende diese Phase nach exakt 20 Minuten mit einem Ton.

Abschluss: Der Satz, so wie er nun dasteht, ist euer Leitsatz. Er ist, wie es in der Soziokratie heißt, »gut genug für den Moment, sicher genug zum Ausprobieren«. Feiert euer Ergebnis.

TIPP: Du kannst diese Methode nutzen, um alle möglichen Dinge kollektiv in einem Satz auszudrücken. Ob es nun um ein Motto, einen Slogan, ein Ziel oder etwas anderes geht. Das muss auch nicht auf der obersten Projektebene sein. Auch für Rollenbeschreibungen oder die Absicht eines Meetings kannst du diese Methode nutzen. Wichtig ist nur, dass alle genau wissen, was ihr auf den Punkt bringen möchtet.

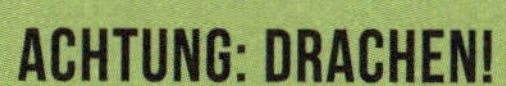

ACHTUNG: DRACHEN!

Für viele ist es eine schmerzhafte Erfahrung, wenn ihre Worte oder Formulierungen durchgestrichen werden. Vielleicht kommen auch dir Erinnerungen an die Schule hoch oder an andere Bewertungssituationen, in denen das, was du gemacht hast, scheinbar nicht gut genug war.

Aus diesem Grund haben manche Menschen auch Hemmungen, die Worte oder Texte anderer zu verändern. Es ist für diesen Prozess aber wichtig, beide »Schranken« loszulassen. Dazu muss für diese Übung eine Basis der Win-Win-Kultur und ein vertrauensvolles Klima im Team da sein. Ansonsten kann es zu Konflikten kommen.

Am besten sprecht ihr im Team kurz darüber, bevor ihr die Methode anwendet. So sind alle dafür sensibilisiert. Im Idealfall ist die Erfahrung mit dieser Methode sogar heilsam, weil Menschen erleben: Eine Korrektur muss keine Abwertung sein. Sie kann zur gemeinsamen Weiterentwicklung beitragen.

GEMEINSAME WERTE

Mit jeder Intention verbindet sich ein Set von Werten. Genauso wie jeder Mensch eine Reihe von Werten hat. Meist decken sie sich nicht zu hundert Prozent. Selbst in einer noch so guten Gemeinschaft haben vermutlich keine zwei Menschen haargenau die gleichen Werte. Und das ist auch gar nicht schlimm. Es reicht, wenn ihr die Werte miteinander teilt, die für das Projekt wichtig sind.

Nicht die gleichen Werte zu haben muss nämlich nicht zwangsläufig zum Konflikt führen. Dazu ein Beispiel: Wenn wir zusammen den Strand in einer großen Sammelaktion vom Müll befreien wollen, interessiert es mich vielleicht herzlich wenig, wie ordentlich du zu Hause bist. Wenn wir allerdings ein Wohnprojekt mit Gemeinschaftsräumen ins Leben rufen möchten, spielen Werte wie »Sauberkeit« und »Ordnung« vermutlich schon eine Rolle.

Doch selbst wenn unterschiedliche Werte zu Konflikten führen, bedeutet das nicht, dass wir nicht doch das Projekt zusammen machen können. Es kommt immer noch darauf an, wie wir damit umgehen. »Sich auf die Unterschiede zu konzentrieren macht eine Zusammenarbeit schwierig. Zu fragen ›Ist dieser Wert essenziell für unsere Zusammenarbeit?‹ kann helfen, hier zu unterscheiden«, schreibt die Aktivistin Starhawk in ihrem Buch »The Empowerment Manual«.[4]

Wichtig ist also, dass ihr genug Werte miteinander teilt, die euch wirklich motivieren – und dass ihr eure Aufmerksamkeit darauf richtet. Menschen, die ihre Werte in einem Projekt nicht wiederfinden, fühlen sich davon einfach nicht angesprochen. Und das ist okay so.

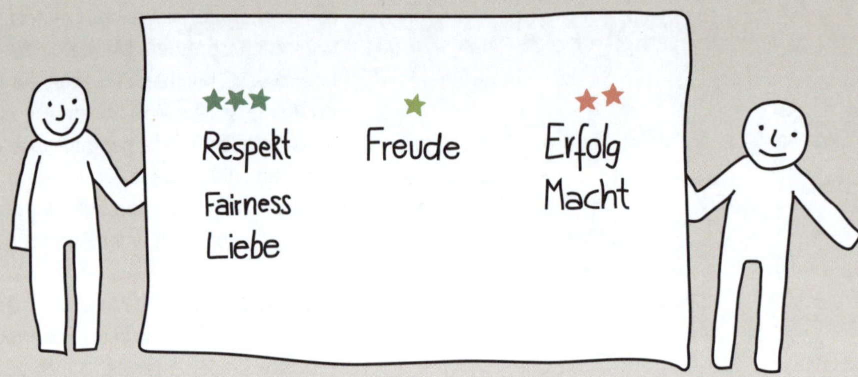

WERTE-AUSTAUSCH

Mit dieser Übung aus dem »Empowerment Manual« von Starhawk könnt ihr gemeinsam Werte erkunden. Setzt euch in einen Kreis und beginnt mit einer Pause tiefen Zuhörens. Fahrt dann fort:

1. **Werte sammeln:** Alle sprechen im Kreis. Nutzt am besten einen Redestein. Das heißt, nur diejenige, die gerade den Stein in der Hand hält, redet. Alle anderen hören tief und möglichst wertfrei zu. So nennen alle reihum jeweils die Werte, die sie gerne im Projekt vertreten sehen würden. Die Moderation schreibt diese gut leserlich auf ein Flipchart oder Ähnliches. Werte, die bereits notiert sind, müssen nicht noch einmal genannt werden. Es gibt keine Kritik.

2. **Werte beurteilen:** Nun nehmt ihr euch rund zehn Minuten Zeit, um die Liste in Ruhe anzuschauen. Alle können je drei grüne Sternchen vergeben an die Werte, die ihnen besonders wichtig sind. Und sie können alle Werte mit einem roten Stern markieren, die bei ihnen Bedenken auslösen.

3. **Werte sortieren:** Freiwillige schreiben die Werte in drei Spalten: Erstens die Werte, die alle unterstützen. Zweitens diejenigen, die einige unterstützen. Und zuletzt die Werte, die einen starken Widerstand auslösen. Danach schaut sich das Team die Werte mit den meisten Sternchen noch einmal an und lässt sie auf sich wirken.

4. **Kritische Werte:** Sollte es Werte geben, die viele rote Sternchen haben, fragt die Moderation diejenigen, die hier Sternchen vergeben haben, nach ihren Gründen. Fragt euch: Sind diese Werte wichtig, um gemeinsam das Projekt zu verwirklichen? Wenn die Antwort »Ja« lautet und es keine einfache Lösung gibt, kann ein kleines Team aus starken Opponent:innen und starken Befürworter:innen bis zum nächsten Treffen einen Lösungsvorschlag vorbereiten und zur Abstimmung geben.

WEISHEITEN FÜR DIE INTENTIONSSUCHE

- Finde erst deine Ziele und dann deine Intention.
- Lass das Projekt durch dich sprechen.
- Spüre deinen Körper.
- Vertraue dem Prozess.
- Fokussiere dich auf das Gemeinsame, nicht auf die Unterschiede.
- Lass los und öffne deinen Geist für Neues.
- Lass Worte miteinander tanzen.
- Gut genug für den Moment, sicher genug zum Ausprobieren.

ZEIT ZUM NACHDENKEN

Nimm dir dein Notizbuch und beantworte die Fragen: Was ist deine größte neue Erkenntnis nach dem Lesen des Kapitels? Was hat dich am meisten überrascht oder verwundert? Woran zweifelst du?

PLANEN

DAS KRAFTFELD

Jedes Projekt ist ein komplexes System eingebettet in eine unendliche Vielzahl komplexer Systeme. Denn auch wenn jedes Projekt als Traum eines Einzelnen beginnt, so braucht die Umsetzung doch immer Menschen, Ressourcen, Energie und vieles mehr. Stell dir zum Beispiel vor, eine Schülerin hat den Traum, dass es in ihrer Schulkantine künftig nur noch Bio-Essen geben soll. Sie erzählt anderen davon und schon bald hat sie eine Gruppe von zehn Schülerinnen und Schülern gefunden, die das Projekt im Rahmen ihrer Projektstunden umsetzen wollen. Das gibt ihnen rund zwei Stunden pro Woche ein halbes Jahr lang. Sie müssen sich nun überlegen: Was können wir – angesichts unserer Kenntnisse und Fähigkeiten – in dieser Zeit auf die Beine stellen? Sie brauchen eine Strategie, also einen Plan, welche Ziele sie in welcher Zeit wie erreichen wollen.

Die Antwort auf diese Frage hängt aber nicht nur von unseren zehn Schülerinnen und Schülern ab. Sie sind mit ihrem Projekt in verschiedene Bezugssysteme integriert: Wie stehen etwa die Mitschülerinnen und -schüler zu ihrer Idee? Ist die Mehrheit dafür oder nicht? Gibt es für das Projekt ein Budget von der Schule oder müssen sie Fundraising betreiben? Finden sie Unterstützung bei den Lehrerinnen und Lehrern?

Um das System »Schule« herum gibt es das nächstgrößere System. In diesem Fall ist etwa die Frage: Welche Einstellung haben die Eltern, welche der Caterer? Können sich Eltern das teurere Bio-Essen leisten? Bekommt der Caterer regionale Bio-Lebensmittel zu vertretbaren Preisen? Das wiederum ist auch abhängig vom nächstgrößeren System:

»Gott, gib mir die Gelassenheit, Dinge hinzunehmen, die ich nicht ändern kann, den Mut, Dinge zu ändern, die ich ändern kann, und die Weisheit, das eine vom anderen zu unterscheiden.« Gelassenheitsgebet von Reinhold Niebuhr (Theologe)[1]

Etwa dem Staat, der Bio-Landwirtschaft vielleicht fördert oder die Schulspeisung bezahlt, sodass die Kosten für die Eltern gar nicht relevant sind.

All das bestimmt in erheblichem Maße, was für unsere zehn Schülerinnen und Schüler machbar ist. Vielleicht haben sie ja zu Beginn geträumt, dass es am Jahresende einmal pro Woche Bio-Essen für alle geben soll. Doch angesichts der Umstände stellen sie fest, dass eine tägliche Bio-Verpflegung realistisch ist (oder umgekehrt). Wären unsere zehn Schülerinnen und Schüler Mitarbeitende einer Non-Government-Organisation (NGO), würden sie sich vermutlich größere Ziele stecken, sich also etwa an alle Schul-Caterer des Landes wenden. Wären die Zehn Mitarbeitende eines Caterers, so gäbe es wieder andere Ziele und so weiter.

Wir stecken mit unserem Projekt also in einem riesigen Kuddelmuddel an Verbindungen und Abhängigkeiten unterschiedlicher Systeme, die sich auch noch fortlaufend ändern. Niemand kann sagen, wie genau sich die Dinge entwickeln. Dennoch müssen wir uns irgendwie hindurchmanövrieren, wenn wir ein Projekt verwirklichen wollen. Da schadet es nicht, sich zumindest einer groben Vorstellung dieses Beziehungsgeflechtes anzunähern. Wir machen jetzt also einen Schritt zur Seite und verändern unsere Perpektive!

Traumkreis und Objective Setting haben uns bisher vor allem dazu eingeladen, von uns auszugehen. Das ist auch gut so, denn von klein auf lernen wir, uns möglichst nach den Erwartungen anderer zu richten. Dabei lautete die Devise immer: »Träume wagemutig, aber realistisch!« Denn sind unsere Ziele zu lasch, motivieren sie uns nicht so richtig. Sind sie hingegen zu hoch gesteckt, so planen wir unseren eigenen Misserfolg und demotivieren uns damit selbst.

Doch was ist realistisch, was nicht? Was kann ich ändern und was muss ich stoisch annehmen? Die eine wird ein Ziel für absolut machbar halten, das ein anderer als viel zu tollkühn verwirft. Um das besser einschätzen zu können, hilft der prüfende Blick auf uns und unsere Bezugssysteme – oder besser gesagt, die Beziehungen und Verbindungen zwischen allem (siehe Grafik rechts). Hierbei gilt: Niemand weiß alles, alle wissen etwas. Zum Glück können wir als Team nämlich die Weisheit der vielen anzapfen. Einmal mehr brauchen wir dafür die fragende Win-Win-Haltung und das tiefe Zuhören. Dann können wir uns gemeinsam einer Strategie nähern, die uns Erfolg beschert, Selbstwirksamkeit verschafft und langfristig ermutigt, die Welt mitzugestalten.

SWOT-GESPRÄCHE

Welche Chancen (Opportunities) und Risiken (Threats) umgeben unser Projekt? Was sind unsere Stärken (Strength) und Schwächen (Weaknesses)? Das sind wichtige Fragen. In SWOT-Gesprächen können wir uns gemeinsam einer Vorstellung davon nähern. Dies ist eine gute Vorbereitung für die Aufstellung der Kraftfeld-Analyse (↗ Seite 112).

1. **Wie verändert sich Welt?** Welche Entwicklungen gibt es, die unser Vorhaben fördern oder blockieren? Wie sieht das beste und schlechteste Zukunftsszenario aus? Welche Chancen und welche Risiken gibt es? In Gruppen von 4–8 Menschen notieren die Teilnehmenden in 30–60 Minuten die Antworten auf Flipcharts.

2. **Welche Geschichte haben wir?** In Vierergruppen unterhalten sich die Menschen darüber, wie die Vergangenheit ihres Projektes aussah. Was lief gut, was weniger? Welche Stärken und welche Schwächen können wir daraus ableiten? Was möchten wir künftig weiterführen, was nicht – auch angesichts der Veränderungen in der Welt? Dies ist ein einfacher Redekreis von etwa 30–60 Minuten. Nichts muss dokumentiert werden.

5. **Teilen der Ergebnisse.** Gibt es mehrere Gruppen, so sollten die Menschen wesentliche Erkenntnisse in einem offenen Redekreis in der gesamten Gruppe teilen. Je nach Teamgröße sollte es dafür mindestens 30 Minuten geben. Ein Redestein liegt in der Mitte. Wer etwas sagen möchte, nimmt ihn sich und redet. Alle anderen hören tief zu. Ist alles gesagt, legt die Person ihn zurück. Ein anderer Mensch kann ihn sich nehmen, um zu sprechen.

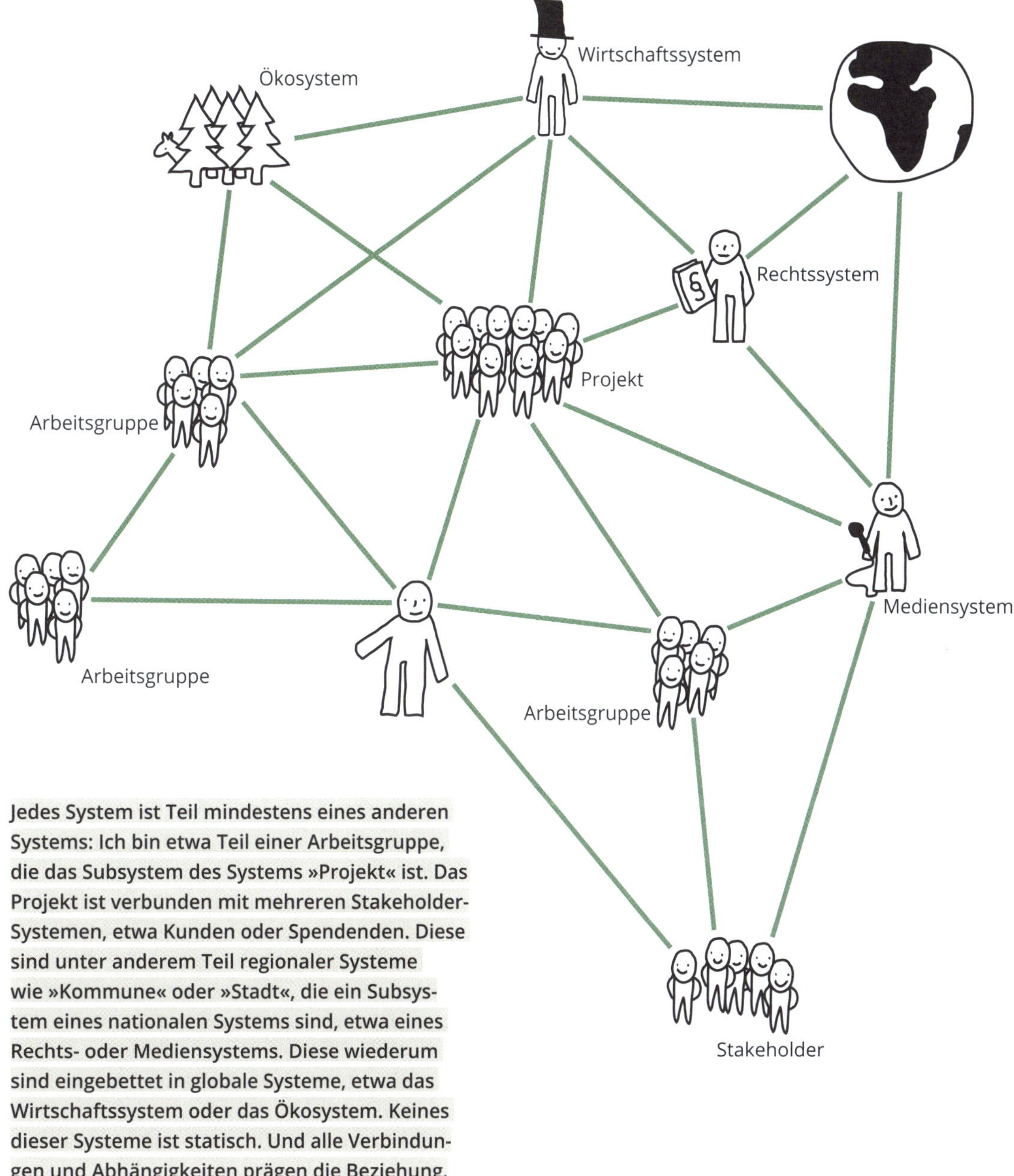

Jedes System ist Teil mindestens eines anderen Systems: Ich bin etwa Teil einer Arbeitsgruppe, die das Subsystem des Systems »Projekt« ist. Das Projekt ist verbunden mit mehreren Stakeholder-Systemen, etwa Kunden oder Spendenden. Diese sind unter anderem Teil regionaler Systeme wie »Kommune« oder »Stadt«, die ein Subsystem eines nationalen Systems sind, etwa eines Rechts- oder Mediensystems. Diese wiederum sind eingebettet in globale Systeme, etwa das Wirtschaftssystem oder das Ökosystem. Keines dieser Systeme ist statisch. Und alle Verbindungen und Abhängigkeiten prägen die Beziehung.

IM KOMMUNIKATIONSRAUM

Was ist eigentlich ein System? Hast du darüber schon einmal nachgedacht? Falls nicht, dann von uns an dieser Stelle nur so viel: Das Wort »System« bezeichnet die unterschiedlichsten Dinge. In diesem Buch meinen wir damit aber eine Vielzahl von Elementen, die miteinander in Verbindung stehen und gemeinsam mehr sind als ihre Summe. Die Kommunikation – verbal und non-verbal – ist dabei eine der wichtigsten Verbindungen zwischen ihnen. Um jedes Projekt herum gib es somit eine Art Kommunikationsraum. Ein mehrdimensionales Bezugssystem aus all den Menschen, die mit dem Projekt zu tun haben – also den Stakeholdern.

Um diesen Kommunikationsraum im Sinne eures Traumes und eurer Ziele erfolgreich zu gestalten, ist die allererste Frage: **Für wen ist unser Anliegen eigentlich noch relevant?** Je nach Antwort ist euer Kommunikationsraum unterschiedlich groß und komplex. Die Aktivistinnen und Aktivisten von fridays for future setzen sich zum Beispiel für den Klimaschutz ein. Sie wenden sich also potenziell an alle Menschen der Erde, denn sie alle sind von den Auswirkungen ihrer Bemühungen betroffen. Der Kommunikationsraum der Schülerinnen und Schüler aus dem oben genannten Beispiel, die sich für Bio-Essen in ihrer Schule engagieren, ist dagegen regional.

Nicht allen Menschen in deinem Kommunikationsraum ist bewusst, dass die Veränderungen, die du mit deinem Projekt anstrebst, für sie wichtig sind. Manche sind dafür, sobald du ihnen davon erzählst. Andere bleiben unentschieden oder skeptisch. Und wieder andere sind mehr oder weniger vehement dagegen. Vielleicht weil sie von dem Status quo profitieren und daher keine Veränderungen wünschen. Dann gibt es einen Konflikt. Manche glauben aber vielleicht auch nur, dass sie durch die Veränderungen Nachteile hätten, obwohl das gar nicht der Fall ist. Kurz und gut, die richtige Strategie steht und fällt mit der Frage: **Wer spielt welche Rolle in unserem Kommunikationsraum?** Oder anders gefragt: Wen müssen wir mit unseren vermutlich begrenzten Ressourcen erreichen? Und wen können wir ungestraft ignorieren? Um das zu erkunden, kannst du die Übung auf der rechten Seite machen.

Aus diesem Feld heraus ergibt sich die Kommunikationsstrategie. Sie folgt, grob gesagt, der Überlegung, wen wir wie mit welchen Inhalten erreichen können oder müssen. Dieses Gebiet ist so umfangreich, dass wir es an dieser Stelle nur streifen können. Tatsächlich liefert Dragon Dreaming dafür auch nicht das passende Handwerkszeug. Wer plant, ein Unternehmen oder eine Organisation zu gründen, der sollte sich mit dem Thema »Markenstrategie« auseinandersetzen. Wer mit einer Initiative, Bewegung oder Nicht-Regierungs-Organisation politische oder gesellschaftliche Veränderungen anstoßen möchte, kann sich bei erfahrenen Campaigner:innen schlaumachen.

Dennoch liefert Dragon Dreaming ein sehr hilfreiches Werkzeug, um spielerisch im Team wichtige strategische Überlegungen anzustellen – die Kraftfeld-Analyse. Sie ist inspiriert vom Format der Search Conference, die der australische Psychologe und Organisationsentwickler Fred Emery entwickelt hat. Außerdem nutzt sie den Ansatz der Prozessarbeit, der aus der Deep Democracy – auch Worldwork genannt – stammt. Soviel zur Theorie. Wie das Ganze praktisch funktioniert, erfährst du auf der nächsten Doppelseite.

BESTEHENDES WEITERENTWICKELN

Zwar liefert Dragon Dreaming keine Werkzeuge für eine Kommunikationsstrategie. Doch was ihr bislang im Rahmen eures Dragon-Dreaming-Prozesses erstellt habt, gibt euch dafür eine gute Grundlage:

- **Das Traumkreis-Dokument** lässt sich auch als Basis für die Kommunikation nutzen. Es gibt Teams, die daraus eine Story gemacht und diese auf ihrer Website veröffentlicht haben. Andere haben sie genutzt, um ein Pitch-Video zu drehen. Die Träume helfen aber auch dabei, sich bewusstzumachen, welche Stakeholder wie vom Projekt profitieren. Das zeigt, welche Aspekte pro Zielgruppe im Vordergrund stehen sollten.
- **Das Mia Mia** ist ja eigentlich nicht dazu gedacht, dass ihr es nach außen kommuniziert. Dennoch kann es euch als Grundlage dienen, um die Werte abzuleiten, die euch als Projekt, Gruppe, Organisation ausmachen.
- **Der Leitsatz** aus dem letzten Kapitel ist die Dachbotschaft für eure Kommunikationsstratgie. Dieser eine Satz sollte jedem emotional klarmachen, warum euer Projekt wichtig für ihn oder sie ist. Mithilfe dieses Prozesses könnt ihr zudem auch die Säulenbotschaften pro Zielgruppe entwickeln. Sie können leicht variieren und die Perspektive und Bedürfnisse des jeweiligen Stakeholders aufgreifen.

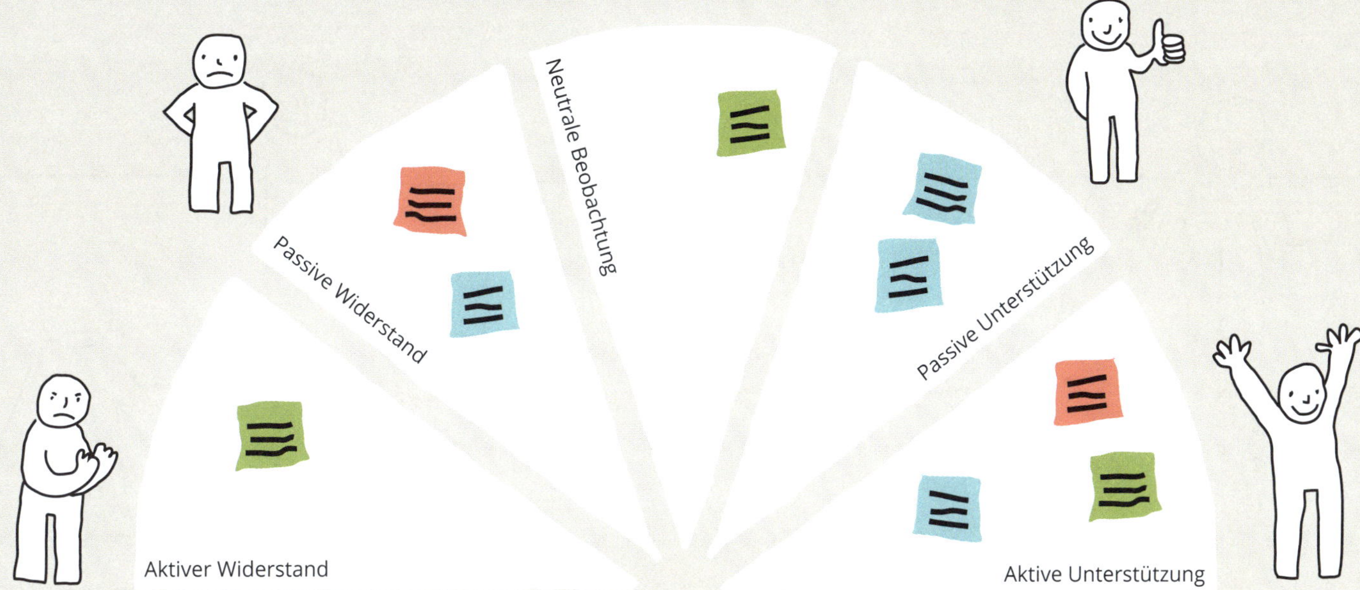

STAKEHOLDER-ANALYSE

Jedes Projekt verändert die Welt. Und fast jede Veränderung stößt auf Widerstand, denn es gibt immer Menschen, die lieber an dem festhalten möchten, was gerade Status quo ist. Wie sieht das bei dir in deinem Projekt aus? Zeichne doch mal die halbe Torte, die du oben siehst, mit den fünf Stücken auf ein querliegendes Flipchart und klebe mit Haftzetteln die Menschen, Organisationen und Institutionen hinein, die …

1. Wer blockiert dein Projekt?
In der Regel treffen Change-Projekte auf eine kompakte Schwelle des Widerstandes. Das sind die, die gegen die Veränderung sind, weil sie vom Status quo profitieren. Der Pädagoge Paulo Freire nennt sie die »Herren der Welt«. Du siehst, dass du in der halben Torte oben zwei verschiedene Stücke für sie hast: in dem linksstehen die aktiven Widerstandstragenden. Im anderen die passiven (die, die nur stänkern, aber nichts wirklich tun). Die strategische Frage ist: **Wie können wir unsere Gegner:innen umgehen, um zu unserem Ziel zu kommen?**

2. Wer fördert dein Projekt?
Wer profitiert von den Veränderungen, die ihr mit eurem Projekt bewirkt? Wessen Problem löst ihr? Wem eröffnet ihr neue Möglichkeiten? Wissen diese potenziellen Unterstützenden bereits, dass es dein Projekt gibt? Ist ihnen sofort klar, dass es für sie sinnvoll ist? Was sind sie bereit zu tun, um dein Projekt zu unterstützen – würdest du sie als aktive oder passive Unterstützende sehen? Die strategische Frage ist: **Wie muss unsere Kommunikation aussehen, damit unsere Unterstützenden immer zahlreicher werden?**

3. Wer steht dem Projekt neutral gegenüber?
In das mittlere Tortenstück kommen all die Stakeholder, die weder für noch gegen dein Projekt sind. Die strategische Frage dazu lautet: **Sollten wir die neutralen Beobachtenden zu Unterstützenden machen?** Das ist nicht immer nötig und natürlich auch eine Frage der Ressourcen. Doch wenn ihr sie zu Unterstützenden machen möchtet, dann ist es klug, die Schlüsselleute dieser Gruppe ausfindig zu machen und diese für euch zu gewinnen.

Übrigens: Die Zwischenräume zwischen den Tortenstücken oben sind nicht leer. Von dort kommen diejenigen, die wir jetzt noch nicht sehen können, weil wir nicht wissen, dass wir sie nicht kennen. So können während der Umsetzung überraschend weitere Gegner:innen und Unterstützende auftauchen, mit denen du nicht gerechnet hast …

DIE KRAFTFELD-ANALYSE

Für die Kraftfeld-Analyse brauchst du je nach Komplexität deines Projektes und der Teamgröße rund eine Stunde und einen großen Raum, in dem die Gruppe Aufstellung nehmen kann, oder eine große Fläche im Freien (ohne Wind).

1. Den Raum vorbereiten

Bringe über den gesamten Raum hinweg mittels Klebstreifen, einer dicken Schnur, eines Bandes oder Ähnlichem eine Y-Achse mit einer Skala von -10 (linker Rand) bis 10 (rechter Rand) an. Links sind alle Kräfte zu finden, die das Projekt behindern (0 bis -10). Rechts ist Raum für die Kräfte, die das Projekt fördern (0 bis 10). Die X-Achse hat keine Skala. Sie lässt lediglich Platz, um alle Kräfte im Raum zu verorten (siehe nächster Schritt).

2. Positive und negative Kräfte finden

Die Menschen bewegen sich nun durch den Raum entlang der Achse. Wichtig ist, dass sie sich Zeit dafür nehmen und auf die Reaktionen ihres Körpers achten. Wenn sie an eine Stelle kommen, die mit einer Kraft in Verbindung steht, die das Projekt behindert oder unterstützt, so notieren sie diese auf eine Karte. Das können Chancen und Risiken, Stärken und Schwächen, Unterstützende und Gegner:innen sein. Dann schreiben sie die Skalenzahl (-10 bis +10) auf die Karte, die zum jetztigen Zeitpunkt zutrifft, und legen sie an die entsprechende Stelle auf den Boden. Anschließend bewegen sie sich weiter, bis ihnen die nächste Kraft in den Sinn kommt und so weiter. Wer fertig ist, kann an einem neutralen Punkt stehen bleiben. Meist geschieht dies nach rund 20 bis 25 Minuten.

3. Den Bezugsraum auskundschaften

Wenn sich alle am neutralen Ort versammelt haben, kann das Team den Raum erkunden und sich anschauen, was die anderen abgelegt haben. In der Regel sehen sie, dass es mehrere Karten für gleiche oder ähnliche Kräfte gibt – aber an unterschiedlichen Orten, also mit verschiedenen Bewertungen. Es ist gut, wenn sich die Gruppe während dieser Erkundungsphase über ihre Sichtweisen austauscht: Wo gibt es Gemeinsamkeiten? Wo Unterschiede? Und woher kommen diese? Vielleicht stellt sich dabei heraus, dass sich die Gruppe auf eine gemeinsame Position einer Kraft einigen kann. Falls das nicht so ist, kann die Gruppe gleiche Kräfte mit einer Schnur, einem Kreidestrich oder Ähnlichem verbinden. So entsteht eine erste Visualisieren des Bezugssystems um das Projekt.

Das Team visualisiert das Bezugssystem des Projektes als Kraftfeld im Raum. Dazu notieren sie auf Zettel und legen sie aus. Bei der Auswertung lenkt das Team seinen Fokus dann auf die Punkte, die besonders relevant für den Erfolg sind und die sie zum Positiven verändern können.

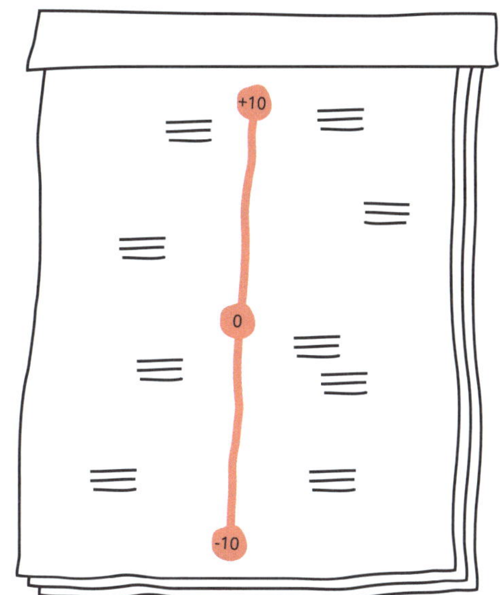

VARIATION: AUFSTELLUNG

Die Kraftfeld-Analyse – vor allem der letzte Schritt – lässt sich auch wie eine Aufstellung durchführen. In diesem Fall stellen sich Teammitglieder anstelle der Karten im Raum auf. Diese können ihre Perspektiven und Emotionen schildern – zum Beispiel können sie auf Veränderungsmöglichkeiten reagieren und sich entsprechend neu im Raum positionieren. Oder sie können auf Neupositionierungen anderer Kräfte reagieren. Die Aufstellungsarbeit ist ein spannendes Feld, das jedoch Erfahrungen und Kenntnisse braucht, die wir in der Kürze nicht vermitteln können.

4. Das Kraftfeld dokumentieren

Übertrage die Kräfte inklusive Skalenzahlen auf ein Flipchart. Verbinde gleiche Kräfte an unterschiedlichen Positionen durch eine Linie miteinander. John empfiehlt nun, die Gesamtsumme der gesammelten Kräfte auszurechnen. Bei Kräften mit unterschiedlichen Bewertungen soll der Mittelwert zum Einsatz kommen. Hohe Ergebniswerte zeigen, dass ein Projekt leicht zu machen ist. Ein hoher Minuswert deutet darauf hin, dass es ein schwieriges Projekt werden könnte. Wenn das Team das Gefühl hat, dass das Ergebnis nicht zu ihrem Bauchgefühl passt, hat es vielleicht wichtige Kräfte übersehen. Vielleicht solltet ihr dann noch einmal ins Feld gehen und Kräfte ergänzen. Wichtig ist aber, dass ihr das Ergebnis weder so hinbiegt, wie ihr es wünscht – noch zu sehr den Fokus auf das Negative lenkt.

5. Veränderungspotenziale einschätzen

Nun geht es wieder ins Feld. Diesmal geht es darum, das Veränderungspotenzial einzuschätzen, das ihr als Team auf die Kräfte habt. Dazu gehen alle in Stille im Raum umher und notieren direkt auf die Kräftekarten eine Zahl aus einer Skala von 0 (keine Veränderung möglich) bis 20 (sehr große Veränderung möglich). Unterschiedliche Menschen können auf die gleichen Karten verschiedene Werte schreiben. Die Veränderungszahl zeigt, ob sich zum Beispiel negative Kräfte abschwächen oder sogar ins Positive wenden lassen. Oder auch, wie sehr das Team positive Kräfte stärken kann. Hilfreich ist, wenn jedes Mitglied entweder eine andere Farbe nutzt oder sein Kürzel oder Zeichen zu seiner Veränderungszahl schreibt. Dies erleichtert den anschließenden Austausch. Wer fertig ist, geht wieder zum neutralen Ort.

6. Gemeinsam auswerten

Die Gruppe geht gemeinsam alle Karten durch: Wieso sind die Menschen auf unterschiedliche Einschätzungen gekommen? Hilfreich ist es meist, wenn diejenigen mit den höchsten und niedrigsten Zahlen beginnen: Warum haben sie diese Werte gewählt und was könnte das Team für die Veränderung konkret tun? Oft möchten manche nach diesem Austausch ihre Zahlen verändern. Dann bildet das Team den Mittelwert, notiert diesen auf der Karte und verschiebt sie entsprechend im Raum. Weitere Fragen sind: Wie beeinflussen diese Veränderungen andere Kräfte? Verändert sich dadurch ihre Lage im Raum? Und welche der Kräfte sind besonders wichtig für den Erfolg des Projektes? Zu diesen Karten könnt ihr auch ein Objective Setting machen.

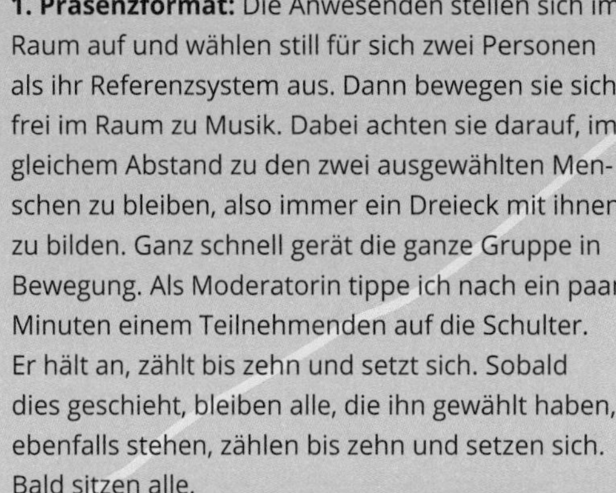

ÜBUNG: LEBENDIGE SYSTEME

In Workshops mache ich gewöhnlich die Übung »Lebendige Systeme«, ein Systemspiel der Tiefenökologin, Buddhistin und Aktivistin Joanna Macy. Das Spiel zeigt, dass das Leben ein Netzwerk von offenen und miteinander verbundenen Systemen ist, ein ständig fließender Prozess. Ich habe davon eine Online-Variante entwickelt.

1. Präsenzformat: Die Anwesenden stellen sich im Raum auf und wählen still für sich zwei Personen als ihr Referenzsystem aus. Dann bewegen sie sich frei im Raum zu Musik. Dabei achten sie darauf, im gleichem Abstand zu den zwei ausgewählten Menschen zu bleiben, also immer ein Dreieck mit ihnen zu bilden. Ganz schnell gerät die ganze Gruppe in Bewegung. Als Moderatorin tippe ich nach ein paar Minuten einem Teilnehmenden auf die Schulter. Er hält an, zählt bis zehn und setzt sich. Sobald dies geschieht, bleiben alle, die ihn gewählt haben, ebenfalls stehen, zählen bis zehn und setzen sich. Bald sitzen alle.

Dann schalte ich die Musik aus und die Menschen sitzen für einige Minuten in Stille beisammen. Danach teilen sie, was sie auf sinnlicher, emotionaler und intellektueller Ebene erfahren haben. Zum Schluss erkläre ich den Zweck der Übung: In lebendigen Systemen kann eine einzige »Berührung des Todes« eine Kette von Zusammenbrüchen hervorrufen. Das ist es, was wir derzeit durch die Win-Lose-Systeme mit dem Leben auf dem Planeten machen.

In der zweiten Runde bewegen sich die Teilnehmenden wieder durch den Raum zwischen zwei ausgewählten Menschen. Aber nun haben alle die Fähigkeit, am Boden sitzende Menschen anzutippen und ihnen dadurch eine »Berührung des Lebens« zu schenken. Das zeigt, dass wir alle das Leben regenerieren können, wenn wir Teil eines Win-Win-Systems sind, in das wir Energie und Hoffnung leiten.

2. Virtuelle Variante: Alle Teilnehmenden schalten ihre Kamera an und suchen sich zwei Referenzpersonen aus. In der ersten Runde bitte ich per privater Chat-Nachricht ein oder zwei Menschen, ihre Kamera auszuschalten. Alle, die einen dieser Menschen als Referenzperson gewählt haben, schalten ihre Kamera ebenfalls aus. Bald sind alle Kameras aus. Ohne die Kameras wieder einzuschalten, teilen die Teilnehmenden mit, was sie erfahren, gefühlt und gedacht haben – verbal oder per Chat-Nachricht.

Danach beginnt die zweite Runde: Ich schicke wieder eine private Nachricht, damit ein oder zwei Personen ihre Kamera aktivieren. Alle, die sie als Referenzperson ausgewählt haben, folgen. So sind alle schnell wieder sichtbar. Gemeinsam feiern wir die Vielfalt und die lebendige Präsenz aller Anwesenden, zum Beispiel in Form einer Geste oder eines Gesichtsausdrucks. Währenddessen spiele ich schöne Musik.

Diese Übung gibt einen sinnlichen Anreiz zum Nachdenken. Sie lädt dazu ein, sich für den Erhalt des Lebens einzusetzen. Und sie gibt uns einen sicheren Rahmen, um zu erfahren, wie es ist, keine Kontrolle zu haben. So macht sie unsere persönlichen und kollektiven Drachen sichtbar, unsere Macht zur Veränderung.

↗ *Raquel Cancela, Dragon Dreaming Facilitatorin und Trainerin, Uruguay*

WEISHEITEN FÜRS SYSTEMDENKEN

- Behalte immer das große Ganze im Blick.
- Ändere, was du ändern kannst. Akzeptiere, was du nicht ändern kannst.
- Nimm dir Zeit, auch komplexe Probleme zu durchdringen.
- Hinterfrage dein Denken – es beeinflusst, was geschieht.
- Suche nach den Schlüsseln zum System.
- Betrachte die Dinge von möglichst vielen Seiten.
- Schätze auch die kleinen Veränderungen.
- Lerne die Wirkungen deines Handelns einzuschätzen.

ZEIT ZUM NACHDENKEN

Nimm dir dein Notizbuch und beantworte die Fragen: Welches Kraftfeld umgibt dich persönlich? Wie gehst du mit unterstützenden und widerstandstragenden Menschen um? Welche Rolle spielst du in diesem Netz aus Verflechtungen?

DER PROJEKT-SPIELPLAN

Projektpläne gibt es noch nicht lange. Zumindest nicht, wenn wir uns die Menschheitsgeschichte so ansehen. Denn obwohl unsere Vorfahren schon vor langer, langer Zeit richtig große Projekte gestemmt haben (denk nur mal an die Pyramiden), schmieden wir Menschen dafür – soweit wir wissen – erst seit gut 100 Jahren ausgefeilte Pläne. Seit dem Zweiten Weltkrieg ist daraus die Profession des Projektmanagements geworden. Der »perfekte« Plan scheint uns immer wichtiger zu sein.

Damit dieser gelingt, teilen wir unser Projekt in lauter kleine Schritte auf: die Aufgaben. So beschreibst du lauter Etappen auf dem Weg vom Projektstart zum -ziel. Man könnte auch sagen, dass alle Aufgaben ein Mini-Ziel haben, die alle dazu dienen, das Projektziel insgesamt zu erreichen. Bei großen, komplexen Projekten kann eine Aufgabe wiederum ein eigenes Teilprojekt sein.

Diese Aneinanderreihung von Aufgaben ist eine überaus hilfreiche Sache. Sie schafft Übersicht, Orientierung und Weitsicht. Mit ihrer Hilfe könnt ihr euch im Team aufeinander abstimmen. Außerdem schafft ihr euch eure eigenen Erfolgserlebnisse: Jedes Mal, wenn ihr eines dieser kleinen Mini-Projektziele erreicht habt, könnt ihr das feiern! Ja, und mit dem Stichwort »Feiern« sind wir auch schon bei einer weiteren wichtigen Sache.

Erinnerst du dich noch daran, dass die Phasen des Feierns und Träumens unheimlich wichtig sind? Denn auch wenn viele Menschen in unserer Leistungsgesellschaft diese beiden Phasen für überflüssig und zeitraubend halten – so können wir doch nur dazulernen und auf aktuelle Veränderungen in unserer Umgebung reagieren, ohne die Verbindung zu uns selbst und unseren Träumen zu verlieren, wenn wir uns die Zeit geben, über unser Handeln und unsere Alternativen nachzudenken. Nur wenn wir allen vier Phasen gleich viel Raum geben, schwingen wir in einem guten Rhythmus zwischen Theorie und Praxis, zwischen uns und unserer Umwelt hin und her. Nur dann dreht sich das Projektrad (↗ Kapitel »Projektrad«).

Doch wie planen wir nun so, dass alle vier Phasen gleichwertig je 25 Prozent der Zeit und des Budgets erhalten? Nun, wir klappen dazu das Projektrad einfach auf und machen ein viereckiges Spielfeld daraus: den Projekt-Spielplan, auch nur Spielplan, Projektkarte oder Karabirrdt genannt. Darin sind alle wichtigen Aufgaben miteinander verbunden. So entsteht eine Art Landkarte aus verzweigten Wegen, die vom Start (oben) zum Ziel (unten) durch alle vier Phasen führen.

Diese Art von Plan ist übrigens von der Methode des kritischen Pfades (Critical Path Methode, CPM) inspiriert. Das ist eine Netzplantechnik, die unter anderem beim Apollo-11-Projekt verwendet wurde.[1] Der Projekt-Spielplan ist übrigens nicht nur ein Planungs- sondern auch ein Analysewerkzeug. Und während der Projektumsetzung könnt ihr als Team damit euren Fortschritt festhalten. Doch dazu später. Auf den folgenden Seiten soll es erst einmal darum gehen, wie ihr den Projekt-Spielplan erstellt – und warum er eine ungewöhnliche und zugleich geniale Sache ist.

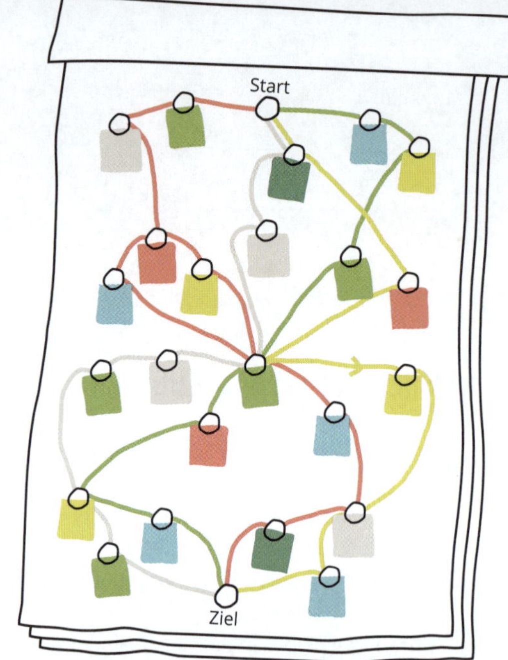

BOTTOM-UP-PLANUNG

Dragon Dreaming setzt auf die Projektplanung von unten. Dies verbindet Dragon Dreaming mit Methoden des Agilen Projektmanagements wie Scrum, Crystal, Extremprogrammierung oder Unified Process und viele mehr. Der Projekt-Spielplan entsteht jedoch in einem so spielerischen Prozess, dass selbst diejenigen Freude daran haben, für die die »Projektplanerstellung« ein echter Drachen ist. Versierte Projektplanende lernen hingegen, wie sie Pläne nicht-linear denken können. Kaum eine Methode schafft es, mithilfe eines simplen Flipchart-Posters eine so authentische Gleichheit im Planungsprozess herzustellen.

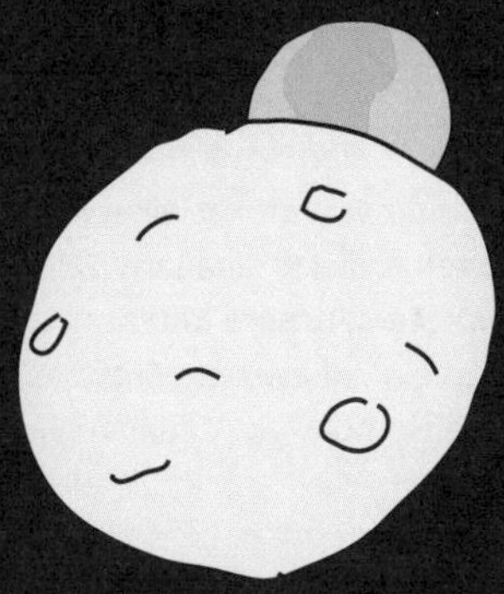

DREI ASTRONAUTEN IM ALL

Es war Weihnachten 1968, als die drei Astronauten Frank Borman, William Anders und James Lovell in der Apollo 8 durchs Weltall flogen. Ihr Ziel: Einmal den Mond umrunden und seine Oberfläche fotografieren. Die drei waren Teil des Apollo-Programms, das zu den Meilensteinen in der Geschichte des modernen Projektmanagements gehört. Ein Beispiel, das auch die Macht kollektiver Träume wie kaum ein anderes Projekt zeigt: Die Vorstellung von einer Mondlandung hat unglaubliche Kräfte und Ressourcen freigesetzt. Das ist die positive, faszinierende, ja irgendwie magische Seite von Zielen.

Ziele haben jedoch auch eine dunkle, gefährliche Seite: Sie können uns blind machen für den Rest der Welt. Sie können unsere Aufmerksamkeit so fesseln, dass wir das eigentlich Wichtige aus dem Blick verlieren. Hier kommen unseren drei Astronauten ins Spiel. Sie flogen um den Mond herum, die Kamera auf dessen Oberfläche gerichtet, um sie zu fotografieren (ihr Ziel). Dann kamen sie hinter dem Mond hervor und William Anders blickte kurz von seiner Arbeit auf – er sah die Erde hinter dem Mond aufgehen. Geistesgegenwärtig schwenkte er die Kamera herum. Sein Kollege soll noch scherzhaft gerufen haben »Hey, das ist doch gar nicht unser Auftrag!«, da hatte Anders auch schon das weltweit erste Foto der aufgehenden Erde geschossen. Heute trägt es den Titel »Earth rising« und ist in die Menschheitsgeschichte eingegangen.

Für Anders, seine Kollegen und den Rest der Welt zeigte sich wohl erst nach ihrer Rückkehr, dass die eigentliche Bedeutung ihrer Reise dieses Foto war. Denn das Bild unseres kleinen, blauen Heimatplaneten im unendlichen Schwarz des Weltalls hat unsere Haltung uns selbst und der Erde gegenüber mit Sicherheit viel stärker geprägt, als die Aufnahmen der Mondoberfläche. Es war dieser kleine Augenblick, in dem Anders seine Arbeit ruhen und seinen Blick abschweifen ließ, der uns allen ein neues Bewusstsein und damit der Mission den eigentlichen Sinn gab.

Lernen können wir: Unser Ziel schenkt uns zwar die Kraft loszulaufen. Doch wenn wir nicht aufpassen, bekommen wir so eine Art Tunnelblick. Wir müssen also immer mal wieder innehalten und unsere Blickrichtung ändern – dann können wir uns öffnen für das, was wir nicht vorhersehen und planen konnten, was aber vielleicht gerade besonders wichtig, entscheidend oder inspirierend ist.

Du siehst: Die Aufgaben, die du für das Feiern und Träumen findest, mögen entbehrlich scheinen, wenn die Zeit drängt. Vielleicht aber entscheiden gerade sie über den eigentlichen Erfolg deines Projektes.

DEN SPIELPLAN ERSTELLEN

Im Aufgaben-Brainstorming (siehe rechts) sammelt ihr alle wichtigen Aufgaben, die später im Projekt-Spielplan landen sollen. Aber Moment mal – alle wichtigen Aufgaben? An dieser Stelle werden etliche Menschen in unseren Workshops und Projektbegleitungen unruhig. Sie machen sich Sorgen, sie könnten Fehler machen. Sie befürchten, dass ihr Team bei nur 24–48 Zettel im Projektspielplan unmöglich an alles denken kann, was für den Erfolg ihres Projektes wichtig ist. Und das stimmt. Aber darauf kommt es zum Glück auch gar nicht an.

Denn mit Dragon Dreaming lassen sich Projekte fraktal planen und umsetzen. Das bedeutet: Wirklich verhängnisvolle Fehler sind an dieser Stelle eigentlich nicht möglich. Warum? Nun, nehmen wir an, dass wir mit einem ersten groben Plan für das Gesamtprojekt anfangen. Danach arbeiten wir uns Plan für Plan zu den weniger komplexen Teilprojekten hinunter. Um es an einem Beispiel deutlich zu machen: Wir erstellen etwa einen Halbjahresplan für die Eröffnung eines Unverpacktladens. Beim Aufgaben-Brainstorming steht auf einem der Zettel »Laden einrichten«.

Es findet sich ein Team, das für diese Aufgabe wieder einen Traumkreis macht, die Ziele ableitet und einen Projekt-Spielplan erstellt. Da dieses Teilprojekt nicht mehr so komplex ist wie das Gesamtprojekt, kann der Spielplan hier detaillierter werden. Das Team kann alles noch einmal genauer durchdenken und weitere Aufgaben sammeln. Die Vollständigkeit ergibt sich also im Laufe der Zeit (weil ein Spielplan für sehr komplexe Projekte dennoch eine echte Herausforderung sein kann, gibt es auf Seite 124 spezielle Tipps und Variationen).

WAS SIND AUFGABEN?

Die Frage klingt vielleicht banal. Doch manchen Menschen fällt es schwer, Aufgaben zu formulieren. Deshalb: Aufgaben sind immer etwas, das sich erledigen lässt. »Starker Teamgeist« ist daher keine Aufgabe. Das, was du konkret dafür tun kannst, ist eine Aufgabe, etwa »Ein Teambuilding-Konzept entwickeln« oder »Ein Teambuilding-Event organisieren«. Praktisch gesehen hilft es, wenn sich ein Verb in deiner Formulierung findet. Das vereinfacht auch die Einordnung der Aufgaben im Projektplan, (↗ Schritt 2, Seite 120). Streng genommen unterscheiden sich auch noch Teilprojekte, Aufgabenpakete, Aufgaben und Teilaufgaben – wobei der Komplexitätsgrad immer weiter abnimmt. Im Projektplan können sie aber getrost nebeneinander stehen.

Es gibt aber noch eine Besonderheit des Projekt-Spielplans! Und zwar nutzen wir etwas, das bei eingefleischten Projektmanagern meist nicht so hoch im Kurs steht: unsere Intuition! Warum? Weil unsere Fähigkeit, unbewusste Entscheidungen zu treffen, bei komplexen Aufgaben viel besser funktioniert.

Mittlerweile haben etliche wissenschaftliche Experimente gezeigt, dass unser Unterbewusstsein wesentlich mehr Informationen verarbeiten kann als unser Bewusstsein. Wäre unser Gehirn ein Computer (wobei dieses Bild falsch ist, denn ohne Gefühle könnten wir niemals denken!), so könnten wir bewusst maximal 50 Bits pro Sekunde verarbeiten. Unser Gehirn schafft jedoch 10 Millionen Bits pro Sekunde. Unser bewusster Verstand ist also nur ein kleiner Teil unseres gesamten Wissens.

Für Menschen, die für alles ein rationales, in Worte fassbares Argument haben wollen, ist das ein harter Brocken. Denn das bedeutet, dass wir uns beim Erstellen des Projektplans zu einem guten Stück auf unser Bauchgefühl verlassen. Etwa um die wichtigsten Aufgaben zu finden, aber auch bei den weiteren Schritten auf den kommenden Seiten.

Um eure Intuition einzuladen, müsst ihr euren inneren Kritiker in die Pause schicken. Geht dazu das Brainstorming spielerisch an, lasst den Wunsch nach Perfektion los. Da ihr alle in Stille schreibt, weiß ohnehin niemand, was die anderen aufschreiben. Vertraut einfach darauf, dass ihr gemeinsam alle wichtigen Aufgaben aus dem Bauch heraus findet. Startet die Stillearbeit am besten mit einem Pinakaari (geht also raus aus dem Kopf und in den Bauch!). Haltet die Brainstormingphase möglichst kurz, da die Intuition schneller arbeitet als der rationale Verstand, der ewige Grübler.

1. SCHRITT: AUFGABEN-BRAINSTORMING

Als Erstes sammelt ihr die wichtigsten Aufgaben, um die Teilziele und eure Träume zu erfüllen. Falls vorhanden, könnt ihr dabei auch das Gesamtziel, die Kraftfeld-Analyse und die Indikatoren im Hinterkopf haben.

1. **Teilt 24–36 Haftzettel unter euch auf.** Wenn ihr ein achtköpfiges Team seid und mit 32 Zettel starten wollt, sind das vier Zettel pro Person. Startet lieber mit weniger Zetteln, damit ihr später im Prozess noch weitere Zettel ergänzen könnt, ohne dass es unübersichtlich wird. Die Zahl der Zettel sollte sich durch vier teilen lassen. So können später in allen vier Projektphasen theoretisch gleich viele Aufgaben stehen.

2. **Notiert in Stille die Aufgaben.** Macht erst eine Stillepause und notiert dann, was euch einfällt. Das könnte so etwas sein wie »Zeitplan erstellen«, »Traumkreis machen«, »Referenzprojekte recherchieren« oder »Abschlussfest organisieren«. Rechts unten auf den Zettel schreiben alle ihre Namen oder Kürzel.

   Schreibt dabei mit dicken Flipchart-Markern. Das zwingt zu kurzen Formulierungen und lässt sich später bei der Zuordnung der Aufgaben im Spielplan auch aus der Ferne lesen. Beendet die Phase nach 5–10 Minuten, auch wenn noch nicht alle Zettel beschrieben sind. Vielleicht fällt euch in Schritt 3 (↗ Seite 121) noch etwas ein.

   Teams mit mehr als acht Personen sollten sich in Untergruppen von vier bis acht Personen aufteilen. Jede Gruppe erstellt einen eigenen Spielplan. Dann gleicht ihr sie ab und extrahiert daraus eine Version (↗ Seite 124).

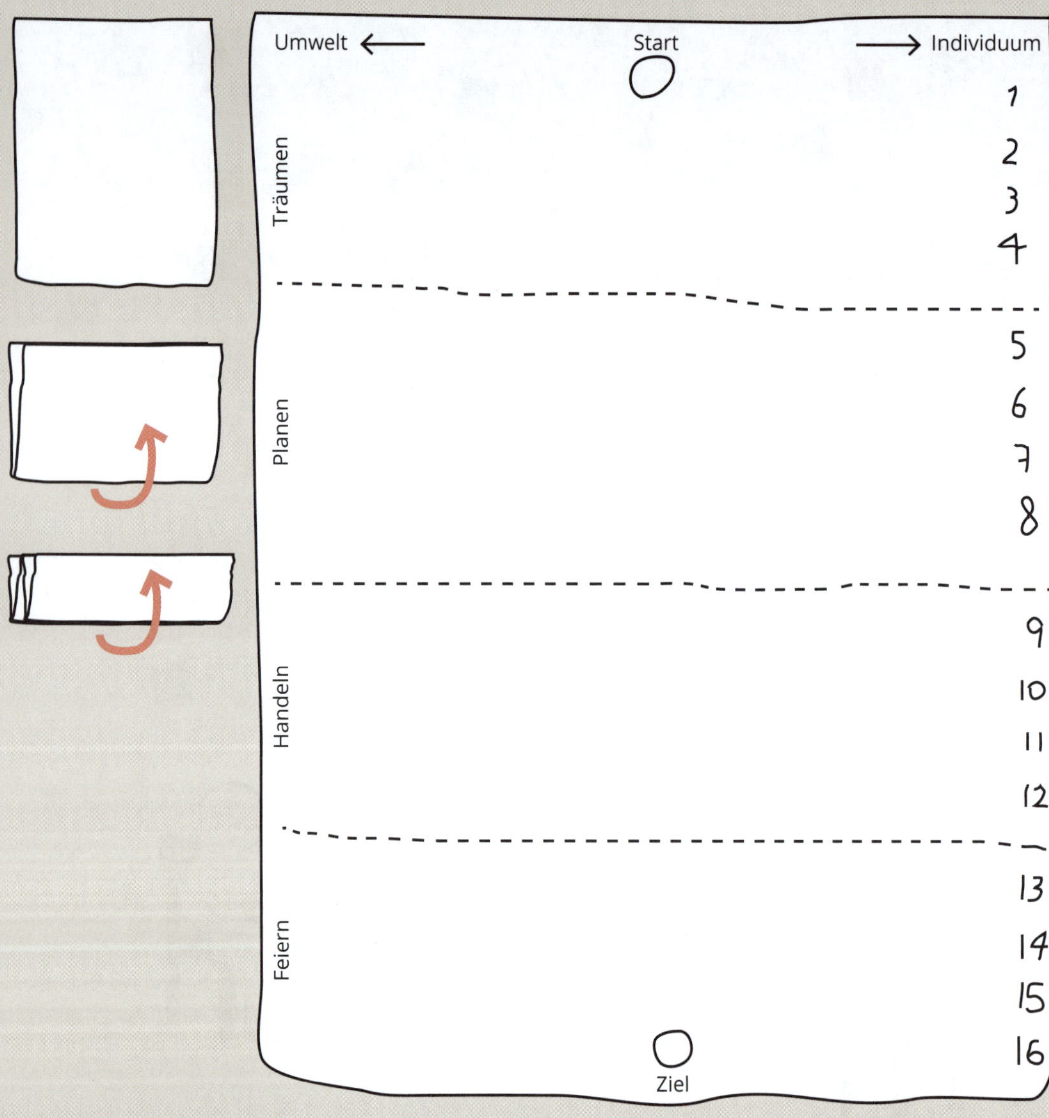

2. SCHRITT: DEN SPIELPLAN VORBEREITEN

Um den Projekt-Spielplan vorzubereiten, nimmst du einen Flipchart-Bogen und faltest ihn einmal auf der langen Seite. Wenn du ihn wieder aufklappst, hat sich in der Mitte ein horizontaler Knick gebildet. Falte ihn wieder zusammen und halbiere den halben Flipchart-Bogen nochmals. Du hast nun im oberen und unteren Viertel jeweils auch einem horizontalem Falz.

Beim Aufklappen ergibt sich für die vier Projektphasen so jeweils ein Bereich. Schreibe die vier Phasen (Träumen, Planen, Handeln, Feiern) an den Rand. Wenn du möchtest, kannst du pro Phase auch noch von oben nach unten jeweils die vier Schritte eintragen. Du hast also im Endeffekt insgesamt 16 Schritte (↗ Seite 38 ff.).

Neben dieser vertikalen Aufteilung gibt es auch noch eine horizontale: Rechts oben steht »Individuum«, links oben »Umwelt«. Das heißt, dass rechts alle Aufgaben hingehören, die mit dem Einzelnen und der Gruppe zu tun haben (etwa »einen Traumkreis machen«). Links diejenigen, die auf einen Austausch mit der Umwelt angewiesen sind (etwa »PR-Konzept umsetzen«). In der Mitte finden sich die Aufgaben, die beides beinhalten (zum Beispiel »Kick-off-Party mit Stakeholdern«). Der Übergang vom Individuum zur Umwelt ist fließend. Anders als bei den vier Phasen gibt es keinen klaren Trennstrich.

Zu guter Letzt kommt oben in die Mitte das Wort »Start« mitsamt einem Kreis von rund 3 Zentimeter Durchmesser. Ganz unten in die Mitte des Bogens schreibst du das Wort »Ziel« und zeichnest dazu ebenfalls einen Kreis.

3. SCHRITT: AUFGABEN EINORDNEN

Kommt alle in einem Kreis vor dem Flipchart zusammen, um eure Aufgaben in den Spielplan einzuordnen. Macht vielleicht noch eine Stillepause. Alle hören tief und aufmerksam zu. Die erste Person geht mit all ihren Zetteln nach vorn ans vorbereitete Flipchart und hängt sie einen nach dem anderen in den Spielplan. Dazu liest sie einen Aufgabenzettel laut vor und platziert ihn dort, wo er ihrer Meinung nach hingehört (in Bezug auf die vier Phasen und die Umwelt-Individuum-Achse).

Hat das Post-it seinen Platz gefunden, liest die Person, die vorn steht, ihren nächsten Zettel vor und platziert ihn – und so weiter. Wenn sie alle Zettel aufgehängt hat, kommt die nächste Person aus dem Kreis nach vorn. So lange, bis alle alle Zettel aufgeklebt haben.

Dabei kann es vorkommen, dass sich Aufgaben nicht eindeutig zuordnen lassen. Das liegt daran, dass der Spielplan ja fraktal ist. Jede Aufgabe enthält wiederum Aspekte aller vier Phasen. Dann hilft es, wenn ihr die Aufgabe in Bezug zu eurem Projekt stellt: Ist das Projektziel etwa ein Fest, gehört die Aufgabe »Fest abhalten« in die Phase »Handeln«. Ist das Fest ein Teilprojekt des Projektes – etwa die Eröffnungsfeier eines Ladens –, so gehört sie eher in den Abschnitt »Feiern«. Eine weitere Orientierung können die 16 Schritte geben (↗ Seite 38 ff.). Wichtig ist allerdings: Eine Aufgabe muss einer der vier Phasen zugeordnet werden. Sie darf beispielsweise nicht auf der Grenze zwischen Planen und Handeln liegen.

Es kommt beim Projekt-Spielplan aber auch gar nicht darauf an, die eine »richtige« Position zu finden. Der Platz einer Aufgabe kann und darf subjektiv sein. Ihr gebt ihr damit eine »Färbung«: Ist die Aufgabe »Crowdfunding durchführen« etwa nun ein Test (also der dritte Schritt im Planen), weil es entscheidet, ob ein Projekt klappt oder nicht? Oder gehört es in die Phase »Feiern«, weil es eine Art Ernte oder Feedback ist? Beides ist möglich (sowie viele weitere Interpretationen). Damit könnt ihr auch eure Haltung zu einer bestimmten Aufgabe ausdrücken.

Eine kurzer Austausch im Team kann euch helfen, Klarheit zu schaffen. Verheddert euch aber nicht in einer Diskussion (Paralyse-Analyse). Wenn ihr euch über die Position nicht einigen könnt, entscheidet immer die Person, die die Aufgabe aufgeschrieben hat.

Tauchen in dieser Runde ähnliche oder sogar gleiche (nur anders formulierte) Aufgaben auf, könnt ihr die Zettel zu kleinen Zettelblöckchen übereinander kleben. Darüber hinaus kann es hilfreich sein, Teilaufgaben zu Aufgaben und Aufgaben zu Aufgabenpaketen zusammenzufassen. Hängt dann die Aufgabe über die Teilaufgabe und das Aufgabenpaket über die Aufgabe wie ein Deckblatt oder eine Überschrift. Fasst aber nicht zu viel zusammen. Dieser Schritt empfiehlt sich nur, wenn mehr als 36 Post-its im Plan hängen.

Mehr als 48 Aufgaben machen euren Plan unübersichtlich und damit unpraktisch. Ideal sind rund sechs bis neun Aufgaben pro Phase, also 24 bis 36 Aufgaben. Auch hier gilt: Verfangt euch nicht in einer Analyse-Paralyse. Übergeht aber auch keine Bedenken und Einwände. Im Zweifelsfall entscheiden die Aufgaben-Gebenden, ob sich die Aufgaben bündeln lassen oder nicht.

Wenn alle Aufgaben hängen und gut verteilt sind, zeichnet ihr über jede Aufgabe einen Kreis von rund 3 Zentimeter im Durchmesser.

CHAOS & ORDNUNG

So ein Projekt-Spielplan ist oft wirklich knifflig. Immerhin ist jedes Projekt ein komplexes System voller Subsysteme, das mit vielen, zum Teil noch komplexeren Systemen verbunden ist. Und zwischen all diesen Systemen und Subsystemen besteht ein einziges Wirrwarr an Verbindungen und Abhängigkeiten – von der kleinen Büroklammer bis zum globalen Ökosystem. Und es wird immer undurchschaubarer.

Das Gestaltungskonzept der Permakultur sagt, dass Randzonen die Orte größter Vielfalt sind – etwa Strände, Waldränder oder Bachufer. Bei der Projektplanung im Dragon Dreaming ist es das Zonengebiet zwischen Chaos und Ordnung, das uns größtmögliche Kreativität und Handlungsfähigkeit gewährt.

Denn wir haben unsere Welt mehr und mehr vernetzt. Wir haben einen globalen Finanzmarkt geschaffen, weltweite Warenströme und Verkehrswege, das World Wide Web als internationales Informationsnetz. Und nicht zuletzt stellen wir fest, dass wir auch noch das globale Ökosystem extrem beeinflussen. Nirgends begreifen wir so richtig, wie alles miteinander zusammenhängt und was unser Handeln mittel- und langfristig bewirkt. Je mehr Knotenpunkte es gibt, desto stärker und unberechenbarer wird die Veränderungsdynamik. Im Fachchargon ausgedrückt heißt das: Die Volatilität, Unsicherheit, Komplexität und Ambiguität (VUCA) in unserer Welt nimmt zu.

Dieses globale Netz zu schaffen scheint sehr viel einfacher gewesen zu sein, als jetzt damit zurechtzukommen. Wir stehen davor und wissen nicht, wie wir die negativen Entwicklungen stoppen könnten. Dennoch machen wir weiter. Kein Wunder, dass unsere Sehnsucht nach Kontrolle wächst. Wir wollen unsere Projekte erfolgreich »managen«. Wir feilen an möglichst perfekten Plänen. Das scheint ja auch vernünftig, denn nur so kriegen wir größtmögliche Weitsicht. Wir wollen ja mit unseren Projekten die Welt verbessern. Da sollte doch möglichst alles wie am Schnürchen klappen!

Die Sache hat nur einen Haken – jeder Plan ist letztlich eine Illusion: Er gaukelt uns eine Sicherheit und Kontrolle vor, die es so gar nicht gibt. Er ist zwangsläufig eine allzu grobe Vereinfachung unserer Welt. Er kann die Realität in etwa so genau abbilden wie ein Strichmännchen einen Menschen. In Wahrheit bewegen wir uns nämlich ständig zwischen Chaos und Ordnung. Zwischen Plan und Improvisation.

Die tiefere Schönheit des Projekt-Spielplans liegt in der Verbindung dieser beiden Pole. Er koppelt unsere nüchterne, rationale linke Gehirnhälfte (die die Welt analysieren, durchschauen und strukturieren will) an unsere kreative rechte Gehirnhäfte (die die Intuition, die Spontaneität und das Chaos feiert). Er entzieht sich dadurch der scheinbar geordneten Sicherheit ein Stück weit. So kannst du beispielsweise dein Projekt strukturieren und gleichzeitig intuitiv sein. Kleine Teilaufgaben können gleichberechtigt neben großen Arbeitspaketen stehen.

Entscheidend ist nicht ein Ordnungsprinzip, sondern die gefühlte Bedeutung, die eine Person im Team dieser Aufgabe beimisst. Du kannst das große Ganze in Einzelelemente (die Aufgaben) zerlegen. Und gleichzeitig bringst du die komplexe Verbundenheit von allem zum Ausdruck, indem du die Linien ziehst (siehe rechts). Diese Linien erzeugen eine gewisse Linearität und damit auch Kausalität. Gleichzeitig ist der Spielplan aber auch nicht linear. Die Ursache muss nicht immer vor der Wirkung liegen, weil die Aufgaben nicht immer von oben nach unten in einer zeitlichen Reihenfolge stehen müssen. Es kann sein, dass du mit einer Aufgabe im Abschnitt »Feiern« beginnst oder auch mit einer Aufgabe aus dem »Planen«.

Auf diese Weise erinnert uns der Projekt-Spielplan permanent daran, dass wir keine vollkommene Kontrolle über etwas gewinnen können. Dass wir mit unserer Sorge vor der Zukunft und unserer Angst, nicht gut genug zu sein, anders klarkommen müssen. Zum Beispiel, indem wir mit unseren Drachen tanzen – uns also in einer positiven, selbstfürsorglichen Art mit unseren Unzulänglichkeiten und Herausforderungen auseinandersetzen. Und so lädt uns dieser Plan ein zu einem Spiel voller Freude, Mut und Kreativität: zur nächsten aufregenden, lehrreichen und sinnstiftenden Etappe auf dem Weg, der sich »das Leben« nennt.

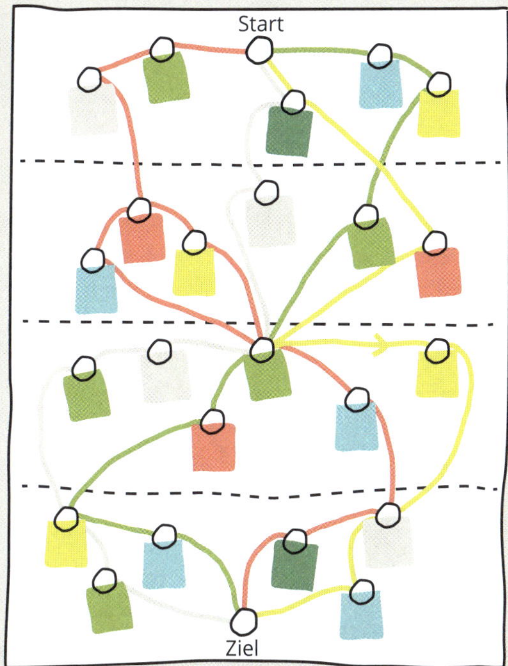

4. SCHRITT: VERBINDUNGEN SCHAFFEN

Es ist kein Zufall, dass der Projekt-Spielplan im Dragon Dreaming einem Spielbrett oder einer Landkarte ähnelt: Die Aufgaben-Knotenpunkte sind die Etappen, die wir vom Start zum Ziel zurückzulegen haben. In diesem Schritt zeichnet ihr nun die wichtigsten Wege ein. Ihr visualisiert damit die Verbindungen zwischen den Aufgaben.

Dabei ist es wichtig, eine gute Balance zu finden: Klar stehen alle Aufgaben irgendwie mit allen anderen Aufgaben in Beziehung. Doch alles mit allem zu verbinden ist wenig hilfreich. Die Kunst ist, so viele Verbindungen zu ziehen wie nötig – aber so wenige wie möglich.

a) Linien ziehen: Das Ziehen der Linien geschieht klassischerweise schweigend. Alle stellen sich (jeweils mit einem Marker in der Hand) vor das Flipchart. Dann ziehen alle – ohne zu diskutieren oder zu fragen – die Linien von Kreis zu Kreis, die wichtig erscheinen. Dabei gibt es folgende Regeln:

1. **Alle Linien verlaufen von oben nach unten** (auch innerhalb einer Phase). Es ist aber möglich, dass eine Linie von einer Feiern-Aufgabe durch den Punkt »Ziel« und den Punkt »Start« hindurch zu einer Aufgabe im Abschnitt »Träumen« führt.

2. **Jede Linie führt von oben in einen Kreis hinein und unten wieder hinaus.** In jeden Aufgabenkreis muss mindestens eine Linie hinein- und hinausführen. Es können aber auch mehrere Linien ein- und ausgehen.

3. **Die Richtung horizontaler Linien zeigt ihr mit einem kleinen Pfeil an.**

4. **Keine Linie kann eine Phase überspringen.** Entweder es gibt bereits eine verbindende Aufgabe in der dazwischenliegenden Phase. Oder ihr müsst eine neue Aufgabe hinzufügen.

b) Verbindungen auswerten: Beendet die erste Phase rechtzeitig, bevor ihr alles mit allem verbunden habt. Beurteilt dann das entstandene Bild:

- **Gibt es Kreise, die keine Verbindung haben?** Dann fehlen noch Aufgaben, die diesen Punkt mit den anderen verbinden. Oder diese Aufgabe ist überflüssig. Dann könnt ihr den Zettel auch einfach wieder entfernen.

- **Gibt es Knotenpunkte, in die viele Linien hinein- und hinausgehen?** Das sind zentrale Knotenpunkte, sogenannte Meilensteine. Ihr könnt sie besonders kennzeichnen.

- **Gibt es thematische Linien?** Oft lassen sich themenbezogene Wege vom Start bis zum Ziel ausmachen. Zum Beispiel ein Weg mit allen Aufgaben, die mit der externen Kommunikation zu tun haben. Oder einer, der alle Aufgaben der Finanzierung oder der Selbstorganisation und vieles mehr bündelt. Diese können den Teilzielen entsprechen, müssen es aber nicht. Es macht euren Plan übersichtlicher, wenn ihr diese Linien mit einer jeweils anderen Farbe nachzeichnet und hervorhebt.

Wie sieht ein Projekt-Spielplan aus? Unter *dragon-dreaming-playbook.net/ressourcen* findest du ein exemplarisches Ergebnis.

VIEL ZU KOMPLIZIERT?

Nicht wenige bezweifeln, dass der Projekt-Spielplan nützlich sein könnte: zu langwierig, zu kompliziert und zu chaotisch vor allem bei komplexen Projekten und großen Teams. Das denken vorwiegend Menschen, die die Welt sehr gern rational durchdringen. Geht es dir auch so? Dann ist unsere Einladung:

- Mach zunächst ein paar erste Spielpläne für kleine Projekte, die du locker auch ohne Plan erledigen könntest. So verstehst du die Funktionsweise leichter. Mach dann Spielpläne für größere Projekte und so weiter. Also fange nicht mit dem komplexen Projekt an, bei dem du sowohl das Projekt als auch die Methode verstehen musst (mehr dazu rechts).

- Nutze den Projekt-Spielplan als Analysewerkzeug, um zu prüfen, ob du dein Projekt energetisch nachhaltig gestaltest (↗ Seite 130). Die Aufgaben kannst du dann in andere Projektmanagement-Konzepte übertragen (↗ Seite 180).

- Plane die Aufgabe »Projekt-Spielplan pflegen« mit ein. Wenn jemand die Verantwortung dafür trägt, gerät euer Plan nicht in Vergessenheit. Er unterstützt euch als lebendiges Dokument bei der Umsetzung (↗ Seite 178).

DER KOMPLEXE PLAN

Von der Grundidee her soll der erste Projektplan immer das gesamte Projekt abbilden. Bei sehr komplexen Projekten kann das aber eine echte Herausforderung sein. In solchen Fällen haben wir unterschiedliche Herangehensweisen erprobt:

1. **Teilprojekte planen:** Wenn klar ist, dass bestimmte Teilziele deutlich an erster Stelle der Umsetzung stehen, kann es sinnvoll und hilfreich sein, einen ersten Projekt-Spielplan nur für die zwei oder drei am höchsten priorisierten Teilziele zu machen. Dann fließen zwar alle Träume in den Plan ein, aber nur die Aufgaben, die die ersten zwei bis drei Teilziele ins Laufen bringen. Der Projektplan umfasst damit eine kürzere Zeitspanne als der Traumkreis.

2. **Agil planen:** Hier nimmt sich das Team für den Projekt-Spielplan eine kurze Zeitspanne vor. Es geht aber nicht von einem bestimmten Teilziel aus, sondern von einem bestimmten Zeitraum, etwa 1, 2 oder 3 Monate. Die Aufgaben orientieren sich dann sowohl an den Träumen, Teilzielen und anderen Planungsergebnissen – als auch an dem, was die Teammitglieder meinen, in dieser Zeit realistischerweise umsetzen zu können.

3. **Umgekehrt planen:** In manchen Fällen ist es notwendig, einen Gesamtplan für ein komplettes Projekt zu haben – auch wenn es komplex und schwierig ist. Zum Beispiel, um ein Budget zu ermitteln (↗ Kapitel »20-Minuten-Budget«). In diesem Fall haben wir gute Erfahrungen damit gemacht, uns von »unten« nach »oben« vorzutasten: Pro Teilziel erstellt eine Arbeitsgruppe einen Netzplan. Dann hängt das Team alle Pläne in einer Galerie nebeneinander und zieht – zum Beispiel mit Schnüren oder Tape – Verbindungslinien zwischen den Aufgaben der verschiedenen Pläne. Auf diese Weise kristallisieren sich wichtige Aufgaben und Knotenpunkte heraus. Von dieser Übersicht leitet ein Team aus je einer Person pro Teilzielgruppe den Plan für das gesamte Projekt ab. Dabei fasst es möglicherweise mehrere Aufgaben zu Aufgabenpaketen zusammen.

Dies sind nur drei Beispiel von vielen, wie ein Projektplan in der Praxis entstehen kann. Mit Sicherheit gibt es viele weitere Varianten in der internationalen Dragon-Dreaming-Community. Und auch dich möchten wir einladen, deine eigenen Experimente damit zu machen.

SPIELEND ONLINE PLANEN

Wie können wir Menschen helfen, sich selbst zu helfen? Als Antwort auf diese Frage habe ich 2014 die Organisation »Nossa Cidade« in Brasilien gegründet. Sie unterstützt Menschen in Kleinstädten und Gemeinden dabei, das zu ändern, was sie ändern möchten. Heute sind in der Organisation zirka 200 Menschen in 30 Gemeinden aktiv. Wir sind eine »Empty Centered Organisation«, haben also nur dort formale Strukturen, wo das notwendig ist – etwa um mit Partnern zu kooperieren. Doch ansonsten sind wir sehr chaotisch und dezentral organisiert. Das bedeutet zum Beispiel, dass wir zwar Ressourcen wie Wissen oder Geld teilen. Aber alle können ein Projekt anstoßen und umsetzen, ohne dass sie jemanden fragen müssen. 2020 wollten wir eine Neuausrichtung. Weil wir bereits Erfahrung mit Dragon Dreaming hatten, haben wir alle zu diesem Projekt eingeladen. 25 Menschen machten mit. Dann kam die Pandemie.

Daher haben wir uns nur noch online getroffen. In der Traum- und Planungsphase zweimal in der Woche für zwei Stunden. Während der Umsetzung zweimal pro Monat. Da alle bei »Nossa Cidade« ehrenamtlich arbeiten, fragten wir uns schon vor Beginn, wie wir die Leute über längere Zeit begeistern könnten – auch wenn wir uns nur online treffen. Unsere Idee war, das gesamte Projekt wie ein Fantasy-Rollenspiel aufzuziehen. Alle sollten für sich im Projekt einen Avatar anlegen mit Hintergrundgeschichte, Bild und Namen und allem. Er sollte schon etwas mit der realen Person zu tun haben, aber auch etwas Verspieltes. Außerdem hatten wir auf einem Online-Whiteboard eine Art Spielkarte aufgemalt. Für den Traumkreis bestiegen wir einen Berg, von dem aus wir ganz weit sehen konnten. Beim Abstieg sprachen wir darüber, was für Dragon-Dreaming-Typen wir sind und welche Drachen wir haben. Danach kamen wir in die Wüste des Planens. Wir fragten uns, wie wir uns gut auf unseren Weg vorbereiten können. Wir machten zwischendurch eine Pause zum Reflektieren und Spaßhaben in einer Oase. Hier enstanden etwa unsere Ziele und unser Projekt-Spielplan.

Um den Projekt-Spielplan zu erstellen, nutzten wir ein Online-Tabellendokument. In die Zeilen schrieben wir die 16 Schritte der vier Phasen. In den Spalten standen unsere Teilziele mit jeweils zwei Unterspalten für »Individuum« und »Umwelt«. Dann teilten wir uns in Arbeitsgruppen auf, die sich die Aufgaben pro Teilziel überlegten und in die Tabelle eintrugen. Danach filterten wir Dopplungen heraus und übertrugen alles auf das Online-Whiteboard. Für die Verbindungslinien zwischen den Aufgaben teilten wir uns in vier Gruppen auf, jede bearbeitete eine Phase. Das lief etwas chaotisch und hinterher war alles mit allem verbunden. Weil das nicht wirklich hilft, habe ich die LInien noch mal auf das Wesentliche reduziert und die Hauptlinien der Teilziele jeweils farbig markiert.

Nach der Wüste kamen wir in den Wald des Handelns, wo man nicht so weit gucken, sich verlaufen, vielleicht sogar im Kreis laufen kann. Das war die Phase, in der wir unsere Aufgaben umsetzten, uns alle zwei Wochen trafen, um unter anderem auf unseren Plan zu gucken. Jede Aufgabenkarte erhielt eine Farbe: Grün sind alle erledigten Aufgaben, gelb die in Arbeit und rot die problematischen.

Die spielerische Herangehensweise hat viel ausgemacht. Online ist es ja für viele schwierig, sich nahezukommen. Man starrt auf den Bildschirm und die Leichtigkeit und das Spielerische des typischen Dragon-Dreaming-Prozesses geht etwas verloren. Aber so entstand bei den Menschen eine Spannung und Motivation, es bis zum Feiern zu schaffen – ein Feld voller Sonnenblumen, in dem es so schön ist, dass man am liebsten für immer dort bleiben möchte.

↗ *Renato Orozco, Aktivist und Entrepreneur, Brasilien/New York City, USA. https://medium.com/transição-nossa-cidade*

AUFGABEN & KOMPETENZEN

So unterschiedlich Projekte zu sein scheinen, sie haben doch alle eines gemeinsam: Sie sind Lernorte. Indem wir Träume verwirklichen, gewinnen wir neue Fähigkeiten und neues Wissen. Nur durch die Zusammenarbeit mit anderen erkennen wir uns als Individuen selbst und erwerben soziale Kompetenzen. Und indem wir die Welt durch unsere Projekte verändern, verstehen wir sie Stück für Stück mehr. Wir lernen, wo Wandel möglich ist – und wo wir mit dem Kopf gegen die Wand rennen. Das heißt ... so könnte es sein.

Praktisch übernimmt in unserer Kultur meist eine Person die Führung. Die anderen folgen. Die Theorie besagt, dass Führungskräfte fähiger sind und ihre Macht daher verdienen – und dass der Rest wenig oder gar nicht fähig ist, also mehr oder weniger zu Recht machtlos. Nun wissen wir zum einen, dass das so nicht stimmt. Zum anderen, dass sich so ein Wissensgefälle auch ändern lässt – indem wir kollektiv führen.

Dazu mal folgendes Gedankenspiel: Könnten alle Projektmitglieder alle Fähigkeiten erwerben, um in allen Arbeitsbereichen die Führung zu übernehmen, wäre keine fixe Hierarchie mehr nötig. Das geht natürlich nur in wenigen Projekten. Doch als Ideal weist es uns in eine neue Richtung: Wir können die Verantwortung so verteilen, dass alle bei jedem Projekt etwas dazulernen. Dass wir uns nicht in unserem Kompetenzbereich einnisten, um hier mehr und mehr Macht anzuhäufen. Sondern uns öffnen, die Welt aus einer neuen Perspektive kennenlernen und den Mut haben, neu und von »unten« anzufangen.

Damit wir uns nicht falsch verstehen: Das ist eine Einladung, kein Dogma. Es ist nicht die Verpflichtung zur permanten Selbstoptimierung, die in unserer Leistunggesellschaft Menschen unter Druck setzt. Es ist die Verheißung, dass es sehr viel mehr Freude und Zufriedenheit schenkt, wenn wir uns selbst und die anderen von Projekt zu Projekt ermächtigen.

Die Aufgabenverteilung folgt beim Dragon Dreaming deshalb dem Ideal der Hierarchielosigkeit, Freiwilligkeit und Selbstorganisation. Was bedeutet: Alle können frei entscheiden, für welche Aufgaben sie die Verantwortung übernehmen möchten. Die drei Rollen des Huttragenden (grün), Trainees (rot) und Beratenden (schwarz) spornen dazu an, sich Projekt für Projekt in neue Aufgabenbereiche vorzuwagen.

ÜBUNG: DAS AUFGABENFELD ERKUNDEN

Diese Übung hilft, das Aufgabenfeld eines Projektes zu erspüren, etwa unmittelbar vor der Aufgabenverteilung: Für welche und wie viele Aufgaben kann ich die Verantwortung übernehmen?

Die Menschen laufen dazu langsam im Raum umher. Sie sollen ihn möglichst gleichmäßig füllen, ohne sich bewusst umzuschauen, mit weichem Blick, der das ganze Feld und die Peripherie einbezieht. Es geht zum Beispiel darum, intuitiv zu erspüren: »Hier rechts wird gleich ein Platz frei. Es ist aber nicht meine Aufgabe, ihn zu füllen. Doch links wird's auch frei und da sollte ich hingehen.« Dabei bleiben alle auf ihrem Weg, machen also keine abrupten Richtungsänderungen. Sie schwingen sich auf ihre Bahn ein, die in jedem Augenblick entstehende Situation. Immer wieder stelle ich Fragen, wie »Was nimmst du wahr?«, »Füllt die Gruppe den Raum tatsächlich gleichmäßig?« oder »Wie verändert sich die Qualität durch die Geschwindigkeit?«. Nach und nach erhöhe ich die Geschwindigkeit bis hin zum hektischen Gewusel: »Wir müssen uns beeilen, ganz schnell die Welt retten.«

Nach einigen Minuten lasse ich alle anhalten, wo sie sind. Jetzt laufen immer nur zwei Menschen und der Rest bleibt stehen. Ich erkläre: »Behaltet den weichen, unfokussierten Blick bei. Es ist das Gleiche, ob du anhältst und deshalb jemand anders losläuft. Oder, ob jemand startet und du deshalb anhältst.« Das geht nur auf einer ganz intuitiven Ebene der Wahrnehmung.

Diese Übung ist anspruchsvoll und klappt meist nicht perfekt. Das ist aber zweitrangig. Es geht darum, das Gruppenwesen und gemeinsame Kraftfeld wahrzunehmen. Im eigenen Flow zu bleiben und sich gleichzeitig an die Notwendigkeit anzupassen. Das scheint paradox. Doch das ist es nur auf der zweidimensionalen Ebene. Überhaupt sind die Erklärungen – das Rad, der Projekt-Spielplan und vieles mehr – nur der Versuch, etwas Mehrdimensionales in eine Zweidimensionalität zu bringen, damit unser Verstand dem folgen kann. Unsere Gesellschaft tut sich schwer damit, das Mehrdimensionale zu kultivieren, und so fehlt uns die Übung darin.

↗ *Ita Gabert, Dragon-Dreaming-Trainerin, Brasilien & Deutschland*

5. SCHRITT: AUFGABEN VERTEILEN

Stellt euch für die Aufgabenverteilung gemeinsam vor euren Spielplan. Legt ausreichend grüne, rote und schwarze Stifte bereit. Nun schreibt jede Person ihr Namenskürzel mit Grün, Rot oder Schwarz neben die Aufgaben, an denen sie sich beteiligen möchte. Das können alle gleichzeitig tun. Die drei Farben stehen für unterschiedliche Rollen:

Grün steht für: »Da hab ich Lust zu! Ich will diese Aufgabe unbedingt machen!« Es bedeutet, dass du dir den Hut für diese Aufgabe aufsetzt und dich verantwortlich dafür fühlst, dass sie erledigt wird. Es bedeutet nicht, dass du alles selbst tun musst. Aber du musst dafür sorgen, dass irgendjemand es tut.

Rot steht für: »Ich kann das bisher nicht. Es ist eine Herausforderung für mich. Aber ich möchte es lernen!« In diesem Fall bist du ein Trainee bei dieser Aufgabe. Du unterstützt die grünen Huttragenden bei der Umsetzung und lernst von ihnen.

Schwarz steht für: »Ich kann diese Aufgabe aus dem Effeff. Ich möchte sie nicht schon wieder machen, aber ich bin bereit, mein Wissen zu teilen!« Du steht also als Beratung für die Huttragenden und Trainees zur Verfügung. Diese Rolle könnte bei Bedarf auch eine externe Person übernehmen.

Gibt es Aufgaben ohne grüne Namen oder sogar ganz ohne Namen, braucht es hier vielleicht noch Menschen, die das Projekt von außen unterstützen. Dann kann es sinnvoll sein, dass sich das Team gezielt auf die Suche nach ihnen macht. Niemand sollte sich aber verpflichtet fühlen, sich bei leer stehenden Aufgaben einzutragen, obwohl er gar keine Begeisterung dafür aufbringt.

Das gilt vor allem für Aufgaben, die erst später dran sind. Es geschieht oft beim Dragon Dreaming, dass diese zunächst noch frei sind. Sobald die Projektmitglieder mit den Aufgaben fertig sind, für die sie sich jetzt eingetragen haben, haben sie wieder Kapazitäten frei. Dann können sie auf dem Projekt-Spielplan sehen, welche Aufgaben noch offen sind und diese übernehmen.

Vielleicht bleiben Aufgaben aber auch einfach leer. Vermutlich waren sie dann doch nicht so wichtig – zumindest waren sie keinem Projektmitglied so wichtig, dass er sie erledigt hat. Das Grundprinzip ist hier wie bei allem im Dragon Dreaming die absolute Freiwilligkeit. Ein »Ja« ist genauso gut wie ein »Nein«.

Tipp: In der Praxis hat es sich auch als sinnvoll erwiesen, wenn ihr euch im Gesamt-Spielplan zu den Themenwegen eintragt (und nicht zu einzelnen Aufgaben). Es ist in der Praxis wahrscheinlich, dass eine Person oder Arbeitsgruppe alle Aufgaben übernimmt, die zum Beispiel mit dem Weg »PR-Arbeit«, »Selbstorganisation« oder »Finanzierung« zu tun haben.

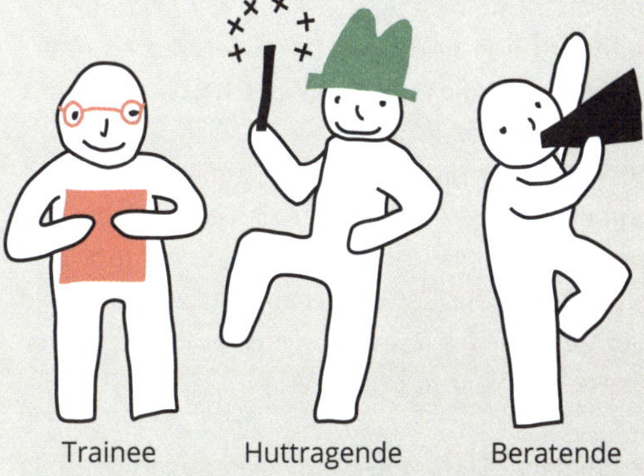

DER LEBENDIGE PLAN

Der Projekt-Spielplan ist ein lebendiges Dokument und sollte keine Zwangsjacke werden. Kein Projekt entwickelt sich je genau nach Plan und Änderungen gehören dazu. Wenn es also Aufgaben gibt, die sich als überflüssig erweisen, kann das Team sie gemeinsam streichen. Fehlen Aufgaben, kann es sie in einem abgestimmten Prozess eintragen, die Verbindungslinien ziehen und Verantwortliche dafür finden.

DIE PROJEKT-LANDKARTE

Wenn du beim Anblick des Projekt-Spielplans auch schon gedacht hast »sieht aus wie eine Landkarte!«, dann liegst du damit gar nicht falsch. John Croft erzählt dazu die folgende Geschichte:

»Als ich 1984 nach Australien zurückkam, verwendete ich meine Weiterentwicklung der Critical-Path-Methode für Projekte bei 158 lokalen Regierungsbehörden, die die regionale Wirtschaftsentwicklung von Kleinstädten fördern sollten. Nachdem ich einen Plan mit einer indigenen Gemeinde in der Kimberly-Region in Westaustralien entwickelte, sprach mich ein Ältester darauf an. Er nahm mich mit ins Foyer der Gemeindehalle und zeigte mir ein drei Meter langes Gemälde mit einer Punktmalerei. ›Das ist mein Traum‹, sagte er.

Es sah dem Diagramm, das ich gerade fertiggestellt hatte, recht ähnlich. Er sagte: ›Mein Volk macht das schon seit 50.000 Jahren! Was sie gezeichnet haben, repräsentiert die heiligen Stätten dieses Projekts.‹ Jede Aufgabe im Projekt-Spielplan repräsentiert ein Karlupgur. Die Linien dazwischen stellen die Reisewege oder auch Songlines von einem Ort zu einem anderen dar. In einer sehr realen Weise zeigt der Projekt-Spielplan tatsächlich die heilige Geografie der Seele eines Projekts. Mit ihm können wir heute, im 21. Jahrhundert, neue Songlines im Land unserer Projekte schaffen.«[2]

Seit dieser Begegnung nennt John die Projekt-Spielpläne »Karabirrdt«, also »Spinnennetz«.

Traum ist eine nicht ganz korrekte Übersetzung eines ziemlich komplexen Konzeptes der Indigenen Australiens (↗ Seite 72). Wenn sie ihren Traum malen, zeichnen sie eine stilisierte Karte ihres Landes, auf der die Reisen und Taten ihrer Totem-Vorfahren in der Zeit der Schöpfung eingezeichnet sind. Es ist aber auch eine mentale Karte, ein Modell des Lebens, das sie in der Gegenwart leben.[3]

Karlup ist der Ort, an dem das Feuer entzündet wurde, die Feuerstelle, der Ort der Sicherheit und der Feier am Ende eines Tages. Die Menschen, die sich um den Karlup versammelten, waren die **Karlupgur**. Das sind die Menschen, die sich verwandt fühlten, die ihr Essen, ihre Geschichten und ihre Lieder miteinander teilten und gemeinsam Entscheidungen trafen.[4]

Songlines (Traumpfade) bezeichnen die Geschichten und Gesänge der australischen Indigenen. Sie handeln von ihrer Verbindung zu ihrem Land und ihrem Traum. Sie berichten, wie Gewässer, Gesteine und alle Lebewesen entstanden sind. Sie enthalten Hinweise und Weisheiten aus der Traumzeit für die Wege durch das Land.[5]

Karabirrdt bedeutet in der Sprache der Nyungar »Spinnennetz (»Kara« ist die Spinne und »Birrdt« das Netz).[6] Dies mag optische Gründe haben. Aber auf jeden Fall sehen einige Indigene Australiens in der Spinne die Verbindung zwischen irdischer und spiritueller Welt, zwischen dem Land und dem Traum.[7]

DER RUNDE PLAN

Wir in den westlichen Industrienationen sind es gewohnt, in linearen Zeiträumen zu denken. Projekte haben zum Beispiel einen Anfang und ein Ende. Daher hat ein klassisches Karrabirdt auch ein Start- und einen Endpunkt. Doch das Projektrad zeigt uns eine gewundene Zeitlichkeit. Die vier aufeinanderfolgenden Phasen mit ihren 16 Schritten bauen wie ein Schneckenhaus aufeinander auf und verschränken sich ineinander. Es zeigt uns eine zyklische Zeit, die Immer-Zeit. Deshalb haben ich und mein Kollege Markus Jurk uns schon vor einigen Jahren gefragt: Können wir dieses Prinzip einer gewundenen, sich wiederholenden Zeit auf das Karrabirdt übertragen? So haben wir angefangen, mit runden Projekt-Spielplänen zu arbeiten.

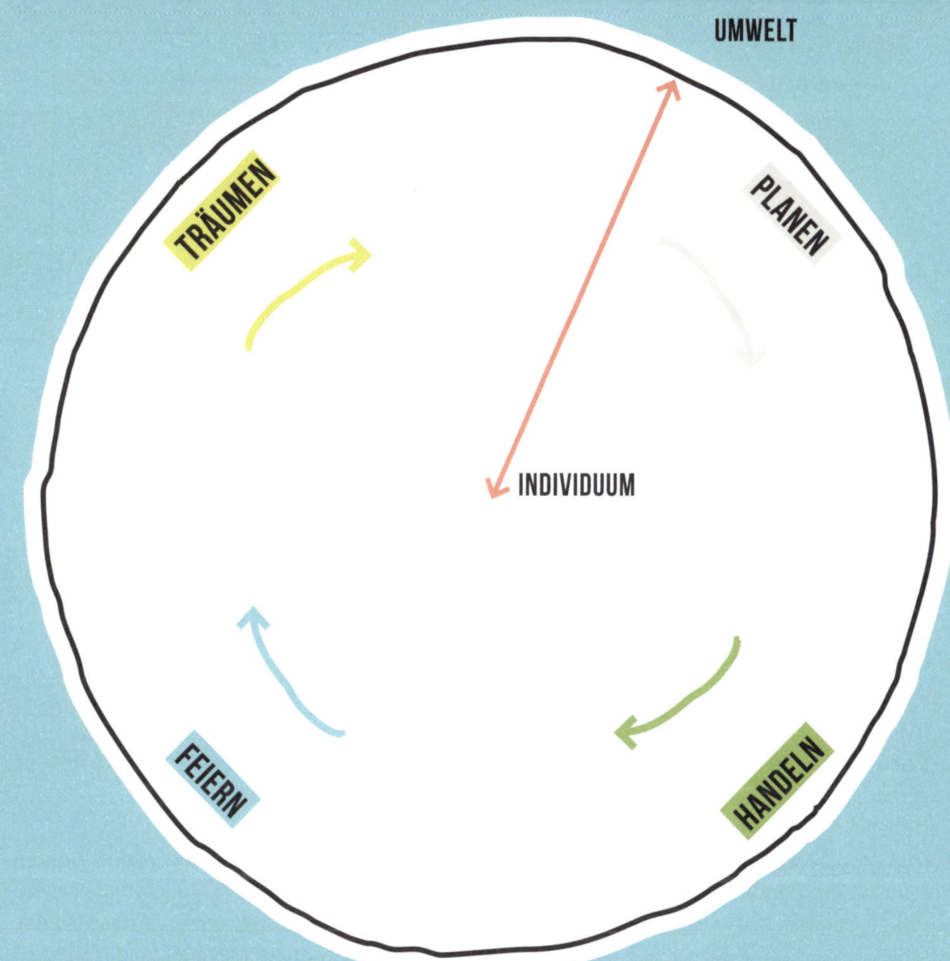

Um ein rundes Karabirrdt anzulegen, zeichne ich zunächst einen Kreis und teile ihn in die vier Phasen auf (bei Bedarf auch in die 16 Schritte). Dem Gang der Sonne auf der Nordhalbkugel folgend ordne ich diese im Uhrzeigersinn an, wobei ich mit der Traumphase bei neun Uhr beginne. Die Achse Umwelt–Individuum geht von einem kleinen Kreis im Zentrum (Individuum) nach außen, wo die Umwelt den Kreis zu allen Seiten umgibt. Für mich bildet das ganz trefflich ein Projekt ab: Die Aufgaben im Zentrum, die dem Individuum (und der Gemeinschaft) zuzuordnen sind, halten das Projekt oft wie ein Kern zusammen. Die Aufgaben am äußeren Rand des runden Plans bieten Anknüpfungspunkte zu Akteur:innen im Projektumfeld.

Sinnvoll finde ich das runde Karabirrdt auch, weil es Projekten, die immer wiederkehren, direkt den Anschluss an das Folgeprojekt liefern. Aufgaben im Feiern verweisen direkt zu Traum-Aufgaben und stoßen damit eine »nächste Runde« an. In fortlaufenden Projekten – etwa wiederkehrenden Veranstaltungen oder einem Gartenprojekt und anderem – kann das Karrabirdt so über lange Zeit ein lebendiger Begleiter sein.

Das Kreis-Karrabirdt unterstützt uns außerdem dabei, die Fraktalität der Planung wahrzunehmen: Die Kreisform wiederholt sich in den Kreisen der Einzelaufgaben, die sich auch wie fraktale Mini-Karrabirdts lesen lassen. Wer in sie hineinzoomt, kann für jede Aufgabe ein eigenes Karrabirdt erstellen. Wer herauszoomt sieht, dass das Kreis-Karabirrdt ein Knotenpunkt in einem größeren Netzwerk ist.

↗ *Eike Flechsig, Dragon-Dreaming-Trainer aus Frankfurt am Main*

Gibt es kahle Stellen in deinem Spielplan? Dann überlege oben Genanntes ...

AUS PLÄNEN LERNEN

Streng genommen ist der Netzplan nicht nur ein Planungswerkzeug. Er dient auch der Analyse, Reflexion und Selbsterkenntnis. Denn wenn ihr tatsächlich eurer Intuition gefolgt seid, als ihr die Aufgaben gesammelt, im Spielplan verteilt und die Verbindungslinien gezogen habt – dann sagt das Ergebnis eine Menge über euch und den aktuellen Stand eures Projektes aus. Wie das?

Nun, damit alle vier Phasen gleich viel Zeit und Budget erhalten, sollten in jedem Abschnitt eures Netzplans gleich viele Aufgabenzettel hängen. Das ist aber oft nicht der Fall. Das kann unterschiedliche Ursachen haben. Zum einen sagt es etwas über den Stand eures Projektes aus. Wenn ihr mit eurem Projekt noch sehr am Anfang steht (in der Traumphase), fallen euch vor allem hier Aufgaben ein und weniger beim Planen. Seid ihr mit eurem Projekt mitten in der Planungsphase, wird es beim Träumen weniger geben, weil ihr diese Aufgaben ja teilweise schon erledigt habt.

Weisen eure Netzpläne immer wieder ähnliche Merkmale auf, dann kann das aber auch etwas über die Charakteristik eures Teams aussagen. Denn einer Gruppe von Planenden fallen hauptsächlich Aufgaben im Planen ein, einer Gruppe von Feiernden im Feiern und so weiter. Sind also einzelne Zonen eures Spielplans immer wieder voll, während andere leer ausgehen, könnte eure Gruppe nicht ganz ausgewogen sein. Das kann auch ein Indiz sein, warum ihr manche Schwierigkeiten habt. Eine Gruppe von Träumenden kommt sicherlich nicht immer leicht ins Handeln, während ein Team voller Macherinnen und Macher sich wenig Zeit fürs Innehalten und Nachdenken nimmt.

Es kommt aber auch vor, dass bestimmte Leerstellen auffallen. Wenn zum Beispiel links oben (Träumen–Umwelt) immer wieder Aufgabenzettel fehlen, so kann es bedeuten, dass sich ein Team mehr Feedback für seine Ideen von außen holen sollte. Fehlt es dagegen etwa an Aufgaben rechts unten (Feiern–Individuum), so könnte es vielleicht beim Teambuilding hapern.

Lücken im Netzplan sind also eine gute Gelegenheit, um über eure (bisherige) Arbeitsweise nachzudenken. Das gilt übrigens nicht nur für Teams. Denn auch wenn der Spielplan für das kollektive Planen gedacht ist, kannst du natürlich so einen Plan auch nur für dich allein machen. Dann kannst du ihn auch als Analysewerkzeug nutzen, um deinen Arbeits- und Lebensstil in eine gute Richtung zu entwickeln. Denn vielleicht willst du ja mal gezielt darüber nachdenken, welche »Aufgaben« in deinem Arbeitsalltag oder Leben fehlen, um es rund und ausgeglichen zu machen.

WEISHEITEN FÜR DEN PROJEKT-SPIELPLAN

- Bring die Dinge vorsichtig außer Kontrolle.
- Handle, ohne zu streiten.
- Lass deine innere Grübelstimme los und vertraue deiner Intuition.
- Tanze auf dem Grad zwischen Chaos und Ordnung.
- Perfektion ist der Feind des Guten.
- Fake it till you make it!
- Bleib immer spielerisch und leicht. Wenn es ernst wird, genieße die Stille.
- Alles ist verbunden. Aber verbinde nicht alles.
- Alles dauert länger, als du denkst.

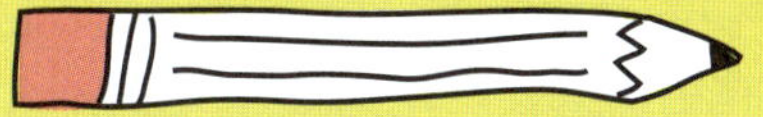

ZEIT ZUM NACHDENKEN

Nimm dir dein Notizbuch und beantworte die Fragen: Welche Unterschiede gibt es zu der Art von Projektplänen, die du sonst kennst und nutzt? Was davon willst du in den nächsten Wochen konkret ausprobieren?

PROTOTYPEN

Vivienne Elanta und John Croft haben das Thema »Prototyping« im Dragon-Dreaming-Prozess nie ausdrücklich erwähnt. Doch in der Theorie und Praxis von Dragon Dreaming steckt viel von diesem Ansatz drin. Warum? Weil ein Prototyp dafür sorgt, dass du dich auf dem Projektrad auf den beiden Achsen »Theorie« und »Praxis« sowie »Individuum« und »Umwelt« bewegst – was den Erfolg deines Projektes sichert. Zunächst bringt dich ein Prototyp dazu, von einer abstrakten Idee zu etwas Konkretem zu kommen. Wenn du ein Haus bauen möchtest, hilft dir eine Zeichnung, darüber nachzudenken, wie genau es aussehen soll. Ein 3D-Modell aus Pappe, bei dem du das Dach abnehmen und in den Innenraum schauen kannst, wird noch konkreter. Dies bringt dich von der Theorie zur Praxis und wieder zurück.

Das ist zum Beispiel besonders wertvoll, wenn du dich in eine Idee so richtig verliebt hast. Du siehst dann nämlich nur noch das, was wunderbar und überzeugend ist. Sobald du jedoch anfängst, einen ersten Prototypen zu entwickeln, wirst du automatisch erkennen, worüber du noch nicht nachgedacht hast. Das funktioniert selbst dann, wenn ihr diesen ersten Verständnisprototyp ausschließlich für euch intern anfertigt. Wie stellst du dir den Ablauf eines Workshops genau vor? Skribbel den Prozess auf und alle im Meeting können dir leichter folgen. So ein Prototyp bringt euch als Team leichter und schneller auf ein gemeinsames Verständnisniveau.

Mit einem Prototyp könnt ihr euch zudem bereits in einem sehr frühen Projektstadium mit Menschen aus der Umwelt austauschen. Menschen begreifen intuitiv, wieso sie einen Gemeinschaftsgarten in ihrer Nachbarschaft unterstützen sollten, wenn sie in farbenfrohen Bildern oder Animationen sehen, wie er das Straßenbild verändert. Wir alle verstehen eine Idee eben leichter, wenn wir sie sehen, hören, berühren, erleben, vielleicht sogar riechen und schmecken können.

Manchen macht es Angst, sehr früh mit ihrem Traum nach draußen zu gehen. Sie fürchten, andere könnten ihre Idee kleinreden. Beim Prototyping hilft daher die Vorstellung, dass die Welt ein hilfsbereiter Ort ist, der dich dabei unterstützt, deine Idee zu verbessern. Unperfektion und Fehler sind dabei nichts Schlechtes. Sie sind notwendig. Denn nur durch sie lernst du, wie du deinen Traum am besten verwirklichen kannst. Deshalb baust du Prototypen auch genau zu den Aspekten, von denen du nicht genau weißt, ob sie funktionieren. Du willst mit ihnen die Schwachstellen finden.

Im Dragon Dreaming gibt es die Haltung, dass wir bei der Planung und Umsetzung unserer Projekte immer die größten Kritikgebenden suchen. Ihr Feedback liefert das größte Lernpotenzial (↗ Seite 259). Vielleicht gibt es beim Testen daher Feedback, das dich nervt, bedrückt oder langweilt. Aber in den meisten Fällen bringt dir ein Prototyp – wenn du gut zuhörst und echten Anteil an der Pespektive der anderen nimmst – wichtige Erkenntnisse, Einsichten und Ideen.

Damit senken Prototypen die Schwelle vom Träumen zum Planen und weiter zum Handeln. Das sind die Schwellen, an denen viele Projekte scheitern. Oft scheint es, als ob die Zeit oder das Geld fehlen. Doch in Wahrheit steht dahinter ein Mangel an Motivation. Wer ausreichend motiviert ist, kann die Zeit und das Geld auftreiben. Prototypen können dir diese Motivation schenken, indem sie dir sehr früh eine anfassbare, reale Version deines Traums zeigen. Wenn du zum Beispiel eine Lebensgemeinschaft mit dreißig anderen Menschen gründen willst, dauert das sehr lange. Und ihr werdet durch etliche Höhen und Tiefen gehen. Da ist ein gemeinsames Sommer-Camp ein möglicher Prototyp, um vorab zu testen, wie es sein wird, gemeinsam schöne Dinge zu erleben.

Prototypen können schließlich auch einen ersten Fan- und Unterstützendenkreis schaffen. Nicht umsonst zeigen bei Crowdfunding-Kampagnen kurze Pitch-Videos, worum es beim Projekt geht. Sie wollen emotional begreifbar machen, was noch nicht da ist.

WAS SIND PROTOTYPEN?

Das Wort »Prototyp« stammt von den griechischen Worten »protos« und »typos« ab und bedeutet so viel wie »erstes Vorbild«. Das soll ausdrücken, dass ein Prototyp eine rudimentäre Vorabversion deines Projektziels (Traums) darstellt, die einen oder mehrere wichtige Aspekte zeigt. Es gibt unendlich viele Formen von Prototypen. Ein Prototyp kann zum Beispiel eine schnelle Skizze auf der Rückseite einer Serviette sein, ein selbst gebasteltes Pappmodell, eine Knetfigur, ein Rollenspiel, ein Video oder eine Geschichte, die du erzählst (↗ Seite 136). Entscheidend ist, dass du mithilfe deines Prototyps eine bestimmte Theorie, These oder Annahme praktisch prüfen kannst, um sie zu bestätigen, zu ändern oder zu verwerfen.

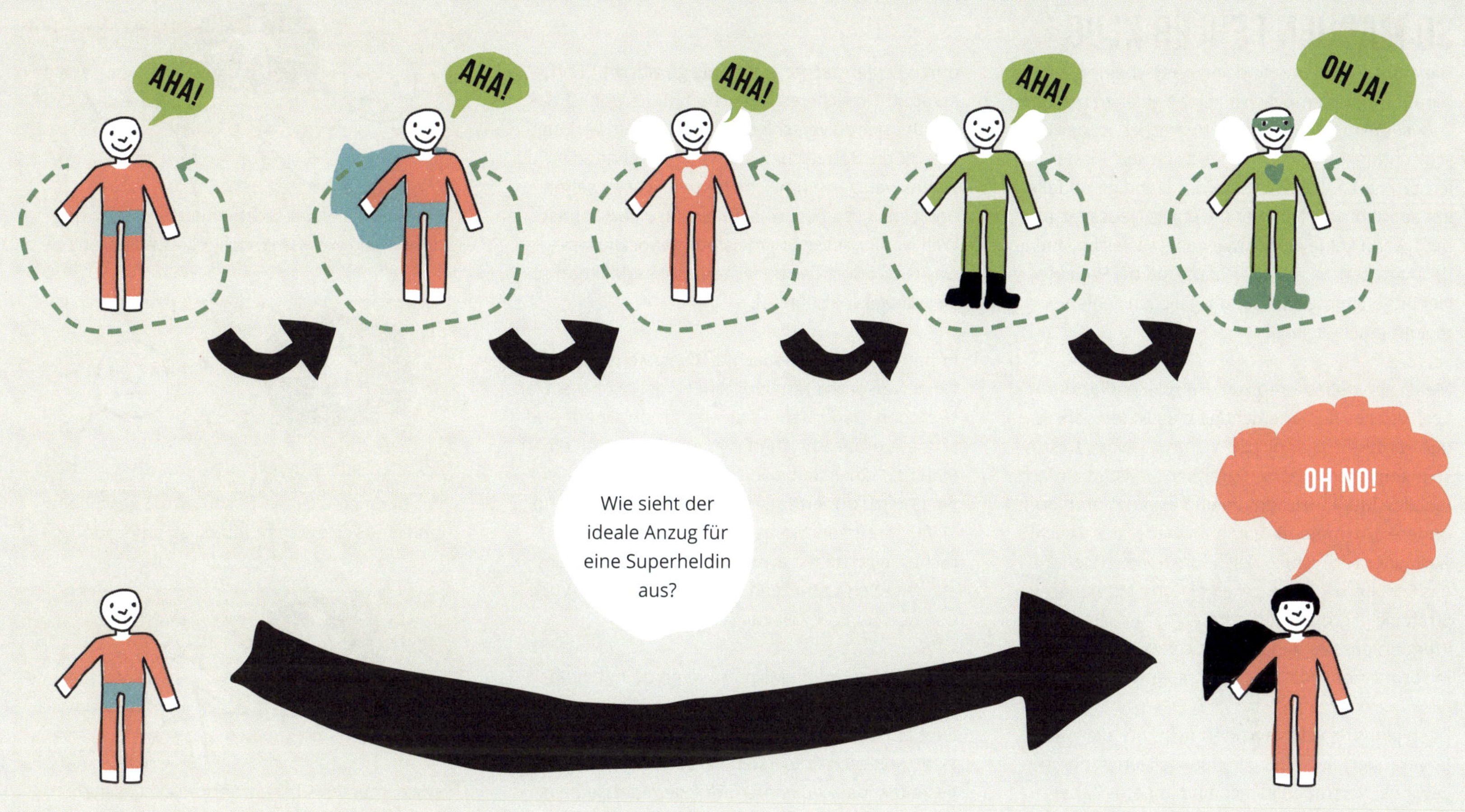

Wer Ideen mittels Prototypen testet, erlebt viele Aha-Momente (oben). Ein iterativer Prozess entsteht, indem die Rückmeldungen vieler eine Idee Schritt für Schritt verbessern. Wer dagegen im stillen Kämmerlein ohne Rückmeldungen vor sich hinarbeitet, erlebt womöglich am Ende ein großes »Oh no!« (unten). Selbst eine gute Idee kann in der Umsetzung vielleicht sogar scheitern, weil die Kreativität der vielen fehlt.

SO MACHEN FEHLER KLUG

Die meisten von uns sind von Kindesbeinen an darauf trainiert, möglichst keine Fehler zu machen. Das ist unklug. Denn Fehler zu machen ist der Weg schlechthin, um etwas Neues zu lernen: Kinder lernen nur Laufen, wenn sie das ständige Hinfallen in Kauf nehmen. Nur wer nie etwas Neues ausprobiert, kann keine Fehler machen – vielleicht. Und doch erleben wir in Workshops und bei Projektbegleitungen immer wieder die gleichen Fehlervermeidungsstrategien.

Menschen debattieren zum Beispiel endlos darüber, welches der eine richtige Weg ist (obwohl es den vermutlich gar nicht gibt), und verfangen sich so in endlosen Analyse-Paralysen – anstatt einfach mal den Mut aufzubringen und es auszuprobieren. Andere tun immer und immer wieder das Gleiche. Auch wenn es nicht wirklich funktioniert. Denn das Scheitern könnte bei einer komplett neuen Strategie ja größer und schmerzhafter sein ... Kein Wunder, dass es den meisten schwerfällt, eine Idee in Form eines Prototyps der Kritik preiszugeben.

Doch jedes Projekt verändert nicht nur die Welt. Es verändert auch dich. Im Idealfall lernst du und gewinnst Vertrauen in dich und andere. Dabei können Prototypen und Tests eine gute Hilfe sein. Denn sie reduzieren das Risiko des Scheiterns und sie steigern die Freude an Fehlern: Jeder Fehler, den du früh im Kleinen machst, brauchst du bei der eigentlichen Umsetzung im Großen nicht mehr zu tun. Ein Prototyp ist eben noch nicht die fertige Sache – er ist ein Instrument, um euren Traum und seinen Kontext gezielt zu erforschen.

Der Trampolinweltmeister und Trainer von Spitzensportlern Dan Millman hat sich dem Lernen durch Fehlermachen ausgiebig gewidmet.[1] Er hat erkannt: Ein sicheres Anzeichen für Lernen ist das Gefühl, sich zu verschlechtern. Zu lernen verlangt von dir die Bereitschaft, dich vorübergehend in einem weniger schmeichelhaften Licht zu sehen und einzugestehen, was du nicht (so gut) kannst. Weil wir Erwachsenen meist Angst vor diesem Gesichtsverlust haben, lernen wir laut Millman so viel schwerer als Kinder.

Er hat außerdem beobachtet, dass Menschen, die Neues ausprobieren und lernen, meist mit viel Elan beginnen. Dann sieht es so aus, als ob sie gut und schnell vorankämen. Oft mangelt es aber an einem Plan und einer sinnvollen Strategie. Die Folge ist ein untstrukturierter Lernprozess mit Höhen und Tiefen, der irgendwann stagniert, wie die Grafik rechts zeigt. Das ist anstrengend, verwirrend und teilweise so frustrierend, dass Menschen ihr Vorhaben nach einiger Zeit zur Seite legen.

Besser ist es, meint Millman, wenn du mit einfachen Aufgaben anfängst, dabei sorgsam ein gutes Fundament legst und dich dann langsam steigerst. Ja, du solltest deine ersten Versuche möglichst so gestalten, dass du immer Erfolgserlebnisse hast. So baust du Selbstvertrauen auf. Sportlerinnen und Sportler beginnen ihr Training deshalb vielleicht mit kürzeren Strecken, niedrigeren Sprüngen oder einfacheren Bewegungsabfolgen.

Wer ein Projekt verwirklichen will, fängt am besten mit einfachen Prototypen an und verschafft sich so Erfolgserlebnisse, die motivieren. Erst nach und nach kommen immer mehr Details dazu. Mit der Haltung eines Menschen, der fragt und lernt, kommst du zu besseren Lösungen.

Wir merken etwas nicht. Andere müssen uns darauf aufmerksam machen, etwa Lehrende.

Wir bemerken Dinge, nachdem sie geschehen sind. Teilweise durch Unterstützung anderer.

Wir bemerken Dinge, während sie geschehen oder wir sie tun.

Wir erkennen Dinge, bevor sie geschehen oder wir sie tun, und machen es anders.

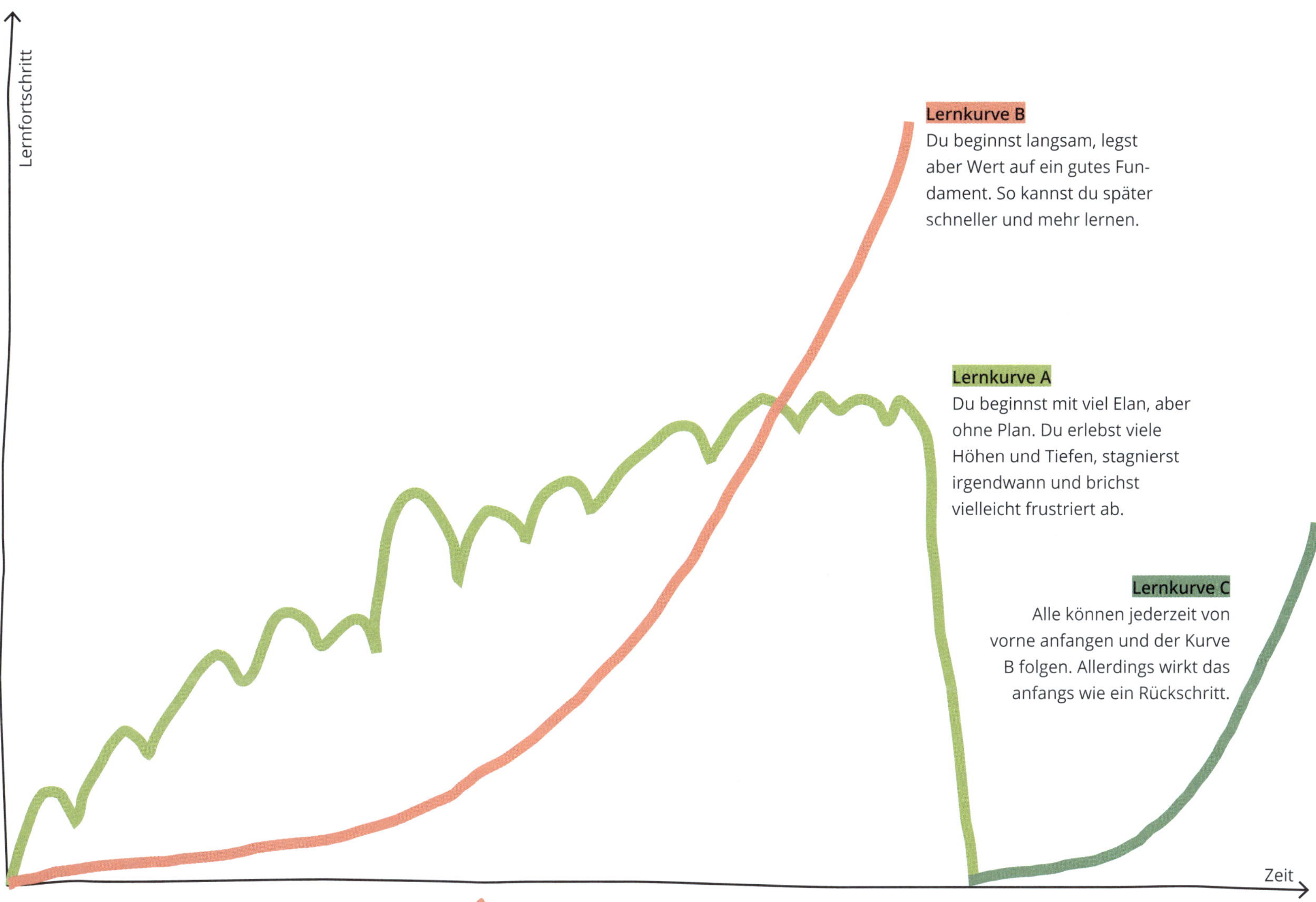

Links: Der Trampolin-Weltmeister und Sporttrainer Dan Millmann hat vier Schritte der Bewusstwerdung gefunden. So lernst du, Dinge besser zu machen.

Oben: Dein Projekt langsam und sorgfältig zu beginnen sichert einen optimalen Lernprozess. Das zeigt, wie wichtig die Traumphase in deinem Projekt ist. Gehe also nicht zu schnell in die Planung über – auch wenn es manchmal schwierig ist, das Chaos und die Offenheit der Traumphase auszuhalten. Denke daran, dass jede Phase ein Viertel deiner Zeit bekommen sollte.

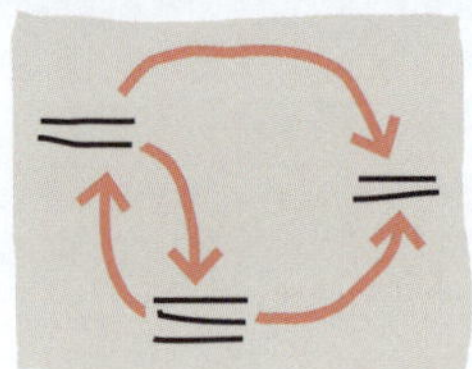
Ablaufplan

Entwurf

Storyboard

Video

Website

Attrappe

Testlauf

Rollenspiel

Pop-up-Store

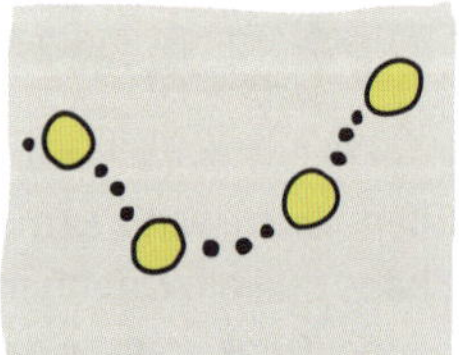
Customer Journey

ARTEN VON PROTOTYPEN

Ein Prototyp kann letztlich alles sein, was die Eigenschaften deiner Idee darstellt, die du überprüfen möchtest. Im Laufe deines Iterationsprozesses kannst du unterschiedliche Formen nutzen. Hier ein paar Ideen ...

2D-Modelle: Skizzen und Skribbel sind mit die wichtigsten und ersten Formen von Prototypen. Im Grunde ist es hilfreich, bei allen kreativen Meetings zu skribbeln. Ausgereiftere 2D-Modelle sind Comic-Strips, Ablaufpläne, Aufbauschemata, Detail- oder Gesamtansichten, Collagen und vieles mehr.

3D-Modelle: Mit Legos, Knete oder Pappe lassen sich Prototypen relativ schnell erstellen, wie ein Produkt, einen Raum, ein Haus, einen Ort, eine Skulptur und noch viel mehr.

Rollenspiele: Ein oder mehrere Personen spielen eine typische Szene vor: Was tut eine potenzielle Kundin mit eurem Produkt? Wie verhält sich ein Unterstützer bei eurer Aktion? Was macht jemand, der sich bei eurer Initiative engagiert?

Wizard of Oz: So heißt in der IT eine Benutzeroberfläche, die noch nicht funktioniert. Wir verwenden den Begriff hier für alle Prototypen, die eine reduzierte Version der eigentlichen Idee sind. Das kann etwa ein Pop-up-Store sein, um deine Ladenidee zu testen. Ein Probelauf mit Freiwilligen, um einen neuen Prozess zu prüfen. Oder die Verpackungsattrappe eines neuen Produktes.

Bewegtbild: Videos können ebenfalls Prototypen in Form kleiner Geschichten sein. Typische Beispiele sind Pitch-Videos bei Crowdfunding-Kampagnen oder animierte Erklärfilme.

DIE KONFERENZ FÜR EINE BESSERE WELT

Ich stehe in dem großen Raum vor einem Buffet mit dem wohl ungewöhnlichsten Fingerfood, das ich je gesehen habe: Ein ganzes Team hat hier aus geretteten Lebensmitteln etwas Wunderschönes und zugleich Leckeres gezaubert. Daneben spielt ein Musiker auf der Bühne. Der Raum ist voll mit Stimmen, Lachen, Singen und einer Atmosphäre, die sich wohl am besten mit »Glückseligkeit« beschreiben lässt. Ich lasse meinen Blick schweifen und merke, wie sich langsam, aber sicher ein Kloß in meinem Hals formt. Tränen der Rührung steigen mir in die Augen. Niemals hätte ich vor einem halben Jahr gedacht, dass unsere Geburtstagsfeier derart ausufern würde.

Denn eigentlich wollten mein Mann und ich einfach nur unsere runden Geburtstage feiern. Allerdings wollten wir nicht einfach eine Party machen. Wir selbst engagieren uns schon viele Jahre »Für eine bessere Welt« (unter anderem mit unserem gleichnamigen Blog). Und genau das wollten wir zum Credo unserer Feier machen! Inspiriert von dem Projektrad wollten wir gemeinsam mit unseren Freund:innen und Bekannten träumen, planen, handeln und abends so richtig feiern. Dementsprechend hatten wir uns für den Tag ein ganzes Programm ausgedacht aus Kreativ-Workshops, Gesprächen, gemeinsamen Aktivitäten und natürlich jeder Menge Freude und Genuss.

Genau zu der Zeit waren einige Menschen in Hamburg dabei, die »Cool Ideas Society« zu etablieren. Die Idee dieser weltweiten Community ist simpel und super zugleich. Menschen kommen abends für zwei oder drei Stunden zusammen, um die Idee für ein gemeinnütziges Projekt kennenzulernen, dazu Feedback zu geben und eigene Ideen

beizusteuern. Als uns das Organisationsteam der Hamburger Cool Ideas Society fragte, ob wir nicht auch mal ein Projekt von »Für eine bessere Welt« vorstellen wollten, sagten wir sofort zu – wir wollten einen Prototyp unseres Geburtstagsfestes präsentieren.

Gesagt, getan: Wir präsentierten einen Prototyp unserer Idee und ernteten Begeisterung. Noch am selben Abend formte sich ein Team, das diese »Konferenz für eine bessere Welt« mit unterstützen wollte. Von da an entwickelte das Projekt eine Eigendymanik, mit der niemand von uns gerechnet hätte. Eine Teilnehmerin des Abends schaffte es, dass wir die drei Stockwerke einer großen Kulturstätte mitten in Hamburgs Szeneviertel kostenfrei bespielen durften. Innerhalb von zwei Monaten stellten wir ein Programm auf die Beine, in dem in parallelen Slots jeweils mehrere Workshops und Talks für »Denken«, »Träumen«, »Lernen« und »Wandeln« stattfanden (inspiriert durch die vier Dragon-Dreaming-Phasen).

Es waren Wochen, in denen wir – getragen von einer wahren Welle der Euphorie – quasi rund um die Uhr an der Konferenz arbeiteten. Die Website, das Ticketing-System, die Social-Media-Arbeit, die PR ... Immer mehr Menschen meldeten sich bei uns, weil sie von der Konferenz gehört hatten und unbedingt auch mitmachen wollten. Unternehmen riefen uns an, um uns ihr Sponsoring anzubieten. Das größte Stadtmagazin Hamburgs widmete uns seine Titelgeschichte. Und unser kleines Kernteam aus fünf Personen war wie im Rausch. Als dann der Tag kam, war es nicht einfach nur eine Konferenz. Irgendwie war diese Veranstaltung durch die Ideen, das Engagement und die Energie von so vielen Menschen getragen, dass sich daraus ein vollkommen magisches Wir-Gefühl voller Optimismus, Tatkraft und Zuversicht entwickelte.

Noch lange nach der Konferenz erreichten meinen Mann und mich immer wieder Zuschriften von Menschen, denen dieser Tag den letzten Anstoß gegeben hatte, um aktiv zu werden. Er hatte sie ermutigt, etwas Wesentliches in ihrem Leben zu ändern, einem Traum zu folgen und die Welt mitzugestalten. Noch heute bin ich sicher, dass dies alles nie geschehen wäre, hätten wir nicht an dem Abend der Cool Ideas Society unseren Prototyp präsentiert.

Ilona Koglin, www.fuereinebesserewelt.info

ANLEITUNG: PROTOTYPING

Es ist nie zu früh für einen Prototyp! Im Gegenteil: Beim Prototyping lautet die Devise »Scheitere schnell und oft«. Warte also auf keinen Fall, bis du »so weit bist«. Sage dir stattdessen lieber: »In einer Woche haben wir unseren ersten Prototyp!« Präsentiert dann, was ihr habt – egal, wie provisorisch es ist.

SCHRITT 1 – PROTOTYPEN BAUEN

Um einen ersten Prototyp zu bauen, solltest du nicht länger als eine Stunde brauchen. Am besten fangt ihr mit dem Aspekt eurer Idee an, den ihr am besten durchdacht habt. Wichtig: Es gibt tausend Möglichkeiten, einen ersten Prototyp zu bauen. Verheddert euch nicht in einer Analyse-Paralyse, sondern geht bewusst mit einem hässlichen, unperfekten Prototyp raus. Er ist ohnehin dazu da, um verändert zu werden. Wichtiger ist, dass ihr durch den Bau des Prototyps ein gemeinsames Verständnis von der Umsetzung eurer Idee bekommt. Ihr könnt euch im Team auch in Kleingruppen aufteilen, die jeweils ihren eigenen Prototyp bauen. Das vergrößert euren kreativen Testspielraum.[2] Folgende Schritte helfen euch dabei:

1. Was wollt ihr testen? Welcher Aspekt zeigt dir, ob deine Theorie praktisch funktioniert? Was möchtest du wissen? Wo bringen euch Fragen, Kritik und Ideen weiter?

2. Wer wird den Prototyp testen? Was ist für diese Gruppe interessant und relevant? Welche Objekte spielen dabei eine Rolle? Welche Orte und Umgebungen (digital und real)? Gibt es Interaktionen zwischen den Menschen, den Objekten und/oder der Umgebung? Und wenn ja, welche?

3. Könnte der Prototyp einfacher sein? Baut euren Prototyp so simpel und einfach wie möglich. Fragt euch, was ihr weglassen könnt, um nur den Aspekt zu testen, der euch wirklich wichtig ist. Prototypen dürfen – vor allem am Anfang – unvollkommen sein. Wichtiger ist, dass ihr schnell möglichst viel ausprobiert. So lernt ihr, so viel ihr könnt.

Skizzen und Skribbel sind eines der einfachsten Mittel, um Prototypen zu erstellen. Da reicht manchmal schon ein Bierdeckel. Du kannst und solltest es dir zur Angewohnheit machen, in allen Kreativ-Prozessen grundsätzlich auch mit Skizzen und Skribbeln zu arbeiten. Das kann auch eine Mindmap, ein Ablaufdiagramm, ein Storyboard oder etwas Ähnliches sein.

Oder du stellst mit einem Tacker, einem Locher und einer Kaffeetasse eine Szene nach. Setze dir selbst einen knappen Zeitrahmen für den Bau deines Prototyps, um mögliche Perfektionswünsche zu vermeiden. Eine halbe Stunde sollte eigentlich reichen. Maximal eine Stunde.

Je schneller und günstiger ein Prototyp ist, desto leichter fällt es dir, ihn zu verwerfen und einen neuen zu fertigen (der deine Erkenntnisse aus dem Test mit dem vorherigen Prototyp enthält). Das Credo lautet:

Sei immer bereit, grundlegende Änderungen an deinem Prototyp vorzunehmen.

4. Wie sieht der Prototyp aus? Manche Designer:innen werden bei hübschen Prototypen skeptisch. Denn schöne Prototypen können die Schwachstellen einer Idee oder eines Konzept überdecken. Der Sinn von Prototypen ist aber nicht, andere von deiner Idee zu überzeugen. Der Sinn von Prototypen ist, deine Gedankenlücken oder -fehler aufzuspüren. Deshalb ist es gut, wenn dein Prototyp nicht allzu gut aussieht. Dann lieben die Leute deinen Prototyp vielleicht nicht. Aber du lernst sehr viel mehr dadurch.

Je detaillierter euer Prototyp ausgearbeitet ist, desto einfacher könnt ihr verschiedene Annahmen überprüfen. Allerdings ist es nicht dein Ziel, so früh wie möglich einen sehr detailreichen Prototyp zu entwickeln. Der Detailreichtum kommt in einem iterativen Prozess idealerweise mit der Zeit, wenn du nach und nach durch das Feedback der anderen immer genauer weißt, welche deiner Annahmen stimmen und welche nicht.

SCHRITT 2 –PROTOTYPEN TESTEN

Der Test deiner Prototypen besteht zum einen aus einer kurzen Präsentation. Zum anderen aus einem Gespräch mit Fragen und Zuhören.

1. Wie sieht eure Präsentation aus? Die Präsentation ist ein wichtiger Teil deines Prototyps. Hier kann deine ganze Begeisterung für deine Idee einfließen. Deine Präsentation sollte so knapp und bündig wie nur irgend möglich sein und keine Verständnisfragen offenlassen. Übe sie am besten vorab mit Freund:innen oder Familie.

Wähle den Ort deiner Präsentation gut aus. Wo findest du die Menschen, die dir das ideale Feedback auf deinen Prototyp geben können? Am besten sind das Menschen, die dich und deinen Prototyp nicht kennen und deshalb neutral sind. Du kannst sie einladen oder sie an Orten ansprechen, an denen du sie vermutest. Vielleicht ist ein Festival der ideale Ort, vielleicht ist es ein Park, ein Einkaufszentrum oder ein Wochenmarkt.

Überlege dir im Vorfeld auch schon die Fragen, die du den Testpersonen stellen möchtest. Hilfreich sind offene Fragen (also solche, die sich nicht mit »Ja« oder »Nein« beantworten lassen). Bleibe später im Gespräch aber dennoch flexibel. Oft ergeben sich aufgrund der Antworten Anschlussfragen, die du vorab natürlich nicht vorbereiten kannst. Die vorbereiteten Fragen helfen dir aber, an alles Wichtige zu denken.

2. Wie verläuft euer Interview? Das A und O beim Testen ist das tiefe Zuhören. Versuche, nur rund 10 Prozent der gesamten Zeit selbst zu reden und 90 Prozent der Zeit zuzuhören. Stelle viele offene Fragen – am besten Warum-Fragen. Wichtig

ist auch: Bei diesen Gesprächen geht es um Vertrauen. Nutze deine Empathie, um dein Gegenüber zu öffnen und ein echtes, ehrliches Feedback zu bekommen (und nicht nur oberflächliche, höfliche Lobhudeleien). Manchmal hilft es Menschen auch, dir ein konstruktives Feedback zu geben, wenn du mit mehreren Prototypen verschiedene Varianten deiner Idee vorstellst.

3. Wer macht die Tests? Führe die Gespräche nicht alleine durch, sondern zu zweit. Dann kann eine Person das Gespräch führen (also vor allem die Fragen stellen) und die andere kann protokollieren. Dazu gehört auch, die Testperson genau zu beobachten und auch nonverbale Reaktionen festzuhalten, denn diese geben sehr viel Aufschluss. Alternativ kannst du das Gespräch natürlich mit einer Video-Kamera dokumentieren und anschließend auswerten. Das ist aber aufwendiger und manche Menschen sind kamerascheu.

SCHRITT 3 – REAKTIONEN AUSWERTEN

Um die Reaktionen auf deinen Prototyp auszuwerten, gibt es im Design Thinking und anderen Kreativansätzen eine ganze Reihe von Rastern und Vorgehensweisen. Durch die Cool Ideas Society – ein Netzwerk, das Transformationsprojekte unterstützt, indem es öffentliche Feedback-Abende organisiert – haben wir ein Bewertungsraster kennengelernt, mit dem wir die Rückmeldungen zu Prototypen bislang immer gut darstellen und auswerten konnten:

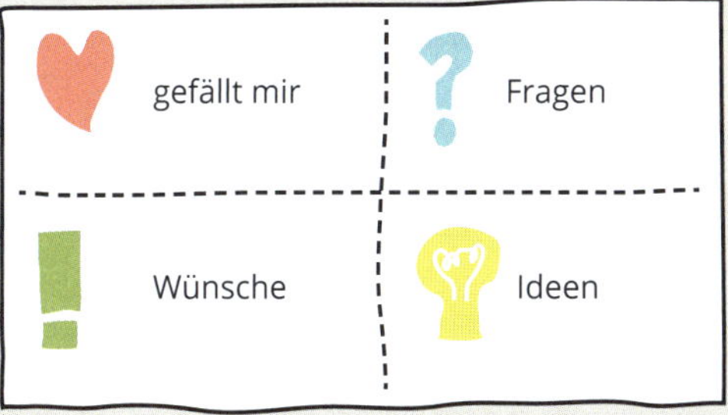

Noch einfacher ist ein Poster mit einer Spalte für »Pro« und einer Spalte für »Contra«. Das bietet sich zum Beispiel für ein Gruppen-Feedback an (etwa wenn du einen Workshop oder Service mit einer Gruppe testest). Dann sammelt ihr die Pro- und Contra-Rückmeldungen in den jeweiligen Spalten. Die Teilnehmenden können dann durch die Vergabe von Punkten die für sie wichtigsten Aspekte priorisieren.

VON »ZERO« ZU »HERO«

Geschichten sind oft die Basis von Prototypen, etwa ein Comic-Strip, ein Video oder ein Rollenspiel. Sie beschreiben die Transformation, die dein Projekt in der Welt bewirken will. Aber stimmen deine Annahmen überhaupt?

VON »ZERO«

Wer ist die Hauptfigur? Wieso können sich deine Testpersonen mit ihr identifizieren? Welches Problem will die Figur lösen? Welchen Mangel spürt sie?

Linda sitzt abends müde von der Arbeit zu Hause, sieht sich Dokus über die Klimakrise und das Artensterben an und macht sich große Sorgen um die Zukunft.

Test: Stimmen deine Annahmen über deine Persona/Zielgruppe?

Welche Hürden gibt es? Eine Geschichte ist nur spannend, wenn die Figur ihr Problem nicht einfach lösen kann, sondern dafür kämpfen muss. Welche inneren und/oder äußeren Widerstände gibt es?

Sie kann sich nicht vorstellen, dass sie in ihrer knappen Freizeit irgendetwas gegen diese Entwicklungen tun könnte.

Test: Stimmen deine Annahmen über die Hindernisse?

Da stößt sie im Internet auf die Guerilla-Gardening-Initiative »Green up!« in ihrer Stadt. Sie macht mit und lernt, wie sie Pflanzenvielfalt auf öffentlichen Flächen kultivieren kann.

Wie sieht die Transformation aus? Wie verändert sich die Figur? Wie ist sie, was kann sie, wie geht es ihr, wenn sie ihr Problem gelöst oder den Mangel beseitigt hat? Wie genau hilft dein Projekt dabei?

Test: Stimmen deine Annahmen für die Lösung und Transformation?

ZU »HERO«

WEISHEITEN FÜR DAS PROTOTYPING

- Baue und teste Prototypen während des gesamten Projektes.
- Baue sie schnell und oft.
- Erstelle hässliche und unperfekte Prototypen.
- Mach dir bewusst, was du mit deinem Prototyp testen willst.
- Bestimme, wann dein Prototyp gescheitert ist.
- Wähle neutrale Testpersonen, die dich und dein Projekt noch nicht kennen.
- Frage die Menschen mit der größten Kritik. Von ihnen lernst du am meisten.
- Mache Fehler und freue dich darüber. Scheitere möglichst früh und oft.
- Sei bereit, deinen Prototyp grundlegend zu verändern.

ZEIT ZUM NACHDENKEN

Nimm dir dein Notizbuch und beantworte die Fragen: Was für einen Prototyp könntest du für dein aktuelles Projekt entwickeln? Was könnte dir helfen, nicht perfekt sein zu wollen? Wie kannst du positiv mit Kritik umgehen, die dich schmerzt?

DAS 20-MINUTEN-BUDGET

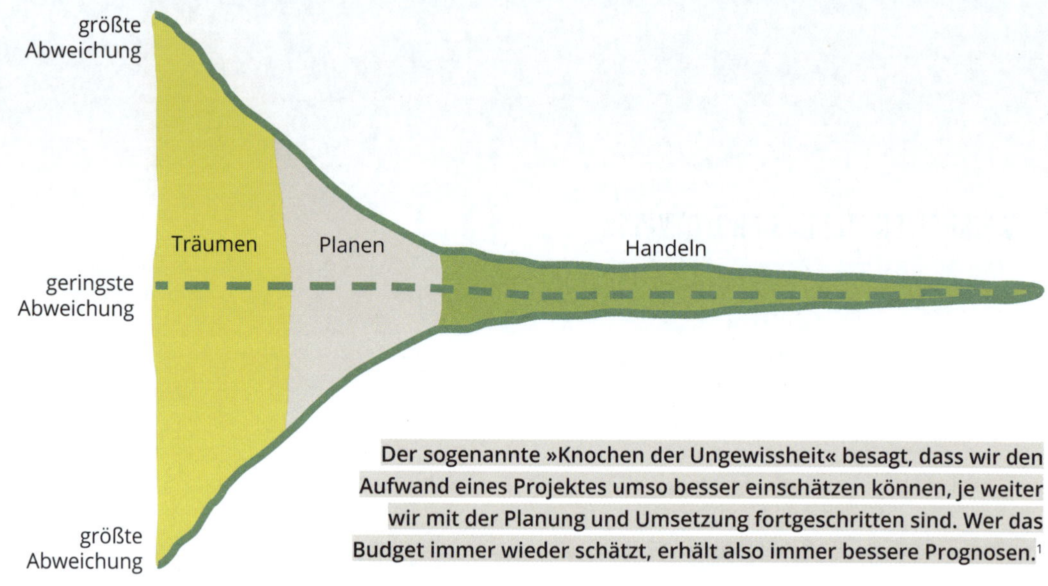

Der sogenannte »Knochen der Ungewissheit« besagt, dass wir den Aufwand eines Projektes umso besser einschätzen können, je weiter wir mit der Planung und Umsetzung fortgeschritten sind. Wer das Budget immer wieder schätzt, erhält also immer bessere Prognosen.[1]

Ist es möglich, in nur 20 Minuten mit dem ganzen Team ein erstes grobes Zeit- und/oder Kostenbudget für ein Projekt zu erstellen – und das auch noch mit spielerischer Leichtigkeit und Freude? Wir meinen »Ja«. Das Dragon-Dreaming-Schätzspiel »20-Minuten-Budget« singt und grooved ihr – und bekommt damit fast immer Ergebnisse, die gut genug für jetzt sind und sicher genug, um mit ihnen zu arbeiten.

Das Wichtigste: Wenn es ums Schätzen von Projektbudgets geht, sind wir alle wie Pokerspielende – wir sind meist viel zu optimistisch. Die Spielenden glauben, sie könnten viel öfter gewinnen. Und wir Projektplanende denken, wir könnten unsere Träume viel schneller verwirklichen. Die Praxis zeigt allerdings oft genug, dass es nicht so ist.

Besonders heikel sind Aufwandsschätzungen bei größeren Projekten, die wir in dieser Form noch nie verwirklicht haben. Das trifft auf die allermeisten Transformationsprojekte zu – und damit auf die typischen Dragon-Dreaming-Projekte. Noch schwieriger wird es, wenn du sehr früh schätzen musst – etwa noch in der Traum- oder der frühen Planungsphase. Das ist auch kein Wunder. Je weiter du in der Planungs- oder gar Umsetzungsphase fortgeschritten bist, desto detaillierter weißt du, was zu tun ist und was du brauchst – und desto genauer kann auch deine Schätzung sein.

Dennoch kann eine frühe Schätzung bei Dragon-Dreaming-Projekten wichtig sein. Etwa wenn sie die Grundlage dafür ist, wer sich für das Projekt verbindlich selbst verpflichten will (↗ Kapitel »Commitment«). Oft kommt Dragon Dreaming auch bei Projekten zum Einsatz, die von vielen Ehrenamtlichen getragen werden. Dann lädt das Schätzen dazu die Leute ein, einmal darüber nachzudenken, ob sie tatsächlich immer alles kostenlos machen wollen. Manchen – etwa Künstlerinnen und Künstler oder politisch engagierte Menschen – kann das helfen, ihre Balance zwischen Arbeit und Muße in ein besseres Gleichgewicht zu bringen.

Und schließlich brauchen manche Projekte ein erstes Grobbudget, um Fördergelder zu beantragen, Sponsoring zu betreiben, ein Crowdfunding zu machen, einen Kredit aufzunehmen oder auch »nur«, um den Chef oder die Chefin zu überzeugen. Dann bleibt uns keine Wahl. Wir müssen also – wie beim Pokerspiel – unsere Prognosen auf Basis unvollständiger Informationen, Annahmen und Wahrscheinlichkeiten abgeben. Das 20-Minuten-Budget ist mit Absicht spielerisch, um weniger unsere rationale Schätzung abzurufen. Es aktiviert unseren unbewussten Wissensvorrat, unsere Intuition, unser Bauchgefühl. Das macht nicht nur mehr Spaß, sondern liefert auch bessere Ergebnisse (warum, erklären wir dir auf der nächsten Doppelseite).

Damit fällt es auch leichter, euer Budget immer mal wieder zu schätzen. So gewinnt ihr mehr Klarheit. Ihr könnt während der Projektumsetzung den geschätzten mit dem tatsächlichen Aufwand vergleichen und notfalls gegensteuern. Wenn ihr regelmäßig schätzt, bekommt ihr von Projekt zu Projekt ein immer besseres Gespür dafür, wie viel Zeit, Geld und andere Ressourcen ihr in Wirklichkeit braucht, um eure Träume zu verwirklichen.

EIN GÄSTEHAUS IN SIEBEN LINDEN

Der Dragon-Dreaming-Workshop war 2015 tatsächlich der Start, um im Ökodorf Sieben Linden ein neues Gästehaus zu bauen. Das Planungsteam von acht Personen wollte das, weil sie Dragon Dreaming kannten und wussten, dass dieser Prozess eine starke Gemeinschaftsbildung erzeugt und viel Enthusiasmus weckt. Innerhalb von drei halben Tagen hatte das Team den Traumkreis gemacht, die Ziele gefunden, den Leitsatz und den Projekt-Spielplan erstellt sowie das 20-Minuten-Budget.

Angedacht war ursprünglich nicht nur das Gästehaus mit einem Seminarraum, also das, was heute steht. Die Gruppe träumte ursprünglich von einem größeren Gästezentrum mit Café und einem weiteren Seminarraum. Der Zielsatz lautete »Ein Haus mit Seele, zusammen arbeiten und wachsen«.
Er ist übrigens auch in einem ganz schönen und inspirierenden Prozess entstanden. Dabei kam das Team an eine Stelle, an der der Satz von einer eher beschreibenden Qualität umschwang und eine andere, sinnstiftende Bedeutung bekam.

Leider ließen sich nicht die gesamten Geldmittel beschaffen, die für den Gästekomplex notwendig gewesen wären. Daher hat das Ökodorf bis heute nur einen Teil gebaut. Das 20-Minuten-Budget umfasste allerdings den größeren Originaltraum. Die Schätzung dafür dauerte rund eine Stunde, weil das Projekt so groß und komplex war. Pro Phase – Träumen, Planen, Handeln und Feiern – gab es eine Viertelstunde. Danach machte die Gruppe immer eine kleine Pause. Der Grund war, dass sie den Rhythmus für das Schätzen mit großen Trommeln und Kongas erzeugten, und das war doch ziemlich laut, sodass den Leuten nach 15 Minuten die Ohren klingelten.

Für mich ist beim 20-Minuten-Budget oftmals die größte Herausforderung, dafür zu sorgen, dass die Leute in einer Spaßenergie bleiben. Denn je länger sich die Menschen auf das Schätzen von Aufgaben konzentrieren, desto leiser werden in der Regel die Trommeln, die Menschen hören nach und nach auf, sich locker zu bewegen. Von allein würden sie ihre Körper vielleicht komplett vergessen und mit voller Konzentration nur noch im Kopf sein. Daher ist es wichtig, sie immer wieder in Bewegung zu bringen. Nur so entsteht eine Leichtigkeit, die Schätzungen aus dem Bauch heraus tatsächlich ermöglichen. Viele trauen sich sonst nicht, solche intuitiven Schätzungen abzugeben.

Für die Zeitschätzung einigte sich das Team auf die Einheit »Arbeitstage« und »-stunden«. Zum Teil schätzte es für recht große Aufgaben wie »Bauplanung« oder »Hausbau« die kompletten Geldbeträge aus dem Bauch heraus. Das ging gut, weil es Menschen in der Gruppe gab, die bereits viel Erfahrung mit dem Bau von Strohballenhäusern hatten, wie sie in Sieben Linden gebaut werden. Sie konnten also gut schätzen, was ein Haus mit dieser Quadratmeterzahl an Material und Arbeitsleistung ingsgesamt in etwa kostet. Am Ende umfasste das Budget 1,45 Millionen Euro. *Julia Kommerell*

DIE MACHT DER INTUITION

Lange Zeit glaubten die Menschen, dass unser Denken und Fühlen zwei verschiedene Dinge sind. Dass unser Gehirn so eine Art Supercomputer ist, der rational und logisch denkt – solange ihm nicht die irrationalen, unberechenbaren und damit irgendwie negativen Gefühle dazwischenfunken.

Schon der griechische Philosoph Aristoteles hat diese Idee aufgebracht. Die Stoiker der Antike haben daraus dann eine ganze Lebenshaltung entwickelt. Wir Menschen sollten demnach unsere Emotionen in den Griff bekommen, um uns nicht von ihnen in die Irre führen zu lassen ... Meist unausgesprochen hält sich diese Ansicht bis heute. Und das, obwohl die Hirnforschung längst bewiesen hat: Das ist Quatsch! Denken ohne Emotionen ist unmöglich.

Die nicht rationalen Teile unseres Denkens – wie Gefühle, Intuition und Unbewusstes – machen tatsächlich den größten Part unseres Denkens aus. Die Wissenschaft schätzt, dass uns nur 0,1 Prozent unseres Denkens bewusst ist. Lesen wir einen Satz, verarbeitet unser Gehirn etwa 45 Bits pro Sekunde. Bei einer Rechenaufgabe sind es sogar nur 12 Bits. Unser Gehirn selbst hat, vorsichtig geschätzt, jedoch eine Verarbeitungskapazität von mehr als 11 Millionen Bits pro Sekunde![2] Wobei es eben kein emotionsloser Computer ist und der Vergleich daher hinkt.

Damit steht fest: Es gibt prinzipiell zwei Wege, um zu einer Entscheidung oder Einschätzung zu gelangen. Den des bewussten Verstandes, der Ratio, der Sprache. Und den der Intuition, des Bauchgefühls. Der Weg der Ratio liegt hell erleuchtet da. Wir können im Nachhinein jeden einzelnen Schritt erklären. Das ist ein Vorteil. Der Nachteil ist: Es dauert ziemlich lange und unser Bewusstsein kann eben nur eine sehr kleine Menge an Informationen (Bits) verarbeiten. Wir glauben zwar, dass das, was wir bewusst wahrnehmen, alles ist, was existiert. Doch wir irren. Das große Ganze sehen wir so nicht.

Der Erkenntnisweg der Intuition liegt dagegen im Dunkeln. Wir wissen am Ende nicht, wie wir zu unserer Entscheidung oder Einschätzung kamen. Doch vor allem bei komplexen Fragestellungen liefert unser Bauchgefühl viel bessere Ergebnisse.[3] Wissenschaftliche Experimente haben das wieder und wieder gezeigt. Aristoteles und die Stoiker wären baff.

Jedoch gibt es für eine gute Intuition zwei wichtige Voraussetzungen: Erstens musste unser Unterbewusstsein zuvor Gelegenheit haben, alle relevanten Informationen wie ein Schwamm aufzusaugen. Mit anderen Worten: Wenn du das Budget für eine komplexe Aufgabe schätzen sollst, musst du zumindest ähnliche Aufgaben kennen, damit deine Intuition dir weiterhelfen kann. Je mehr Erfahrung du in einem Bereich hast, desto treffsicherer ist deine Intuition.

Zweitens klappt das mit der Intuition umso besser, je weniger du darüber bewusst nachdenkst und grübelst. Deshalb kommen uns geniale Ideen und Lösungen unter der Dusche, beim Zähneputzen oder Joggen. Und das ist unter anderem auch der Grund, warum es beim Schätzen mit dem 20-Minuten-Budget so wichtig ist, einen gemeinsamen Rhythmus oder Groove zu erzeugen. Er beschäftigt ein Stück weit unser Bewusstsein, damit sich unsere Intuition voll entfalten kann.

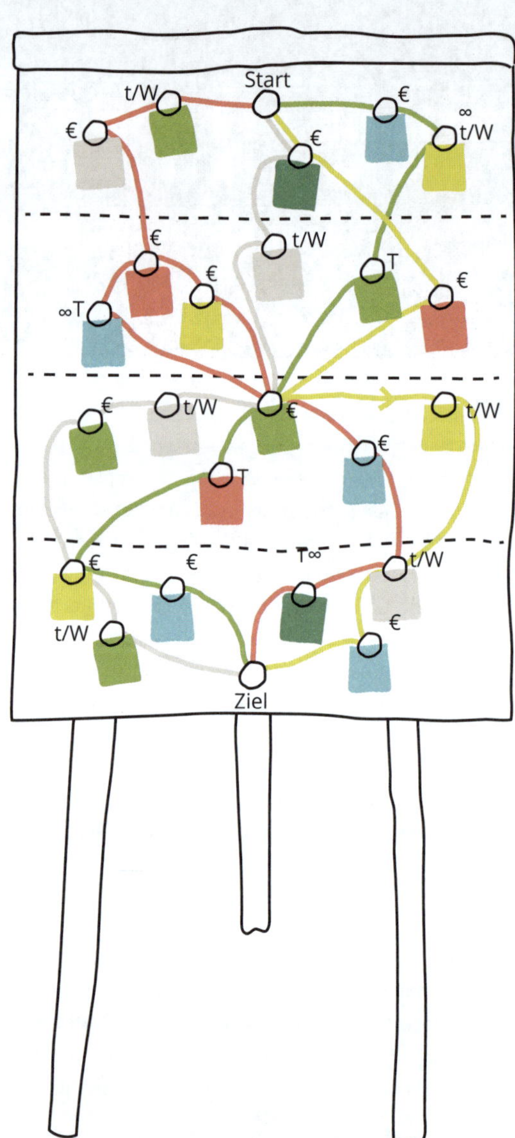

DAS SCHÄTZEN VORBEREITEN

Die folgende Vorbereitung ist optional. Manche Dragon-Dreaming-Trainerinnen machen sie – andere nicht. Falls du dies sinnvoll findest, versammle das Team im Kreis vor dem Projektplan und nummeriere alle Aufgaben von oben nach unten durch (falls nicht schon geschehen). Geht dann gemeinsam alle Aufgaben(pakete) durch und bestimmt, was ihr schätzen möchtet: Die Netto- oder Brutto-Zeit, das Geld oder etwas anderes? Lasst euch dabei von den folgenden Fragen leiten:

Handelt es sich um einmalige Aufgaben, die ihr intern erledigen wollt? Dann ist es meist am einfachsten, die Netto-Arbeitszeit zu schätzen, also die reinen Arbeitsstunden. Ihr könnt hier auch die Brutto-Arbeitszeit schätzen, also in welchem Zeitraum die Aufgabe erledigt sein wird (egal, wie viel Zeit pro Tag hineingeflossen ist). Notiert dafür im Projektplan neben die Aufgabe zum Beispiel ein kleines »t« für eine Netto-Zeitschätzung und ein großes »T« für die Brutto-Zeitschätzung. Netto-Zeiten sind als Basis für ein Geldbudget sinnvoll.

Geht es um eine fortlaufende Aufgabe, die ihr intern erledigen wollt? Dann könnt ihr zum Beispiel die Netto-Arbeitszeit pro Woche oder Monat schätzen. Diese könnt ihr später auf einen beliebigen Zeitraum hochrechnen – etwa ein Jahr, falls das notwendig ist. Kleinere Zeiträume lassen sich nämlich einfacher schätzen. Notiert dafür ein »∞« (Zeichen für Unendlichkeit) sowie ein »t/W« oder Ähnliches neben die Aufgabe im Plan.

Möchtet ihr Meilensteine oder Fristen definieren? Dann solltet ihr die Termine schätzen, zu denen die Aufgabe abgeschlossen sein sollte.

Soll die Aufgabe extern erledigt werden? Oder handelt es sich um eine Aufgabe, für die ihr Ressourcen bezahlen müsst, wie Raummiete, Catering, Druckkosten und Ähnliches? Dann ist es hilfreich, den Geldbetrag zu schätzen. Notiert dann ein »€«. Bedenkt, dass ihr für Aufgaben, die ihr extern vergebt, selbst auch einen Zeitaufwand habt.

Die Zeichen, die ihr in diesem Schritt neben die Aufgaben(pakete) notiert, dienen euch als Orientierung beim eigentlichen Schätzen (↗ Seite 146): Durch sie könnt ihr dann auf einen Blick sehen, was ihr schätzen wollt. Das ist wichtig, denn beim Schätzen sollte eure Intuition die Führung übernehmen. Und sobald ihr durch die Frage »Was wollten wir hier schätzen?« rausgerissen werdet, klappt das nicht mehr so gut.

Alternativ könnt ihr auch mehrere Runden machen. Etwa eine Runde für die Netto-Zeiten, eine für die Terminierung und eine für das €-Budget.

Tipp: Alle Netto-Arbeitszeiten könnt ihr später auch in Honorare oder Ähnliches umrechnen (Stunden x Stundensatz x 130–200 Prozent als Puffer). Es fällt meist leichter, einen Zeitaufwand zu schätzen, wenn man die Aufgabe schon kennt, als einen Geldbetrag. Handelt es sich um ein Ehrenamt, so hilft die Zeitschätzung zu erkennen, wie viel Zeit das Engagement in Anspruch nehmen wird. So können Menschen leichter herausfinden, ob es tatsächlich realistisch für sie ist, bestimmte Aufgaben zu übernehmen.

ALTERNATIVE SCHÄTZGRÖSSEN

Neben den links genannten Schätzeinheiten gibt es auch andere – etwa aus der Agilen Projektumsetzung. Du kannst sie mit dem 20-Minuten-Budget kombinieren, falls es euch schwerfällt, Geld und Zeit einfach so zu schätzen:

Habt ihr Vergleiche? Wenn ihr die Aufgaben(pakete) eures Projektes in Relation setzen könnt, dann könnt ihr auch schätzen, ob sie vergleichsweise klein, mittel oder groß sind. Dazu müsst ihr natürlich zuvor die Größen definieren. Alternativ zu den drei Größen könnt ihr auch mit T-Shirt-Größen arbeiten. Ihr schätzt dann ein, ob die Aufgaben(pakete) XS, S, M, L, XL, XXL sind.

Gibt es Extreme? Wenn es schwierig ist, genaue Werte zu ermitteln, hilft es euch vielleicht, für eine Aufgabe die Extreme zu schätzen – also was wäre das Minimum und das Maximum? Wenn die Extreme nahe beieinander liegen, könnt ihr den Mittelwert nehmen. Liegen die Werte weit auseinander, ist eine gute Schätzung zum jetzigen Zeitpunkt anscheinend schwierig.

Braucht es zwei Perspektiven? Es kann durchaus sinnvoll sein, sowohl eine relative Größe (etwa von Xs bis XXL) zu schätzen als auch die konkreten Arbeitsstunden. So bekommt ihr einen Vergleich und ein besseres Gefühl für die Treffsicherheit eurer Schätzung.

DAS BUDGET SINGEN

Zum Schätzen selbst braucht ihr unbedingt eine Moderation am Flipchart. Nehmen wir an, dieser jemand bist du. Der Rest der Gruppe erzeugt einen Rhythmus, einen gemeinsamen Groove. Den könnt ihr entweder durch Klatschen, mithilfe von Rhythmusinstrumenten oder durch schwungvolle Musik aus dem Lautsprecher entstehen lassen. In jedem Fall bringt es sehr viel mehr Spaß und bessere Resultate, wenn ihr dazu aufsteht und euch bewegt.

Sobald ihr euch eingegrooved habt, gehst du im Takt alle Aufgaben von oben nach unten durch und rufst zum Beispiel in die Runde: »Wie viele Stunden brauchen wir für das Texten des Flyers?« Nun kommen – ohne Nachdenken und Zögern im Rhythmus – die Antworten. Vielleicht ruft eine »Vier Stunden«. Dann notierst du dies auf dem Flipchart neben das entsprechende Zeichen.

Danach fragst du (immer noch im Takt): »Was kostet die Erstellung der Website?« Und einer wirft »3.000 Euro« in die Runde. Eine andere setzt ein »10.000 Euro« dagegen. Kommen keine weiteren Einschätzungen, so schreibst du den Mittelwert auf (also 6.500 Euro). Wichtig ist, dass das Zusammenrechnen schnell geht – und niemand auf die Idee kommt, dir beim Rechnen zu helfen, denn das bringt die ganze Gruppe aus dem Flow. Wenn also so viele Schätzungen kommen, dass sich der Mittelwert nicht so leicht ausrechnen lässt oder du nicht so fix in Kopfrechnen bist, dann schreibe einfach alle Zahlen auf.

Diese Phase der Schätzung sollte nach 20 Minuten beendet sein. Bei großen Projekten kann es allerdings auch länger dauern. Wichtig ist ein spielerischer Zeitdruck, denn der kitzelt unsere Intuition hervor. Da der Prozess – vor allem bei großen Projekten – etwas anstrengend ist, könnt ihr nach den Phasen »Träumen«, »Planen« und »Handeln« jeweils eine kleine Pause einlegen. Dann könnt ihr zur Musik tanzen, singen, klatschen, jodeln oder Ähnliches. Oder ihr genießt die Stille, bevor es wieder laut wird – was euch guttut.

DEN GESAMTBETRAG ERRECHNEN

Die Schätzung pro Aufgabe kann an sich schon sinnvoll sein. Etwa damit klarer wird, ob Teammitglieder überhaupt genug Zeit für die Aufgaben haben, für die sie sich eingetragen haben. Falls ihr jedoch einen Gesamtbetrag braucht – etwa für den Commitment-Test, einen Förderantrag oder Ähnliches –, fehlt nun noch der letzte Schritt.

Um ein Gesamtbudget zu ermitteln, brauchen alle Aufgaben entweder einen geschätzten Geldbetrag oder eine Netto-Arbeitszeit. Letztere multipliziert ihr mit dem Stundensatz der Personen, die diese Aufgabe umsetzen. Vergesst dabei nicht: Sind mehrere daran beteiligt, erhöht sich auch der Zeit- und damit Geldaufwand. Ein Meeting von zwei Stunden mit vier Personen ergibt einen Zeitaufwand von acht Stunden! Findet dieses Meeting ein Jahr lang einmal im Monat statt, sind das 12 Arbeitstage. Addiert alle Geldbeträge zusammen, die geschätzten und die aus eurer Zeitkalkulation.

Ganz wichtig: Multipliziert diesen Betrag mit mindestens 130 Prozent. Handelt es sich um eine Schätzung zu Beginn des Projektes, sind 150 oder 200 Prozent besser. Auf diese Weise baut ihr einen zeitlichen und finanziellen Puffer ein. Denn: Alles dauert länger als gedacht.

RHYTHMUS GEMEINSAM DENKEN

Alles im Kosmos folgt einem Rhythmus. Die Natur ist voll davon – Tag und Nacht, die Jahreszeiten, Ebbe und Flut. Auch wir atmen, bewegen und sprechen in unserem eigenen Rhythmus. Und wir nehmen die Welt in Rhythmen wahr. Nicht nur die Klänge, auch die Farben sind beispielsweise visuelle Frequenzen, also Rhythmen ...

Dazu kommt, dass unser Gehirn rhythmisch funktioniert. »Alle Hirnaktivitäten produzieren rhythmische Schwingungen«, meint Professor Adam Gazzaley vom Neuroscape Institut UCSF. Menschen können seiner Forschung nach ihr Planen und Denken verbessern, wenn sie ihr Rhythmusgefühl stärken.[4] Kommt Musik dazu, spielt auch die emotionale Wirkung auf unser Gehirn eine Rolle. Musik aktiviert uns und damit unsere Aufmerksamkeit.

Wie sieht so ein Budgetplan aus? Unter *dragon-dreaming-playbook.net/ressourcen* findest du ein exemplarisches Ergebnis.

Ein Instrument zu spielen oder zu singen fördert die Neugierde und das Durchhaltevermögen, weil unser Körper dabei Dopamin und Serotonin erzeugt. Diese Neurotransmitter ermöglichen Lernvorgänge, weil sich durch sie unsere Gehirnzellen besser neu vernetzen.[5]

Alles in der Natur ist außerdem synchronisationsfähig. Das bedeutet: Quakt ein Frosch in einem bestimmten Rhythmus, wird sich ein anderer daran anschließen. Auch in uns gibt es diesen Gleichklang – unsere Atmung, unser Herzschlag und unser Puls schwingen sich im Ruhezustand aufeinander ein. Und das vermutlich nicht ohne Grund: Der Psychologe Petr Janata ist einer der weltweit führenden Rhythmusforscher im »Groove-Lab« am Center for Mind and Brain der University of California in Davis.[6] Dort versucht er zu ergründen, inwiefern ein gemeinsamer Groove dabei helfen könnte, Konflikte zu entschärfen, Stress abzubauen und Entscheidungen zu fördern. Er hat festgestellt: »Sobald wir uns im Groove mit Menschen fühlen, mit denen wir uns verbinden wollen, werden die sozial-emotionalen Bereiche des Gehirns aktiviert«. Und es hat sich gezeigt: Menschen, die flexibel in unterschiedliche Rhythmen wechseln können, sind resilienter, also widerstandsfähiger gegen Stress.

Wenn wir als Individuum in den kollektiven Rhythmus finden wollen, müssen wir ihn zugleich machen und uns ihm hingeben, uns in ihn hineinfallen lassen. Das ist eine Herausforderung, die wir nur mit Intuition und Körperwissen meistern können. Das ist auch der Grund, warum wir beim Schätzen im Dragon Dreaming in einen gemeinsamen Groove kommen wollen. Er hilft uns, gemeinsam intuitiv zu schätzen.

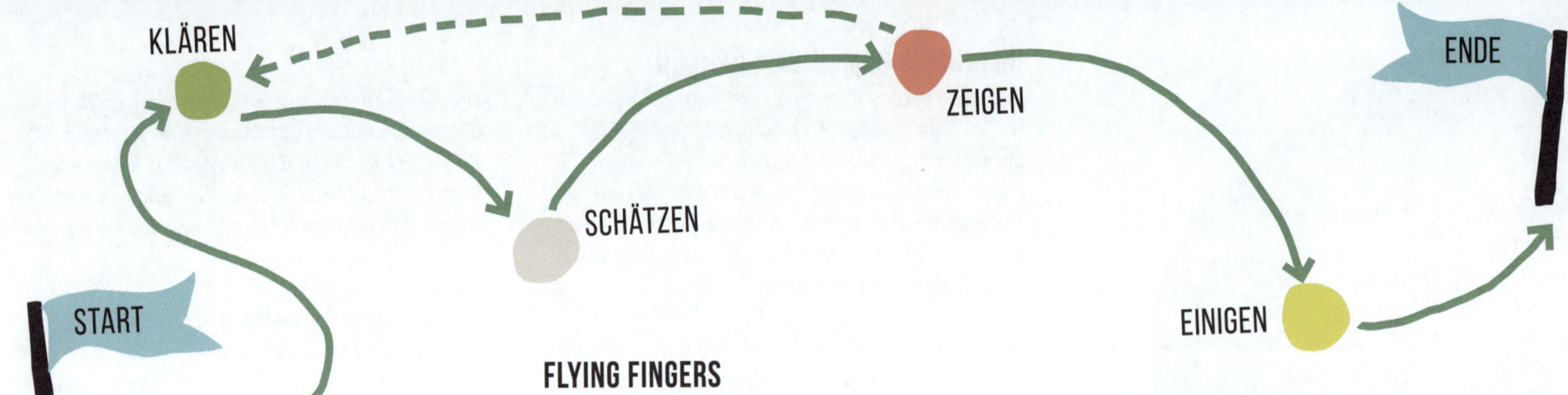

WEITERE SCHÄTZSPIELE

Vor allem im Agilen Projektmanagement gibt es eine Reihe von Schätzspielen. Hier eine kleine Auswahl der Vorgehensweisen.

DIE SCHÄTZKLAUSUR

Schätzklausuren finden in Scrum regelmäßig während des gesamten Projektverlaufs statt. Mit der ersten Schätzklausur ermittelt das Team grob den Gesamtaufwand eines Projektes. Dazu erklärt der Product Owner – also der Mensch, der für die Eigenschaften und den wirtschaftlichen Erfolg des Produkts verantwortlich ist – alle Anforderungen. Sobald alle Verständnisfragen geklärt sind, schätzt das Team in einem moderierten Prozess die Aufwände. Das kann zum Beispiel mit der Methode der Flying Fingers oder dem Planning Poker geschehen. Sind alle Anforderungen eingeschätzt oder sind zwei Stunden um, endet die Klausur.

FLYING FINGERS

Hier geht es darum, die Komplexität einer Aufgabe einzuschätzen. Zum Schätzen halten alle Teammitglieder eine Hand hinter den Rücken. Für die anderen unsichtbar strecken sie ein bis fünf Finger aus. Eine einfache Aufgabe erhält einen Finger, eine sehr komplexe fünf. Nun zählt ein Mitglied bis drei. Bei drei müssen alle ihre ausgestreckten Finger zeigen. Decken sich die Einschätzungen weitestgehend, notiert das Team den Mittelwert und die nächste Aufgabe ist dran. Weichen die Angaben stark von einander ab, diskutiert das Team die Gründe und wiederholt das Prozedere, bis sich die Schätzungen ähneln.

PLANNING POKER

Der Planungspoker funktioniert ähnlich wie die Flying Fingers. Das Team deckt jedoch Karten auf, statt die Hand hinter dem Rücken vorzunehmen. Meist befindet sich auf den Karten eine Form einer Fibonacci-Folge. Das bedeutet, die Schätzenden können zwischen Karten mit den Angaben 0, 1⁄2, 1, 2, 3, 5, 8, 13, 20, 40, 100 und ? wählen. Das hat den Vorteil, dass sie auch größere Aufgabenpakete schätzen können sowie »0« (zu trivial zum Schätzen) und »?« (ich habe keine Ahnung) verwenden können.

NICHT SCHÄTZEN KANN AUCH SINNVOLL SEIN

Es gibt Menschen, die eine Aufwandsschätzung für einen »Wombat« halten – also für einen »Waste of money, budget and time«. Ihr Argument: Der Prozess der Aufwandsschätzung ist unproduktiv. Wer etwas Neues erschafft, kann auf keine verlässlichen Erfahrungswerte zurückgreifen. Schätzungen seien daher per se fehlerbehaftet und reine Zeitverschwendung.

So gesehen ist es sinnvoller, agil zu planen: Ein Finanzierungsziel könnte dann zum Beispiel sein, Geld für die Arbeitskraft von acht Vollzeitstellen plus Büro und Material zu stellen. Was sich genau in dieser Zeit von diesen Menschen realisieren lässt, zeigt sich durch die sogenannten Sprints. Das sind überschaubare Zeiträume, in denen das Team konkrete Aufgabenpakete umsetzt. Diese Vorgehensweise findest du zum Beispiel im Bereich der agilen Software-Entwicklung.

WEISHEITEN FÜRS SCHÄTZEN

- Alles dauert länger, als du denkst.
- Schätze immer wieder und vergleiche deine Ergebnisse.
- Lade Experten und Expertinnen zum 20-Minuten-Budget ein.
- Berücksichtige alle Phasen und Aktivitäten.
- Gib dem Träumen, Planen, Handeln und Feiern je 25 Prozent.
- Experimentiere mit Schätzgrößen und Schätzspielen.
- Plane das Unvorhersehbare mit ein: Sorge für ausreichend Puffer.
- Vergleiche die Soll- mit den Ist-Werten und lerne daraus für die Zukunft.
- Mach es gut genug für jetzt – und sicher genug, um es auszuprobieren.

ZEIT ZUM NACHDENKEN

Nimm dir dein Notizbuch und beantworte die Fragen: Wie sehr nutzt du deine Intuition? Wozu genau brauchst du ein Budget? Was könnte deine Schätzung so gut wie möglich machen?

COMMITMENT

Kaum etwas ist von so zentraler Bedeutung für den Erfolg eines Dragon-Dreaming-Projektes wie das Commitment. Meistens zeigt sich, wie stark das Commitment des Teams wirklich ist, wenn das Projekt in die Phase des Handelns kommt. Dann stellen sich vielleicht Fragen wie: Glaube ich wirklich, dass sich unsere Träume verwirklichen lassen? Übernehme ich Verantwortung? Denke ich, dass es auf mich persönlich ankommt? Und ist mir das Ganze so wichtig, dass ich dafür auf andere Möglichkeiten in meinem Leben verzichte?

Denn, Hand auf's Herz: Wir alle haben immer zu wenig Zeit und/oder Geld, um all das zu tun, was uns anspricht. Wenn dann ein Projekt zum normalen Arbeitsalltag dazukommt, vielleicht sogar auch noch ohne Bezahlung – dann stellen wir es in unserem ohnehin übervollen Leben eben doch hinten an. Das Commitment ist wie das Rückgrat eines Projektes. Es verleiht einem Team Stärke: Menschen mit hohem Commitment geben nicht so leicht auf – auch wenn sie vielleicht erst einmal Fehler machen und lernen müssen, wie etwas gelingt. Das macht sie auch zum Vorbild für diejenigen, die nicht so viel Durchhaltevermögen mitbringen, und zieht sie mit.

Commitment fördert zudem unseren Wunsch, zu kooperieren. Das gemeinsame Ziel steht dann eher über persönlichen Dingen. Auf dieser Basis wachsen Vertrauen und Solidarität – also genau das, was ein gutes Team braucht. Und schließlich wirken Menschen mit Commitment stärker nach außen. Sie bringen ein Projekt mit mehr Energie und Überzeugungskraft voran und steigern damit dessen Veränderungskraft in der Welt.

Commitment aufzubauen und zu erhalten ist deshalb ein zentrales Motiv von Dragon Dreaming. Alle Methoden unterstützen dich genau dabei. Darüber hinaus kann dein Projekt das Commitment stärken, wenn es Folgendes ermöglicht:

- **Menschen wachsen über sich hinaus.** Sie beschäftigen sich mit einem Thema, das ihnen wirklich wichtig ist. Sie lernen neue Fähigkeiten und Kompetenzen. Sie machen für sich wichtige Erfahrungen, nehmen Herausforderungen an und wachsen somit in ihrer Persönlichkeit.

- **Menschen sind Teil eines tollen Teams.** Sie genießen das Zusammensein mit Gleichgesinnten. Sie empfinden den Stolz und die Freude, wichtig für die anderen zu sein.

- **Menschen tragen etwas Bedeutsames bei.** Sie schaffen einen Nutzen für das große Ganze. Sie fühlen sich als Teil von etwas, das größer und wichtiger ist als allein ihre Existenz. Das schenkt ihrem Leben Sinn.

Erkennst du darin auch die drei Meta-Ziele von Dragon Dreaming wieder (↗ Seite 19)? Dann liegst du ganz richtig. Wenn ihr es schafft, dass durch euer Projekt jedes Individuum über sich hinauswächst, der Teamgeist gestärkt wird und ihr insgesamt einen positiven Beitrag zur Welt leistet – dann wächst quasi automatisch das Commitment aller. Fehlt das oder ist sogar das Gegenteil der Fall, wird es aber auch wieder verschwinden.

CHECK: COMMITMENT STÄRKEN

Wodurch wächst euer Commitment? Nehmt euch einmal Zeit und tauscht euch in einem Redekreis darüber aus. Dabei helfen euch zum Beispiel die folgenden Fragen:

Warum engagierst du dich für genau dieses Projekt? Sind es die Träume, die Ziele? Sind es die Menschen, mit denen du zusammenarbeitest? Ist es die Zeit, die du bereits in dieses Projekt investiert hast? Ist es die Rolle, die du in der Gruppe hast? Ist es das, was du dort lernen und bewirken kannst? Oder gibt es ganz andere Gründe?

Prüft am Ende noch einmal, ob diese wichtigen Aspekte in eurem Traum-Dokument enthalten sind, und ergänzt sie gegebenenfalls. Erinnert euch daran, wenn ihr Menschen einladet, sich in eurem Projekt zu engagieren. Bittet sie nicht nur um ihre Hilfe. Bietet ihnen auch eine Gelegenheit, ihre Träume im Projekt wiederzufinden.

DIE REISE DES VINOBA BHAVE

Indien im Jahr 1951. Die Kluft zwischen Arm und Reich ist gewaltig. Dazu trägt vor allem auch die ungerechte Verteilung von Land bei. Unmittelbar nach der Unabhängigkeit Indiens erließ die Regierung daher eine Obergrenze für Landbesitz. Die Lage spitzte sich zu: Landbesitzende befürchteten Enteignungen. Landlose, hungernde Menschen forderten ihr Recht ein.

In dieser Situation hatte der indische Freiheitskämpfer Vinoba Bhave eine Idee: Die Grundbesitzenden sollten insgesamt 5 Millionen Acres (rund zwei Millionen Hektar) Bodenfläche an landlose Menschen verschenken. Vinoba Bhave wollte allerdings nicht darauf warten, dass die Regierung seinen Vorschlag aufgriff. Der Weggefährte Gandhis feilte auch nicht an einem ausgeklügelten Plan. Er tüftelte an keiner Kommunikationskampagne, die Menschen überzeugen sollte. Und erst recht sammelte er kein Geld ein, um die fünf Millionen Acres zu erwerben. Nein, er setzte ganz auf seine Hingabe an die Sache.

Als gläubiger Hindu war er nämlich der Überzeugung, dass der Besitz von Land grundsätzlich unrecht und unmoralisch ist. Land abzugeben war damit seiner Ansicht nach keine großzügige Tat, sondern ein »yajna«: eine spirituelle Gabe, die – mit echter Dankbarkeit, Demut und Freude ausgeführt – die Opfernden näher zu ihrem wahren Ich führt.

Mit diesem festen Commitment machte sich Bhave nun auf den Weg – und zwar im wahrsten Sinne des Wortes. Mit keinem Besitz außer dem, was er am Leibe trug, lief er zu Fuß durch Indien und wollte erst aufhören, wenn die fünf Millionen Acres Land umverteilt waren. »Ich bin gekommen, um euch in Liebe zu plündern«, soll er gesagt haben.

Zum Erstaunen vieler erreichte er sein Ziel tatsächlich: Bis 1957 war Vinoba etwa 20.000 Kilometer gewandert und hatte durch seine Gespräche mit den Landbesitzenden etwa zwei Millionen Hektar zur Umverteilung geschenkt bekommen. Insgesamt sammelte er etwa 2,5 Millionen Hektar ein. Damit hatte Vinoba für den mit Abstand größten friedlichen Landtransfer in der Geschichte der Menschheit gesorgt. Und das ohne ein einziges Geldstück – allein mit der Kraft seines Commitments. ↗ *http://vinoba.in*

DER COMMITMENT-TEST

Echtes Commitment zeigt sich vor allem in Taten, Dennoch könnt ihr mit dem Commitment-Test die Erfolgswahrscheinlichkeit eures Projektes ermitteln, bevor ihr an die Umsetzung geht. Die Voraussetzung dafür ist ein fertiger Projektplan und ein Gesamtbudget – zum Beispiel erstellt mithilfe der Methode »20-Minuten-Budget« (↗ Seite 145).

Hinter diesem Test steht die Überzeugung, dass kein Projekt am Geld scheitert. Es scheitert eher daran, dass das Commitment nicht groß genug war, um ausreichend Geld aufzutreiben. Deshalb basiert der Commitment-Test auf der einfachen (geschlossenen) Frage:

Wenn für das Projekt die notwendigen Finanzmittel nicht zusammenkommen: Bist du bereit, ein Viertel des Verlustes aus eigenen Mitteln zu finanzieren?

Eine alternative Frage könnte auch sein: »Bist du bereit, für ein Viertel des Budgets die Verantwortung zu übernehmen?«. Alle, die diese Frage mit »Ja« beantworten, verpflichten sich dem Projekt auf besondere Weise. Sie haben während der Projektumsetzung bei allen finanziellen Entscheidungen das letzte Wort.

Wer die Frage verneint, kann weiterhin Mitglied im Projektteam sein – auch ein total engagiertes, das viele Aufgaben übernimmt und für das Gelingen überaus wichtig ist. Er oder sie kann an allen Entscheidungen beteiligt sein – bis auf strittige finanzielle Entscheidungen. Es geht also beim Commitment-Test auf keinen Fall darum, Menschen aus dem Projekt auszuschließen!

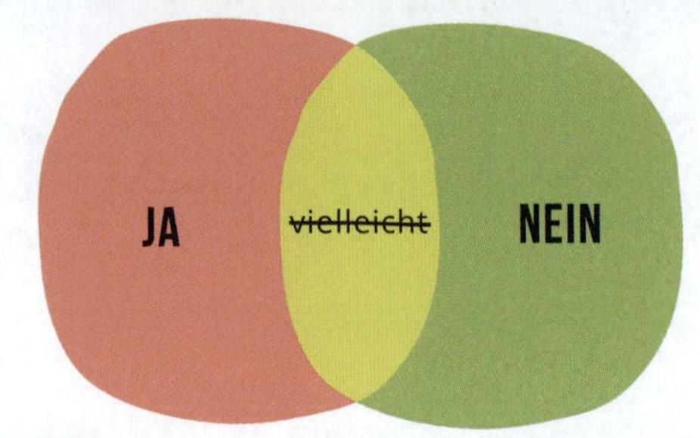

Wenn es sich nicht gerade um ganz kleine Budgets handelt, sollten sich mindestens vier Menschen verpflichten (daher auch die Frage nach dem Viertel des Verlustes). Bei großen Projekten und Budgets können auch mehr sinnvoll sein. Andernfalls steht das Projekt auf sehr wackeligen Füßen. Je mehr Mitglieder sich verpflichten, desto geringer ist natürlich das Risiko für den Einzelnen. Dann fragt sich nicht mehr, ob jemand für ein Viertel der Summe haften will, sondern nur für ein Sechstel oder sogar weniger. So steigen die Erfolgsaussichten des Projektes insgesamt.

Doch so sehr sich ein Team an dieser Stelle wünscht, es mögen sich möglichst viele Menschen verpflichten: Wichtig ist, wie immer beim Dragon Dreaming, dass ein »Nein« genauso gut ist wie ein »Ja«. Zum einen hängt die Antwort nicht nur davon ab, wie sehr jemand an das Projekt glaubt. Auch wie viel Geld gerade in das Leben einer Person hinein- und hinausfließt, spielt dabei eine Rolle.

Zum anderen ist niemandem gedient, wenn sich Menschen zu einem »Ja« gedrängt fühlen – und sei es auch nur sehr, sehr subtil. Denn wenn es kein echtes »Ja« ist, wird es sich die Person später überlegen und entweder offziell oder inoffiziell aus ihrer Verpflichtung zurücktreten. Deshalb solltet ihr ein »Nein« genauso feiern und wertschätzen, wie ein »Ja«.

VARIATION: ZEIT-BUDGET TESTEN

Lebenszeit ist das Wertvollste, das wir haben. Daher teste ich das Commitment oft mit Zeit statt mit Geld. Dazu schätzen wir mit dem »20-Minuten-Budget« das gesamte Zeitbudget des Projektes. Dann machen wir eine Runde, in der ich jede einzelne Person frage: »Wie viele Stunden pro Woche kannst oder willst du in dieses Projekt investieren?«

Jede Antwort ist dabei richtig und wertvoll. Selbst wenn jemand sagt »keine Zeit«, bedanke ich mich für die Offenheit und Klarheit. Wir notieren alle Zeitangaben, addieren sie und multiplizieren sie mit der Zahl der Wochen bis zum Projektende plus etwas Puffer für Urlaube und Ähnliches.

Nun vergleichen wir den Wert mit dem geschätzten Zeit-Budget. Liegt die real mögliche Zeitinvestition weit unter dem geschätzten Budget, so kann das Team prüfen: Können wir die Aufgaben im Projektplan priorisieren und manche nach hinten stellen? Nehmen wir in Kauf, dass die Umsetzung länger dauert als gedacht? Und/oder können wir weitere Mitglieder ins Team holen?

Diese Vorgehensweise eignet sich für ehrenamtliche Projekte, bei denen es manchmal an Verbindlichkeit mangelt. Sie ist aber auch sinnvoll, um zu prüfen, ob Mitarbeitende ein neues Projekt mit den geplanten Zeitressourcen überhaupt stemmen können. ↗ *Wiebke Schwarzpaul, Dragon-Dreaming-Facilitation und Mediation, http://schwarzpaul.com*

ABLAUF: COMMITMENT-TEST

Die Gruppe setzt sich in einen Kreis. Eine Person übernimmt die Moderation. Der Projektplan und das Geld-Budget hängen gut sichtbar im Raum. Nehmt euch für diesen Prozess Zeit und schenkt ihm etwas Feierlichkeit – es geht immerhin um den Erfolg eures Projektes! Schmückt daher die Kreismitte sorgfältig, zündet eine Kerze an – sorgt für eine schöne Athmosphäre.

Beginnt mit einer gemeinsamen Stillepause, vielleicht sogar einer geführten Meditation. Nehmt noch einmal Verbindung zum Projekt auf und prüft, welchen Raum es in eurem – vielleicht hektischen und vollen – Alltag bekommen soll und kann. Seid ehrlich.

Nun geht die Moderation feierlich im Kreis herum. Sie stellt sich vor jedes einzelne Mitglied und stellt mit der Haltung der authentischen Kommunikation die links genannte Frage. Die Moderation bedankt sich bei jeder Person für ihre Antwort – egal, ob es ein »Ja« oder ein »Nein« war. Gewürdigt wird die Authentizität und Ehrlichkeit der Antwort – nicht die Nützlichkeit. Wenn es für euch passt, kann auch die ganze Gruppe die Antwort durch Klatschen, Handzeichen oder auf andere Weise wertschätzen.

Gibt es mehr als vier Ja-Antworten, verteilt sich das Risiko auf mehr Schultern. Dann kann es geschehen, dass sich noch mehr Menschen verpflichten. Klärt dann in einer zweiten Runde, ob es unter den neuen Bedingungen mehr Menschen gibt, die »Ja« sagen können.

FALLS COMMITMENT FEHLT

Wenn sich nicht genug Menschen für das Projekt verpflichten können, ist es noch nicht gestorben. Es ist aber ein Anlass zum Innehalten und Nachdenken. Folgende Schritte sind dann möglich:

1. **Das Projekt ist mir wichtig, aber das Budget zu groß:** Prüft, ob ihr das Projekt auch kleiner aufhängen könnt. Geht dazu beispielsweise durch den Projektplan und schaut, ob sich manche Aufgaben streichen oder mit weniger Budget verwirklichen lassen. Vielleicht könnt ihr aber auch euer Team erweitern. Womöglich ändert sich das Ergebnis des Commitment-Tests, wenn ihr Menschen mit bestimmten Fähigkeiten und Ressourcen im Team habt?

2. **Das Projekt ist mir nicht wichtig genug:** Kehrt noch einmal in die Traumphase zurück und überprüft die Motivation. Möglich wäre ein Traumkreis mit der Frage: »Wie müsste das Projekt aussehen, damit ich bereit bin, bei einem Totalausfall unserer Finanzierung ein Viertel des Budgets zu tragen?«

3. **Die Zeit ist einfach noch nicht reif:** Vielleicht ist jetzt nicht der richtige Zeitpunkt für das Projekt. Feiert, dass ihr das erkannt habt, bevor ihr viel Zeit und Geld investiert habt. Überlegt, ob ihr euch nach einiger Zeit noch einmal treffen und den Test wiederholen möchtet.

VARIATION: NACH DEM TRAUMKREIS

Der Dragon-Dreaming-Trainer Rainer Tiefenbacher wendet den Commitment-Test auch direkt nach dem Traumkreis an: »Das hilft Menschen, bewusst über die Schwelle vom Träumen zum Planen zu gehen«. Dazu geht ein Redestein im Kreis herum und alle Teilnehmenden beantworten die Frage: »Ist dies zu 100 Prozent mein Traum – wohl wissend, dass ich nicht alles selbst umsetzen muss?«.

Gibt es Menschen, die »Nein« antworten, so ist dies ein guter Anlass für einen Austausch: Zwar muss sich niemand dafür rechtfertigen, aber alle sind eingeladen, ihre Gründe mitzuteilen. »Manchmal zeigt sich, dass es ein Missverständnis gibt, das sich schnell beheben lässt«, erklärt Rainer. Manchmal steckt dahinter aber auch ein echter Widerstand gegen einen oder mehrere Träume.

Dann geht Rainer tiefer und fragt, welche Bedürfnisse und Wünsche hinter dem Traum stecken. »In der Regel finden wir so eine Ebene, auf der alle mitgehen können«, sagt er. Es kann aber auch geschehen, dass Menschen deshalb ausscheiden. Dann sollte sich ein Team überlegen, ob es die Träume dieses Menschen behalten und im weiteren Prozess mitdenken will – oder nicht.

Alle, die die Frage mit »Ja« beantwortet haben, stellen sich anschließend im Projektrad (das auf dem Boden ausgelegt ist) in den Quadranten »Träumen«. Von dort bewegen sie sich in ihrer Geschwindigkeit und ihrem Stil über die Schwelle zum »Planen«. Falls gewünscht, dokumentiert Rainer das mit Fotos. ↗ *Rainer Tiefenbacher, Wien, Dragon-Dreaming-Trainer, http://evia.at*

DER TEST IM RAUM

Den Commitment-Test wende ich gerne an. Für mich ist Dragon Dreaming unter anderem deshalb so wertvoll, weil es zeigt, ob ein Projekt reif für die Umsetzung ist. Am Anfang sind ja immer viele Menschen voller Schwung und Begeisterung. Was ein Projekt dann meist braucht, ist eine Art Realitätscheck. Denn es nützt niemandem, wenn sich Menschen zwar im Projektplan für alle möglichen Aufgaben eintragen – dann aber nichts davon machen, weil in Wahrheit das Commitment nicht reicht.

Deshalb mache ich den Commitment-Test nicht nur auf finanzieller Ebene, sondern auch für die Zeit. Zudem habe ich die Methode erweitert: Ich führe sie als Barometer durch. Dazu lege ich im Raum zwei Punkte fest, die möglichst weit voneinander entfernt sind. Der eine Punkt bedeutet »100 Prozent Ja« und der andere »Nein, ich übernehme keine Verantwortung«. Nun stellen sich die Mitglieder dort auf, wo sie sich sehen. Das ergibt ein vollkommen anderes, viel aussagekräftigeres Bild. Denn es ist ein riesiger Unterschied, ob jemand bei 99 Prozent steht oder bei 51!

Außerdem frage ich auch nach, warum die Menschen stehen, wo sie stehen. Manchmal zeigt sich, dass es einfach ein Missverständnis gab – und sobald das geklärt ist, stehen sie auf einmal ganz woanders. Manchmal bringt das aber auch zum Vorschein, wo es beim Projektplan noch hapert. Ich beginne meist mit den Menschen an den äußersten Grenzen. Also warum steht jemand ganz nah bei den 100 Prozent? Das sind meist Dinge aus dem Traumkreis. Aber es ist dennoch gut, das noch mal zu benennen und zu feiern.

Und am anderen Ende der Skala die Menschen nahe der null Prozent: Was sind ihre Bedenken? Vielleicht sagt jemand: »Ich hab noch so viele Schulden, sodass ich keine weitere Verbindlichkeit übernehmen kann. Aber ich stehe voll hinter dem Projekt.« Das ist etwas ganz anderes, als wenn Menschen nicht so richtig an das Projekt glauben.

Oder es kann vorkommen, dass es zwar vier Personen bei »Ja« gibt – aber eben auch fast der ganze Rest des Teams bei »Nein« steht. Dann sage ich: »Überlegt euch das noch mal.« Und zwar nicht nur den Menschen, die bei »Nein« standen, sondern auch denen, die sich bei »Ja« hingestellt haben.

↗ Ita Gabert, Dragon-Dreaming-Trainerin, Brasilien & Deutschland

DAS STARTUP »GOODMOTION«

Stell dir vor, es gäbe einen Fahrradanhänger, der seine Geschwindigkeit automatisch mithilfe eines Elektromotors und einer Bremse an dein Tempo anpasst. Du könntest jedes Rad mühelos zum Lastenrad umbauen – und würdest das Gewicht noch nicht einmal merken! An dieser genialen Idee bastelt das Freiburger Startup »Goodmotion«.

Der Gründer Simon Bornmann hat aber noch größere Pläne: Er möchte nicht nur die Mobilitätswende voranbringen. Er möchte auch ein Unternehmen mit einer besonderen, wertschätzenden Kultur aufbauen. 2019 lernte er den Dragon-Dreaming-Facilitator Janis Tomilin kennen und war sofort interessiert: Er selbst nutzte zu diesem Zeitpunkt bereits die gewaltfreie Kommunikation von Marshall Rosenberg. Dragon Dreaming knüpft mit seiner Kultur an dieses Konzept an – bietet darüber hinaus aber die pragmatischen und spielerischen Methoden, um Projekte zu planen.

Und so traf sich das siebenköpfige Goodmotion-Team zu einem gemeinsamen Workshop-Wochenende. »Wir haben geträumt, die strategischen Ziele entwickelt und einen Projekt-Spielplan erstellt«, erinnert sich Janis. Anschließend übernahm das Team einiges aus dem Dragon Dreaming. Zum Beispiel nutzt es das Schweigen und die Stille bewusst, um sich immer mal wieder zu fokussieren und besser zuhören zu können oder um eine Analyse-Paralyse zu beenden. Außerdem gestaltet das Team seitdem seine Meetings nach den vier Phasen des Projektrades: mit Zeiten für das Träumen, Planen, Handeln und Feiern.

Wirklich spannend wurde es, als das Team das Gesamtbudget für das Geld und die Zeit mit der

Methodes »20-Minuten-Budget« schätzte – und anschließend den Commitment-Test in leicht abgewandelter Form machte: Simon Bornmann ging im Kreis herum, stellte sich vor jedes Teammitglied und fragte, wie viel Zeit und Geld dieser Mensch bereit war, in das Projekt zu investieren.

»Es war für uns alle berührend, zu sehen, dass wir mehr Geld ins Projekt geben wollten und konnten, als wir gedacht hätten«, erinnert sich Janis. Beim Thema »Zeit« sah es etwas anders aus: Das, was das Team an Zeit investieren konnte, reichte nicht, um all die Ideen und Aufgaben zu verwirklichen, die es zuvor im Spielplan gesammelt hatte. Außerdem zeigte sich, dass das Commitment recht unterschiedlich ausfiel. Während manche das Startup zum Hauptprojekt in ihrem Leben machten, konnten sich andere nur wenige Stunden pro Woche dafür einsetzen.

»Das war im ersten Augenblick vielleicht für manche ein bisschen enttäuschend«, meint Janis. Denn damit verteilten sich natürlich auch die Aufgabenlast und die Verantwortung auf weniger Schultern. Dennoch war diese Erkenntnis für das Team ein echter Wendepunkt: Es folgte ein tiefgehender Austausch über die unterschiedlichen Erwartungen, Rollen und Möglichkeiten. Alle waren sich einig, dass sie das Projekt unbedingt zusammen machen wollten. Die Frage war nur »Wie?«. So saß das Team noch bis spätabends zusammen und überlegte. »Insgesamt kamen so erstmals Themen auf den Tisch, deren Klärung für das ganze Team unheimlich wichtig war«, so Janis. ↗ *Janis Tomilin, Dragon-Dreaming-Trainer aus Freiburg*

Oben: Das Team von Goodmotion bei der Arbeit. Alle Neueinsteigenden beim Startup bekommen eine Einführung ins Dragon Dreaming.

Rechts: Ein autonom fahrender Elektro-Anhänger für jedes Fahrrad – der Traum des Freiburger Startup »Goodmotion«. www.goodmotion.de

PROJEKTE STERBEN LASSEN

Dragon Dreaming entfacht in der Regel unheimlich viel Begeisterung und Motivation. Die Teammitglieder fühlen sich sehr nahe und zugleich total beflügelt von Träumen und Zielen, die ihre innersten Bedürfnisse, Sehnsüchte und Werte verkörpern. Das ist eine tolle und sehr wichtige Erfahrung, auf der Projekte wunderbar wachsen und gedeihen können. Viele, die Dragon Dreaming nutzen, haben aber auch erlebt, dass sich ein Team durch den Prozess in ein Projekt verliebt. Berauscht von ihrer Euphorie nehmen sich Menschen dann viel zu viel vor. Die Realität gleitet aus ihrem Blickfeld.

In diesem Zustand fällt es den allermeisten Menschen schwer, die Vorstellung zuzulassen, dass sich ein geliebtes Projekt vielleicht nicht verwirklichen lässt. Vor allem, wenn das Team bereits einiges an Zeit, Mühe und Geld investiert hat. Natürlich ist es ein Fehler, bei der ersten Herausforderung gleich aufzugeben. Zugleich ist es aber auch ein sehr negatives Erlebnis, wenn Menschen Zeit und Energie in ein Projekt stecken, das angesichts der Umstände (jetzt gerade) keine Chance hat.

Wenn du mit deinem Team entscheidest, dass es Zeit ist, eine Projektidee zu beerdigen, solltet ihr es nicht einfach im Sande verlaufen lassen. Nehmt euch Zeit, um eure Erfahrungen auszuwerten, zu reflektieren und zu feiern. Auf diese Weise könnt ihr auch aus einem gescheiterten Projekt wichtige Erkenntnisse für eure nächsten Ideen mitnehmen.

Rechts findest du typische Phasen des Abschieds. Oft ist es hilfreich, wenn ihr euch dazu eine externe Moderation einladet, die emotional nicht eingebunden ist.

1. Annehmen, was ist: Im ersten Schritt geht es darum, die Realität weder zu verdrängen noch zu verzerren, sondern zu akzeptieren. Opfer brauchen Raum zur Klage, obgleich ihr Schuldzuweisungen so weit wie möglich eingrenzen solltet. Wichtig ist, dass ihr destruktive Kommunikation erkennt und in konstruktive Muster verwandelt.

2. Trauer zulassen: Welche Hoffnungen, Träume und Erwartungen wurden enttäuscht? Welche Gelegenheiten verpasst? Welche Konflikte haben Wunden hinterlassen? Fast immer kommen hier auch persönliche Erfahrungen mit beruflichen oder privaten Abschieden. Eine gute Begleitung kann helfen, Übertragungen ausfindig zu machen und alte Wunden zu heilen. Neben der Wertschätzung des Geleisteten solltet ihr euch auch eurem eigenen Anteil am Scheitern stellen mitsamt aller Schuld- und Schamgefühle.

3. Die Perspektive wechseln: Idealerweise kommt nach dieser Phase eine Wende. Zum Beispiel kann die bewusste Konfrontation mit dem eigenen Scheitern einen heilsamen Abstand zu unserer Kultur des »höher, schneller, weiter« schaffen, was durchaus zu persönlichem Wachstum führen kann. Es kann auch helfen, das Ende des Projektes in einem neuen Gesamtzusammenhang zu sehen. Selbstorganisierende Prozesse in der Chaostheorie brauchen Zerstörung und Entwicklung für ihren Erhalt. Vielleicht dient ja auch der Zerfall dieses Projektes der Weiterentwicklung einer größeren Einheit?

4. Weise Auswerten: Tragt zusammen, welche Erkenntnisse und Weisheiten ihr gewonnen habt. Überlegt, was das für eure kommenden Projekte bedeutet.

WEISHEITEN FÜRS COMMITMENT

- Wenn es keinen Spaß macht, lohnt es sich nicht.
- Tue das, was du tust, mit ganzem Herzen – oder gar nicht.
- Übernimm die Verantwortung für alle deine Entscheidungen.
- Selbstverantwortung ist die Quelle von Respekt und Anerkennung.
- Der Sinn deines Lebens ergibt sich aus der Summe aller noch so kleinen alltäglichen Taten.
- Du kannst an Gras nicht ziehen, damit es schneller wächst.
- Energie folgt der Aufmerksamkeit.
- Kein Projekt scheitert am Geld, höchstens an mangelndem Commitment.
- Sieh, was du gewinnst, wenn du auf etwas anderes verzichtest.

ZEIT ZUM NACHDENKEN

Nimm dir dein Notizbuch und beantworte die Fragen: Wann spürst du ein hohes Commitment zu einer Sache oder einem Projekt? Bei welchen deiner aktuellen Projekte ist das der Fall?

STÄRKENDE FINANZKONZEPTE

Geld scheint vielen einer der wesentlichen Gründe, warum Träume platzen. Und tatsächlich: Mit vielen Ideen lässt sich nur schwer oder gar kein Geld verdienen. Und so finden sich manche in einer Erwerbsarbeit wieder, die sie zwar nicht erfüllt, die aber ihren Lebensunterhalt bestreitet. Doch dann bleibt oft kaum Raum für Dinge, die ihnen eigentlich wichtig sind. Andere versuchen, ihre Träume zu verwirklichen und nehmen dafür überaus prekäre Lebenssituationen in Kauf.

Lynn Twist, Gründerin des Soul-of-Money-Instituts, sieht uns alle in einem lebenslangen Kampf zwischen finanziellen Zwängen und dem »Ruf unserer Seele« stecken. Diese beiden Sphären könnten unterschiedlicher nicht sein: »Wenn wir uns im Feld der Seele bewegen, handeln wir mit Integrität. Wir sind nachdenklich, großzügig, mutig und hingebungsvoll. Wir erkennen den Wert von Liebe und Freundschaft«, schreibt sie in ihrem Buch »Die Seele des Geldes«.[1] Im Reich des Geldes herrschen hingegen andere Regeln. Hier sehen wir uns als Gewinnende oder Verlierende – und lassen uns von diesen Etiketten zutiefst als Mensch bestimmen. Finanzieller Reichtum steht für Überlegenheit, finanzielle Armut für individuellen Mangel.

Das macht uns ängstlich, misstrauisch, einsam und sorgenvoll und treibt uns zu Verhaltensweisen, die unseren innersten Werten eigentlich gar nicht entsprechen. So entsteht eine Kluft: Auf der einen Seite das »Ich«, das ich gerne sein möchte – auf der anderen das »Ich«, das ich glaube, sein zu müssen, um nicht unterzugehen. Das gilt für uns als Individuen ebenso wie als Kollektive: Unternehmen sehen sich gezwungen, soziale und ökologische Kosten soweit wie möglich auszulagern, um konkurrenzfähig zu sein (↗ Geld-Spiel, Seite 160). Selbst als Gesellschaft meinen wir uns Dinge wie den Klima-, Umwelt- und Tierschutz oder Fairness entlang der Lieferketten einfach nicht leisten zu können. **»Es ist nicht genug für alle da«**, denken wir mehr oder weniger unbewusst und finden nichts dabei, dass viele gute Ideen und Ideale am Geld scheitern.

Doch stimmt das überhaupt? Wir finden, Zweifel sind berechtigt. Allein an Geld (also Münzen, Scheine, Bankguthaben, Schuldscheinen und Ähnlichem) gibt es knapp 84 Trillionen US-Dollar auf der Welt.[2] Teilst du diese Summe durch die rund 7,8 Milliarden Menschen, die derzeit die Erde bevölkern, ergibt das pro Nase ein Vermögen von 10.769.230.769 US-Dollar. Wohl genug, um sehr, sehr viele idealistische Projekte zu finanzieren.

Wir Autorinnen sind daher der Meinung: Kein Traum scheitert am Geld! Er scheitert vielleicht an der Motivation, dem Selbstvertrauen oder der Fähigkeit, das Geld zu beschaffen. Und ganz bestimmt scheitern Träume an den Machtverhältnissen und Zwängen, die die von uns geschaffene Kultur des Geldes mit sich bringt. Geld ist momentan eben nicht einfach nur ein Mittel zum Tauschen. Es ist auch ein Mittel der Ausgrenzung und Unterdrückung. »Ohne Zweifel ist Geld derzeit eine der größten Quellen für Wunden, die Individuen mit sich herumtragen«, meint John Croft.[3]

»Mehr ist besser«, scheint in so einer Situation eine vernünftige Schlussfolgerung, die der Absicherung dient. Selbst Milliardäre machen sich Sorgen um Geld – ja, vielleicht sogar noch mehr als Menschen, die wissen, dass sie mit sehr wenig Geld auskommen können, weil sie arm sind.

Das führt zu ganz absurden Realitäten: Sicherheit scheint uns wichtiger als Integrität, ein erfülltes Leben oder gute Beziehungen; ein steigender Börsenkurs mehr als Tausende hungernde Menschen – kurz, Geld scheint wichtiger als Leben. Mit Abstand betrachtet, ist es unglaublich, wie viel Leid und Vernichtung wir Menschen unabsichtlich und unbewusst durch das System »Geld« in die Welt bringen. Doch zu tief sitzt unser Glaube **»Es gibt keine Alternative«**, als dass wir uns in der Lage sähen, ernsthaft etwas daran zu verändern.

Und doch lassen sich die drei Meta-Ziele von Dragon Dreaming nur erreichen, wenn wir eine neue Win-Win-Kultur des Geldes entwickeln und etablieren. Uns das zu erarbeiten, ist eine der wichtigsten Aufgaben unserer Zeit. Das kann jedoch nicht allein gelingen (oder nur sehr wenigen, erleuchteten Menschen). Es klappt nur in Gemeinschaft. Dragon-Dreaming-Projekte bieten dazu den Raum.

Denn als Team könnt ihr die Rahmenbedingungen so setzen, dass sie euch genug Mut und Vertrauen geben, um persönliche und kollektive Ängste, Vorurteile und negative Glaubenssätze anzugehen. In diesem Kapitel findest du einige Ideen und Methoden, um dein Verhältnis zum Geld zu verändern: Weg von der Abhängigkeit, dem Schmerz und der Verunsicherung hin zu einer Beziehung zum Geld, die von Freiheit, Sinnhaftigkeit, Großzügigkeit, Vertrauen und gegenseitiger Unterstützung getragen wird.

Selbst nach all dieser Zeit
sagt die Sonne nie zur Erde:
»Du stehst in meiner Schuld.«

Schau, was eine solche Liebe bewirkt –
sie erleuchtet den ganzen Himmel.

Hafis (Sufi Meister)[4]

DAS GELD-SPIEL

Geld ist eines der zerstörerischsten Win-Lose-Spiele der Welt. Das »Money Game«, das John Croft zu Beginn seiner Workshops zum Thema »Empowered Fundraising« spielt, macht Menschen schnell bewusst, warum. Du kannst es mit etwa zwölf bis 30 Personen spielen.

1 Jede Person erhält ein Bündel fiktiver Geldscheine – und zwar so viel, wie das durchschnittliche Jahresgehalt geteilt durch 52 ist (in Deutschland wären das 918 Euro). Erkläre allen, dass dies das Durchschnittsgehalt pro Woche ist. Frage in die Runde, wer mehr oder weniger verdient. Meist verdienen nur wenige mehr, die meisten weniger.

2 Erkläre alle zu Mitarbeitenden deiner Firma. Mit ihrem Wochenlohn können sie durch den Raum laufen und Dinge kaufen: Treffen zwei Menschen aufeinander, sagt Person A, was sie braucht. Person B entscheidet, ob sie das Gesuchte anbietet und wie viel es kostet (alle können verkaufen, was sie möchten). Person A handelt, kauft oder geht weiter. So kaufen und verkaufen alle etwa 15 bis 20 Minuten.

Was niemand weiß (und was du vorbereiten musst): Eine Person hat den geheimen Aufrag so viel Geld wie möglich anzuhäufen, ohne das zu verraten.

3 Nach einer Weile kommen alle wieder zusammen und stellen sich entsprechend ihres restlichen Geldbetrages in einem Kreis auf. Die Person links von dir hat am meisten Geld, die rechts von dir am wenigsten. In der Regel haben einige wenige mehr Geld als zu Beginn, und viele haben weniger.

Die Person mit dem geheimen Auftrag steht vermutlich links neben dir. Erkläre der Gruppe nun, dass es sich hierbei um einen globalen Konzern handelt. Also um eine juristische Person, deren einziger Auftrag darin besteht, so viel Geld wie möglich zu erwirtschaften. Soziale und ökologische Kosten versucht sie soweit wie möglich auszulagern, Steuern zu vermeiden, die Gesetzgebung zu ihren Gunsten zu beeinflussen. Das alles mit recht großem Erfolg.

4 Durch den Konzern gibt es nun weniger Geld in der Gemeinschaft (der Gruppe). Teile der Gruppe mit, dass du als lokales Unternehmen dadurch leider weniger Einnahmen hast und nicht mehr alle Menschen beschäftigen kannst. Die Menschen mit dem wenigsten Geld sind leider fristlos entlassen.

5 Außerdem, erzählst du, musstest du dir das Geld, das du ihnen zu Beginn als Lohn verteilt hast, von der Bank leihen. Nun musst du es mit Zinsen zurückzahlen. Das bedeutet, dass du eigentlich mehr Geld einnehmen musst, nicht weniger. Und weil dein Unternehmen auch noch in Konkurrenz zu den Konzernen steht, musst du leider wie sie die sozialen und ökologischen Kosten externalisieren. Du weist deine Mitarbeitenden an, dass sie die Umweltverschmutzung, die die Firma letztens verursacht hat, verschweigen sollen. Und du stellst zwei oder drei Personen ab, die die Politik im Interesse des Unternehmens beeinflussen. Wer protestiert, wir entlassen.

6 Frage zwischendurch die arbeitslosen Menschen, wie sie ihren Lebensunterhalt bestreiten. Lass sie berichten, was sie machen, um aus der Arbeitslosigkeit herauszukommen, und wie es ihnen geht.

7 Danach erzählst du, dass der Staat Steuern erhebt. Und weil sich die Politik von der neoliberalen Vorstellung (Washingtoner Consensus) hat überzeugen lassen, gibt es einen einheitlichen Steuersatz für alle – 0,3 Prozent. Du übernimmst nun die Rolle des Staates und nimmst jedem den entsprechenden Steuerbetrag ab. Fang bei den Menschen mit dem geringsten Vermögen an und arbeite dich zu denjenigen mit viel Geld vor. Bei den zwei oder drei Reichsten angelangt, erklärst du, dass diese smarte Finanzberater haben und deshalb keine Steuern zahlen.

8 Nun kannst du den Anwesenden erklären, wozu die Steuereinnahmen in deinem Land üblicherweise so ausgegeben werden. Recherchiere das am besten vor Spielbeginn. In vielen Ländern geht rund ein Drittel an Staatsaufgaben (Schulen, Straßen, Subventionen und vieles mehr), ein Drittel an Regierungsprojekte und ein Drittel an das Sozialsystem.

9 Berichte, dass die Arbeitslosenzahl in eurem Land leider steigt (den anderen Unternehmen geht es wie dir). Die Steuereinnahmen sinken, die Sozialausgaben steigen, und die Regierung muss Geld leihen. Wende dich an den globalen Konzern und frage, zu welchen Konditionen du dir als Staat Geld leihen kannst. Dieser besteht auf einer Austeritätspolitik – also einem Abbau der öffentlichen Ausgaben, etwa für Sozialausgaben oder öffentliche Einrichtungen wie Schulen oder Bibliotheken.

10 Wende dich an die Arbeitslosen und frage sie, ob sie letzte Woche gearbeitet und wie viel sie verdient hätten. Frage sie, wie viel sie für ihre Miete ausgeben mussten. Antwortet jemand »Nichts«, so erklärst du, er oder sie sei obdachlos und habe somit keinen Anspruch mehr auf Sozialhilfe. Empfehle ihm oder ihr, für den Lebensunterhalt zu betteln, Drogen zur verkaufen oder eine sonstige illegale Tätigkeit anzunehmen. Kriminelle Aktivitäten nehmen keinen kleinen Anteil der weltweiten Wirtschaftsleistung ein.

Abschluss: Tauscht euch abschließend darüber aus: Was war neu für die Gruppenmitglieder? Welche Anmerkungen und Ergänzungen haben sie? Was denken und fühlen sie nun?

GUTE ALTERNATIVEN

Geld ist an sich weder gut noch schlecht. Es liegt an uns, wie wir es verwenden. Unser Problem ist, dass die toxische Geldkultur allgegenwärtig ist und reale Sachzwänge erzeugt. Sie umgibt uns wie Wasser die Fische: Es fällt uns gar nicht mehr auf, wo uns diese Win-Lose-Kultur überall einzwängt und von dem abbringt, was wir uns eigentlich wünschen. Es erscheint uns normal und alternativlos.

Deshalb ist es auch so schwer, Geld als Individuum anders zu sehen und zu nutzen. Doch eine Gemeinschaft von Menschen kann im Rahmen eines Dragon-Dreaming-Projektes beschließen, wie sie anders mit Geld umgehen will. So entsteht ein Raum der Sicherheit und des Vertrauens, in dem sich lang gehegte Ängste und Vorurteile überwinden lassen.

Ein guter erster Schritt ist, Geld im Team bewusst zum Thema zu machen: Welche Beziehung habe ich als Individuum zu Geld? Welche negativen Glaubenssätze habe ich in meiner Kindheit gelernt? Wie sieht es bei den anderen aus? Verbinden sich mit Geld unbewusste Machtstrukturen in unserem Team? All dies einfach nur zu sehen und zu benennen, kann schon viel verändern.

Danach ist es ein Reigen aus »Motivation«, »Informationen sammeln«, »Alternativen prüfen«, »Strategie entwickeln« und »Testen« (↗ Projektrad, Seite 38), um nach und nach herauszufinden, wie ihr Geld zu einem Instrument der Großzügigkeit, Freude und Zuneigung machen könnt. Empowered Fundraising ist eine Möglichkeit (↗ Seite 164). Rechts findest du weitere Ideen, die in der Dragon-Dreaming-Praxis und darüber hinaus Anwendung finden.

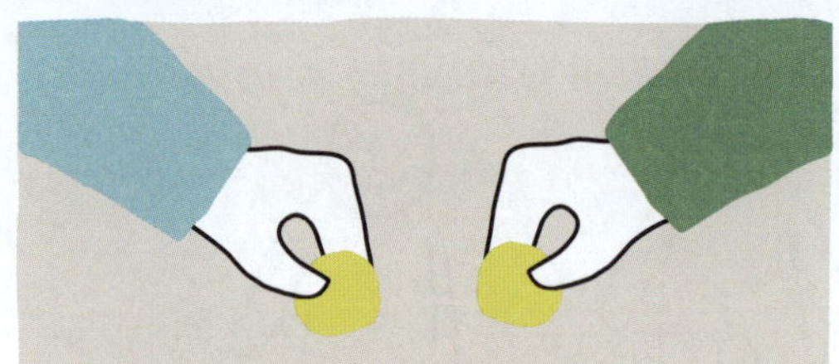

Gemeinsame Ökonomie (GemÖk): Menschen tun sich zusammen und teilen ihr Einkommen. Alle zahlen dieses in einen gemeinsamen Topf, aus dem sich jede und jeder so viel nehmen kann, wie er oder sie braucht. Klingt für manche banal, für manche beängstigend. Das Ziel: Herrschaft, Abhängigkeit und Ungleichheit überwinden und Freiheit gewinnen.

Solidarische Löhne: Die Mitarbeitenden eines Unternehmens oder einer Organisation erhalten alle den gleichen Lohn – von der Reinigungskraft bis zum Geschäftsführenden. Oder: Alle Mitarbeitenden erhalten einen Lohn entsprechend ihrer Bedürfnisse. Wer etwa vier Kinder hat, bekommt mehr als ein Single.

Solidarische Finanzierung: Steht das Budget für ein Projekt, zahlen Menschen einen von ihnen frei gewählten Betrag ein. Ist das Budget danach nicht gedeckt, gibt es weitere Runden, in denen alle geben, was sie können und wollen. So finanzieren sich etwa Solidarische Landwirtschaftsbetriebe oder auch Bildungs- und Kulturveranstaltungen.

Schenken statt kaufen: Es gibt mittlerweile etliche Cafés und Restaurants weltweit, in denen Menschen nicht das bezahlen, was sie verzehren. Sie bezahlen ein Gericht und/oder Getränk für einen oder mehrere folgende Gäste. Das gleiche Prinzip gibt es auch für Seminare und Retreats oder Umsonstläden. Dahinter steht teilweise auch die Idee, dass Schenken eine wichtige spirituelle Praxis ist.

Crowdfunding: Viele finanzieren gemeinsam ein Vorhaben. Das kann die Gründung eines Unternehmens oder eines Projektes sein, wie ein Buch oder ein Musik-Album.

> »Man ändert nie etwas, indem man die bestehende Realität bekämpft. Um etwas zu ändern, muss man ein neues Modell entwickeln, das das bestehende Modell überflüssig macht.«
> *Buckminster Fuller*[5]

- **SEI EHRLICH – FRAGE NUR NACH DEM, WAS DU WIRKLICH BRAUCHST.**
- **SEI DIR BEWUSST, WIE VIEL LIEBEVOLLE ARBEIT IN DEN DINGEN STECKT, DIE DU HAST – SCHÄTZE UND PFLEGE SIE ENTSPRECHEND.**
- **SCHENKE WEITER, WAS DU NICHT MEHR BRAUCHST.**
- **WAS AUCH IMMER DU TUST, TUE ES MIT GANZEM HERZEN – UND LASSE ES DANN LOS.**
- **SUCHE DEN BLICKKONTAKT, WENN DU ETWAS VERSCHENKST ODER ERHÄLTST – MACHE EINE ECHTE BEGEGNUNG DARAUS.**
- **SEI DIR BEWUSST, DASS JEMAND, DER ETWAS GIBT, BEREITS ETWAS SEHR KOSTBARES DAFÜR ERHÄLT – ÜBERTREIBE DEINE DANKBARKEIT NICHT, ABER SCHÄTZE DAS GESCHENK GEBÜHREND.**
- **BEACHTE DEINE GEFÜHLE. WENN DU GEIZ, NEID ODER EGOISMUS BEIM GEBEN ODER NEHMEN IN DIR ENTDECKST, DANN LÄCHELE DIESES GEFÜHL AN.**

Bedingungslos schenken ist so ziemlich das subversivste, was Menschen in einer Win-Lose-Geldkultur tun können. Die Dragon-Dreaming-Trainerin Ita Gabert (Brasilien) hat sieben Regeln entwickelt, die eine Kultur der Schenk-Ökonomie etablieren.

EMPOWERED FUNDRAISING

Beim »Empowered Fundraising« geht es nur vordergründig um die Mittelbeschaffung für ein Projekt. In Wahrheit geht es genauso darum, eine andere, positive Haltung zu Geld zu bekommen. Es hilft dir zu lernen, wie du das »Ich« sein kannst, das du gerne sein möchtest – und dich mit anderen Menschen über sinnstiftende Projekte verbindest.

Empowered Fundraising funktioniert jedoch nur, wenn dein Projekt ein Anliegen verfolgt, das für eine bestimmte Gemeinschaft eine Bedeutung hat – das kann eine Nachbarschaft sein, eine Dorf- oder Stadtgemeinschaft, eine Kirchengemeinde, ein Sportverein, eine Universität oder Schule oder jede andere Art von Community. Das ist ähnlich wie beim Crowdfunding. Insofern dient das Empowered Fundraising immer auch als eine Art »Poof of Concept« für dein Projekt. »Wenn das Geld für ein Projekt einfach zu bekommen ist, dann weißt du, dass dein Projekt eine gute Chance hat, erfolgreich zu sein. Wenn sich das als schwierig erweist, dann solltest du zum Beispiel deine Alternativen erneut prüfen und eine neue Strategie entwickeln«, meint John Croft.[6]

Der Grund ist, dass es beim Empowered Fundraising nicht nur um Geld geht. »Empowered Funding basiert auf der Idee, dass das größte Geschenk, das wir jemandem machen können, die Chance ist, ein sinnvolles Leben zu führen, das einen Unterschied macht«, erklärt John Croft.[7] Wir alle haben vermutlich nur ein Leben. Im Schnitt sind das in Deutschland 80 Jahre. In dieser Zeit einen Beitrag zu etwas zu leisten, das größer und bedeutsamer ist, als unsere Existenz, macht uns Menschen zufrieden und schenkt unserem Leben Sinn.

Beim Empowered Fundraising geht es nun darum, mit einem Menschen eine Beziehung aufzubauen und ihn zu genau solch einem Projekt einzuladen. Ein finanzieller Beitrag ist dabei nur eine von vielen Möglichkeiten, wie jemand Teil des Projektes werden kann. Geldgebende stehen dabei nicht über jenen, die ihre Zeit und ihr Können investieren, wie das klassischerweise oft der Fall ist. Ihr Beitrag ist aber auch nicht weniger wert.

Menschen, die mit dieser Haltung ans Fundraising herangehen, sind keine Bittstellenden mehr. Sie richten ihre Aufmerksamkeit nicht mehr auf das, was ihnen fehlt (Geld) – sondern auf das, was sie geben können (Sinn und Gemeinschaft). Anstatt sich in Bezug auf Geld abhängig, machtlos und unterlegen zu fühlen, können Menschen so Großzügigkeit, Handlungsfähigkeit und Selbstwirksamkeit in sich erfahren.

Geld zu beschaffen, ist dann kein großer, beängstigender Drache mehr, keine unangenehme Aufgabe, die viele (vor allem Kreative und Weltverbesserende) zu vermeiden suchen. Es ist eher eine Möglichkeit, um dein Netzwerk zu vergrößern und zu vertiefen. Du kannst dadurch eine ganze Menge über deine eigenen negativen Glaubenssätze rund um das Thema »Geld« lernen und einige Verletzungen vielleicht auch heilen.

DAS PILGERREISE-PROJEKT

Dass die Methode des »Empowered Fundraising« zum Dragon Dreaming kam, hat seine eigene Geschichte. 1996 nahmen Vivienne Elanta und John Croft an einem Workshop von Joanna Macy teil. Dort erzählte sie die Geschichte von Nowosybkow. Die weißrussische Kleinstadt gehörte infolge der Katastrophe von Tschernobyl 1986 zu den am stärksten radioaktiv verseuchten Gebieten: Gleich hinter der Stadtgrenze beginnt eine noch immer unbewohnbare Sperrzone.

Die Geschichte von Novosybkov bewegte fünf Menschen so stark, dass sie etwas unternehmen wollten. Zu dieser Zeit plante die australische Regierung, die Australian and New Zealand Bank (der ältesten Bank Australiens) sowie das Bergbauunternehmen North Broken Hill Piko Ltd. eine Uranmine in Jabiluka – gegen den Willen der Bevölkerung – auf dem Land der Indigenen und innerhalb des Kakadu-Nationalparks.

So kamen die fünf auf die Idee, eine Art Pilgerreise zu organisieren. Als Vorbild diente ihnen das Projekt »Sacred Fire«, das zuvor in Großbritannien stattgefunden hatte: Ein Mann und eine Frau aus Novosybkov sollten in 55 Tagen durch Australien reisen und sechs der sieben Hauptstädte sowie an allen bestehenden und geplanten Uranminen über die wahre und schädliche Natur der Uranindustrie informieren.

Die Reise sollte am 42. Jahrestag des Bombenabwurfs auf Hiroshima beginnen, also am 6. August 1997 – und damit auf die Tatsache aufmerksam machen, dass Uranabfälle dem Bau von Atomwaffen dienen. Zusammen mit den beiden Menschen aus Nowosybkow sollten noch ein Kameramann und ein Journalist mitreisen. Alles in allem kam das Projekt so auf das stolze Budget von etwa 100.000 australischen Dollar (knapp 63.000 Euro). »Und wir hatten nur zehn Wochen Zeit, um das Geld aufzubringen«, berichtet John.

Trotz großartiger Unterstützung sammelten sie in den ersten zwei Wochen jedoch nur 400 australische Dollar ein. »Uns blieben nun noch acht Wochen und uns war klar: Wir brauchten einen anderen Ansatz der Mittelbeschaffung, sonst würde das Projekt hoch verschuldet enden«, so John. Zum Glück waren er und Vivienne mit der Fundraiserin Cathy Burke befreundet, die jedes Jahr Millionen von Dollar sammelte, um Frauenprojekte in Ländern des Globalen Südens zu unterstützen.

Cathy erklärte sich bereit, das Team zu schulen. Doch leider kamen von den zwölf Projektmitgliedern zum ersten Workshop nur vier. »Viele wollten mit den herkömmlichen Spendenaktionen weitermachen – Kuchen backen oder Tombolas organisieren. Doch wir waren hartnäckig, denn wir wussten: Wenn wir so weitermachten, würden wir unser Finanzierungsziel weit verfehlen«, erzählte John. Das zahlte sich aus. Beim zweiten Workshop waren schon acht Personen dabei, und am dritten Wochenende kamen dann tatsächlich alle zwölf Menschen zusammen.

In den verbleibenden Wochen schaffte das Team es dann, das gesamte Geld einzusammeln. Möglich war dies nur durch die Netzwerke der Team-Mitglieder. Jeder Freund und jede Freundin waren ihrerseits wieder Zentren anderer Netzwerke. So kamen schnell Hunderte von Menschen zusammen. Manche davon waren Knotenpunkte umfangreicher Informations- und Verbindungsnetze, wie sich John erinnert. Andere hätten zwar weniger, dafür aber tiefergehende Beziehungen.

»Cathy hat uns beim Pilgerreise-Projekt gezeigt, dass wir durch die Mobilisierung dieser Netzwerke die Welt verändern können. Dass wir selbst große Mittel aufbringen können, wenn wir ein gemeinsames Ziel und Engagement verfolgen«, lautet Johns Fazit. Aus diesen Erfahrungen entwickelte er den Workshop für das »Empowered Fundraising«.[8]

EMPOWERED-FUNDRAISING-WORKSHOP

Der folgende Ablauf zeigt die wesentlichen Schritte, um einen Empowered-Fundraising-Workshop in deinem Projekt durchzuführen:

1. Findet euren Balance-Punkt: Das Team sitzt im Kreis. Nach einem Check-in und einer Einführung, haben alle in Stille Zeit, um sich zu überlegen: »Welchen finanziellen Beitrag kann ich selbst zu unserem Projekt geben?«. Alle legen für sich den sogenannten Balance-Punkt fest: Dieser Betrag darf nicht so klein sein, dass du es als Kleingeld empfindest und allzu leichtfertig gibst. Er darf aber auch nicht so groß sein, dass es ein echtes Opfer ist. Schau dazu, wie viel Geld dir monatlich zur Verfügung stehen. Wie viel von diesem Betrag kannst und möchtest du zum Projekt geben? Gehe dann noch einen kleinen Schritt über deine Komfortzone hinaus und gib etwas mehr in das Projekt, als es deinem Balancepunkt entsprechen würde.

Euer Fundraising beginnt somit in der Gruppe: Alle schreiben ihren Beitrag zusammen mit einem Datum auf, ab wann das Geld dem Projekt zur Verfügung steht. Auf diese Weise stellt ihr sicher, dass ihr nichts von anderen verlangt, was ihr nicht auch selbst tun möchtet – ihr wahrt eure Integrität. Selbst, wenn du kein Geld geben kannst, ist es wichtig, diesen Schritt einmal gemacht zu haben. Außerdem wisst ihr nun, wie viel ihr aus eigenen Mitteln zusammenbekommt.

2. Teilt eure Netzwerke: Alle wählen für sich still zehn Menschen aus ihrem Umfeld aus, die sie in den nächsten drei Wochen persönlich treffen und um Geld für das Projekt bitten möchten. Beginnt mit Menschen, die ihr bereits kennt (Freunde, Nachbarn, Familie, Arbeitskolleg:innen und andere). Wenn ihr sicher im Umgang mit Empowered Fundraising seid, könnt ihr dies auch mit Menschen machen, die ihr (noch) nicht kennt. Lass dich dabei nicht von dem Gedanken bremsen, »den/die kann ich unmöglich fragen!«. Alle notieren ihre Namen auf einer Liste.

3. Findet den Balance-Punkt anderer: Nun schätzen alle für jeden einzelnen Menschen ihrer Liste einen Balance-Punkt. Also den Geldbetrag, der für diesen Menschen weder Kleingeld noch ein echtes Opfer ist. Überlegt euch dazu, wie viel Geld schätzungsweise ins Leben dieser Person pro Monat hinein- und hinausfließt. Wie viel von diesem Betrag würde dieser Mensch zu deinem Projekt beitragen? Alle schreiben die Zahlen zu den Namen auf der Liste. Kommt im Kreis zusammen und addiert alle Beträge. Damit steht euer Funding-Ziel für die kommenden drei Wochen. Feiert dies!

4. Führt Fundraising-Gespräche: Nach dem Treffen vereinbaren alle mit den ersten drei Menschen ihrer Liste ein Treffen. Wann immer es möglich ist, sollte dies in Präsenz stattfinden. Per Telefon oder Video-Meeting ist das natürlich auch möglich. Aber in einem persönlichen Treffen lässt sich einfach am besten eine Verbindung zu Menschen herstellen (vor allem, wenn man in Empowered Fundraising nicht so geübt ist). Eine Anleitung für das Gespräch findest du auf der folgenden Doppelseite.

Unterstützt euch in dieser Zeit gegenseitig in Buddy-Teams oder in der gesamten Gruppe. Teilt eure Erfahrungen und sprecht offen über die Drachen, die euch begegnen. Seid dabei ehrlich! Seht eure Schwächen und Ängste klar, anstatt euch vorzumachen, ihr hättet keine Probleme.

5. Plant nächste Schritte: Trefft euch spätestens nach drei Wochen als gesamtes Fundraising-Team und teilt eure Erfahrungen. Vergleicht die erreichte Summe mit dem, was ihr euch vorgenommen habt: Haben sich eure Erwartungen erfüllt? Tauscht euch darüber aus, was das in euch auslöst und warum das so ist. Sind vielleicht Veränderungen an eurem Projekt und/oder eurer Strategie nötig? Wie könnt ihr gemeinsam sicherstellen, dass sich die Verbindung mit den Geldgebenden vertieft?

Falls der Betrag noch nicht euer Budget deckt, beginnt bei Punkt zwei. Dabei hilft euch die Frage am Ende des Empowered-Fundraising-Gespräches nach weiteren Menschen, die interessiert sein könnten, Teil des Projektes zu werden.

BUDGET ANPASSEN

Wie viel Geld euer Projekt braucht, könnt ihr durch das »20-Minuten-Budget« ermitteln. Das Empowered Fundraising kannst du als eine Art Test ansehen (also Schritt 3 im »Planen« des Projektrades, Seite 38). Sollte die nötige Summe nicht zusammenkommen, geht ihr über die Auswertung (Schritt 4 im »Planen«) zurück zu »Alternativen prüfen«. Schaut zum Beispiel, ob ihr euer Projekt mit weniger Mitteln verwirklichen könnt oder andere Formen der Finanzierung findet. Ihr könnt aber auch zurück zu »Motivation« gehen (Schritt zwei im »Träumen«, Seite 38) und prüfen, ob ihr euren Traum so verändern könnt, dass ihr und die Menschen in euren Netzwerken sich stärker für das Projekt begeistern lassen.

EMPOWERED-FUNDRAISING-GESPRÄCHE

Die folgenden Schritte zeigen dir eine Gesprächsstruktur, die sich als hilfreich erwiesen hat. Finde jedoch deinen eigenen Weg. Wir alle sind verschieden. Stell dir vor, du hast die Person, die du fragen möchtest, konktatiert und sitzt ihr nun gegenüber.

1. Die Einladung aussprechen: Führe still für dich die fünf Schritte der authentischen Kommunikation (↗ Seite 27) durch. Berichte aus deinem Herzen heraus von deinem Projekt. Sei dir dabei bewusst, dass du diesen Menschen dazu einladen möchtest, Teil dieses wichtigen und sinnstiftenden Projektes zu werden. Du bist nicht als Bittsteller hier, sondern als jemand, der eine ernst gemeinte Einladung ausspricht. Sage dann, dass dir bewusst ist, dass du das Projekt niemals alleine umsetzen kannst und dass du dich daher freuen würdest, wenn dein Gegenüber einen Beitrag dazu leisten möchte – und zwar in Form von X Euro (anstatt dem »X« setzt du die Summe des zuvor überlegten Balance-Punktes ein). Schweige dann (das ist sehr wichtig!) und warte die Antwort deines Gegenübers ab. Fülle die aufkommende Stille nicht mit weiteren Erklärungen oder Rechtfertigungen.

2. Jede Antwort feiern: Warte die Antwort deines Gegenübers ab. Ob dieser Mensch eine große oder kleine Summe oder überhaupt kein Geld geben möchte: Jede Antwort sollte dir willkommen sein. Es ist wichtig zu verstehen, dass jeder Balance-Punkt die gleiche Bedeutung hat. Herkömmlicherweise schätzen wir im Fundraising große Beträge mehr als kleine. Doch wenn der Balancepunkt eines armen Menschen zum Beispiel bei 10 Euro liegt, dann ist dieser Beitrag zum Projekt genauso viel wert wie die 10.000 Euro, die am Balance-Punkt eines reichen Menschen liegen.

3. Dich selbst beobachten: Beobachte deine Reaktion, wenn du die Antwort erhältst. Es geht beim Empowered Fundraising nicht darum, dass dein Gegenüber eine bestimmte Summe gibt. Es geht darum, dass eure Beziehung gedeiht. Deshalb ist ein »Ja« genauso gut wie ein »Nein«. Ist es für dich innerlich okay, wenn jemand nichts geben möchte? Wenn nicht, ist deine Frage keine Einladung mehr. Verurteile dich nicht dafür, wenn es so ist. Nimm es einfach nur wahr. Viele machen aber auch die Erfahrung, dass Menschen mehr Geld geben möchten, als gedacht. Vereinbare sofort, wie der Geldtransfer stattfinden soll: In bar? Als Überweisung (dann solltest du die Bankverbindung dabei haben)? Braucht es einen Beleg?

4. Die Verbindung vertiefen: Egal, welche Antwort du erhalten hast, schließe das Empowered-Fundraising-Gespräch mit drei Fragen ab:

- Darf ich fragen, warum du ___ Euro gibst? Wir sind aufrichtig daran interessiert, die Gründe zu erfahren, warum Menschen unsere Einladung annehmen oder ablehnen.
- Möchtest du über den Verlauf des Projekts auf dem Laufenden gehalten werden?
- Kennst du andere Menschen, die an dem Projekt interessiert sein könnten? Kannst du sie uns vorstellen?

Falls die Person einen Beitrag zum Projekt geben möchte, ist es vielleicht auch spannend, mit ihr über die Idee des Empowered Fundraising zu sprechen.

IM ROLLENSPIEL ÜBEN

Für die meisten ist ein solches Gespräch eine echte Herausforderung – das Herz rast, die Hände sind schweißnass und die Stimme zittert. Ein Empowered-Fundraising-Gespräch übt ihr daher am besten vorher in einem Rollenspiel. Tut euch dazu zu zweit zusammen. Probiert euch abwechselnd in der Rolle des Fragenden und des Gefragten. Informiert euch dazu gegenseitig, mit wem ihr sprechen möchtet. So kann das Gegenüber in die jeweilige Rolle schlüpfen. Ihr werdet staunen, wie echt euch die Situation vorkommt!

Tauscht euch danach über eure Erfahrungen aus: Wie war es, nach dem Balance-Punkt zu fragen oder gefragt zu werden? Welche Emotionen hattet ihr? Wie hat sich euer Körper angefühlt? Welche Gedanken sind euch durch den Kopf gegangen? Und wie hat euch euer Gegenüber wahrgenommen? Das sind wertvolle Einsichten, die euch helfen, die herausfordernde Situation, in die ihr euch selbst bringt, besser einzuschätzen.

DAS CLEANUP-PROJEKT

Ein Mensch mit einem Traum kann die Welt verändern, so das Credo von Dragon Dreaming. Das Projekt »Let's clean Slowenia in one day« ist dafür geradezu ein Paradebeispiel. Im Juli 2009 hörte der Autor und Minimalist Nara Petrovic beim internationalen Treffen des »Global Ecovillage Network« (GEN) in Finnland das erste Mal von der Idee. Die beiden Esten Toomas Trapido und Kadri Allikmäe zeigten ihr Projekt »Cleaning Estonia in one day« .

Zurück in seiner Heimat Slowenien erzählte er Freunden davon. Die beiden ließen sich anstecken. »Beim ersten Treffen waren 16 Menschen da, beim zweiten 25 und beim dritten schon 75«, erzählt Nara. Als dann die Medien von der Idee erfuhren, verselbstständigte sich das Projekt: Das Team musste nicht mehr nach Mitstreitenden suchen – Menschen, Organisationen und Unternehmen kamen von selbst und wollten unbedingt mitmachen.

Dieser Erfolg mag daran liegen, dass das Problem, das dieses Projekt lösen sollte, sehr vielen Slowenierinnen und Sloweniern auf Anhieb unheimlich wichtig schien. Schätzungen gehen davon aus, dass es in dem Land zum damaligen Zeitpunkt rund 50.000 illegale Müllkippen mit rund zwei Millionen Kubikmetern Müll gab. Kein schöner Anblick und vor allem auch eine echte Gefahr für die Gesundheit der Bevölkerung. Einen Tag zu opfern, um diese Misere gemeinsam mit vielen anderen zu beseitigen, ist dabei ein überschaubarer Einsatz. Und zudem noch einer, der extrem zufrieden macht. Immerhin zeigt sich gleich, was man geschafft hat. Doch trotz all dieser Erfolgsfaktoren – ein Selbstläufer war auch dieses Projekt nicht.

Weil Nara während der GEN Conference auch einen Dragon-Dreaming-Workshop besucht hatte, wollte er unbedingt beides miteinander verbinden. Statt eines Traumkreises organisierte er zwar für die Ideenfindung ein World Café. Doch dann entwickelten sie mit Dragon Dreaming die einzelnen Arbeitsgruppen, die fortan relativ autark arbeiteten.

Schon recht früh bemerkte Nara, dass er als Initiator seinen Traum loslassen musste, damit sich das Projekt als Traum aller weiterentwickeln und alle motivieren konnte: Er zog sich zeitweilig aus seiner Führungsrolle zurück. Erst später übernahm er die Leitung der Arbeitsgruppe »Awareness«. Nicht alle Intiierenden eines Projektes schaffen das. »Ich habe bei Cleanup-Projekten in anderen Ländern, die ich in den letzten Jahren beraten habe, festgestellt, dass das ein Grund sein kann, warum Projekte scheitern«, erklärt er.

Einen echten Motivationsschub erfuhr das Projekt auch durch ein frühes, internes Empowered Fundraising. Nachdem das erste Grobbudget des Projektes mithilfe des »20-Minuten-Budget« ermittelt war, stellte sich Nara vor die versammelte Mannschaft. Er erklärte die Idee des Balance-Punktes und gab einen Hut herum. »Auf Anhieb kamen so 740 Euro zusammen – das war weit mehr, als wir alle gedacht hatten«, erinnert er sich. Das deckte zwar längst nicht den geschätzten Finanzbedarf von rund 70.000 Euro. »Aber es motivierte uns enorm, weiterzumachen«, erklärt Nara.

Unter anderem auch deshalb, weil sich das Team nun auf einmal überlegen musste, was es mit dem Geld machen sollte. Bislang hatte das Projekt noch keinen rechtlichen Rahmen wie einen Verein oder Ähnliches. »Das Empowered Fundraising hat uns also ziemlich früh und ziemlich schnell über die Schwelle vom Träumen und Planen ins Handeln geschubst und uns mit konkreten, praktischen Fragen konfrontiert«, so Nara.

Das unglaubliche Engagement des Orga-Teams hat sich jedenfalls gelohnt: Am 17. April 2010 krempelten 270.000 Ehrenamtliche ihre Ärmel hoch und packten mit an – das sind immerhin gut 13 Prozent der slowenischen Bevölkerung. Zusammen sammelten sie rund 14.800 Tonnen oder 78.000 Kubikmeter Müll. Etwa 500 Freiwillige trugen rund 115.000 illegale Müllkippen mit rund 100.000 Kubikmetern Müll auf der eigens eingerichteten Online-Map ein.

Als das Meinungsforschungsinstitut GFK nach dem Cleanup-Day eine Umfrage durchführte, zeigte sich, dass 99 Prozent der slowenischen Menschen von dem Projekt gehört hatte, etwa 93 Prozent empfanden die Aktion als erfolgreich und 97 Prozent würden wieder daran teilnehmen.
↗ *www.ocistimo.si* ↗ *https://narapetrovic.com*

1 Das Kernteam des Projektes »Lets clean Slowenia in one day« bei einem ihrer ersten Treffen.

2 Das Basis-Lager während des Aktionstages am 17. April 2010. Von hier aus koordinierte das Team die Müllsammel- und Mapping-Aktivitäten von mehr als 270.000 Menschen.

3 Das Presse-Team bei der Pressekonferenz am Cleanup-Tag. Mehrfach gaben sie die aktuellen Zahlen an die Medien heraus.

1

2

3

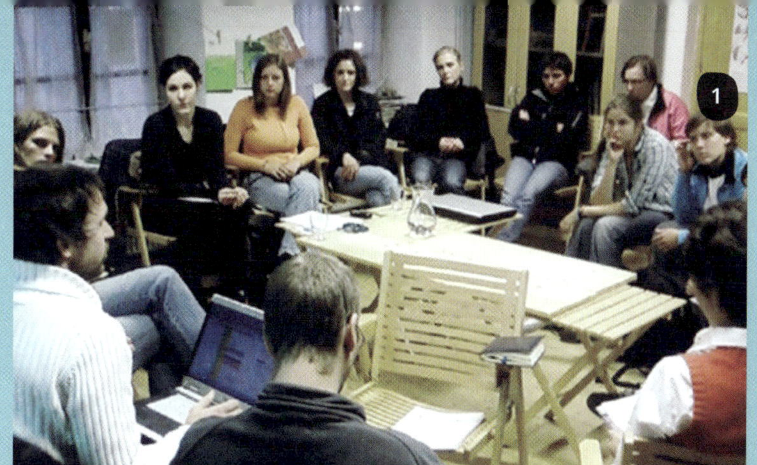

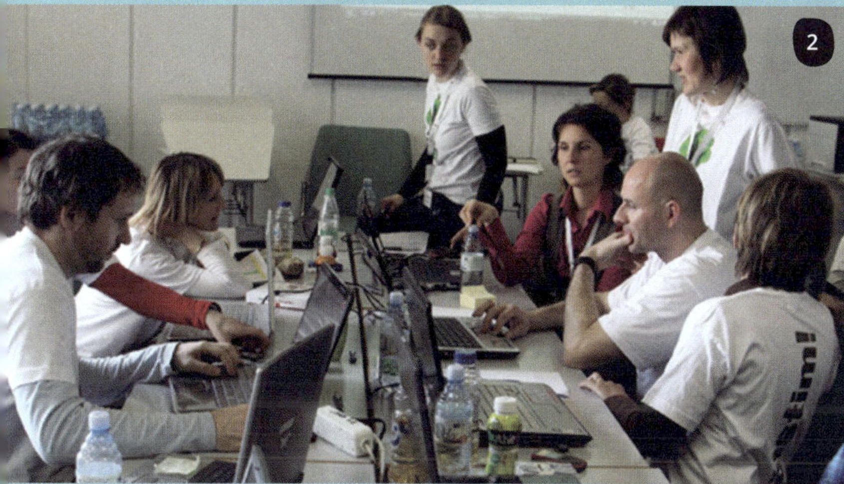

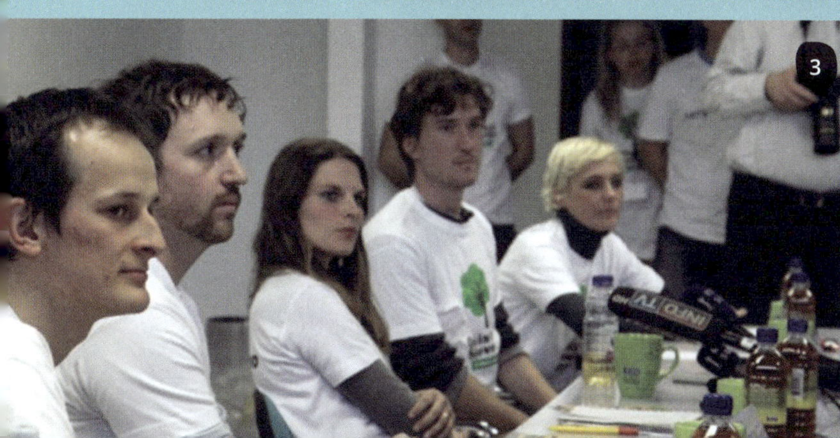

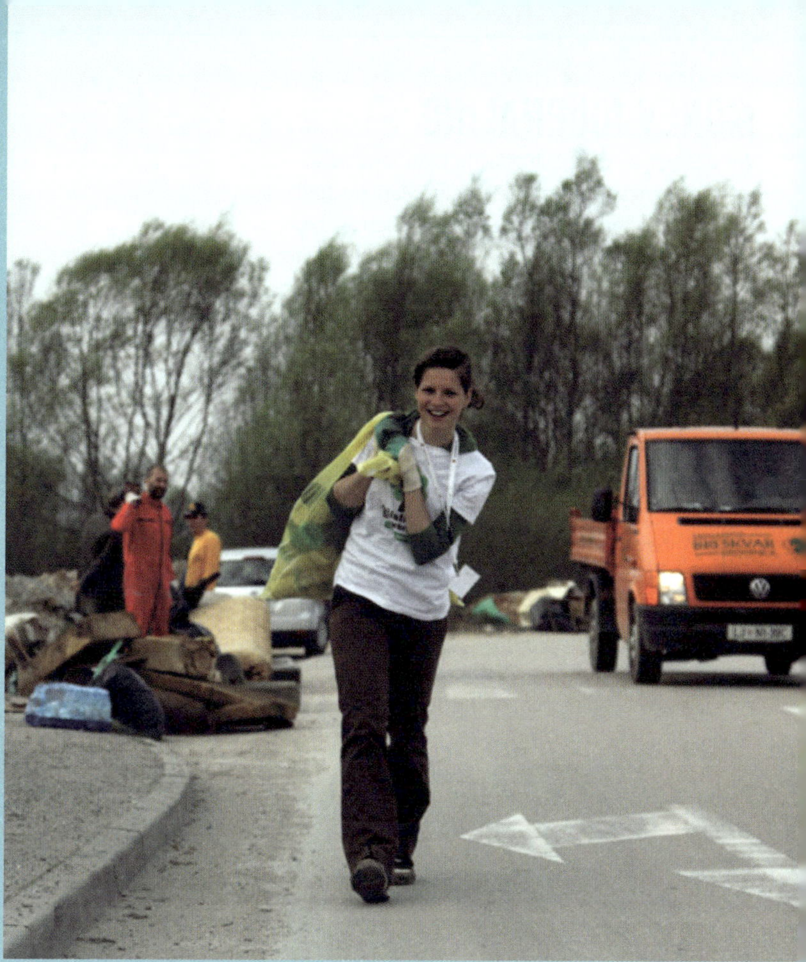

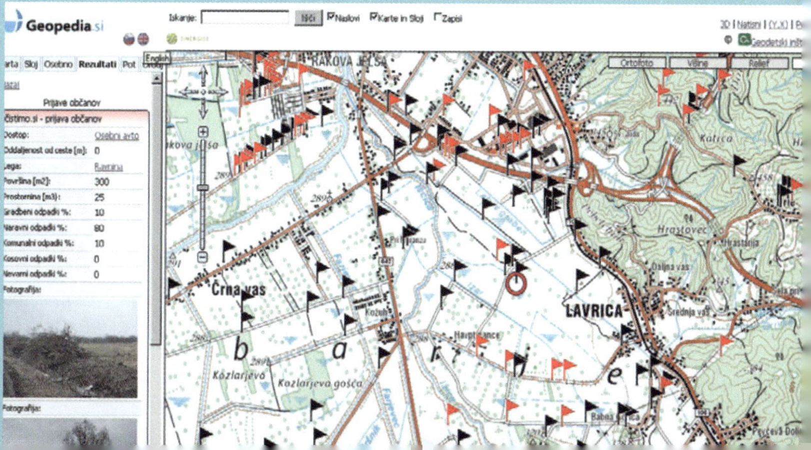
Geopedia.si
Iskanje:
Najdi
Naslovi
Karte in Sloji
Zapisi
English
Rezultati
Pot
Prijave občanov
čistimo.si - prijava občanov
Dostop:
Osebni avto
Oddaljenost od ceste [m]:
0
Lega:
Ravnina
Površina [m2]:
300
Prostornina [m3]:
25
Gradbeni odpadki %:
10
Naravni odpadki %:
80
Komunalni odpadki %:
10
Kosovni odpadki %:
0
Nevarni odpadki %:
0
Fotografija:
Ortofoto
Višine
Relief
Črna vas
LAVRICA
Hrastovec
Kozlarjevo
Kozlarjeva gošča

MONEY JOURNALING

Wir alle haben unterschiedliche Glaubenssätze, wenn es um das Thema Geld geht: Manche denken, sie könnten nicht mit Geld umgehen. Dahinter steckt vielleicht das Vorurteil, dass Geld grundsätzlich schmutzig und unmoralisch ist. Andere haben das Gefühl, dass sie es nicht wert sind, genug Geld zu haben. Untersuchungen zeigen, dass Männer Geld tendenziell eher als ein Mittel der Macht sehen. Viel Geld bedeutet für sie gesellschaftlicher Status. Für Frauen geht es bei Geld tendenziell eher um Sicherheit.

Diese unbewussten Urteile stecken tief in uns. Wir können sie nicht immer komplett loslassen. Aber wir können sie uns bewusst machen. Wir haben in unseren Workshops erlebt, dass das für Menschen ein unheimlich befreiender Schritt sein kann. Die einen wagen es dadurch vielleicht zum ersten Mal in ihrem Leben, für eine Arbeit so viel Geld zu verlangen, wie sie eigentlich dafür haben möchten. Andere sehen endlich klar, dass sie gar nicht so viel Geld brauchten, wie sie dachten. Dass ihre Angst, nicht genug zu haben, unbegründet war. Beides ein riesiger Schritt in Richtung Freiheit.

Die Fragen rechts können dabei helfen, euren eigenen negativen Glaubenssätzen in Bezug auf Geld auf die Spur zu kommen. Nehmt euch dafür rund eine halbe Stunde Zeit. Eine Person liest die Fragen mit genug Zeitabstand dazwischen vor. Der Rest schreibt die Antworten in Stille auf – und zwar so, dass ihr nicht groß nachdenkt, was ihr schreibt. Lasst eurer Intution freien Lauf. Wenn ihr möchtet, könnt ihr euch am Ende über eure Erkenntnisse austauschen. Es sollte sich aber niemand gezwungen sehen, etwas zu teilen, weil das für manche Menschen ein sehr sensibles Thema ist.

1. Wie würdest du deine Einstellung zum Thema Geld beschreiben?
2. Welche Einstellung zu Geld hättest du gerne?
3. Was bedeutet für dich »nicht genug Geld haben«?
4. Was würdest du tun, wenn du heute pleite wärst?
5. Wann hast du dich so richtig reich gefühlt? Warum?
6. Wie hoch war die größte Summe Geld, die du jemals ausgegeben hast? Was hast du damit gemacht und wie hast du dich dabei gefühlt?
7. Was denkst du, wenn du den Satz hörst »Ich habe es verdient, im Überfluss zu leben«?
8. Was war die schlimmste Geschichte, die du mit Geld je erlebt hast?
9. Was war die schönste Geschichte, die du mit Geld je erlebt hast?
10. Was würdest du tun, wenn Geld keine Rolle spielte?

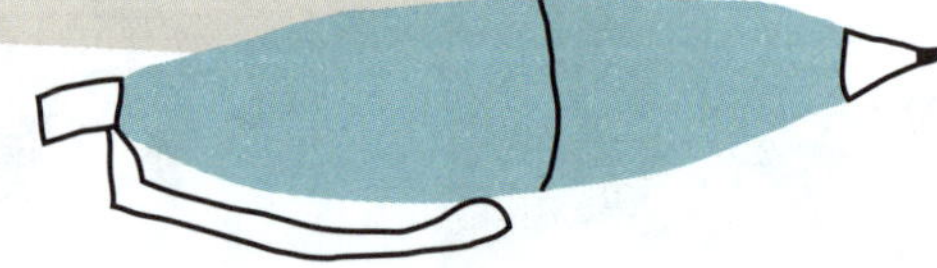

WEISHEITEN FÜR STÄRKENDE FINANZKONZEPTE

- Weniger ist manchmal mehr.
- Es ist genug für alle da.
- Es gibt jede Menge Alternativen, finde sie!
- Kein Projekt scheitert am Geld.
- Die Natur verschenkt alles. Man könnte dies bedingungslose Liebe nennen.
- Auf etwas zu verzichten, das du nicht brauchst, macht dich nicht ärmer, sondern freier.
- Mach aus Geld eine Ressource der Liebe und Wertschätzung.
- Eine Win-Win-Kultur des Geldes ist eine Schenk-Kultur.

ZEIT ZUM NACHDENKEN

Um Geld ranken sich bei uns allen viele negative Glaubenssätze. Nimm dir etwas Zeit und dein Notizbuch und mach zur Reflexion das Money Journaling auf der linken Seite. Notiere dir dann deine wichtigsten Ahas.

HANDELN

LOSLEGEN UND DRANBLEIBEN

Für dieses Buch haben wir in aller Welt nach Dragon-Dreaming-Projekten gesucht. Dabei hat sich ein lang gehegter Verdacht bestätigt: Nur wenige nutzen Dragon Dreaming tatsächlich dauerhaft in ihrem Arbeitsalltag. In vielen Fällen kommen Teams für ein, zwei oder auch mehrere Tage zusammen. Sie feiern, sie träumen und sie planen.

Spätestens beim Projektplan sind sie so voller Euphorie, dass sie sich begeistert bei allen Aufgaben eintragen, zu denen sie Lust haben und die ihnen wichtig erscheinen. Dann gehen sie auseinander – und schauen nie wieder auf den Plan. Entweder setzen sie ihr Projekt zwar um, nutzen dazu aber kein Dragon Dreaming mehr. Oder das Projekt versandet ganz.

„Warum ist das so?", haben wir uns gefragt. Gründe gibt es sicher viele. Zwei von ihnen sind uns besonders oft begegnet: die Gewohnheit und die Zeit. Denn Dragon Dreaming im Alltag zu praktizieren bedeutet nicht einfach nur, ein paar neue Methoden anzuwenden. Dragon Dreaming setzt ganz elementar auf das Prinzip »Selbstorganisation«. Das wiederum bedeutet zum einen, dass du in deinem Projektalltag eine gewisse Autonomie hast. Zum anderen, dass du bereit sein musst, Verantwortung für dich selbst und dein Handeln zu übernehmen.

Das heißt, du musst Altes verlernen, um die neuen Ansätze und Methoden zu Routinen werden zu lassen. Selbst wenn deine Begeisterung unmittelbar nach einem Workshop sehr groß ist, geraten gute Vorsätze spätestens dann wieder aus deinem Blickfeld, wenn es stressig wird. Nun ist es einfacher, den Autopiloten anzuwerfen und alles »wie immer« zu machen. Selbst dann, wenn dieses »wie immer« gar nicht so gut läuft.

Deshalb zeigen wir dir in diesem Kapitel nicht nur, wie du den Projekt-Spielplan in der Umsetzungspahse nutzen kannst. Wir stellen dir auch vereinfachte Dragon-Dreaming-Prozesse vor, die dich in dieser Phase unterstützen. Einerseits sind das Maßnahmen, die dir helfen loszulegen – also über die Schwelle vom Planen zum Handeln zu kommen. Andererseits sind es Ideen, die dich ermuntern, an der Umsetzung dranzubleiben – auch wenn es mal schwierig oder anstrengend wird.

Alle Methodenerweiterungen sind die Ergebnisse unserer jahrelangen Experimente. Unser Hauptziel dabei war, alltagstaugliche Praktiken aus den Konzepten und Methoden abzuleiten, die Vivienne Elanta und John Croft entwickelt haben. Sie alle sollen deinen womöglich hektischen Arbeitsalltag vereinfachen, eine gelebte Win-Win-Kultur in selbstorganisierten Strukturen fördern und dabei die drei Dragon-Dreaming-Prinzipien unterstützen. Wir laden dich ein, damit ebenfalls zu experimentieren und die Version zu finden, die für dich am besten passt.

Und noch eines: Fast alles in diesem Kapitel basiert auf der Überzeugung, dass Projekte fraktal sind. Dass sie also aus lauter kleineren Subprojekten bestehen, die immer wieder die vier Phasen »Träumen«, »Planen«, »Handeln« und »Feiern« durchlaufen. Mit dieser Struktur und diesem Muster kannst du spielerisch auch eigene, neue Ansätze und Vorgehensweisen entwickeln!

BREAKFAST WITH A DREAM AND A DRAGON

Ich komme ursprünglich aus dem klassischen Projekt-Management und arbeite als Culture-Project-Managerin im Bereich Kunst und Kultur. Zugleich bin ich selbst Künstlerin. 2016 haben wir zusammen mit zwei anderen Dragon-Dreaming-Trainerinnen das Projekt »Breakfast with a Dream and a Dragon« begonnen.

Einmal im Monat haben wir alle Interessierten im Zentrum von Moskau eingeladen, gemeinsam zu feiern und zu träumen. Denn bei uns hier in Russland ist es so wie vermutlich überall in den Industriekulturen: Wir vergessen das Träumen und Feiern meistens. Das Planen und Handeln fällt uns leicht. Aber das Feiern und Träumen ...

Zu den Frühstücken konnten alle Menschen kommen – egal, ob sie Dragon Dreaming kannten oder nicht. Unser Konzept war, dass jede Person ihr eigenes Leben als Projekt mitbrachte. Und dieses Projekt »Leben« haben wir Monat für Monat erträumt. Das heißt: Alle hatten ihre eigenen Projekte, Träume und Ziele.

Zunächst gab es eine Begrüßung und ein Intro zu Dragon Dreaming, zu John Croft und zu dem, was wir hier machten. Wir stellten ein paar Instrumente vor, wie Pinakarri und Karlupgur. Dann stiegen wir mit einer Check-in-Runde ein, bei der wir immer einen Apfel oder eine Orange als Redestab nutzten. Das war unser Ritual für jedes Meeting.

Danach starteten wir zunächst mit dem Feiern. Die Menschen, die beim vorigen Treffen dabei waren, feierten gemeinsam, indem sie ihre Träume vom letzten Mal anschauten. Die, die neu dazukamen, feierten auf andere Weise die vergangenen Wochen, das letzte Jahr oder einen anderen Zeitraum.

Eine wichtige Erkenntnis, die ich durch diese Treffen gewonnen habe, ist, dass Träume tatsächlich aus dem Feiern entstehen. Heute sage ich das immer wieder in meinen Workshops, Trainings und Sessions: Wann immer du das Gefühl hast, dass dein Träumen nicht so richtig gut läuft, musst du erst mal feiern! Wenn Menschen feiern, dann fangen sie irgendwann automatisch an zu träumen.

Das ist ganz natürlich und geht von alleine. Wenn sie auswerten, was gut lief und was nicht – dann kommen sie ganz automatisch zu einem »Ach, ich möchte dieses« oder »Das würde ich gerne«.

Ja, und so haben die Leute nach dem Feiern in gemeinsamen Kreisen ihre individuellen Träume geteilt. Das funktioniert tatsächlich wunderbar, obwohl dabei natürlich jede Person andere Projekte im Kopf hat. Und auch, obwohl sich die Menschen zunächst meist nicht kannten. Sie waren neugierig, aber oft auch erst einmal vorsichtig.

Doch nach ein paar Traumkreisrunden veränderte sich das. Die Menschen öffneten sich. Vertrauen stellte sich zwischen ihnen ein. Mich hat das jedes Mal berührt. Es war wie Zauberei und für mich der Beweis, dass die Methoden von Dragon Dreaming wirklich funktionieren – obwohl wir ja nur so einen kleinen Teil von Dragon Dreaming nutzten.

↗ *Valeria Sabirova, Dragon-Dreaming-Facilitator aus Russland, www.facebook.com/lerarara*

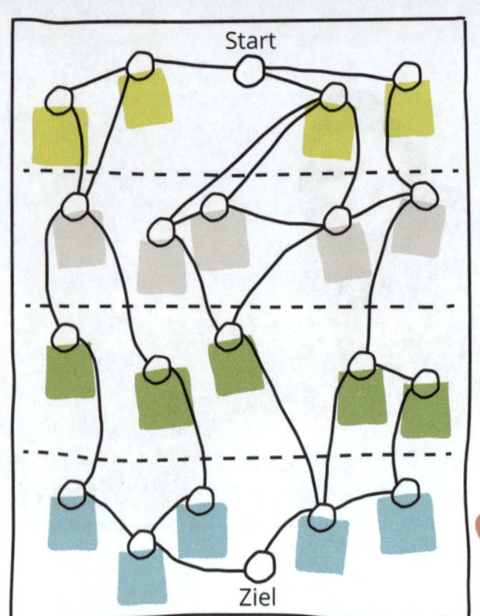

1 Gesamtplan

2 Monatplan

3 Wochenplan

4 Tagesplan

RAUS AUS DER KOMFORTZONE!

Nicht immer lassen uns Aufgaben jubelnd loslegen. Selbst dann nicht, wenn es um wirkliche Herzensanliegen geht. Denn oft verlangen sie einfach viel von uns. Vielleicht müssen wir für sie mutig aus unserer Komfortzone heraus. Vielleicht müssen wir für sie auf etwas verzichten, das uns lieb ist. Oder vielleicht glauben wir auch einfach nur nicht, dass es uns zusteht, unsere Träume zu verwirklichen. Wenn es dir schwerfällt, vom Träumen ins Handeln zu kommen, dann kann es sein, dass für dich einfach sehr viel auf dem Spiel steht. Ein kleiner Trick kann dir vielleicht helfen, hier mehr Klarheit zu gewinnen: Frage dich »Warum lege ich nicht los?«. Wenn du eine Antwort hast, hinterfrage sie mit »Warum denke ich das?« Wiederhole die Warum-Frage mindestens fünfmal. So siehst du deine Drachen klarer ...

FRAKTALE TO-DO-PLANUNG

Mit den Träumen ist das so eine Sache. Im Kapitel »Traumkreis« haben wir zwar geschrieben, wie motivierend Träume sind, wenn sie von Herzen kommen. Dass sie eine Kraft entwickeln, die dich in die Zukunft zieht. So viel zur Theorie. In der Praxis wissen wir wohl alle: Selbst unsere wirklich wichtigen Träume schieben wir nicht selten auf die lange Bank. Keine Zeit. Keine Lust. Kein Geld. Irgendetwas hält uns vermeintlich immer ab ...

Doch es gibt einen Trick: Du machst bereits den Weg zum Ziel! Das bedeutet, dass du Freude an der Arbeit selbst hast. Und Freude an der Arbeit selbst hast du, wenn du dir selbst am laufenden Band kleine Erfolgserlebnisse verschaffst. Die bekommst du wiederum, wenn du deine großen, langfristigen Ziele in kleine Etappenziele herunterbrichst. Also zum Beispiel solche, die du täglich oder wöchentlich erreichen kannst. Kaum etwas schenkt so viel Motivation und Zufriedenheit, wie zu erkennen: Ich hab mein Ziel erreicht! Ich habe den nächsten Schritt auf dem Weg zu meinem Traum geschafft!

Um das zu erreichen, haben wir uns die unterschiedlichsten Methoden angeschaut – von Bullet Journaling bis zu »Getting Things Done«. In Verbindung mit Dragon Dreaming hat sich daraus eine Form der fraktalen Aufgabenplanung ergeben, die wir selbst seit Jahren erfolgreich anwenden.

Die fraktale Planung hilft dir übrigens nicht nur, loszulegen und dranzubleiben. Sie unterstützt dich auch dabei, Dragon Dreaming in deinen Alltag einzubauen. Und das bedeutet in erster Linie, dass du auf diese Weise das Feiern und das Träumen nicht vergisst! So, Stück für Stück, lebst du dich Tag für Tag in die Win-Win-Kultur des Dragon Dreaming hinein und wächst über dich hinaus.

Du kannst die Schritte rechts deshalb sowohl für berufliche als auch für private Projekte anwenden. Du kannst aber auch beides mischen und für dich eine Gesamtplanung erstellen. Das hat unserer Erfahrung nach zwei Vorteile: Erstens bekommst du so den Kopf frei und brauchst nicht befürchten, dass du irgendetwas vergisst. Zweitens kannst du mit der Zeit immer besser einschätzen, wie viel Zeit du in deinem Alltag tatsächlich hast, um sie in Projekte der unterschiedlichsten Art zu stecken.

ORGANISIERE DICH SCHRITT FÜR SCHRITT

Im Grunde musst du selbst herausfinden, mit welcher Art von Aufgaben- und Zeitplanung du am besten zurechtkommst. Aufgrund unserer Erfahrung können wir dir die folgende Vorgehensweise empfehlen. Du kannst dies alleine oder in einer kleinen Arbeitsgruppe machen:

1 **Starte mit dem Gesamtplan:** Wenn du diese Aufgabenplanung für ein Projekt anwenden möchtest, dann lege dir deinen Projekt-Spielplan zurecht. Wenn du mehrere Projekte in deine Zeitplanung einbeziehen musst oder willst (etwa berufliche und private), dann verschaffe dir über alle einen Überblick. Meist liegen sie nicht alle in Form eines Spielplans vor. Berücksichtige alles einfach so gut, wie es dir möglich ist.

2 **Träume deinen Monat:** Stelle dir am Anfang jeden Monats die generative Frage aus dem Traumkreis in abgewandelter Form: »Was müsste ich diesen Monat tun/was müsste geschehen, damit ich sage ›Besser hätte ich ihn nicht verbringen können‹?« Erstelle dazu relativ schnell und zügig aus dem Bauch heraus eine Liste. Beziehe dabei alle zuvor gesammelten Projektpläne mit ein.

Denke daran, dass du nicht nur Aufgaben auflistest, sondern auch Dinge, die dir Freude schenken und dir guttun. Etwa »Spazieren gehen« oder »Eine Stunde lang nichts tun«. Wenn du möchtest, kannst du dein Blatt auch in vier Bereiche für »Träumen«, »Planen«, »Handeln« und »Feiern« aufteilen, um zu prüfen, wie ausgewogen deine Monatstraumliste ist. Bewahre die Liste während des ganzen Monats und ergänze sie immer, wenn dir noch etwas einfällt.

3 **Plane deine Woche:** Am Anfang jeder Woche gehst du deine Monatsliste durch. Suche dir drei bis fünf Punkte aus, die du in dieser Woche anfangen und/oder umzusetzen möchtest. Überlege dir die nächsten Schritte, liste sie auf und priorisiere sie, indem du sie schnell und ohne allzu lange nachzudenken in eine Reihenfolge bringst.

Wichtig: Setz dich nicht unter Druck, dass du diese Liste komplett abarbeiten musst. Mach einfach, was dir möglich ist. Am Ende der Woche siehst du, was erledigt und was übrig ist. Mit diesem neuen Wissen planst die nächste Woche. Versuche, mit der Zeit eine realistische Vorstellung davon zu bekommen, was du in einer Woche erreichen kannst, sodass es dir dabei auch gut geht und du genug Zeit zum Feiern und Träumen hast.

4 **Gestalte deinen Tag.** Nimm dir jeden Morgen kurz Zeit zum Träumen: Starte mit einer kurzen Stillezeit und/oder Meditation. Suche dir dann ein bis drei Dinge aus, die du heute tun möchtest. Was sollte das sein, sodass du abends denkst: »Besser hätte ich diesen Tag nicht verbringen können!« Verbinde dich mit den Aufgaben und spüre, was es für deinen Traum, dein Leben bedeutet, wenn du sie erledigt hast. Frage dich: »Ist dies das Beste, was ich jetzt (für mich, für die Gemeinschaft, für die Welt) tun kann?« Und dann tue es!

Nachdem die Aufgaben des Tages erledigt sind, solltest du feiern! Wenn du möchtest, leg noch einmal eine Stillepause ein. Lass den Tag dabei nachklingen. Frage dich, was du heute gelernt hast und empfinde Dankbarkeit. Wenn du Lust hast, führe ein Dankbarkeits- und Aha-Tagebuch.

5 **Baue Stillezeiten ein.** Plane mehrmals täglich kurze Stillepausen ein. Die Wirkung ist nicht zu unterschätzen! Schon ein Innehalten von nur einer Minute tut unheimlich gut und bewirkt, dass du den Fokus auf den Augenblick lenkst, deinen Körper und deine Emotionen wieder wahrnimmst und dies in deine weitere Tätigkeit einfließen lässt. Um dich zu erinnern, kannst du eine Meditations-App nutzen, einen regelmäßigen Termin in deinem Kalender eintragen oder eine Eier-Uhr stellen (wie dies die Pomodoro-Technik vorschlägt).

6 **Ausmisten, feiern und träumen.** Um »Ja« zu deinen Träumen sagen zu können, musst du meist lernen, »Nein« zu dem zu sagen, was dich davon abhält. Dabei hilft es dir, wenn du dir einmal in der Woche sowie einmal im Monat Zeit für eine kleine Reflexion gibst. Gehe dabei deine Wochen- oder Monatslisten durch und schaue, was schon ganz lange darauf steht, ohne dass du es angepackt hast. Frage dich: Was bedeutet das? Ist es dir vielleicht doch nicht so wichtig? Hat sich die Situation verändert? Willst du es streichen oder ist es einfach nur später dran – etwa im nächsten Monat oder Jahr?

7 **Übe Dankbarkeit und lerne.** Mach dir auch bewusst, was du schon alles erreicht hast. Ermutige und feiere dich selbst, indem du deine Fortschritte *und* Rückschläge durchgehst – nimm den Weg wahr und nicht nur das Ziel (den Traum). Frage dich, was du gelernt und an Erfahrungen gewonnen hast. Was bedeutet das für deine weitere Arbeit? Was möchtest du künftig ausbauen oder ändern? Falls du ein Dankbarkeits- und Aha-Tagebuch hast, ist dies eine gute Gelegenheit, um etwas hineinzuschreiben. Dies kann der Auftakt für deine nächste Wochen- oder Monatsplanung sein.

Dokumentiere deine Fortschritte und schaffe dir so immer wieder Anlässe zum Lernen und Feiern!

FORTSCHRITTE FEIERN

Vielleicht erinnerst du dich noch daran, dass wir dir im Kapitel über das Projektrad erklärt haben, dass die Grundstruktur in jedem Projekt aus der Systemtheorie stammt: Hier gibt es die vier Stufen »Impuls«, »Schwelle«, »Aktion« und »Antwort« (↗ Seite 36). Ist dabei die Schwelle so groß, dass der Impuls sie nicht überwinden kann, kommt es zu keiner Aktion. Mit anderen Worten: Euer Projekt bleibt stecken.

In der Phase des Handelns ist die Schwelle der Punkt »Organisation/Verwaltung«. Das bedeutet, dass sich an dieser Stelle entscheidet, ob ein Projekt tatsächlich Wirklichkeit wird – oder nicht. Oft gibt es eine Person, die kontrollieren, nachhaken, einfordern und die Verantwortung dafür tragen soll, dass das Team diese Hürde nimmt.

Bei selbstorganisierten Dragon-Dreaming-Projekten ist das in der Regel anders. Hier übernehmen verschiedene Huttragende gemeinsam die Verantwortung. Der Projekt-Spielplan hilft dann dabei, den Fortschritt gemeinsam zu prüfen und dranzubleiben: Jeder Aufgabenkreis bietet euch mindestens zweimal einen Anlass zum Feiern. Erstens, wenn eine Aufgabe beginnt. Zweitens, wenn sie abgeschlossen ist. Wie das geht, zeigt die Anleitung auf der rechten Seite.

Zum Überprüfen des Fortschritts gehört aber zum Beispiel auch, dass ihr euch regelmäßig eure Indikatoren (↗ Seite 188) vornehmt und schaut, ob ihr noch auf dem richtigen Weg seid. Das Monitoring und die Evaluation erzeugen einen positiven, ermutigenden und motivierenden (sich selbst verstärkenden) Feedback-Kreislauf.

Dabei kann euch auch ein persönlicher Austausch durch das »Buddy Coaching« unterstützen: Du findest ein bis drei weitere Menschen, mit denen du dich regelmäßig verabredest (etwa einmal in der Woche, alle zwei Wochen oder einmal im Monat). Ihr könnt dabei die zwölf Fragen von John Croft für einen Austausch nutzen (↗ Seite 265). Wichtig dabei sind die authentische Kommunikation und das tiefe Zuhören, um die Feier-Qualität von Dragon Dreaming zu erreichen.

Jedes Mal, wenn ihr zu zusammenkommt, um euren Fortschritt zu prüfen, ist es Zeit, um zumindest kurz innezuhalten, zurückzuschauen, stolz auf euch zu sein (auch auf eure Fehler), zu lernen und dann mit frischer Motivation und einem geweiteten Blick weiterzumachen. Auf diese Weise seht ihr, was ihr alles bewirken und erreichen könnt. Selbstwirksamkeit nennt sich das. Und die schenkt Zufriedenheit und Glück.

FORTSCHRITTE DOKUMENTIEREN

Im klassischen Dragon Dreaming dient der Projekt-Spielplan nicht nur der Planung und Analyse. Ihr könnt ihn auch als Management-Werkzeug in der Umsetzungsphase nutzen. Hier zeigen wir, wie das geht:

1. Den Projektplan schön gestalten: Üblicherweise gestalten Teams ihren Projekt-Spielplan noch einmal schön, sobald er fertiggestellt ist. Das Flipchart mit den vielen Klebezettelchen dient dabei als Vorlage. Manche übertragen den Plan ins Digitale (↗ Seite 180). Andere machen ein Poster daraus, das im Büro hängt, wo es alle sehen können. Manche verwandeln ihren Projektplan gar in ein Gemälde. Ein Community-Projekt hat den Plan etwa als Wandbild an das Gemeindehaus gemalt, damit das ganze Dorf täglich am gemeinsamen Vorhaben vorbeikommt. Dieser Schritt ist keine reine Formsache. Dem Projekt-Spielplan ein besonders schönes und liebesvolles Aussehen zu verleihen hat auch symbolische Kraft. Ihn dort zu platzieren, wo er im Blickfeld und damit Bewusstsein aller bleibt, spielt ebenfalls eine wichtige Rolle. Gleichzeitig lädt solch eine aufwendige Form nicht unbedingt dazu ein, Pläne gegebenenfalls zu verändern. Wer agil arbeiten will, wird also eine einfachere Variante wählen.

2. Dokumentiert euren Fortschritt: Jedes erreichte Projektziel ist ein Grund zum Feiern. Das kann auch mit relativ einfachen Mitteln geschehen. Wichtig ist vor allem, es sich (im Team) bewusst zu machen. Klassischerweise dokumentierst du dies über die Kreise im Spielplan. Um zu zeigen, dass eine Aufgabe bereits begonnen hat, könnt ihr den Kreisinhalt schraffieren. Ist sie erledigt, füllt ihr den Kreis komplett aus.

Eine Variante sieht so aus, dass du jeden Kreis in vier Stücke einteilst. Du machst daraus also ein kleines Projektrad mit den vier Phasen. Zu Beginn jeder Phase schraffierst du dann dieses Viertel und füllt es bei Beendigung komplett aus.

Diese Vorgehensweise eignet sich vor allem bei einem globalen oder übergeordneten Projekt-Spielplan eines komplexen Projektes. Denn so können die, die an dem Aufgabenpaket nicht beteiligt sind, besser einschätzen, wie weit diese Arbeitsgruppe damit fortgeschritten ist. Bei einem weniger komplexen Projekt-Spielplan mit weniger Teammitgliedern reicht die erstgenannte Version.

3. Schafft Rituale: Um den Aspekten »Feiern« und »Träumen« genug Raum in eurer Projektarbeit zu geben, solltet ihr in eurem Projekt-Spielplan auch Aufgaben haben wie »regelmäßige Reflexionszeit im Team«. Wenn ihr es euch im Rahmen dieser Zeit zur Gewohnheit macht, gemeinsam auf euren Traum und euren Projekt-Spielplan zu schauen (und die Kreise auszufüllen), dann hilft euch das, dranzubleiben. Das klappt besonders gut, wenn es für diese Aufgabe einen oder mehrere Huttragende gibt.

Aufgabe offen
Aufgabe angefangen
Aufgabe erledigt
Aufgabe ist in Planung

Dokumentiere den Fortschritt, indem du die Aufgabenkreise im Plan schraffierst oder ausfüllst. Nach und nach wird der Plan so immer dunkler. Es ist nicht notwendig, die Aufgaben von oben nach unten abzuarbeiten. Wähle einfach die, die dir als Nächstes sinnvoll erscheinen.

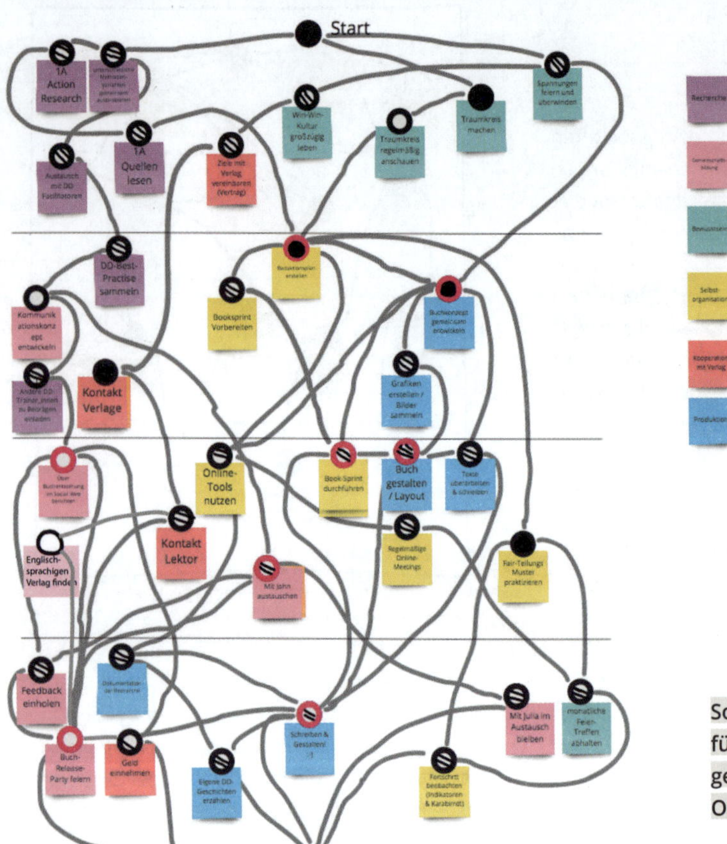

So sieht der Projekt-Spielplan für dieses Buch aus. Erstellt und genutzt haben wir ihn mit einem Online-Whiteboard.

DIGITALE PROJEKT-SPIELPLÄNE

Nicht alle Projektteams sitzen an einem Ort. Oft arbeiten die Menschen weit verstreut. Manchmal trifft sich das Team dann für einige Tage, um den Traumkreis, die Ziele und den Spielplan gemeinsam zu erstellen. Manchmal geschieht auch dies online, was auch gut funktioniert (↗ zum Beispiel Seite 125).

Anschließend ist es hilfreich, zumindest den Projektplan in eine digitale Version zu übersetzen. Dafür gibt es noch keine spezielle Software. Viele nutzen virtuelle Whiteboards, um den Spieltplan nachzubauen. Oben siehst du zum Beispiel den Plan für dieses Buch, erstellt mit miro.com. Rechts findest du weitere Alternativen: Zum einen zeigen wir dir, wie du die Aufgaben aus dem Spieltplan in ein klassisches Projektmanagement-Tool überträgst. Zum anderen erfährst du, wie du ihn in einem digitalen Kanban-Board verwendest.

1. KLASSISCHE TOOLS

Du kannst den Projekt-Spielplan einfach nur als Analysewerkzeug nutzen. Dann machst du ihn vor allem, um zu prüfen, ob du die vier Qualitäten »Träumen«, »Planen«, »Handeln« und »Feiern« tatsächlich zu gleichen Teilen eingeplant hast.

Während des Handelns könnt ihr dann statt dem Projekt-Spielplan genauso gut auch ein klassisches Projektmanagement verwenden. Dazu gibt es sehr viele Online-Tools. Es hängt von eurem Projekt, eurer Teamgröße, eurem Budget, euren Kenntnissen und vielem mehr ab, welches Angebot am besten zu euch passt.

Um den Projekt-Spielplan in solch ein Tool zu überführen, nummeriert ihr als Erstes alle Aufgaben im Spielplan von oben nach unten durch. Die Reihenfolge ist nicht so wichtig. Durch die Nummern sollen sich die Aufgaben vor allem eindeutig zu denen in der Projektmanagement-Software zuordnen lassen.

Da im Laufe der Umsetzung vermutlich weitere Aufgaben dazukommen, geht ihr am besten in Zehnerschritten vor. Die erste Aufgabe erhält also eine »10«, die Zweite eine »20« und so weiter. So können Aufgaben, die dazukommen, zum Beispiel eine »11«, »12« oder »13« erhalten. In eurem Tool führt ihr die Planung wie gewohnt durch.

Neue Aufgaben im Online-Tool solltest du auch im Projekt-Spielplan eintragen. So könnt ihr immer wieder prüfen, dass ihr in allen vier Phasen in etwa gleich viele Aufgaben habt. Zieht auch die Verbindungslinien, die im Online-Tool natürlich auch fehlen. Eine Aufgabe wie »Projektplan pflegen« inklusive Huttragendem hilft dabei.

2. KANBAN BOARD

Agiles Projektmanagement und Dragon Dreaming passen in puncto Haltung ganz gut zusammen: Beide verfolgen das Bottom-up-Prinzip. Deshalb haben wir in den letzten Jahren immer wieder mit einer Kombination von Dragon Dreaming und Kanban gearbeitet.

Kanban ist japanisch und bedeutet so viel wie »Signalkarte«. Der Automobilhersteller Toyota hat die Methode entwickelt, um den Materialfluss in seinen Werken zu optimieren. Anfang des Jahrtausends haben Software-Firmen die Idee für sich entdeckt. Seitdem wenden sie Kanban für ihre Aufgaben an: Diese sind auf Karten notiert und hängen im sogenannten »Backlog«. Von dort fließen sie durch die drei Statusspalten »To Do«, »In Progress« und »Completed«.

In der phyischen Welt kann ein Kanban-Board eine freie Wand sein mit Spalten und Aufgaben-Klebezetteln, die entsprechend ihrem Status immer eine Spalte weiter wandern. Bei einem digitale Kanban-Board – etwa Trello, Kanboard, Wekan oder Restyaboard (um nur einige zu nennen) – geht das virtuell. Der Pluspunkt: Klickt man auf eine der Karten, öffnet sich ein weiteres Fenster mit zusätzlichen Funktionen wie Kommentaren, Listen, Dateianhängen oder Fristen. Meist kann man Kanban-Boards auch in einer Kalenderansicht darstellen und sieht dort alle Termine. Für Dragon Dreaming kannst du Kanban-Boards unterschiedlich nutzen:

Version 1: Übertrage deinen Projektplan komplett in die Kanban-Logik. Dann stehen alle Aufgaben zunächst im Backlog und wandern durch die oben genannten Spalten.

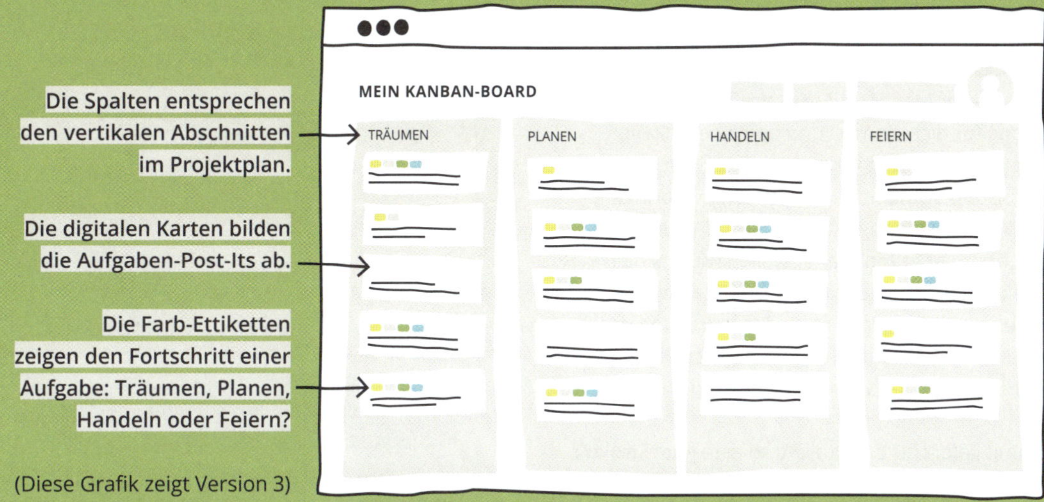

(Diese Grafik zeigt Version 3)

Version 2: Münze die Spalten des Kanban-Board in die Dragon-Dreaming-Logik um. Hier verwendest du neben dem »Backlog« die vier Spalten »Träumen«, »Planen«, »Handeln« und »Feiern«. Die Aufgabenzettel wandern von links nach rechts je nach Status durch die vier Spalten. Durch Farb-Ettiketten kannst du zeigen, zu welcher Phase eine Aufgabe/Karte gehört: Alle Karten aus der Phase »Träumen« sind dann beispielsweise gelb, alle Planen-Aufgaben beige, alle Handeln-Karten grün und alle Feiern-To-dos türkis.

Version 3: Bilde den Projektplan in Spalten ab. In diesem Fall sind die vier Spalten »Träumen«, »Planen«, »Handeln« und »Feiern« gleichbedeutend mit den vier horizontalen Bereichen deines Projekt-Spielplans. In der Spalte »Träumen« hängen somit alle Aufgabenkarten, die im Projektplan ganz oben stehen. In die Spalte »Planen« kommen die aus dem zweiten Abschnitt und so weiter.

Mithilfe von Farb-Labeln kannst du – analog zum Schraffieren und Ausmalen der Kreise auf dem Papierplan – den Status anzeigen: Ein gelbes Label würde etwa anzeigen, dass sich eine Aufgabe in der Phase des Träumens befindet; ein beiges, dass das Planen begonnen hat und so weiter. Was beim Kanban fehlt, sind jedoch die Verbindungslinien.

3. GANTT-CHART

In Tools wie Asana ist es möglich, Aufgaben zu verbinden. So kann ein Netz- oder Beziehungsplan entstehen, das sogenannte »Gantt-Chart«. Es stammt aus dem klassischen Projektmanagement. Dauert eine Aufgabe länger als geplant, verschieben sich die folgenden davon abhängigen Aufgaben automatisch. Damit arbeitet etwa das Team von Friederike Abitz, Rainer Tiefenbacher und Daniel Körner, das die internationale Dragon-Dreaming-Website betreut.

MEETINGS GESTALTEN

Was macht Meetings, Arbeitstreffen und Workshops für dich sinnvoll und bereichernd? Die Literatur dazu füllt viele Meter Regal. Im Internet kannst du Stunden und Tage damit verbringen, dich durch Blogposts, Podcasts und Videos zum Thema zu arbeiten. Daher wollen wir uns hier auf das fokussieren, was Dragon Dreaming zu gelungenen Meetings beitragen kann. Und das fußt vor allem auf der Erkenntnis, dass es sich hier natürlich ebenfalls um Projekte handelt.

Damit liefert dir das Projektrad eine gute Struktur für die Planung und Durchführung deiner Meetings. Und zwar auf zwei Ebenen: Erstens hältst du dich zur Vorbereitung, Durchführung und Nachbereitung der Veranstaltung am besten an die vier Phasen, wobei du am besten mit dem Feiern beginnst und endest.

Zweitens gestaltest du das Treffen selbst mithilfe dieser Struktur. Die Dragon-Dreaming-Trainerin Friederike Abitz nutzt dabei zudem ihre so genannte »Erleichterungsformel«: Jedes Meeting hat einen Anfang, eine Mitte und ein Ende. Deine Dramaturgie folgt dabei einem Öffnen und Schließen. Du öffnest das Treffen (Anfang). Dazu nutzt du vor allem Methoden des Träumens und Planens.

In der Mitte öffnest du ein Thema und schließt es wieder. Dann öffnest du das nächste Thema und schließt es wieder – und so weiter. Denn jedes Thema kannst du im Grunde wie jeweils ein Unterprojekt betrachten, bei dem ihr gemeinsam alle vier Phasen durchlauft. Am Ende schließt du die Veranstaltung insgesamt. Hier geht es ans Feiern, vor allem ans Reflektieren und Auswerten.

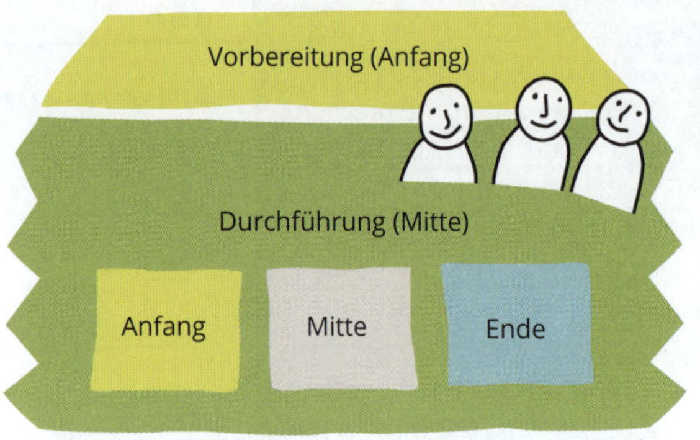

Oben siehst du, wie Friederike Abitz die Gestaltung von Meetings in zwei mal drei Teile gliedert. Jeder Anfang sollte öffnen, also in die Breite und Vielfalt gehen. Jedes Ende sollte schließen, also resümieren und auf den Punkt bringen.

Du erinnerst dich vielleicht: Wir haben dazu schon im Kapitel über die strategischen Ziele etwas geschrieben (↗ Seite 88). Vielleicht klingt dies etwas banal. Aber wir haben in der Praxis schon oft erlebt, dass Menschen ein Thema eben nicht abschließen, bevor sie sich dem nächsten zuwenden. Und auch, dass jemand ganz zum Schluss in der Ckeck-out-Runde noch mal ein Thema aufmacht, das ein komplettes Meeting füllen kann. Das lässt Menschen aber ziemlich unbefriedigt aus einem Treffen gehen. Achte deshalb auf das Öffnen und Schließen, wenn du moderierst.

Friederikes Drei-Teile-Struktur wiederholt sich, wenn du das gesamte Projekt »Meeting« in den Blick nimmst: Hier gibt es ebenfalls einen Anfang (Vorbereitung), die Mitte (die Durchführung) und das Ende (die Nachbereitung).

RAUM & AUSTATTUNG

Wer Dragon Dreaming macht, sitzt gerne im Kreis. Klar könnt ihr euch auch an einem Tisch besprechen. Aber es ist schöner, wenn ihr alle gleichwertig in der Runde sitzt, die gesamte Körpersprache der anderen sehen und euch frei im Raum bewegen könnt (etwa um zum Flipchart zu gehen).

Achtet auch auf die Atmosphäre im gesamten Raum: Schafft aufgestapelte Stühle oder Tische raus. Räumt herumliegende Papiere, benutzte Tassen, Teller oder Flaschen weg. Macht vollgehängte Wände frei. Wenn ihr dem Raum und allem, was den Raum belebt, Respekt und Achtsamkeit schenkt, werdet ihr sehen: Ihr könnt euch besser konzentrieren, wenn eure Umgebung euch nicht ablenkt.

Sorgt auch dafür, dass das Material da ist, das ihr braucht. Ein Flipchart, dicke Stifte für alle, Moderationskarten oder Post-its, eine Glocke/Zimbel und ein Redestein sind die Mindestausstattung. Das bedeutet auch: Nutzt diese Materialien!

Wann immer ihr Themen besprecht und dies nicht dokumentiert (also aufschreibt oder -zeichnet), gehen kreative Ideen oder wichtige Informationen verloren. Achtet auch darauf, dass es genug Pausen, Spiel, Freude und Bewegung während des Meetings gibt!

TRÄUMEN

Wenn du an all die Meetings denkst, die du jemals hattest, was hat dich daran frustriert? Was war großartig?

Stelle dir vor, dass du drei Tage nach dem Meeting darauf zurückblickst: Was ist passiert, sodass du sagst »Ich bin zufrieden«?

Was ist der Zweck, das Ziel des Treffens? Welche Menschen sollten am Meeting teilnehmen? Was sind ihre Erwartungen, Träume und Ideen?

Dient das Meeting dem großen Ganzen (dem Projekt, dem Umfeld, der Welt)? Braucht es das Meeting wirklich?

PLANEN

Wie sieht ein guter Ablauf der Zusammenkunft aus? Gibt es genug Pausen, Energizer, Rituale et cetera?

Steht der Raum fest und sieht er gut aus? Ist alles Material da? Welche Flipcharts und Informationen sollten vor Ort sein?

Sind alle wichtigen Menschen eingeladen? Ist ihnen der Sinn und Zweck des Meetings klar? Haben sie alle wichtigen Infos?

Wie sehen die An- oder Rückmeldungen aus? Gibt es weitere Ideen und Wünsche, die du berücksichtigen willst? Ist etwa das Rahmenprogramm delegiert?

HANDELN

Startet ihr mit einem Check-in? Gibt es Rituale, Spiele oder Körperarbeit, um das Ankommen und Eröffnen zu unterstützen?

Sind alle wichtigen Rollen und Aufgaben verteilt? Etwa: Wer moderiert? Wer führt Protokoll? Wer achtet auf Pausen und das Wohlergehen aller?

Ist allen der Ablauf und Zeitplan klar? Gibt es dazu noch Ergänzungen oder Änderungswünsche? Sind alle einverstanden?

Öffnen und schließen wir alle Themen sorgsam? Halten wir Ergebnisse und Beschlüsse fest? Vergessen wir Spiel und Freude nicht?

FEIERN

Gibt es eine Check-out-Runde am Ende des Treffens? Gibt es genug Raum für Dankbarkeit und Wertschätzung?

Hast du das Protokoll und alle wichtigen Infos aus dem Meeting mit allen geteilt, die daran interessiert sein könnten?

Hast du Feedback von allen eingeholt? Entweder am Ende des Meetings oder im Nachgang, etwa per Online-Umfrage?

Wie sieht dein persönliches Fazit aus? Was lief gut? Was hätte besser laufen können? Was lernst du daraus für das nächste Mal?

Die vier Phasen des Projektrades geben dir eine gute Struktur, um Meetings, Workshops und andere Veranstaltungen zu planen. Zusammen mit der Dragon-Dreaming-Trainerin Friederike Abitz haben wir 16 Fragenblöcke zusammengestellt, die du wie eine Checkliste nutzen kannst.

SELBSTORGANISIERT HANDELN

Alles ist mit allem verbunden. Diese Einsicht ist ein ganz wesentliches Fundament von Dragon Dreaming. Vivienne Elanta und John Croft haben sich hier unter anderem von den Indigenen Australiens inspirieren lassen. Aber auch Systemtheoretiker wie Gregory Bateson haben sie beeinflusst, wonach die Welt selbst ein System voller kleiner und großer Systeme ist.

Das Wort »System« stammt vom altgriechischen sýstēma ab und bedeutet so viel wie »aus mehreren Einzelteilen zusammengesetztes Ganzes«. Jedes Team ist ein System, genauso wie jedes Projekt und jeder Mensch. Sie alle haben gemeinsam, dass sie aus lauter einzelnen Teilen bestehen, die alle unterschiedliche Eigenschaften haben. So wie die Mitglieder eines Teams. Was aus ihnen ein System macht, sind die Beziehungen. Die Muster und Regeln dieser Beziehungen ergeben eine Ordnung.

Dieses Denken in komplexen Zusammenhängen passt mit dem Weltbild vieler Indigener zusammen. Sie wissen seit Jahrtausenden, was wir Menschen der westlichen Konsumkultur anscheinend vergessen oder verdrängt haben. Wir glauben zum Beispiel, dass wir alle Teammitglieder einzeln betrachten und bewerten können – unabhängig voneinander und vom Kontext, in dem sie arbeiten. Beim Dragon Dreaming ändern wir die Perspektive: Wir sehen das Ganze, die Verbindungen, Beziehungen und Resonanzen, die es – zum Beispiel – im System »Team« gibt.

Das Ziel von Dragon Dreaming ist, die Muster, Strukturen und Prozesse zu finden, die uns möglichst erfolgreich zusammenarbeiten lassen – und zwar im Sinne der drei Prinzipien »Individuelles Wachstum«, »Gemeinschaftsbildung« und »Dienst an der Erde«. Das Projektrad ist dabei ein wesentlicher Anker, das Prinzip der Selbstorganisation ein weiterer. Nach dem Motto »Niemand weiß alles und jeder Mensch weiß etwas« soll die kollektive Intelligenz der Vielen wirken. Dazu braucht es Individuen, die offen sind, ihre Sicht- und Denkweise zu verändern – und gleichzeitig authentisch für das einstehen, was ihnen wichtig ist.

Auf der Seite rechts findest du ein paar Tipps, die wir aus unserem Arbeitsalltag in Bezug auf die Projektarbeit weitergeben können. Wie Selbstmanagement auf Organisationsebene aussehen kann, dafür gibt es bereits unterschiedliche Muster und Vorbilder. Die Soziokratie – mitsamt ihren Varianten Holokratie und S3 – ist ein Beispiel. Die Idee der Teal-Organisation des Unternehmensberaters Frederic Laloux verfolgt den gleichen Ansatz wie Dragon Dreaming: Auch sie verlangt und ermöglicht Selbstmanagment, Ganzheitlichkeit und Sinn.

Selbstorganisierende Systeme sind jedoch nicht nur das Ideal einiger Weltverbessernden. Viele halten sie für die zukunftsträchtigste Organisationsform. Warum? Weil jedes Team, jedes Projekt und jede Organisation Teil eines größeren Systems ist – etwa der Finanzbranche, des Silicon Valley oder des globalen Ökosystems. Und diese Systeme verändern sich schneller und stärker als je zuvor. Selbstorganisierende Systeme können darauf schneller reagieren. Ein wesentlicher Grund, warum IT-Unternehmen Software in agilen Teams entwickeln – also in selbstorganisierten Strukturen.

GRUPPEN DER SELBSTORGANISATION

Beim Dragon Dreaming gestalten die Teilnehmenden das Projekt »Workshop« grundsätzlich mit. Dazu teilen sie sich in selbstorganisierte Gruppen ein. Oft gibt es eine Gruppe für die Dokumentation und eine für einen schönen und angenehmen Raum. Eine dritte Gruppe leitet zwischendurch Bewegungsübungen oder Spiele an. Und eine vierte ist für die Vernetzung der Gruppe zuständig und organisiert eine Feier.

So verteilt sich die Arbeit auf mehrere Schultern. Die Workshop-Leitenden sind entlastet. Und die Teilnehmenden gestalten die gemeinsame Zeit aktiv, kreativ und eigenverantwortlich mit. Das schlägt sich fast immer in einer allgemein verantwortungsvolleren Grundhaltung nieder und stärkt das Gemeinschaftsgefühl.

Variationen sind natürlich möglich. Die Dragon-Dreaming-Trainerin Friederike Abitz nutzte die Idee etwa beim Ethno-Camp (↗ Seite 97). Sogenannte »Familien« werden eingeteilt: kleine Gruppen, die sonst wohl nicht zusammengefunden hätten und die sich im Laufe des Festivals durch die gemeinsamen Aufgaben sinnvoll austauschen, näherkommen und füreinander da sind.

SELBSTORGANISIERTE SESSIONS

Gemeinsame Arbeits-Sessions laufen schnell entweder recht chaotisch ab – oder es gibt einige wenige, die den Ton angeben und die Fäden in der Hand halten. Sie haben dann oft das Gefühl, dass sie ständig die Verantwortung übernehmen müssen. Während die Dinge, die den eher stilleren Menschen wichtig sind, teilweise unter den Tisch fallen. Selbstorganisation kann das ändern. Wir geben dir hier ein Beispiel, wie das aussehen kann. Es ist inspiriert von der Organisation größerer OpenSpaces, aber gemischt mit Dragon-Dreaming-Aspekten und -Methoden.

Schritt 1: Den Tag feiern! Beginnt das Treffen mit gemeinsamem Feiern! Tauscht euch aus, wie es euch geht, wie ihr euch fühlt, was eure Erfolge und Niederlagen (in Bezug auf das Projekt) waren oder Ähnliches. Ihr könnt dazu auch die klassische Check-in-Runde mit den drei Dragon-Dreaming-Fragen nutzen: »Wie sieht dein inneres Wetter aus? Hattest du einen Traum und wenn ja, willst du ihn teilen? Was war gestern dein wichtigstes Aha?« Weitere Ideen und Übungen findest du auch im Abschnitt »Feiern« dieses Buches (↗ Seite 226 ff.).

Schritt 2: Gemeinsam träumen! Macht eine Stillepause und einen abgespeckten Traumkreis. Wenn die Zeit knapp ist und/oder es viele Teilnehmende sind, gibt es zum Beispiel nur eine Runde (maximal drei) mit der Frage: »Was müsste bis … geschehen, damit du sagst ›Besser hätte ich meine Zeit nicht verbringen können‹?«

Falls sehr wenig Zeit ist, lässt sich diese Frage auch ins Check-in integrieren. Dann ist es gut, den Teilnehmenden vor dem Check-in die Frage zu nennen, ihnen zwei bis fünf Minuten Zeit in Stille zu geben, um eine Antwort auf eine Karte zu notieren. Wenn sie in der Check-in-Runde dran sind, können sie ihren Traum nennen und an eine gemeinsame Wand pinnen.

Schritt 3: Selbstorganisation planen! Wollt ihr ein kleineres Projekt organisieren (etwa »Heute räumen wir unseren Co-Working-Space auf« oder »Diese Woche betreuen wir gemeinsam den Messestand«), könnt ihr statt des Projekt-Spielplans auch Folgendes tun: ihr legt ein großes Kanban-Board an einer für alle gut sichtbaren Wand an. Dieses hat drei Spalten: Links die Spalte »Träumen«, in der Mitte die Spalte »Planen/Handeln« und rechts die Spalte »Feiern«.

In der linken Spalte tragt ihr in einem Brainstorming alle Aufgaben zusammen, die notwendig sind, um eure Träume und Ziele zu erreichen. Bei kleineren Gruppen schreiben die Teilnehmenden ihre Ideen selbst auf Klebezettel und hängen sie in die erste Spalte. Bei großen Gruppen übernimmt dies eine Moderation und notiert auf Zuruf. Nehmt euch noch mal Zeit, um möglicherweise fehlende Aufgaben zu ergänzen. Auch während der gesamten Session können alle hier weitere Aufgaben aufhängen.

Wer geübt in Dragon Dreaming ist, kann dafür Post-its mit vier Farben nutzen – jeweils für Aufgaben im Bereich Träumen, Planen, Handeln und Feiern. Das ist eine spielerische Art, um zu prüfen, ob die Planung ausgewogen ist.

Schritt 4: Hand in Hand handeln! Nun kann es losgehen. Jede Person nimmt sich die Aufgabe aus der linken Spalte, die sie gerne machen möchte. Sie schreibt ihren Namen dazu und hängt den Zettel in die Spalte »Planen/Handeln«. So wissen alle auf einen Blick, dass dies in Arbeit ist und wer das macht (das ist wichtig, falls es Rückfragen gibt).

Wenn die Aufgabe erledigt ist, wandert der Zettel in die rechte Spalte und die Person suchst sich in der linken eine neue Aufgabe aus. Das geht so lange, bis alle Aufgaben erledigt sind oder die Zeit um ist. Sind dann noch Aufgaben übrig, sind sie entweder nicht so wichtig (sonst hätte jemand sie gemacht). Dann könnt ihr sie streichen. Oder ihr besprecht, wer sie wann erledigt.

Tipp: Vergebt zeitkritische Aufgaben (etwa »Messestand betreuen«) in einem kurzen Stand-up-Meeting zu Beginn. Notiert die Fristen auf die Zettel und den Namen des Huttragenden.

Schritt 4: Den Tag feiern! Vergesst nicht, den Tag mit einer gemeinsamen Feier zu beschließen. Das kann zum Beispiel die Reflexion sein, ob ihr all eure Träume vom Check-in verwirklicht habt, eine Check-out-Runde und ein schönes Essen.

MIT QUALITÄTEN ARBEITEN

An der deutschen Permakultur Akademie gibt es einen Themenkurs »Soziale Permakultur«, in dem die Teilnehmenden Methoden, Modelle und Herangehensweisen lernen, mit denen sie auf verbindende und wertschätzende Weise langfristig zusammenarbeiten, wirken und leben können.

Für den letzten Kursabend erhalten die Teilnehmenden häufiger den Auftrag, ein kleines Fest zu gestalten. Dazu nutzen wir eine Kombination von Traumkreis und dem Acht-Schilde-Modell. Damit kannst du mit deinem Team auf die Qualitäten anstatt die Produkte eines Traumes schauen. Wenn ihr wisst, welche Qualitäten ihr euch vorrangig wünscht, könnt ihr gemeinsam eure Träume ohne Absprache und auf ganzheitliche und spielerische Weise verwirklichen.

Wir beginnen für die Umsetzung des Seminarfestes immer mit einem Traumkreis. Dann destillieren wir aus den Träumen die zentralen Qualitäten, die es haben soll. Wir denken also nicht in Produkten wie etwa »Kerzen«, sondern in den dahinter liegenden Qualitäten. So entstehen Formulierungen wie »Wohlfühlatmosphäre« oder »schön gestalteter Raum«, »die Verbindung untereinander stärken«, »Freude miteinander haben« und »sich auf einer anderen als der Arbeitsebene begegnen«.

Um diese Qualitäten lebendig werden zu lassen, nutzen wir das Acht-Schilde-Modell[2]. Es basiert auf den Forschungen des Naturverbindungsmentors Jon Youngs und seinen Kolleginnen und Kollegen zu wiederkehrenden Aspekten in verbindungstiftenden Praktiken und Haltungen verschiedener indigener Kulturen. Es ist nach den vier Himmelsrichtungen aufgebaut und arbeitet mit Analogien und Assoziationen, die uns vertraut sind: Wir alle kennen zum Beispiel den Lauf der Sonne. Mit dem Morgen verbinden wir eine andere Bedeutung als mit der Mittagszeit oder dem späten Abend. Genauso ist es mit den Jahreszeiten. Der Frühling fühlt sich für uns anders an als der Hochsommer

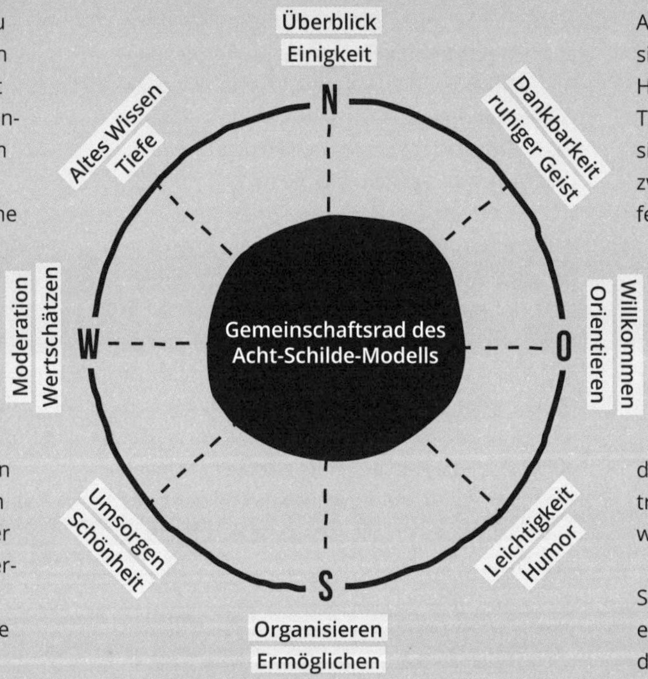

oder die graue Novemberzeit. Für verschiedene Anwendungsfelder gibt es im Acht-Schilde-Modell spezifische Räder. Für das Fest orientierten wir uns am Gemeinschaftsrad. Der Osten, verknüpft mit dem Sonnenaufgang und der Frühlingszeit, steht für den guten Anfang und das Willkommenheißen, aber auch für Orientierung und Inspiration. Der Westen hat – in Analogie zur Assoziation des Sonnenuntergangs, wenn die Menschen vom Tagwerk heimkehren und ihre Geschichten teilen – den Auftrag, durch das Fest zu führen und die Beiträge aller anderen Teams zusammenzubinden und zu würdigen.

Für jede der acht Richtungen formulierten wir Aufträge, um das Fest zu gestalten, und schrieben sie auf Kärtchen. Wir legten sie entsprechend ihrer Himmelsrichtung auf den Boden und luden die Teilnehmenden ein, sich dort hinzustellen, wo es sie hinzog. An jeder Richtung sollten mindestens zwei Menschen stehen. Damit war die Planung fertig.

Nun hatte jedes Team eine Stunde Zeit, zu überlegen, wie es seinen Auftrag erfüllen kann, und entsprechende Vorbereitungen zu tätigen, dass sich im Fest die Qualitäten aus dem Traumkreis verwirklichen können. Auf diese Weise sind schon viele schöne Feste entstanden. Ihre Magie bestand darin, dass alle etwas beitrugen und gleichzeitig niemand so genau wusste, was noch alles kommt.

So hat das Team für den Osten zum Beispiel schon einmal ein schön geschmücktes Tor gebaut, durch das alle zur vereinbarten Zeit nacheinander gingen und auf der anderen Seite von einer Person willkommen geheißen wurden. Der Südosten, der für Humor und Leichtigkeit sorgen soll, hat zu einem lustigen Spiel eingeladen, während der Nordwesten, der mit der Tiefe der Zeit und den Gefühlen verbinden soll, eine Geschichte zum Ort erzählt hat, an dem wir uns befanden. ↗ *Judit Bartel, Permakultur Gestalterin, www.permakultur.de*

WEISHEITEN FÜRS LOSLEGEN UND DRANBLEIBEN

- Wähle den nächsten Schritt – und dann tue ihn.
- Tue, was du tust, mit deinem ganzen Herzen.
- Tue es so, dass es dir Freude bereitet.
- Handle mit so viel Vertrauen und so wenig Kontrolle wie möglich.
- Halte es spielerisch.
- Schaffe sich selbst erhaltende Prozesse der Selbstorganisation.
- Plane Pausen für tiefes Zuhören und Nichtstun ein.
- Feiere jeden deiner Fortschritte.
- Feiere jeden Fortschritt deiner Kolleginnen und Kollegen.

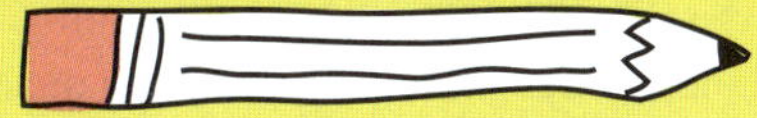

ZEIT ZUM NACHDENKEN

Nimm dir ein paar Minuten, mach es dir gemütlich und notiere dir in dein Aha-Buch: Was hält dich davon ab, loszulegen? Was hindert dich daran, dranzubleiben? Und was kannst du tun, damit dir alles, was zu tun ist, Freude bereitet?

INDIKATOREN

An dieser Stelle deiner Projektumsetzung weißt du zwar ganz genau, was dein Projekt in der Welt verändern soll. Doch im Trubel des Handelns ist es nicht immer so, dass du ohne Weiteres sagen kannst, ob du dich gerade auf dem Weg zu deinen Träumen und Zielen befindest, sie vielleicht sogar bereits erreicht hast – oder dich mit deinem Projekt gerade in irgendeine ganz andere Richtung bewegst.

Deshalb ist es für manche Projekte notwendig, mit sogenannten Indikatoren zu arbeiten. Ein Indikator ist ein Merkmal oder Anzeichen dafür, dass eine bestimmte Entwicklung stattfindet oder ein bestimmter Zustand eingetreten ist. Wenn deine Organisation zum Beispiel bis zu einem bestimmten Jahr klimaneutral sein will, dann wäre etwa der jährlich ermittelte CO_2-Fußabdruck ein geeigneter Indikator. Wird er immer kleiner, zeigt dir das, dass ihr auf dem richtigen Weg seid.

Ein Indikator ist damit nicht nur für dich und dein Team wichtig. Indikatoren unterstützen auch die Kommunikation mit Stakeholdern. Dazu noch ein Beispiel: Stell dir vor, du machst Fundraising für ein Projekt, das Hauptschülerinnen und -schülern den Übergang von der Schule in eine Berufsausbildung erleichtert. Dann ist es hilfreich, bei manchen Förderstellen sogar notwendig, dass du durch Indikatoren belegen kannst, was dein Projekt bewirkt.

So spielen Indikatoren in verschiedenen Phasen des Projektrades eine Rolle: In der Traumphase setzt ihr durch den Traumkreis den Rahmen. In der Planungsphase entwickelt ihr die dazu passenden Indikatoren. In aller Regel hilft euch das, eure

strategischen Ziele noch genauer auf den Punkt zu bringen und zusätzliche Klarheit zu gewinnen. Während der Handelnphase könnt ihr anhand der Indikatoren euren Fortschritt prüfen. Sie sind dann ein wichtiges Werkzeug der Auswertung und Steuerung und zeigen euch, ob ihr an eurer Umsetzung oder Verwaltung von Ressourcen etwas verändern solltet.

Schließlich könnt ihr die Indikatoren während der Feiernphase als Basis für eine abschließende Auswertung eures Projektes nutzen: Ihr könnt die Daten am Ende mit denen zu Beginn vergleichen und so erkennen, was euer Projekt insgesamt verändert hat. Auf diese Weise könnt ihr besser verstehen und lernen, welche Maßnahmen und Aktivitäten tatsächlich sinnvoll waren. So könnt ihr aus euren Fehlern klug werden, lernen und euch weiterentwickeln.

AUF DEM WEG ZUR WIN-WIN-KULTUR

In einem Dragon-Dreaming-Projekt versucht ein Team immer, möglichst hundert Prozent aller Träume zu verwirklichen. Das ist ein ganz wichtiger Teil der Win-Win-Kultur. Dahinter steht die Haltung, dass kein Traum mehr oder weniger wichtig, bedeutungsvoll oder angemessen ist. Alle im Team sollen sich sicher fühlen, dass den anderen die Umsetzung ihrer Träume ebenso wichtig ist wie ihnen selbst.

Auf diese Weise entstehen Vertrauen, Solidarität, Kooperation und Kreativität. Angst, Misstrauen, Geiz und Konkurrenz nehmen ab. Die Indikatoren sollten sich daher immer auch am Traumkreis orientieren und anzeigen, ob das Team tatsächlich auf dem Weg ist, hundert Prozent aller Träume zu verwirklichen.

Jedes Dragon-Dreaming-Projekt will drei Meta-Ziele verwirklichen: die persönliche Weiterentwicklung aller am Projekt Beteiligten, die Gemeinschaftsbildung und den Schutz und Aufbau der Erde. Was bedeutet das für dein Projekt? Welche Indikatoren könnten dir zeigen, dass du auf dem Weg bist, diese drei Meta-Ziele zu verwirklichen?

GLÜCKS-INDIKATOREN

1979 fragte ein indischer Journalist den vierten König von Bhutan Jigme Singye Wangchuck, wie hoch eigentlich das Bruttoinlandsprodukt (BIP) seines Landes sei. Der antwortete prompt: In Bhutan sei das Bruttonationalglück wichtiger als das Bruttoinlandsprodukt. Damit war ein revolutionärer Gedanke geboren. Ein Traum mit langer Tradition.

Bereits 1629 stand in der Verfassung von Bhutan geschrieben: »Wenn die Regierung kein Glück für ihr Volk schaffen kann, dann gibt es keinen Grund für die Existenz der Regierung.« Fast 370 Jahre später, im Jahr 1997, erstellte Buthans Premierminister Jigmi Y. Thinley die vier Säulen des Bruttonationalglücks (BNG): eine sozial gerechte Gesellschaft, die Förderung kultureller Werte, der Schutz der Umwelt und gute Regierungs- und Verwaltungsstrukturen.

Im Jahr 2005 entwickelte das Zentrum für Bhutanstudien dann genaue Indikatoren, die zeigen sollten, wie es um das BNG der Menschen in Bhutan bestellt war. Es verwandelte sie in einen aufwendigen Fragebogen. 2010 fand die erste offzielle und repräsentative Erhebung mit über 7.000 Teilnehmenden statt.

Das Ergebnis: Gut vierzig Prozent der Menschen in Bhutan waren damals glücklich. Gesundheit, ökologische Vielfalt, Resilienz und Lebendigkeit der Gemeinschaft leisteten dabei den größten Beitrag. Fünf Jahre und entsprechende politische Maßnahmen später zeigte eine weitere Umfrage, dass über 43 Prozent der Menschen glücklich waren.

Das bestätigt die, die das BIP kritisieren. Seit dem Zweiten Weltkrieg ist dies der wichtigste Indikator für den Wohlstand in unserer Kultur. Doch auch eine Umweltkatastrophe, ein Flugzeugabsturz oder ein Chemie-Unfall können das BIP steigern – obwohl es tatsächlich vielen Menschen dadurch schlechter geht. Zudem zeigt die Glücksforschung, dass unsere Lebenszufriedenheit ab einem bestimmten Wohlstandsniveau nicht weiter steigt. Dieses Niveau haben wir in den 1980ern erreicht.

Obwohl uns mehr BIP also eigentlich nicht mehr Glück bringt, ordnen wir ihm viele, zum Teil lebenswichtige Dinge unter: den Schutz von Umwelt, Menschenrechten und Tieren zum Beispiel. Du siehst also, dass eine unkluge Wahl von Indikatoren weitreichende Folgen haben kann.

2012 luden Jigmi Y. Thinley und der UN-Generalsekretär Ban Ki-moon zu einem internationalen Treffen ein, um ein neues wirtschaftliches Paradigma einzuläuten. Seitdem erscheint jährlich der »World Happiness Report«. ↗ *worldhappiness.report*

ARTEN VON INDIKATOREN

Das Knifflige an Indikatoren ist, dass sie nicht immer ganz klare und einfache Hinweise liefern. Bei allen Träumen und Zielen, die sich konkret messen lassen, ist es noch relativ einfach. Hier geben direkte Indikatoren meist einen Aufschluss über den Erfolg deines Projektes.

Nehmen wir als Beispiel das Projekt, das Hauptschulabgehenden den Weg in eine Ausbildung erleichtern will. In so einem Fall brauchst du eigentlich nur nachzuzählen, wie viele der Jugendlichen, die an deinem Programm teilgenommen haben, anschließend eine Ausbildungsstelle bekommen haben. Sind dies im Schnitt mehr als ohne dein Programm üblich, kannst du die Wirkung deines Projektes belegen.

Anders ist das bei Träumen und Zielen, die eher qualitativer Natur sind. Auch hier ein Beispiel aus der Praxis: Nehmen wir an, ihr habt in der Traumphase eures Projektes durch ein Mia Mia festgestellt, dass euch »eine wertschätzende, achtsame Kommunikation« sehr wichtig ist. Bei der Planung habt ihr bestimmt, dass eine Weiterbildung in gewaltfreier Kommunikation (GFK) die richtige Maßnahme ist, um diesen Traum zu verwirklichen. Als Indikator habt ihr die Anzahl der Weiterbildungen pro Person und Jahr festgelegt.

Doch das ist trügerisch: Ein solcher Indikator kann darauf hinweisen, dass sich die kommunikativen Fähigkeiten des Teams verbessert haben – es muss aber nicht so sein. Nicht alle Weiterbildungen sind gleich gut. Und nicht alle Teilnehmenden entwickeln dadurch mehr Empathie und Achtsamkeit. Im schlimmsten Fall gerät der Indikator zum Selbstzweck: Ihr versucht, möglichst viele Weiterbildungen zu besuchen – egal, ob sie euch helfen, euer Ziel zu erreichen oder nicht. Was also könnten wirklich aussagekräftige Indikatoren sein? Eine jährliche Umfrage unter den Teammitgliedern? Der Nachweis, wie viel Zeit das Team mit der Klärung von Konflikten und schwierigen Entscheidungen verbringt? Oder eine gegenseitige kollegiale Beurteilung? Vielleicht sind auch mehrere Indikatoren nötig, damit du dir ein abschließendes Urteil bilden kannst.

Ebenso wichtig können Qualitätsindikatoren sein. Denk mal an die Organisation, die im Jahr x klimaneutral sein will. Dieses Ziel könnte sie erreichen, indem sie ihre CO_2-Emissionen jährlich um eine bestimmte Prozentzahl senkt und den Rest kompensiert. Sie könnte aber auch einfach alle Emissionen kompensieren, selbst wenn diese sogar steigen. In beiden Fällen wäre die Organisation offiziell klimaneutral. Doch Indikatoren können den qualitativen Unterschied zeigen. Das kann vor allem dann wichtig sein, wenn sich die Wirkung eines Projektes nicht so leicht belegen lässt wie in diesem Beispiel.

CHECKLISTE

Auf der folgenden Doppelseite findest du die Schritt-für-Schritt-Anleitung, wie du die Indikatoren für dein Projekt entwickeln und auswerten kannst. Hier schon mal eine Checkliste, die dir hilft, an alles zu denken:

- [ ] Jeder Traum und jedes Ziele hat einen Indikator.
- [ ] Alle Indikatoren haben einen Namen.
- [ ] Wir wissen bei allen Indikatoren, warum wir sie messen.
- [ ] Alle Indikatoren messen unterschiedliche Aspekte. Keine Indikatoren messen dasselbe.
- [ ] Alle Indikatoren haben einen Soll-Wert, der zeigt, wann/ob unsere Ziele und Träume erfüllt sind.
- [ ] Es ist klar, wer die Indikatorenwerte sammelt, aufbereitet, auswertet und Maßnahmen daraus ableitet.
- [ ] Wir kennen den Ressourcenaufwand pro Indikator und haben ihn in unseren Plan und unser Budget aufgenommen.
- [ ] Wir haben Feedback von relevanten Stakeholdern zu den Indikatoren eingeholt.

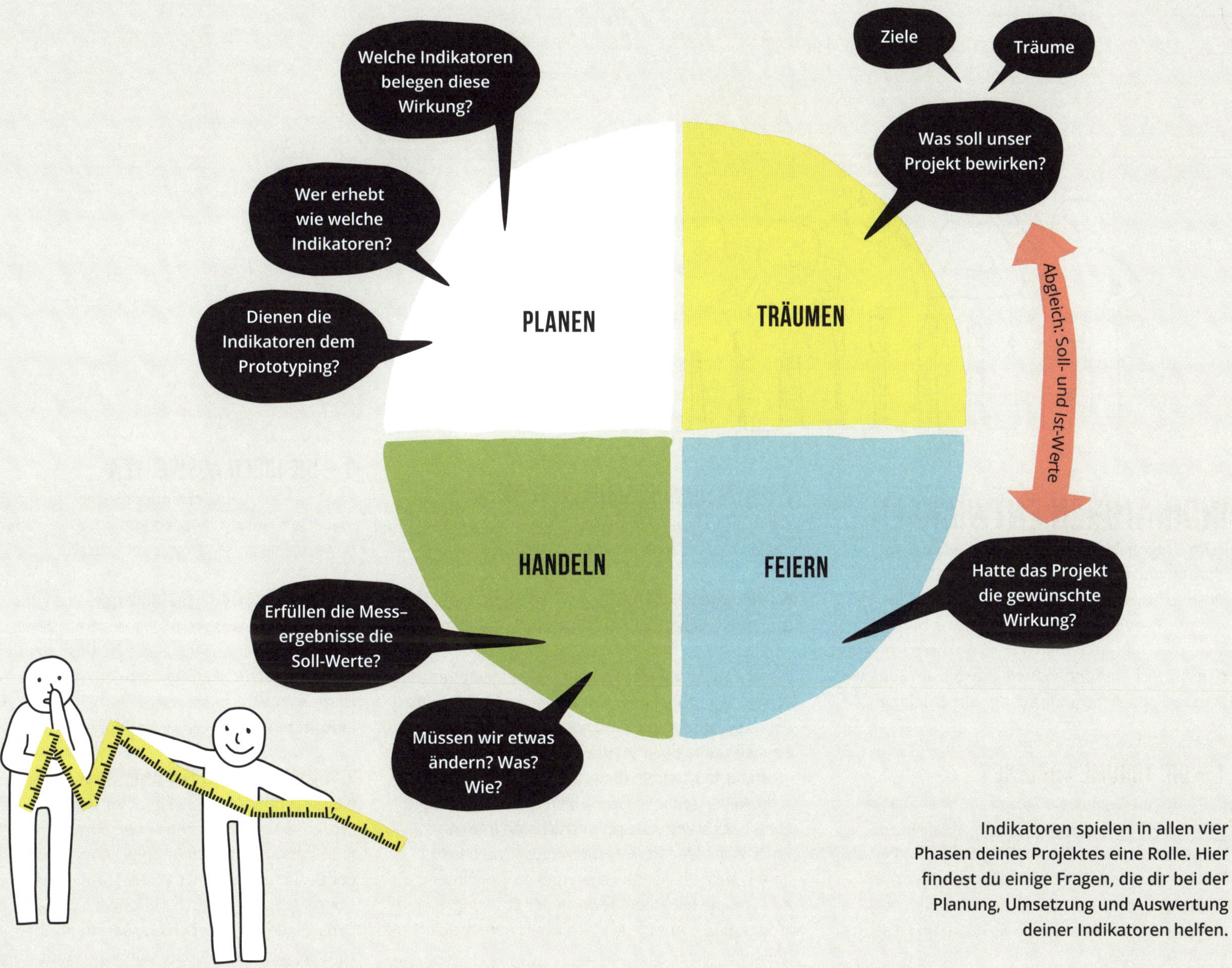

Indikatoren spielen in allen vier Phasen deines Projektes eine Rolle. Hier findest du einige Fragen, die dir bei der Planung, Umsetzung und Auswertung deiner Indikatoren helfen.

INDIKATOREN ENTWICKELN

Beim Dragon Dreaming versuchen wir, das Monitoring und die Evaluation so zu gestalten, dass diese zu einer positiven, ermutigenden Erfahrung werden. Feedback und Kritik soll etwas sein, das Menschen hilft, zu lernen und zu wachsen. Um dies zu ermöglichen, können Projektteams am Ende der Planungsphase folgende Schritte unternehmen:

1 – DIE TRÄUME VORLESEN

Lest euch zu Beginn alle Träume noch einmal in Vergangenheitsform vor – also so, als seien sie bereits verwirklicht. Wenn ihr feststellt, dass einige Träume bereits erfüllt sind, solltet ihr das unbedingt wertschätzen und feiern. Geht auch noch einmal eure strategischen Ziele durch und lest euren Leitsatz.

2 – GEMEINSAMES BRAINSTORMING

Wenn ihr in Ruhe durch alle Träume und Ziele gegangen seid, dann stellt euch die Frage:

Was könnte beweisen, dass wir auf dem Weg sind, unsere Ziele und Träume zu verwirklichen?

Macht eine Stillepause von ein bis drei Minuten. Wenn ihr möchtet, könnt ihr dabei die fünf Schritte der authentischen Kommunikation durchführen. Danach sammelt ihr im Brainstorming so viele Ideen für Indikatoren (Beweise) wie möglich. Es sollte keine Gedankenschranken und Bewertungen geben – egal wie verrückt und scheinbar unrealistisch eine Idee ist, sprecht sie aus. Und denkt daran: Auch die persönlichen und gruppeninternen Träume brauchen Beweise der Erfüllung! Eine Moderation notiert jede Idee jeweils auf ein Post-it oder eine Moderationskarte.

3 – DIE IDEEN AUSWERTEN

Fasst zunächst ähnliche oder gleiche Ideen zusammen. Geht dann alle Ideen Punkt für Punkt durch. Bewertet sie anhand von zwei Achsen:

1. Wie wichtig ist dieser Indikator? Wie gut gibt er uns Auskunft darüber, ob wir unsere Träume und Ziele verwirklichen? Hängt die Post-its oder Karten mit wichtigen Indikatoren nach oben auf das Flipchart. Mit absteigender Bedeutung hängt ihr die Indikatoren immer weiter nach unten.

2. Wie leicht können wir die Indikatoren gewinnen? Üblicherweise könnt ihr rund 10 bis 25 Prozent aller Indikatoren neben eurer alltäglichen Arbeit gewinnen. Zum Beispiel könnt ihr die Zahl der Besuchenden einer Veranstaltung oder Website zählen. Es gibt auch Indikatoren, die andere Organisationen erheben und veröffentlichen, wie zum Beispiel Gemeinden, staatliche Einrichtungen,

Diese Indikatoren sind leicht zu gewinnen und von hoher Bedeutung. Auf jeden Fall sammeln!

Diese Indikatoren sind von mittlerer Relevanz. Prüft, ob sich der Aufwand jeweils lohnt.

Diese Indikatoren sind nur schwer zu gewinnen und von geringer Relevanz. Meidet sie.

Universitäten, Organisationen oder Institute. Diese könnt ihr recherchieren.

Andere Indikatoren müsst ihr selbst in etwas aufwendigeren Verfahren erheben. Etwa indem Teilnehmende einer Maßnahme Feedback-Bögen ausfüllen oder ihr im Team eine Umfrage durchführt. Und natürlich könnt ihr Studien in Auftrag geben. Falls euer Budget dafür nicht ausreicht, könnt ihr versuchen, entsprechende Unternehmen als Parnter zu gewinnen. Oder ihr findet Studierende, die dies als Forschungsprojekt für ihre Bachelor- oder Master-Arbeit nutzen möchten.

Sortiert die Indikatoren, die sich leicht gewinnen lassen, links auf eurem Flipchart ein. Mit aufsteigendem Schwierigkeitsgrad platziert ihr sie auf der Achse nach rechts.

4 – DIE INDIKATOREN PRIORISIEREN

Zum Abschluss wählt ihr nun die Indikatoren aus, die ihr während der Projektumsetzung sammeln und auswerten möchtet. Wichtig ist dabei nicht, dass ihr möglichst viele Indikatoren sammelt. Euer Ziel ist, mit möglichst geringem Aufwand möglichst sichere und aussagekräftige Hinweise auf den Erfolg eurer Arbeit zu bekommen! Fragt euch:

→ **In welchem Verhältnis steht der Aufwand zur Relevanz des Indikators?**

→ **Gibt es unter unseren Ideen einfachere und/oder bessere Indikatoren?**

→ **Haben wir Ideen, wie wir die wichtigen Indikatoren einfacher bekommen könnten?**

5 – AUFGABEN UND BUDGET ABLEITEN

Nun müsst ihr nur noch sicherstellen, dass ihr die Indikatoren auch tatsächlich sammelt und auswertet. Überlegt euch, welche Aufgaben dafür notwendig sind, und tragt sie in den Spielplan ein. Auf diese Weise fließen sie auch über die Methode »20-Minuten-Budget« in eure Budgetplanung.

Es hat sich als sinnvoll und hilfreich erwiesen, die Ergebnisse gemeinsam in regelmäßigen Abständen anzuschauen und auszuwerten. Dafür könnt ihr auch Rituale und Routinen entwickeln. Macht diese Treffen zu einem schönen, positiven Ereignis voller Wertschätzung. So schließt ihr eine wichtige Feedback-Schleife in der Phase des Handelns und Feierns (mehr dazu auf der nächsten Seite).

AUSWERTEN & LERNEN

Indikatoren sind im klassischen Projekt-Management oft auch unter dem Begriff »Key Performance Indicators« oder kurz »KPI« bekannt. Und nicht selten weckt dieser Begriff in unseren Workshops negative Gefühle. Geht es dir auch so? Wenn ja, dann ist der Grund dafür höchstwahrscheinlich der, dass du – wie fast alle Menschen in unserer Kultur – schlechte Erfahrungen mit Prüfungs- und Bewertungssituationen gemacht hast.

Wir alle haben schon mal erlebt, dass wir unter Druck geraten, weil wir befürchten müssen, dass das, was wir tun, von irgendwem für nicht gut genug befunden wird. Und weil wir uns meist recht stark mit unserem Handeln identifizieren, fühlt sich das dann so an, als würde dieser jemand nicht nur unsere Leistung, sondern uns selbst infrage stellen. Solche Erfahrungen sind typisch für unsere Win-Lose-Kultur. Meist haben sie sich schon in den frühen Kindheitsjahren eingegraben. So haben viele eine tiefe Angst vor Fehlern und Beurteilungen.

Denkt daran, wenn ihr die Indikatoren für euer Projekt überprüft! Geht bewusst mit dem Thema um. Prüft euren Projektfortschritt nur in einer Atmosphäre des Vertrauens und gegenseitigen Wohlwollens. Auf keinen Fall darf die Auswertung der Indikatoren zu einem Instrument der Kontrolle, destruktiven Kritik, Manipulation, Schuldzuweisung und Entmutigung werden!

Das klingt so selbstverständlich. Und doch ist das nicht immer ganz einfach. Vor allem wenn in der Handelnphase nicht immer alles leicht und locker geht. Wenn es Rückschläge, Engpässe und Zeitdruck gibt. Dann geht es darum, Schuldige zu finden – und seien es auch nur Sündenböcke.

Sollten im Rahmen der Evaluation schwelende Konflikte aufbrechen oder Vertrauen und gegenseitiges Wohlwollen verloren gehen, so nehmt euch Zeit für einen tieferen Austausch. Ergründet gemeinsam die Ursachen! Diese Reflexion und gegenseitige Wahrnehmung und Wertschätzung ist eine Maßnahme des Feierns (↗ ab Seite 254).

Dafür gibt es etliche Konfliktlösungsmethoden und -konzepte, die hier sinnvoll sein können: etwa Redekreisrunden, begleitete Zwiegespräche, Gewaltfreie Kommunikation, Forum, Dynamic Facilitation, Wir-Prozess/Gemeinschaftsbildung nach Scott Peck, Counseling, Deep Democracy und vieles mehr. Vielleicht ist es aber auch sinnvoll, ein Mia-Mia zu genau dieser Thematik zu machen. Entweder bevor es überhaupt zu Konflikten kommt, oder nachdem sie gelöst sind, um gemeinsam positive Leitlinien für die Zukunft zu erstellen.

EVALUATION IN VIER SCHRITTEN

Um aus erhobenen Daten tatsächlich etwas zu lernen, müsst ihr sie bewusst auswerten. Hilfreich sind dabei vier Schritte[1]:

1. Daten aufbereiten: Dazu gehört, dass ihr die Daten systematisch in eine Form bringt. Bei quantitativen Daten könnt ihr zum Beispiel eine Tabelle anlegen. Bei qualitativen Daten (etwa durch eine Umfrage mit offenen Fragen) könnt ihr die Kernaussagen zusammenfassen.

2. Plausibilität einschätzen: Schätzt ein, ob die erhobenen Daten realistisch sind. Dazu könnt ihr euch fragen: Weichen die Ergebnisse sehr stark von unseren Erwartungen ab? Wenn ja, warum?

3. Daten analysieren: Nun macht ihr euch daran, die Daten zu interpretieren und die Ergebnisse zu reflektieren. Es geht hierbei nicht darum, ob etwas »gut« oder »schlecht« gelaufen ist. Für euch ist wichtig, dass ihr die Daten in den richtigen Zusammenhang stellen könnt. Zum Beispiel könnt ihr Vorher-Nachher- oder auch Ist-Soll-Vergleiche anstellen. Ihr könnt eure Daten mit denen anderer Projekte vergleichen. Wenn ihr in eurem Projekt unterschiedliche Strategien ausprobiert, könnt ihr diese einander gegenüberstellen.

4. Nächste Schritte: Entscheidet, ob es notwendig ist, umzusteuern – und wenn ja: wie? Daraus ergeben sich neue Aufgaben.

WEISHEITEN FÜR INDIKATOREN

- Schaffe eine Win-Win-Lern- und Fehler-Kultur.
- Erkenne und feiere alle Fortschritte und Erfolge.
- Akzeptiere Fehler und Schwächen bei dir und anderen, lerne aus ihnen.
- Setz dich dafür ein, dass alle Träume zu hundert Prozent wahr werden.
- Nimm dir Zeit für die Auswertung von Rückmeldungen.
- Sei offen für Veränderungen.
- Achte auf deine Gefühle, deine Atmung, deinen Körper.
- Erkenne die alten Erlebnisse und Erfahrungen, die damit verbunden sind.
- Sammel so viele Daten wie nötig, aber so wenige wie möglich.
- Finde auch Indikatoren für Glück und Wohlbefinden in der Gruppe.

ZEIT ZUM NACHDENKEN

Setz dich einen Augenblick still hin und höre dir tief zu: Was spürst du in deinem Körper, wenn du dich mit dem Thema »Indikatoren« beschäftigst? Welche Gedanken gehen dir durch den Kopf. Was fühlst oder denkst du, wenn du dies wahrnimmst?

DAS DREAM TEAM

»Wenn du schnell gehen willst, dann gehe alleine. Wenn du weit gehen willst, dann gehe gemeinsam«, so lautet ein afrikanisches Sprichwort. Doch in dieser Phase des Umbruchs müssen wir als Menschen lernen, gemeinsam schnell und weit zu kommen. Ob Klimawandel, Digitalisierung, Migration oder Umweltschutz, überall stehen wir vor einem gewaltigen Paradigmenwechsel.

Der wird aber nur gelingen, wenn wir als Menschen mit unterschiedlichen Fähigkeiten, Sichtweisen und Einstellungen zusammen an einem Strang ziehen. Zu lernen, als Team gemeinsame Ziele zu verfolgen und dabei selbst Andersdenkende zu ermutigen und zu unterstützen, ist damit eine der wichtige Aufgabe unserer Zeit. Beim Dragon Dreaming ist die Gemeinschaftsbildung und das Teambuilding deshalb auch das zweite wichtige Meta-Ziel, das jedes Projekt verfolgt.

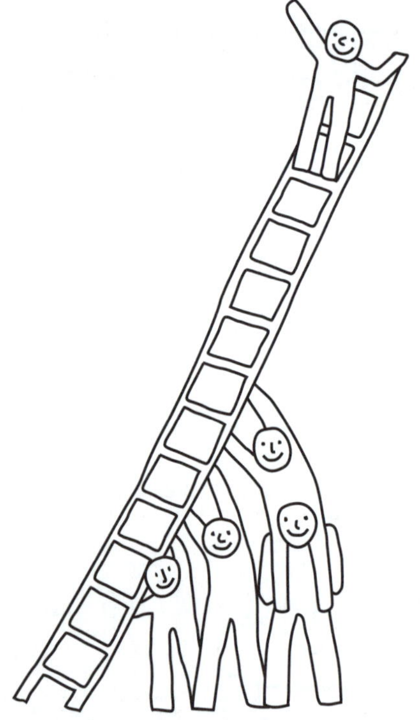

Dabei ist es für uns tatsächlich immer wieder ein Phänomen, ja fast Magie, was in den meisten Dragon-Dreaming-Workshops gelingt: In wenigen Tagen verbinden sich Menschen ganz tief miteinander. Wir haben schon erlebt, wie sich Leute, die sich zunächst sehr zynisch und kämpferisch gaben, in nur zwei oder drei Tagen geöffnet und ihre humor- und liebevolle Seite gezeigt haben.

Warum? Weil sie das erste Mal seit langer Zeit erlebten, dass die anderen sie so annahmen, wie sie sind – mit ihren Stärken und ihren Macken. Menschen, die von ihrer Angst vor Beschämung, Verurteilung und Abwertung befreit sind, erleben auf einmal einen riesigen Spielraum für Veränderung. Sie können über sich hinauswachsen. Sie können negative Glaubenssätze infrage stellen, Ängste und Fehler vor anderen einräumen, so Verständnis und Unterstützung erfahren und daran arbeiten. Außerdem können sie die Stärken und Erfolge anderer neidlos anerkennen und von ihnen lernen.

Dragon Dreaming ist für viele Trainerinnen und Trainer daher nicht in erster Linie ein Set von Methoden. Es bedeutet für sie vor allem eine Haltung, die eine Atmosphäre der Offenheit und Liebe, eine Art Energiefeld des Herzens erzeugt. Das klingt vielleicht ein bisschen kitschig. Aber wer es einmal erlebt hat, möchte mehr davon. Es ist, als ob sich Menschen spontan und kollektiv in die Gemeinschaft »verlieben«. John definiert Dragon Dreaming deshalb unter anderem auch als »Love in Action«, also als »Liebe in Aktion«.

Es lässt sich nie mit Sicherheit sagen, warum genau dies während eines Dragon-Dreaming-Prozesses geschieht – und warum manchmal auch nicht. Glückliche Umstände und die Haltung aller Teilnehmenden sind entscheidend. Die richtige Zeit, der richtige Ort. Manchmal kann ein Wort, eine Geste oder auch nur ein Blick alles verändern – zum Guten wie zum Schlechten.

Auch wer schon viel Erfahrung hat, kann all das nicht mit absoluter Sicherheit leiten und lenken. Dazu ist das System »Team« viel zu komplex. Dennoch gibt es eine Reihe von Aspekten, die du dir anschauen solltest, um die Gemeinschaftsbildung und das Teambuilding zu unterstützen. In diesem Kapitel können wir leider alles nur anreißen. Wir empfehlen dir, dich selbst in die unterschiedlichen Gebiete noch tiefer einzuarbeiten.

DRACHEN SUCHEN

Ein Song von der Facilitatorin Catriona Blanke ↗ https://catrionablanke.de

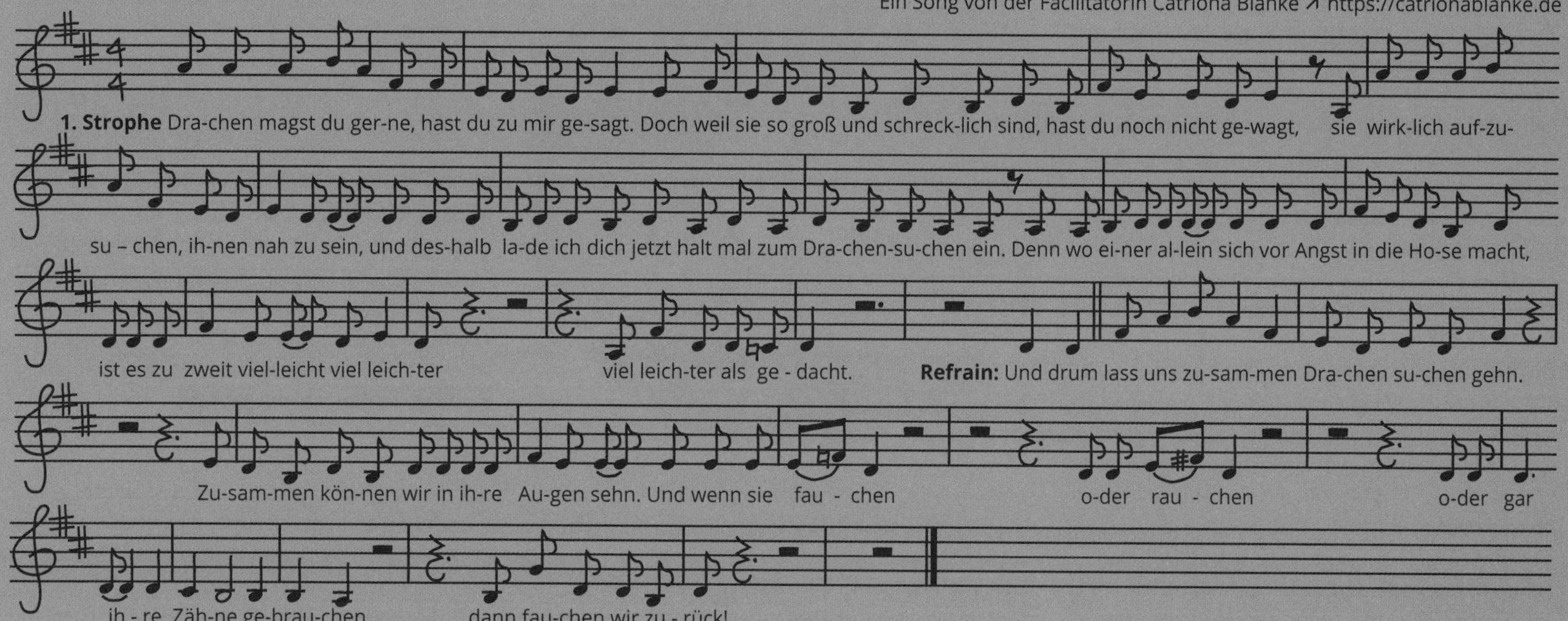

2. Strophe Reiseproviant brauchen wir
natürlich auch,
und zwar welchen für das Herz
und welchen für den Bauch.
Ein paar Bananen müssen mit
und ganz viel Schokolade,
zwei Seelen und ein Glas mit selbst gemachter
Marmelade;
ein paar gute Ideen
und zwei, drei Träume brauchen wir,
und unser Vorlesebuch:
»Drachensuchen leicht gemacht – Band vier«.

↗ Refrain ...

Bridge Jeder fürchtet, jeder kennt sie.
Kaum einer benennt sie.
Sie spucken Ruß und Feuer,
sie sind Ungeheuer.
Sie leben allein.
Sie sind fies und gemein
und sie jagen dir ganz mühelos nen
Riesenschrecken ein.
Da wo man sich unwohl fühlt,
wo man sich das Herz verkühlt,
wo man sich nicht sicher ist,
wo der Mut sich still verpisst –
da, genau da, warten die Drachen.
Da wo einfach nichts mehr geht,
wo man die Welt nicht versteht,
wo etwas im Argen liegt,
wo man voll die Krise kriegt -
da, ausgerechnet da, warten die Drachen.

Ich glaub: Was die Drachen wollen,
ist, dass wir sie ansehen.
Weil wir nämlich sehen sollen,
dass, wenn sie sich umdrehen,
ihre Bäuche in der Sonne
schillern wie ein Regenbogen:
funkelnd, glitzernd blitzen und
mit Silber überzogen.

↗ Refrain ...

DIE ROLLEN IM TEAM

Damit eine Gruppe von Menschen zu einem echten Team wird, reicht es nicht, wenn alle ihre Aufgaben kennen und abarbeiten. Eine gute Gemeinschaft ist ein vielschichtiges System mit oft unausgesprochenen Rollen: Wem liegt etwa daran, Streit im Team zu schlichten? Wer sorgt dafür, dass es lustig wird? Und wer, dass es danach auch wieder konzentriert mit der Arbeit weitergeht? So etwas lässt sich einfach nicht vollständig durch Aufgaben verteilen. Menschen übernehmen diese verschiedenen Teamrollen aufgrund ihrer Persönlichkeit intuitiv.

Der Psychologe Meredith Belbin hat in den 1970ern verschiedene Persönlichkeitstypen analysiert, die für den Erfolg eines Teams wichtig sind (siehe Grafik rechts). Im Dragon Dreaming gehen wir davon aus, dass Menschen zu einem der vier Phasen neigen: Es gibt die Träumenden, die Theorien und Zukunftskonzepte lieben. Die Planenden denken strategisch und suchen Struktur, Ziele und Klarheit. Die Machenden packen am liebsten gleich an und bringen den Zug nach vorne. Und die Feiernden sorgen für Mußezeiten und Reflexion.

Natürlich sind das sehr grobe Zuschreibungen. Nicht jeder Mensch hat sein Leben lang dieselbe Präferenz. Vielleicht fühlst du dich in einer Lebensphase dem Träumen zugetan und in einer anderen dem Handeln. Dazu kommt, dass das Umfeld ebenfalls einen Einfluss hat. In einem Team voller Träumender entwickelst du vielleicht ganz intuitiv einen Hang zum Planen – selbst wenn du sonst auch eher zum Träumen neigst.

Es kann in solchen Fällen aber auch geschehen, dass du eine Rolle übernimmst, die gar nicht zu deinem Persönlichkeitstyp passt. Vielleicht bist du superkreativ, steckst aber in einem Projekt, in dem du das gar nicht ausleben kannst? Dann nutzt du dein wahres Potenzial nicht. Du passt dich dem System »Projekt« an. Das ist natürlich schade.

Wenn es in eurer Projektarbeit hakt und klemmt, kann es daher helfen, wenn ihr euch bewusst macht, welche unausgesprochenen Rollen von wem besetzt sind – oder ob es welche gibt, die offen sind. So könnt ihr eine neue Perspektive auf euch selbst, die anderen und euer Team insgesamt bekommen. Ist euer Team zum Beispiel voller Menschen, die gerne planen und handeln? Dann kommt das Feiern und Träumen zu kurz. Gibt es in eurem Team vor allem Leute, die feiern und träumen? Dann steckt ihr vielleicht im Planen fest und kommt gar nicht erst zum Handeln.

Dabei gilt: Die Mischung macht's. Je heterogener dein Team ist, desto breiter ist das Spektrum an Wissen und Können – desto besser ist es für das Projekt. Eigentlich. Denn oft führt dies zu mehr Konflikten. Wenn alle Teammitglieder erkennen, dass ihre eigenen Sichtweisen und Präferenzen nicht allgemein gültig sind, unterstützt das jedoch auch wieder die Toleranz den Andersartigen gegenüber: Nur wenn es Typen aus allen vier Phasen gibt, wird dein Projekt diesen vier Qualitäten genug Zeit und Geld geben. Was, wie wir im Kapitel zwei gezeigt haben, besonders wichtig für einen echten, nachhaltigen Erfolg deines Projektes ist.

Welche Persönlichkeiten in deinem Team sind, kannst du mit der Übung auf Seite 35 herausfinden. Aber Achtung! Es kann sehr destruktiv sein, Menschen in eine Schublade zu stecken – vor allem gegen ihren Willen. Verschiedene Menschen beurteilen sich und andere unterschiedlich. Das sollten alle respektieren.

Welche Qualitäten machen ein Team erfolgreich? Neben den vier Persönlichkeitstypen, die wir im Dragon Dreaming kennen, hat der britische Psychologe und Berater Meredith Belbin dreimal drei weitere Persönlichkeitstypen oder auch Teamrollen ausgemacht, die für ein tolles Team sorgen: Sie orientieren sich am Handeln, an der Kommunikation und am Wissen.

Der Thoffi Peacemaker (thoffi.org) ist ein inklusiver Methodenkoffer, der Grenzen zwischen Menschen überwindet, die zum Beispiel durch Sprache, monetäre Unterschiede oder Behinderungen entstehen können. Links: ein Prototyp in Arbeit. Rechts: der Projekt-Spielplan mit Farbe auf Leinwand gemalt.

THOFFI PEACEMAKER

In diesem Projekt entwickeln wir einen inklusiven Methodenkoffer. Wir sind eine sehr diverse Gruppe von neun Menschen, die viel online zusammenarbeiten. Die Idee enstand im Januar 2020, mitten in der Pandemie. Ab Anfang 2021 haben wir über mehrere Monate hinweg einen intensiven Dragon-Dreaming-Prozess durchlaufen – alles online. Moderiert und geleitet von der wunderbaren Dragon-Dreaming-Trainerin Catriona Blanke. Obwohl wir uns selten real treffen, gibt es ein echtes Gemeinschaftsgefühl und eine tiefe Verbundenheit.

Das hat mehrere Gründe. Am wichtigsten ist, dass wir uns immer viel Zeit für den persönlichen Austausch nehmen. Wir haben dafür extra eine Rolle: Bei jedem Treffen gibt es neben der Moderation und dem Protokollführenden auch eine Person, die die Spiele vorbereitet, für Zeiten der Stille sorgt und dass wichtige Anliegen und Bedürfnisse Raum finden. Außerdem haben wir etliche Aufgaben in unserem Projektplan, die sich diesem »Herzensraum« widmen. Etwa „Gemeinsam Torte essen" oder „Zusammen die Stille genießen". Zu Beginn haben wir uns gegenseitig zudem anonym Briefe mit kleinen Überraschungen und Komplimenten geschrieben. So ist eine Bindung zum Team und Projekt entstanden. Dies zeigt sich zum Beispiel dadurch, dass immer Geld auf unserem Konto ist – und das, obwohl jede Einzahlung freiwillig ist.

Der zweite wichtige Grund dafür, dass unsere Gemeinschaftsbildung online so gut funktioniert, ist aus meiner Sicht unsere Selbstorganisation. Wir sehen uns als eine Art Bienenstock. Für den ersten Dragon-Dreaming-Prozess waren wir sieben Menschen, die sich verpflichtet haben, als Gruppe zusammenzubleiben. Doch danach haben wir uns in Kreise aufgeteilt: Es gibt den innersten Kreis mit dem Kernteam. Daneben gibt es einen äußeren Kreis mit Menschen, die nicht immer mit dabei sind. Das nimmt sehr viel Druck weg. Gleichzeitig sorgen wir mithilfe eines Patensystems dafür, dass Neue gut reinkommen – also auch in den inneren Kreis, wernn sie das möchten.

Gleichzeitig versuchen wir, uns möglichst effizient zu organisieren. Wenn wir in einem Meeting zum Beispiel etwas entscheiden, kommt das ins Protokoll. Dann haben die, die nicht dabei sind, noch eine Woche Zeit, um das zu lesen und »Thoff-Weh« zu sagen. Kommt kein Einspruch, zählt die Entscheidung.

↗ Jenny Wölk, Dragon-Dreaming-Trainerin, Uelzen, www.kreany.de ↗ Catriona Blanke, Dragon-Dreaming-Trainerin, Ravensburg, https://catrionablanke.de

ÜBER DAS TEAMBUILDING

Auf der vorigen Seite haben wir uns angeschaut, was die Mitglieder eines Teams eigentlich voneinander unterscheidet: ihre verschiedenen Fähigkeiten, Erfahrungen, Kenntnisse und Eigenschaften. Nun wollen wir uns mit dem befassen, was Menschen eint. Was geschieht, wenn aus einer Ansammlung von Menschen eine echte Gemeinschaft, ein wirklich gutes Team wird?

Zunächst jedoch noch ein Hinweis: Wir verwenden die Worte »Teambuilding« und »Gemeinschaftsbildung« an dieser Stelle synonym. Normalerweise würden wir im Kontext einer Organisation oder eines Unternehmens eher vom »Teambuilding« sprechen. In Verbindung mit einem Wohn- oder Nachbarschaftsprojekt, einem Ökodorf oder Ähnlichem nutzen wir eher den Begriff »Gemeinschaftsbildung«. Gemeint sind dabei aber letztlich die grundlegend gleichen Prozesse.

Wie dieser in zehn Schritten idealtypisch ablaufen kann, zeigt in Kapitel drei bereits die Motivationskurve von John Croft (↗ Seite 56). Es gibt jedoch noch zwei andere Modelle, die in Verbindung mit Dragon Dreaming spannend sind. Das eine ist der Wir-Prozess, zu dem du auf der folgenden Doppelseite ein Interview findest. Das andere ist das recht bekannte Modell der Gruppendynamik von Bruce Tuckman aus dem Jahr 1965.

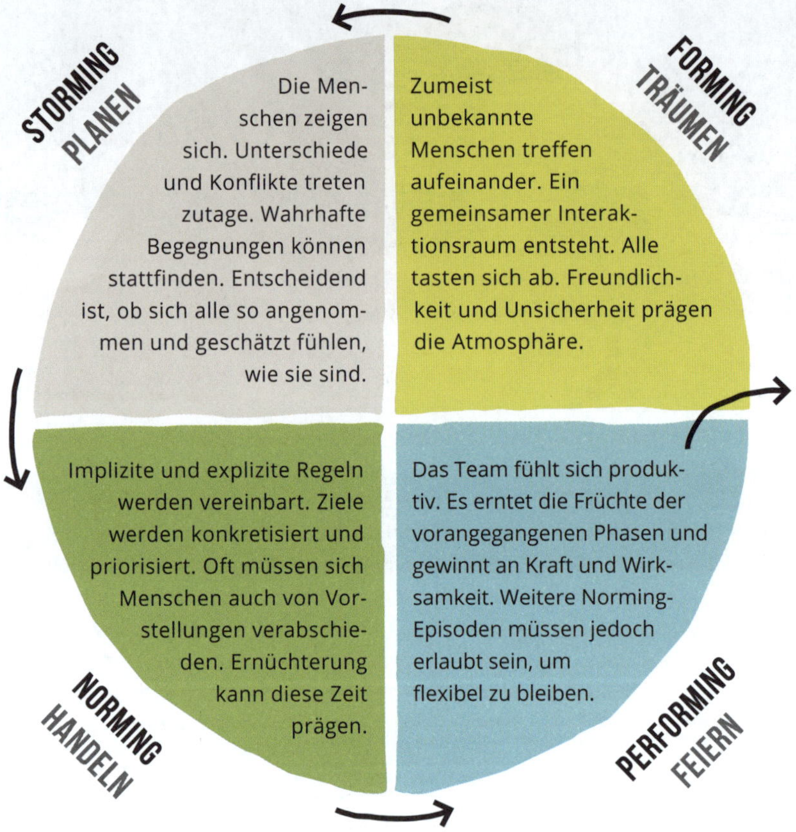

ADJOURNING

1977 kam eine vierte Phase dazu: Das Abschied nehmen.

Die Grafik zeigt die vier Phasen des Teambuilding, die der Psychologe Bruce Tuckman in den 1970er Jahren entdeckte.

Er unterteilte den Prozess in die vier Phasen »Forming«, »Storming«, »Norming« und »Performing«. Sie lassen sich in den vier Phasen des Projektrades wiederfinden, wie die Grafik zeigt. Genau wie die Projektphasen vermischen sich in der Praxis die Phasen von Tuckman: In der Forming-Phase findest du zum Beispiel auch Aspekte des Stormings, Normings und Performings. Diese vereinfachte Darstellung hilft bei der Analyse. Vermutlich kannst du in deinem Team Tendenzen ausmachen: Zu wissen, dass ihr im Forming steckt, erlaubt es dir zum Beispiel, dich auf das Storming vorzubereiten (etwa indem ihr im Traumkreis sehr offen sprecht oder ein Mia Mia macht). Zu erkennen, dass ihr mitten im Storming seid, kann erleichtern: Die Phase ist ein normaler Teil der Gemeinschaftsbildung und kann überwunden werden. Was in schwierigen Phasen und angesichts vieler Unterschiede und Konflikte hilft, ist der Fokus auf die gemeinsamen Werte, die Vision, die Intention und alles, was das Team verbindet – zum Beispiel mit Unterstützung des Team-Canvas rechts. Auch gemeinsame Symbole, Lieder, Rituale und vieles mehr erzeugen ein positives Wir-Gefühl (↗ Seite 226–239).

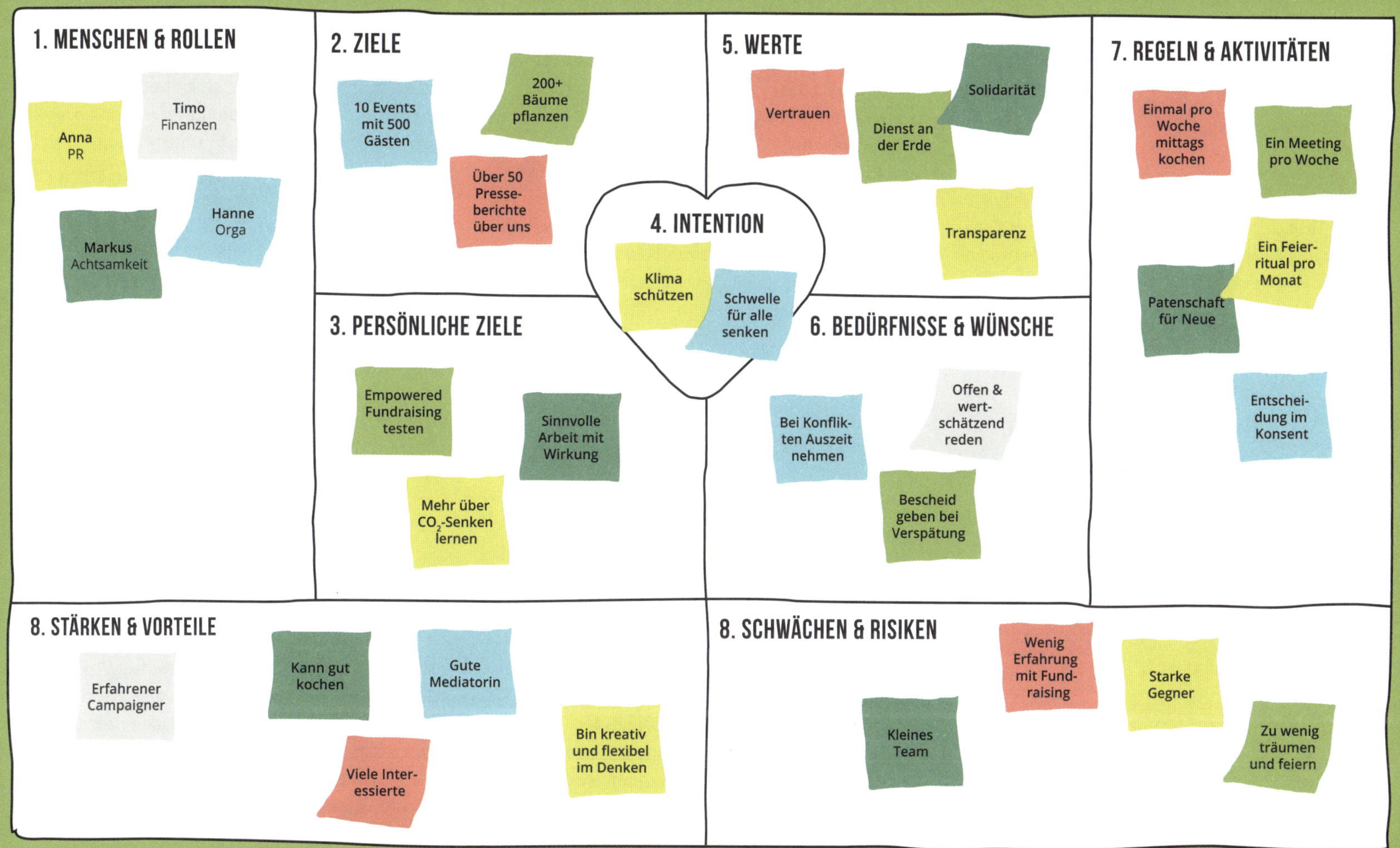

Das Team-Canvas ist ein Projekt des Designers Alex Ivanov und des Personalberaters Mitya Voloshchuk und steht unter Creativ Commons auf ihrer Website theteamcanvas.com zur Verfügung. Es ist eine wunderbare Möglichkeit, um alles, was du mittels Dragon Dreaming bisher erarbeitet hast, zusammenzutragen.

1. Was sind eure Namen? Wofür habt ihr die Hut-trägerschaft übernommen (↗ Seite 127)?
2. Was sind eure strategischen Ziele (↗ Seite 91)? Welche Indikatoren habt ihr (↗ Seite 192)?
3. Was stärkt dein Commitment (↗ Seite 150)?
4. Was ist der unveränderliche Zweck, die Intention eures Projektes (↗ Seite 103)?
5. Was sind eure Werte (↗ Seite 104)?
6. Was sind eure Mia-Mia-Ergebnisse (↗ Seite 81)?
7. Was sind eure Rituale und Arbeitsroutinen?
8. Was hat eure Kraftfeld-Analyse ergeben (↗ Seite 112)?

»WENN WIR UNS MIT UNSEREN MUSTERN BESCHÄFTIGEN UND ALLE VERHÄRTUNGEN AUS DEM WEG RÄUMEN, KOMMT ETWAS IN FLUSS. DANN ZEIGT SICH DAS UNMITTELBARE LEBEN. DANN KANN KOLLEKTIVE KREATIVITÄT UND ECHTE VERBUNDENHEIT ENTSTEHEN.«

MARIE-LUISE STIEFEL

Marie-Luise Stiefel ist langjähriges Mitglied der basisdemokratischen Gemeinschaft »Schloss Tempelhof« in der Nähe von Crailsheim. Bekannt ist die Gemeinschaft unter anderem dafür, dass sie viel Erfahrung mit der Gemeinschaftsbildung nach Scrott Peck hat – auch Wir-Prozess genannt. Marie-Luise erklärt, worum es dabei geht.

↗ *www.schloss-tempelhof.de*

Was ist der Wir-Prozess?
Von außen betrachtet sitzen alle im Kreis und reden oder schweigen. Es gibt kein Thema und keine Gesprächsleitung. Aber es gibt eine Reihe von Gesprächsempfehlungen, die so etwas wie das Gefäß sind, in dem sich das Gespräch entwickeln kann. »Sprich von dir und deiner momentanen Erfahrung« zum Beispiel. Alle lenken die Aufmerksamkeit auf die Gegenwart und die eigene Person. Es wird eine Suchbewegung ins jetzt und nach innen eingeleitet.

Wenn jemand spricht, erzeugt das in mir möglicherweise eine Resonanz, weil in mir etwas angelegt ist. Nun ist es interessant herauszufinden, was das denn ist. Wenn mich etwas total wütend macht und ich mir Zeit lasse, dann erkenne ich vielleicht: »Mensch, das ist doch der Urkonflikt, den ich seit Jahrzehnten mit meinem Bruder ausfechte.« Wenn ich das erkenne, kann ich aufhören, diesen Konflikt auf jemanden zu projizieren.

Es geht also um das, was uns letztlich von einer wirklichen Verbundenheit abhält. Das sind eigentlich immer unsere blinden Flecken, verstopften Gefühlskanäle, unsere vorgefertigten Meinungen, überhaupt unsere Gedanken und unser Bedürfniss, zu kontrollieren. Ohne dies kann eine direkte und authentische Begegnung entstehen.

Was geschieht mit der Gruppe dabei?
Jede Gruppe, die zum Wir-Prozess zusammenkommt, durchläuft vier Phasen. Die erste ist die Pseudo-Gemeinschaft. Hier sind alle höflich und freundlich. Oberflächlich betrachtet verstehen sich alle gut. Doch dann kommt die Gruppe in die zweite Phase, das Chaos. Hier kommen die Konflikte nach oben. Emotionen kommen hoch, Du-Botschaften werden ausgetauscht. Es gibt Gruppen, die das Chaos vermeiden. Aber wenn das Chaos so gar nicht passiert, dann bleibt etwas unter der Decke und es dauert in der Regel länger, bis eine authentische Gemeinschaft entsteht.

Irgendwann ist alles mal raus. Dann gibt es einfach nichts mehr zu sagen. Dann beginnt die Phase der Leere. Sie fühlt sich oft zäh und langweilig an. Doch plötzlich ist jemand ganz authentisch, spricht aus seinem Herzraum, ganz wahrhaftig. Dann ist Liebe greifbar im Raum. Das ist dann die Phase der authentischen Gemeinschaft.

Die authentische Gemeinschaft ist kein dauerhafter Zustand, oder?
Nein, sie muss immer wieder errungen werden. Wobei das Wort „erringen" vielleicht das falsche Wort ist. Denn ebensowenig, wie ich die innere Stille erringen kann, wenn ich meditiere, so wenig kann ich das authentische Wir erringen. Ich kann mich einfach nur immer wieder dafür öffnen.

Wieso ist der Wir-Prozess so wichtig?
Es gibt zwei Arten von Kitt, der Gemeinschaften von Menschen zusammenhält. Der eine ist eine gemeinsame inhaltliche Ausrichtung. Bei uns ist das die Zukunftswerkstatt. Ich weiß noch genau, wie ich damals, als ich zur Gemeinschaft stieß, dachte: »Diese Werte und Visionen, da ist alles drin, was mir wichtig ist und noch mehr.«

Ich habe erst im Laufe der Jahre begriffen, dass das nicht reicht. Die Vision, die Werte, die Ideale bringen uns zusammen. Aber im Alltag merkt man dann, dass so eine Vision ja etwas sehr Offenes ist. Alle können da ihre eigenen Dinge hineinprojizieren. Und dann fangen die Differenzen an.

Foto: Franziska Köppe, madiko.com

Deshalb braucht es den zweiten Kitt – und da beginnt der Wir-Prozess: Wir müssen uns als Menschen begegnen, auf Herzensebene, sodass eine gute Beziehungskultur wachsen kann.

Mein Bild dazu ist der Wald: Da gibt es Bäume, das sind wir. Und wir haben uns selbst in ein bestimmtes Waldstück verpflanzt, weil wir das wollten. Aber das eigentliche Zusammenwachsen findet in der Erde statt, im Wurzelwerk. Dort entstehen die überlebenswichtigen Verbindungen. Der Wir-Prozess dient dieser Wurzel- und Humuspflege, ebenso wie andere Tools aus diesem Bereich.

Sollten Gemeinschaften den Wir-Prozess also regelmäßig machen?
Ja. Wir haben uns am Anfang auf vier Prozesse im Jahr verpflichtet. Mittlerweile nutzen wir aber auch andere Werkzeuge. Doch die Art, wie wir im Wir-Prozess miteinander kommunizieren, ist eigentlich immer hilfreich.

Wie integriert ihr den Wir-Prozess in den Alltag?
Bei unserem Seminar zur Gemeinschaftspraxis beginnen wir zum Beispiel mit zwei Tagen Wir-Prozess. Erst dann wählen wir die Projekte aus, bilden Teams, machen den Traumkreis und so weiter.

Wir nutzen den Wir-Prozess aber auch im eigenen Gemeinschaftsleben. Zum Beispiel wenn wir merken, dass bei einer Sachentscheidung starke Emotionen im Spiel sind. Dann gehen wir für eine halbe oder eine ganze Stunde in den Wir-Prozess-Modus und wechseln danach wieder auf die Sachebene. Bei manchen Treffen beginnen wir die Zusammenarbeit mit einem Wir-Prozess. Nach anderthalb Stunden fragen wir dann: Braucht es noch mehr? Wenn ja, machen wir noch eine Runde. Wenn nicht, wechseln wir die Ebene und wenden uns einem Sachthema zu.

Was verbindet den Wir-Prozess mit Dragon Dreaming?
Die Verbindung zwischen Wir-Prozess und Dragon Dreaming besteht im Anliegen einer authentischen Kommunikation. Der Wir-Prozess ist ein Übungsraum dafür. Wenn das gelingt, dann zeigt sich das Leben. Dann kommt etwas in Fluss. Und dann kann auch kollektive Kreativität entstehen. Dragon Dreaming schafft unmittelbar Raum für Intuition. Im Wir-Prozess können wir uns zu frei schwingenden Resonanzkörpern entwickeln und so offen werden für die Lebensimpulse im Hier und Jetzt.

KOLLEKTIV FÜHREN

Jedes Projekt braucht Menschen, die dafür brennen und es voranbringen. Doch wenn dieses Feuer unkontrolliert lodert, kann das verheerend sein. Es können destruktive Strukturen entstehen, in denen die einen »Macht über« jemand oder etwas haben: Die einen können andere aufgrund ihrer Stellung zu Dingen zwingen, die sie eigentlich nicht wollen, etwa durch Kontrolle, Bedrohung und Strafe.

Die allermeisten selbst organisierten Teams und Projekte lehnen diese »Macht über« ab. Oder versuchen zumindest, sie zu minimieren. Es gibt keine Chefin oder keinen Chef, Entscheidungen werden gemeinsam getroffen. Oft können alle Menschen dazustoßen, die möchten, und nicht immer gibt es Regelungen, wie sich Personen ausschließen lassen. Kurz und gut: Es herrscht das Prinzip der »Macht mit« anderen oder etwas. Sich gegenseitige Macht einzuräumen ist das Ideal.

Ziel von Dragon Dreaming ist genau diese Qualität von gemeinsamer Macht – wobei das deutsche Wort anders gefärbt ist als das englische »Power«, das in diesem Kontext vermutlich besser passt. Diese Macht ist kreativ, ermutigend und macht Menschen liebevoll, energetisch und solidarisch. Sie hilft, über sich hinauszuwachsen. **»Macht mit« führt zu magischen Momenten, zu einer Atmosphäre gegenseitigen Wohlwollens, zu Vertrauen in sich und andere. Sie erzeugt ein Momentum, in dem Projekte scheinbar mühelos gelingen, sich Erfolge in Serie einstellen, Menschen einen kollektiven »Flow« erleben und selbst schwierige Konflikte gemeinsam meistern.**

Was sich hier so verheißungsvoll liest, ist keine Selbstverständlichkeit. Das Prinzip der »Macht über« ist tief in uns verankert. Es ist das, was wir intuitiv und automatisch tun. Es ist das, was uns in vielen Situationen einfacher erscheint: Nicht wenige Menschen geben gerne die Verantwortung an eine Führungsperson ab in der Hoffnung, dass sie entscheidet, handelt und das Risiko trägt.

Das geschieht übrigens auch in Teams, deren Ideal die »Macht mit« ist: Überall gibt es Menschen, die mehr Einfluss, Status, Rang und Autorität haben, als andere. Wir wollen diese dritte Machtform »Macht durch« oder auch »soziale Macht« nennen. Dass diese Führungsposition oft unbewusst ist – vor allem in Gruppen, in denen Hierarchien und Machtpositionen tabu sind –, ist oft eine Quelle für Konflikte und Machtkämpfe. Schauen wir deshalb mal genauer hin.

»Macht durch« kann unverdient sein: Privilegien aufgrund von Hautfarbe, Geschlecht, gesellschaftlichem Rang oder extrovertiertem Charakter sind unverdient. Dass es weiße Männer im Schnitt leichter haben, einflussreiche Positionen einzunehmen, als Frauen mit dunkler Hautfarbe, haben sie sich nicht erarbeitet. Es fällt ihnen aufgrund unserer Vorurteile und Sozialisierung in den Schoß (woran sie aber freilich nicht als Einzelne schuld sind). Es ist wichtig und heilsam, sich solche Machtvorteile bewusst zu machen und etwas dagegen zu tun.

Daneben gibt es verdiente »Macht durch«. Oft haben diejenigen, die ein Projekt gegründet haben, eine besondere Position – etwa John Croft in der Dragon-Dreaming-Community. Es kann aber auch sein, dass sich einzelne Mitglieder eine Machtposition verdient haben, weil sie in besonderer Weise Verantwortung übernehmen (etwas beim Commitement-Test). Dann hat ihr Wort mehr Bedeutung, sie haben mehr Einfluss und das ist gut so – solange sie ihre Macht nicht missbrauchen.

Dennoch kann dies Widerstand bei Menschen wecken, vor allem in Projekten mit ausgeprägtem Misstrauen gegenüber Hierarchien und Macht in jeglicher Form. Dann werden sie als zu einflussreich abgelehnt oder gar bekämpft. Das hat negative Folgen, wie die Aktivistin Starhawk beschreibt: »Gruppen, in denen sich Menschen keine soziale Macht verdienen können, bevorzugen die mit unverdienter sozialer Macht. Die lautesten, stärksten, gebildetsten und charismatischsten Menschen werden gehört; diejenigen, die die eigentliche Arbeit machen, werden ignoriert.«[1] Das sorgt langfristig dafür, dass solche Mitglieder gehen.

Du solltest daher die verschiedenen Formen der Macht kennen und genau unterscheiden: **Wann übt ein Mensch tatsächlich »Macht über« andere aus und wieso lasst ihr dies zu? Wann hat sich jemand »Macht durch« verdient? Ist allen im Projekt klar, wie und in welchem Ausmaß sie das ebenfalls können? Und hat »Macht durch« bei euch ein Limit?** Zum Beispiel indem die Anzahl der Rollen oder Ämter, die eine Person zeitgleich innehaben kann, begrenzt ist? Ist allen Menschen mit sozialer Macht klar, dass sie andere aktiv ermutigen und fördern sollen, sich auch soziale Macht zu verdienen?

Wenn das gelingt, kann sich ein Team Macht teilen. Früher oder später kommen alle mal in eine Führungsposition, weil dies gerade sinnvoll ist. Sie können diese Rolle aber auch wieder abgeben und selbst zu Mitgliedern werden, die folgen.

ÜBUNG: MACHT-MECHANISMEN

Wer von euch hat eigentlich welche Privilegien? Es kann für Teams und Gemeinschaften befreiend sein, sich dies gemeinsam bewusst zu machen. Die folgende Übung von der Organisation »Training for Change«[2] kann euch dabei helfen.

1. Stelle alle in der Mitte des Raumes auf einer gedachten Linie auf. Es ist okay, wenn die Leute dabei in Zweier- oder Dreierreihen stehen, wenn es viele sind. Erkläre nun:

   »Ich werde eine Reihe von Merkmalen vorlesen. Gehe einen Schritt vor oder zurück. Wenn etwas in deinem Fall zweideutig ist, entscheide selbst, was du tust. Es gibt keine richtige oder falsche Antwort. Diese Übung dient allein deinem Bewusstsein. Denke bitte daran, dass wir diese Übung in Stille durchführen, damit du deine eigenen Gefühle und Reaktionen besser erleben kannst.«

2. Lies nun einen der »Wenn du«-Sätze nach dem anderen vor (eine Liste mit Beispielen findest du rechts). Mach nach jedem Satz eine längere Pause. Wenn du alle Sätze vorgelesen hast, sollen sich die Teilnehmenden in Ruhe im Raum umsehen. Wie wirkt die Situation auf sie? Was geht dabei in ihnen vor?

3. Dann finden sich alle mit denen zusammen, die ihnen im Raum am nächsten stehen. Gib ihnen rund fünf Minuten Zeit, um über ihre Erfahrungen, Gefühle und Erkenntnisse zu sprechen.

4. Bitte nun jede Gruppe, etwas in der Gesamtrunde zu teilen. Unterstreiche Erkenntnisse, die für alle wichtig sind. Sei dabei behutsam! Erkläre, dass alle – unabhängig davon, ob sie das Gefühl haben, dass sie ihre Position verdient haben oder nicht – in Wirklichkeit genau dort stehen, wo sie jetzt sind. Frage sie, wie sie diese Position nutzen könnten, um andere besser unterstützen zu können.

Die Liste rechts enthält einige Vorschläge. Lege dir aber auch deine eigene Liste an, die zu eurem Team, eurem Projekt und eurem Kontext passt. Lass dich dabei von anderen inspirieren.

Wenn du …

… Deutsche:r bist, geh einen Schritt vor.
… in der Arbeiterklasse aufgewachsen bist, geh einen Schritt zurück.
… einen Hochschulabschluss hast, geh einen Schritt vor.
… eine Frau bist, geh einen Schritt zurück.
… aus Europa bist, geh einen Schritt vor.
… unter 21 oder über 60 Jahre alt bist, geh einen Schritt zurück.
… nicht behindert bist, geh einen Schritt vor.
… homosexuell bist oder manchmal dafür gehalten wirst, geh einen Schritt zurück.
… Reisen außerhalb von Europa gemacht hast, geh einen Schritt vor.
… Jude oder Jüdin oder Muslim oder Muslimin bist, geh einen Schritt zurück.
… ein Familienmitglied hast, das Sozialhilfe bezogen hat, geh einen Schritt zurück.

ÜBER DIE MACHT VON INNEN

Kannst du die Welt verändern? Kommt es auf dich an, ob wir den großen Wandel hinkriegen? Wenn du nun »Ja« sagst, dann hast du recht: Jede Entscheidung in jedem Augenblick deines Lebens wirkt sich auf andere Menschen, Tiere, Pflanzen und Ökosysteme aus, also auf die Welt. Wenn du jedoch »Nein« seufzt, dann stimmt das ebenfalls: Kein Mensch kann alleine den Weltfrieden sichern oder unsere Lebensweise enkeltauglich machen.

Beide Antworten sind somit wahr. Eine paradoxe Tatsache. Doch wonach richtest du dich in deinem Leben aus? Wenn wir uns umschauen, so stellen wir leider fest, dass sich die überwiegende Mehrzahl der Menschen für die zweite Antwort entschieden hat. Leider. Das mag angesichts der Herausforderungen in unserer Welt einfacher erscheinen: Ich sage mir »Da kann ich eh nichts machen« und muss mich nicht mehr damit konfrontieren.

Doch so unterschiedliche Menschen wie Thomas Edison oder Greta Thunberg zeigen, dass es vor allem von unserer Einstellung abhängt, wie groß unser Handlungsspielraum ist. Es liegt an dir, ob du den Mut hast, etwas zu verändern. Ob du mit Optimismus und Kreativität nach neuen Wegen und Lösungen suchst. Diese Haltung entsteht durch eine vierte Form der Macht: das »Empowerment« oder auch die »Macht von innen heraus«, wie der Aktivist Timo Luthmann sie nennt.[4]

Der brasilianische Pädagoge Paolo Freire spricht in diesem Zusammenhang auch von »Befreiung«. Und zwar geht es ihm dabei nicht nur darum, dass Menschen sich von Unterdrückung befreien – und zwar egal, ob diese von außen kommt oder wir sie verinnerlicht haben. Er geht auch davon aus, dass Unterdrückende sich befreien müssen. Erst indem wir uns von dem einen wie dem anderen befreien, können wir unsere Menschlichkeit wahrhaftig leben, meint er.

Dieses Empowerment, diese Befreiung, diese Macht von innen ist ein ganz wesentliches Ziel von Dragon Dreaming. Alle, die an einem Projekt beteiligt sind, sollen dadurch einen Zugewinn an Verständnis, Selbstwirksamkeit und Sinn erfahren. Diese Erfahrungen stärken wiederum unsere Gesundheit und Resilienz, wie der Medizinsoziologe Aaron Antonovsky herausgefunden hat. Mit anderen Worten: Es macht die Projektarbeit in einem echten Sinn nachhaltig und uns resilient.

TEAMKULTUR

Ein guter Teamgeist kommt nicht immer von alleine. Wichtig ist, dass ihr besondere Regeln pflegt. Diese könnt ihr in einem gemeinsamen Mia-Mia-Prozess entwickeln. Unserer Erfahrung nach haben sich – unabhängig vom Projekt – folgende vier Punkte als sehr hilfreich erwiesen:

1. **Klare Kommunikation:** Sorgt für einen guten Informationsfluss, sodass alle autonom arbeiten können. Vermeidet Missverständnisse und Wissenslücken.

2. **Offene Feedback-Kultur:** Hört Kritik offen an, ohne euch zu rechtfertigen. Behandelt Feedback wie ein Geschenk. Ermutigt euch gegenseitig, Fehler zu machen und einzugestehen.

3. **Wertschätzung kultivieren:** Sagt euch ehrlich und authentisch, was ihr aneinander schätzt. Belohnt Menschen, die Verantwortung übernehmen. Vermeidet jedoch keine Konflikte.

4. **Chancen, Möglichkeiten und Lösungen sehen:** Überlegt euch bei Schwierigkeiten und Problemen immer: »Was will ich stattdessen?« Versucht immer auch Lösungen vorzuschlagen, wenn ihr Konflikte oder Probleme ansprecht.

REFLEXION: DIE TEAM-FAKTOREN

Wie gut arbeiten wir zusammen? Diese Frage beantworten nicht alle im Team gleich. Mit dieser Übung könnt ihr euren Ist-Zustand beurteilen und gemeinsam Verbesserungsschritte überlegen. Sie basiert auf dem Vier-Faktoren-Modell aus der Themenzentrierten Interaktion (TZI) von Ruth Cohn.[4]

1. Bereite ein Flipchart vor, auf dem die Visualisierung der Team-Faktoren rechts zu sehen ist. Gehe mit den Teilnehmenden alle Aspekte durch und kläre offene Fragen.

2. Jede Person erhält ein DIN-A4-Blatt mit der gleichen Visualisierung und trägt still für sich pro Aspekt seine Bewertung von eins bis drei ein: Eins bedeutet, es gibt keinen Verbesserungsbedarf. Drei bedeutet, dass großer Handlungsdruck besteht.

3. Wenn alle ihre Bewertung abgeschlossen haben, gehen die Menschen nach vorne und übertragen ihre Zahlen auf das Flipchart. Falls es Personen gibt, die einen hohen Einfluss auf die anderen haben (etwa eine Vorgesetzte), sollten sie ihre Zahlen zuletzt eintragen.

4. Nun interpriert ihr als Gruppe das Ergebnis: Was geht euch durch den Kopf, wenn ihr die Zahlen seht? Welche Emotionen weckt das?

5. Zuletzt versucht ihr, gemeinsam die Gründe hinter den Einschätzungen zu verstehen. Es geht nicht darum, recht zu behalten oder jemanden zu überzeugen. Es geht darum, die unterschiedlichen Sichtweisen nachzuvollziehen. Überlegt erst dann gemeinsam, wo Handlungsbedarf besteht.

1 So können wir gut weitermachen!

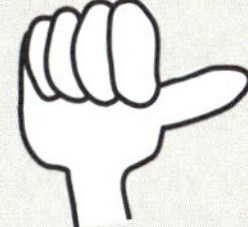

2 Es könnte besser gehen, wenn …

3 Wir müssen dringend etwas ändern!

▶ **Ziele/Aufgaben:** Kennen alle ihre Aufgaben? Bin ich in der Lage, meine Aufgaben zu erledigen? Sind wir auf einem guten Weg, unsere Träume zu erfüllen?

▶ **Vorgehensweise:** Klappt unsere Zusammenarbeit gut? Funktionieren zum Beispiel der Wissenstransfer, Absprachen, Prozesse und Meetings? Verwenden wir die richtigen Methoden?

▶ **Beziehungen:** Wie gut arbeiten wir als Team zusammen? Gehen wir beispielsweise konstruktiv mit Konflikten und Meinungsverschiedenheiten um?

▶ **Spielregeln:** Halten wir die Regeln ein, die wir uns zum Beispiel durch das Mia Mia selbst gegeben haben? Sind diese Regeln sinnvoll? Brauchen wir weitere oder neue?

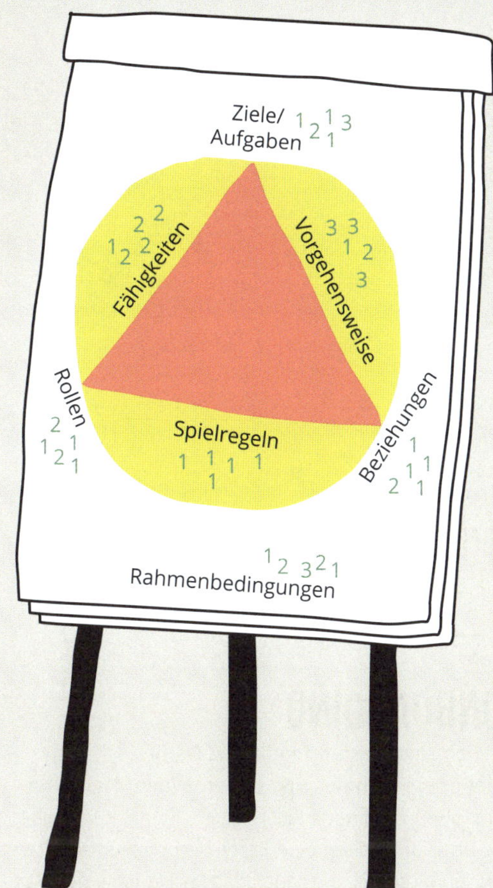

▶ **Rahmenbedingungen:** Welche Einflüsse von außen gibt es? Müssen wir dadurch etwas verändern?

▶ **Rollen:** Welche Rollen habe ich im Team übernommen? Bin ich damit einverstanden? Nutzen wir unsere Potenziale?

▶ **Fähigkeiten:** Kann ich meine Aufgaben gut erledigen? Brauche ich weitere Qualifikationen?

ONBOARDING

In den allermeisten Teams und Gemeinschaften gibt es ein Kommen und Gehen. Wenn »Neue« dazustoßen, sind neue Sichtweisen, Ideen, Kenntnisse und Fähigkeiten eine Bereicherung. Für die alten Hasen birgt das aber auch das Risiko, dass sich das soziale Gefüge verändert. Sie verlieren womöglich ihren Status. So gerät ein Team manchmal erneut in eine Storming-Phase.

Neugierde und Anspannung, Vorfreude und Unsicherheit, Hoffnungen und Ängste stehen sich gegenüber. Und das ist total normal. Um diese Phase für alle zu vereinfachen, könnt ihr einen sogenannten Onboarding-Prozess entwickeln. Dabei könnt ihr euch in der Regel an den folgenden vier Stufen orientieren:

1. Vor dem Start Alle im Team werden rechtzeitig informiert. Die neuen Kolleginnen und Kollegen werden vorgestellt, Fragen und Bedenken gesammelt. Für den ersten Arbeitstag wird alles vorbereitet: etwa Passworte, Lagepläne, Aufgabenbeschreibungen, Organigramm und vieles mehr.

2. Der erste Tag Jetzt heißt es, die Neuen willkommen zu heißen. Am besten feiern alle gemeinsam den Einstieg und stellen sich vor. Vielleicht gibt es auch ein Einstiegsritual. Der Organisationsberater Frederic Laloux berichtet in seinem Buch »Reinventing Organisations« zum Beispiel von einem Unternehmen, in dem die Neuen einen offenen Brief an ihre künftigen Kolleginnen und Kollegen schreiben.[5] Eine schöne Gelegenheit zur Reflexion.

3. Der Einstieg Die Mentorin oder der Mentor steht zwar in erster Linie zur Verfügung (plant dafür extra Zeit ein). Doch je mehr Menschen sich Zeit für die Neuen nehmen, desto besser klappt deren Integration. Den Neuen sollte in dieser Zeit vor allem drei Dinge gelingen:

Erstens erhalten sie – vor allem wenn ihnen selbst organisiertes Arbeiten wie beim Dragon Dreaming neu ist – eine Einführung in die Selbstführung. Beim Freiburger Startup »Good Motion« nehmen daher zum Beispiel alle Einsteigenden an einem Dragon-Dreaming-Kurs teil (↗ Seite 155).

Zweitens lernen die Neuen die Win-Win-Kultur dieses speziellen Teams kennen. Hilfreich ist es, den Mia-Mia-Prozess noch einmal gemeinsam zu machen. Das ist auch eine gute Gelegenheit für den Rest des Teams, die Regeln noch einmal auf den Prüfstand zu stellen und zu aktualisieren. Eine weitere schöne Methode ist, gemeinsam die Geschichte des Projektes zu erzählen (↗ Seite 235) oder die Kraftfeld-Analyse zu machen (↗ Seite 112). Und natürlich werden sie während dieser Phase des Feierns in alle Teamrituale eingeweiht.

Drittens lernen Einsteigende die Träume, Ziele und Intentionen des Projektes kennen. Falls es machbar ist, kann das Team zusammen das Traum-Manifest vorlesen, überholte Träume bei allgemeinem Einverständnis streichen und in einem weiteren Traumkreis neue hinzufügen. So kann der alte Traum »sterben«, um erneut zum neuen Traum aller zu werden. Vor allem die Neuen finden so den für sie wichtigen Sinn im Projekt. Gleiches gilt für die Intention: Auch hier lohnt es sich, den Leitsatz-Prozess noch einmal gemeinsam zu wiederholen.

4. Der hunderste Tag Nun sind rund drei Monate um: Zeit für ein ausführliches Feedback-Gespräch. Das kann im Zweiergespräch mit der Mentorin oder dem Mentor geschehen oder im Team. Wichtig: Die Atmosphäre sollte unbedingt wertschätzend, lösungsorientiert und konstruktiv sein!

OFFBOARDING

Wie verabschiedet ihr Menschen, die das Projekt verlassen? Das bewusst zu tun, ist vor allem dann wichtig, wenn die Trennung konfliktreich verläuft. Ein fürsorglicher Abschied kann (im Geist der Win-Win-Kultur) alte Wunden heilen. Viele Menschen haben nämlich schon mal erlebt, dass eine Gemeinschaft sie nicht »reingelassen« oder »rausgeschmissen« hat. Dabei kann sich das Offboarding über den Zeitpunkt des Ausstiegs hinaus erstrecken.

WEISHEITEN FÜR DIE GEMEINSCHAFTSBILDUNG

- Gemeinsame Träume, Ziele, Werte und Intentionen bringen Menschen zusammen.
- Gute Beziehungen halten Menschen zusammen.
- »Macht miteinander« macht euch mutig und mächtig.
- »Macht von innen« verändert dich und die Welt.
- Auf dem Weg zur echten Gemeinschaft wachen die Drachen.
- Höre tief zu und lerne dich kennen.
- Sprich authentisch und von Herzen.

ZEIT ZUM NACHDENKEN

Nimm dir dein Notizbuch und beantworte die Fragen: Was ist deine wichtigste neue Erkenntniss nach dem Lesen des Kapitels? Was hat dich am meisten überrascht oder verwundert? Woran zweifelst du vielleicht?

KOLLEKTIV ENTSCHEIDEN

In einem Team oder einer Gemeinschaft kommen Menschen mit unterschiedlichsten Erfahrungen, Kenntnissen, Haltungen, Ansichten und Fähigkeiten zusammen. Deshalb hoffen wir, dass sie gemeinsam bessere Entscheidungen treffen können als einzeln: Sie haben einfach einen größeren Horizont, können mehr Dinge abwägen und haben ein breiteres Spektrum an Perspektiven.

Doch in der Praxis ist das nicht immer ganz so einfach. Damit du mit deinem Team tatsächlich eine gute Gemeinschaftsentscheidung finden kannst, müsst ihr bestimmte Voraussetzungen erfüllen. Fast jedes Team, das wir bisher begleitet haben, musste erst einmal herausfinden, wie es gemeinsam gute Entscheidungen treffen kann. Das ist ein Lernprozess. Und noch dazu vermutlich einer, der nie ganz abgeschlossen ist.

Zum einen gleicht keine Entscheidung einer anderen. Welcher Entscheidungsprozess passt, hängt unter anderem davon ab, ob ihr eine kleine oder große Gruppe (mehr als zwölf Personen) seid. Es spielt zudem eine Rolle, wie viel Zeit ihr für den Prozess habt und wie komplex die Entscheidung ist: Gibt es zwei Optionen oder ganz viele? Und kennt ihr sie überhaupt schon alle? Außerdem ist wichtig, welche Vorkenntnisse ihr mitbringt: Wie viel wisst ihr zum Beispiel über den Sachverhalt? Wie gut kennt ihr euch mit den verschiedenen Konzepten der kollektiven Entscheidungsfindung aus?

Zum anderen sind Menschen nicht automatisch gemeinsam entscheidungsfähig, nur weil sie zusammen an einem Projekt arbeiten. Unterschwellige Konflikte sind eine der größten Herausforderungen auf dem Weg zu tragfähigen Lösungen. Befindet sich eine Gruppe zum Beispiel noch stark in der Chaos- oder Storming-Phase (↗ Seite 200), können ungeklärte Statusfragen und Machtkonflikte den Entscheidungsprozess massiv behindern. Einige wenige wollen dann oft die Entscheidung dominieren, während andere sich nicht trauen, offen ihre Meinung zu sagen. Nehmt ihr euch dann nicht die Zeit, um euch damit zu beschäftigen, dann kann es sein, dass ihr viele verschiedene Themen unbewusst gleichzeitig verhandelt: Bei Sachentscheidungen schwingen Beziehungskonflikte mit. Kontroverse Themen kehrt ihr vielleicht unter den Teppich, um den Zusammenhalt eurer Gruppe nicht zu gefährden.

Ein Anzeichen dafür, dass ihr als Gruppe noch nicht so richtig in einem entscheidungsfähigen Stadium angekommen seid, ist, dass ihr in der Diskussion von einem Thema zum anderen hüpft. Wenn ihr euch hingegen selbst beobachtet, euer Miteinander reflektiert, euch gegenseitig wohlwollend kritisiert und ein Feedback annehmen könnt, dann deutet das darauf hin, dass ihr gemeinsam tragfähige Entscheidungen finden könnt.

So anstrengend, nervig und zeitraubend Entscheidungen im Team auch sein können. Sie bieten auch enormes Potenzial: Erstens könnt ihr so zu kreativen Lösungen zu kommen, die ihr alleine oder zu zweit niemals gefunden hättet. Zweitens kannst du durch einen Entscheidungsprozess immer sehr viel über dich, die anderen und euch als Team lernen: Welche Perspektiven gibt es bei euch? Welche Werte, Haltungen und Bedürfnisse stecken dahinter? Welches Know-how kommt bei euch zusammen?

Schließlich liegt es in eurer Hand, wie anstrengend, nervig und zeitraubend genau dieser Prozess wird. Wenn du es schafft, einen spielerischen Umgang mit Entscheidungen zu finden, kannst du der Sache sehr viel Leichtigkeit und Freude schenken. Dragon Dreaming selbst, so wie Vivienne Elanta und John Croft es erschaffen haben, bietet keine eigenen Entscheidungsfindungsmethoden. In diesem Kapitel findest du daher eine Auswahl von Tools und Konzepten, die zu Dragon Dreaming passen.

Planen: Wägt die Alternativen gegeneinander ab und erkundet den Kontext. Dazu könnt ihr Bewertungsmethoden wie die SWOT-Analyse oder eine Bewertungsmatrix nutzen.

Träumen: Das Bewusstsein entsteht »Wir brauchen eine Entscheidung«. Mit Kreativ-Methoden wie Brainstorming oder Dialog-Formaten wie dem Wir-Prozess lassen sich unterschiedliche Optionen finden.

Handeln: Trefft die Entscheidung, zum Beispiel mittels systemischem Konsensieren, Konsent, Convergent Facilitation und vielem mehr.

Feiern: Wertet die Entscheidung aus, nachdem sie eine Weile implementiert ist. Prüft auch, wie gut der Entscheidungsfindungsprozess selbst geklappt hat.

Jede Entscheidungen besteht aus vier Phasen: Das Träumen, Planen, Handeln und Feiern. Jede Entscheidung sollte euch eine Erkenntnisstufe höher bringen wie in einer Spirale.

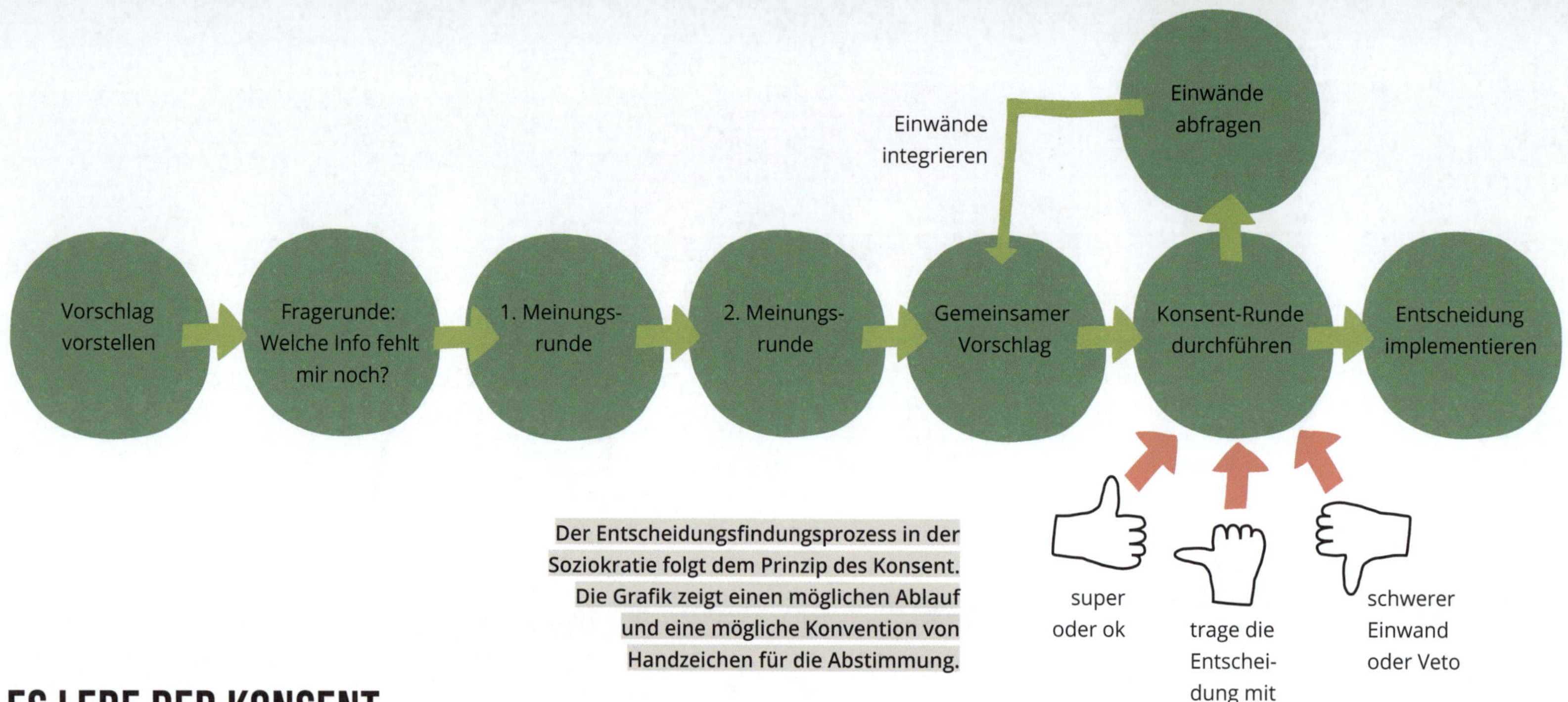

Der Entscheidungsfindungsprozess in der Soziokratie folgt dem Prinzip des Konsent. Die Grafik zeigt einen möglichen Ablauf und eine mögliche Konvention von Handzeichen für die Abstimmung.

ES LEBE DER KONSENT

Wer eine Entscheidung sucht, der alle zustimmen, kann in manchen Fällen lange suchen. Das Ideal »Konsens« – also der Entscheidung, die alle zu hundert Prozent mittragen – haben die meisten selbstorganisierten Projekte aufgegeben. Der Prozess kann nicht nur extrem langwierig und konfliktreich sein. Oft kommt am Ende nur der kleinste gemeinsame Nenner heraus – also eine müde, unmutige Entscheidung, die niemanden so richtig überzeugt oder gar begeistert.

Deshalb wenden sich immer mehr selbstorganisierte Teams dem Konsent zu. Dieses Prinzip stammt aus der Soziokratie. Der Reformpädagoge und vom christlichen Anarchismus inspirierte Quäker Kees Boeke sah Soziokratie Mitte des zwanzigsten Jahrhunderts als eine Form des selbstorganisierten Managements, in der alle Individuen gleichberechtigt sind. Anders als bei der Demokratie gilt hier nicht das Mehrheitsprinzip nach dem Motto »ein Mensch, eine Stimme«. Eine Entscheidung gilt dann als getroffen, wenn niemand einen schwerwiegenden und begründeten Einwand hat.

Entscheidend dabei ist: Ein Einwand ist keine persönliche Ansichtssache. Es muss gute Argumente dafür geben, die den Projekzielen und -intentionen dienen. Das hat den Vorteil, dass alle Einwände konstruktive Gegenargumente sind, also den Entscheidungsvorschlag verbessern. Weil nicht die Mehrheit, sondern das Argument zählt, können sich auch Randgruppen oder Menschen mit wenig Macht gleichwertig beteiligen. Der Konsent hat aber auch den Nachteil, das manche genau das abhält, einen Einwand zu erheben. Vielleicht ist der ein oder die andere einfach nicht so argumentationssicher und schweigt deshalb lieber.

Gesucht wird bei dieser Entscheidungsfindung im Team insgesamt aber nicht die beste aller jemals möglichen Entscheidungen. Es wird »nur« eine Lösung gesucht, die es wert ist, ausprobiert zu werden. Das Motto dabei lautet »good enough for now, safe enough to try«. Das hat den großen Vorteil, dass man eine Entscheidung so schnell wie möglich in der Praxis ausprobieren kann und sich nicht – anders als beim Konsens – in einer Analyse-Paralyse verfängt. Wenn sich die Entscheidung in der Praxis nicht bewährt, kann jede Person einen schwerwiegenden Einwand vorbringen und so das Thema wieder zur Entscheidung bringen.

SOZIOKRATIE IM WANDELBÜNDNIS

Das Wandelbündnis ist so ziemlich das, was der Name schon sagt: Ein Bündnis aus Organisationen, Unternehmen, Bewegungen und Communitys, die sich zu einem breiten Bündnis zusammengeschlossen haben. Das Ziel: gemeinsam den sozial-ökologischen Wandel voranbringen. Ohne eigenes Einzelthema strebt der Verband an, eine Art Gesamtverband für alle Akteure und Akteurinnen zu sein, die sich diesem Ziel zuordnen können.

Bereits seit 2013 haben Menschen daran gearbeitet, das Bündnis ins Leben zu rufen. Ende März 2019 gab es die zweite große Wandelkonferenz, bei der etwa 40 Menschen zusammenkamen, um eine gemeinsame Vision und ein Memorandum of Understanding weiterzuentwickeln. Nachdem alle in Gruppen von sechs bis acht Leuten in Traumkreisen ihre Visionen zusammengetragen hatten, wurden die Träume zu verschiedenen Themenblöcken geclustert, die wir in unterschiedlichsten Sessions weiterbearbeiteten und vertieften. Nach einigen Stunden machten sich Spannungen breit. Ein schwer greifbarer Konflikt hatte sich aufgebaut.

Wir entschlossen uns, dieser Spannung in einem soziokratisch moderierten Prozess nachzugehen. Dazu trafen wir uns im Nachklang virtuell im Kreis. Wir bestimmten jeweils eine Person für die Bereiche Moderation, Dokumentation, Zeitkontrolle und Stimmung. Die Moderation sammelte alle Themen, die den Leuten unter den Nägeln brannten. Dazu gehörte auch ein Mann mit einer sehr starken Vision – einem starken Treiber, wie wir in der Soziokratie sagen. Er verspürte eine starke Spannung zwischen dem, was seiner Meinung nach im Raum stand, und dem, was er sich wünschte.

In einem soziokratisch moderierten Kreisgespräch gingen wir der Sache auf den Grund. Zunächst erläuterte er nochmals seine Vision. Es folgten mehrere Runden mit Verständnisfragen. Dabei ging es ausschließlich darum, möglichst genau zu verstehen, worum es ihm ging: Was stellte er sich vor und warum spürte er eine solche Spannung? Eigene Urteile oder Meinungen vermieden wir so weit wie möglich.

Nachdem sich alle ein Bild gemacht hatten, ging es in die erste Meinungsrunde. Nun hörte er ausschließlich zu. Es ging nun nicht mehr um ihn. Er war nun an der Reihe, zu verstehen, was die anderen dachten. Einer ersten Meinungsrunde folgte eine zweite, weil manche noch etwas zu ergänzen hatten, nachdem sie die Meinungen der anderen gehört hatten.

Anschließend fragte die Moderation den Mann mit dem Treiber: »Jetzt, nachdem du all diese Meinungen gehört hast, was willst du tun? Willst du dein Anliegen zur Abstimmung bringen? Willst du es abändern? Oder willst du es zurückziehen?« Durch die zwei Meinungsrunden war bereits klar geworden, dass die anderen seiner Vision nicht folgen würden, und so verzichtete er auf eine Abstimmung.

Das führte dann zwar bedauerlicherweise dazu, dass dieser Mann das Wandelbündnis verließ. Aber die soziokratische Moderation hatte den Diskurs erheblich versachlicht. Sie hatte dafür gesorgt, dass alle Seiten gehört wurden. Sie hatte die emotionale Heftigkeit aus dem Gespräch genommen und zu wesentlich mehr Klarheit bei allen Beteiligten geführt. Diesen wohltuenden Effekt habe ich bei der soziokratischen Moderation schon oft erlebt und ich wende ihn daher in Gruppenprozessen oft an. ↗ *Andreas Sallam, Dragon Dreaming Trainer und Soziokratie 3.0 Coach, Wolfen, https://wolfen-nord.de / https://wandelbuendnis.org*

DAS SYSTEMISCHE KONSENSIEREN

Dragon Dreaming und systemisches Konsensieren ergänzen sich gut, weil sie beide Win-Win-Lösungen suchen. Beide fördern aber unterschiedliche Energien. Dragon Dreaming zielt auf die größte innere Motivation, das Herzblut. Das Träumen entfacht eine Energie von »alles ist möglich«. Das kann im Idealfall helfen, über mögliches Konfliktpotenzial hinauszugehen. Es schafft Raum für zukünftige Möglichkeiten, die jetzt noch nicht ersichtlich sind. Das systemische Konsensieren motiviert hingegen die Menschen, sich ihrer Widerstände bewusst zu werden, sie zu kommunizieren und dadurch eine Lösung zu entwickeln, die für alle tragfähig ist.

Die ersten Ideen zum systemischen Konsensieren entwickelte der Systemanalytiker Dr. Erich Visotschnig vor rund vierzig Jahren. Als er mit einigen Freunden eine Schule gründete, kam es in Entscheidungssituationen wegen der Mehrheitsabstimmung immer wieder zu verhärteten Fronten. Seit 2001 arbeitete er die Methode zusammen mit dem systemischen Berater Siegfried Schrotta weiter aus. Sie wollten konfliktreiche Entscheidungen konstruktiv handhaben, ohne dass Einzelne eine Gruppe dominieren oder wichtige Widerstände unter den Tisch fallen.

Damit das geschieht, wägen die Menschen beim systemischen Konsensieren die verschiedenen Optionen nicht gegeneinander ab und wählen die eine Beste. Sie betrachten jede Alternative einzeln für sich und versuchen, einen inneren Widerstand, losgelöst von den anderen Möglichkeiten, zu erspüren. Das ist für viele zunächst ungewohnt. Sie müssen erst lernen, wie sie in sich wahrnehmen können, was ihnen tatsächlich wie wichtig ist.

Am Anfang neigen Menschen oft dazu, wie in einem Mehrheitsverhältnis abzustimmen. Sie denken zum Beispiel: »Ah, das ist meine Lieblingslösung, der gebe ich den geringsten Widerstand. Alle anderen Alternativen kriegen ausnahmslos den höchsten Widerstand.« Aber wenn sie so entscheiden, ist es vor allem von Nachteil für sie selbst. Denn wenn dann nicht ihr Favorit die Lösung mit dem allgemein geringsten Widerstand ist, dann wirken sich ihre sonstigen Präferenzen nicht aus, weil sie nicht differenziert haben. Außerdem kommt das systemische Konsensieren etwas mathematisch und nüchtern daher. Das ist für manche Menschen ebenfalls etwas befremdlich. Aber das sorgt eben dafür, dass niemand strategisch auf eine Entscheidung hinarbeiten kann. Alle sind gleichwertig.

Dragon Dreaming wende ich für Projekte und Projektphasen an, in denen es um innere Visionen, Träume und Potenziale geht, also um etwas größere Fragen. Das systemische Konsensieren ist dabei vor allem in der Handlungsphase, bei konkreteren Fragen, die in der linearen Zeit angesiedelt sind, hilfreich. Gerade auf der Ebene der linearen Zeit kann es Hierarchien und Dominanz verhindern und ein starkes Gruppengefühl erzeugen.

↗ *Nepu Fröhlingsdorf, Dragon Dreaming Trainerin und Moderatorin mit GfK und systemischem Konsensieren aus Berlin, www.let-us-dream.org*

SCHRITT FÜR SCHRITT

1. Findet die richtige Frage: Es sollte eine offene Frage sein, die sich nicht mit »Ja« oder »Nein« beantworten lässt und zu möglichst vielen Optionen inspiriert.

2. Steckt den Rahmen fest: Sammelt alle wichtigen Rahmenbedingungen, wie Budgetgrenzen, räumliche Bedingungen oder gesetzliche Vorgaben. Einigt euch auf eine Widerstandskala (etwa von null bis drei oder von null bis zehn) und wie ihr konsensieren möchtet: per Handzeichen? In geheimer Wahl per Zettel? Per Tabelle wie im Beispiel rechts? Es kann auch hilfreich sein, eine emotionale Runde zu machen, in der alle ihre Bedürfnisse, Wünsche oder Anliegen ausdrücken können. Hier darf es jedoch keine Diskussionen geben.

3. Sammelt eure Optionen: Berücktsichtigt dabei möglichst alle Wünsche, Bedenken und Argumente. Bewertet oder kommentiert nichts! Nehmt immer auch die Passivlösung mit auf – also die Option, dass alles beim Alten bleiben kann.

4. Erspürt die Widerstände: Nun geht es an die eigentliche Entscheidungsfindung. Hier spüren alle pro Option in sich hinein, ob sich ein Widerstand regt und wenn ja, wie stark dieser ist. Dies geschieht in Stille, also ohne Diskussion.

5. Wertet das Ergebnis aus: Zählt alle Widerstandspunkte zusammen. Möchtet ihr die Lösung mit dem geringsten Widerstand direkt annehmen? Oder wollt ihr vorher noch alle starken Widerstände hören, um daraus weitere Optionen zu entwickeln und erneut zu konsensieren? Die Wertung der Passivlösung gibt euch einen Hinweis darauf, ob eine Veränderung sinnvoll ist oder nicht.

1.) den Gebieten der "Alt-KerniS"

		Dis	Sa	Gü	Fry	Helga		Ed.	Nath	Ku	Stefan	Sa	Da	Vro	Vicky
Niehl	48	3	4	2	6	1		2	1	1	3	0	0	6	8
Weidenpesch	40	4	4	2	2	1		2	1	3	0	0	0	5	8
Riehl	35	2	3	2	1	1		2	1	3	0	0	0	4	10
Longerich	92	8	3	4	6	3		2	1	10	6	10	4	10	8
Mauenheim	43	2	4	0	4	1		2	1	5	5	5	0	0	3
Nippes	0	0	[illegible]	0	0	0		0	0	0	0	0	0	0	0
Innenstadt	9	0	0	0	0	6		0	0	0	0	0	3	[illegible]	0
Ossendorf	76	6	2	5	7	5		0	1	5	9	10	2	5	7
Bilderstöckchen	58	7	2	5	6	5		2	1	3	2	6	0	5	5
Ehrenfeld	1	0	0	0	0	0		0	0	0	0	[illegible]	0	[illegible]	0
Vogelsang	60	6	2	6	5	2		0	1	5	3	8	0	4	10
Bickendorf	55	1	1	1	5	2		0	1	5	9	9	0	4	8
Müngersdorf	49	4	3	4	6	2		0	1	2	9	3	0	3	7
Braunsfeld	23	2	2	2	3	0		0	0	1	5	3	0	2	0
Lindenthal	14	1	2	2	2	1		0	0	0	3	0	0	0	0
Sülz	10	0	4	0	0	0		0	0	0	3	0	0	0	0

EIN WOHNPROJEKT ENTSCHEIDET

Rund zwanzig Menschen wollten in Köln ein Wohnprojekt starten. Immer wieder standen geeignete Objekte zum Verkauf. Doch bis sie eine Entscheidung getroffen hatten, war es schon zu spät. Also traf sich die Gruppe ein Wochenende lang, um Entscheidungskriterien zu erarbeiten, mit denen die Arbeitsgruppe »Immobilienkauf« autonom und damit schneller handeln konnte.

Bereits im Vorfeld war allen bewusst, dass das Vorhaben Konfliktpotenzial in sich barg: Die einen wollten in zentrumsnahen Stadtteilen wohnen bleiben, weil sie dort ihren Lebensmittelpunkt hatten. Für andere waren die dort rasant gestiegenen Immobilienpreise nicht mehr zu stemmen. Sie mussten in diesem Fall möglicherweise aus dem Projekt aussteigen. Die Gemeinschaft hatte die verzwickte Angelegenheit bereits mehrfach diskutiert und dennoch keine Lösung gefunden. Deshalb begannen wir mit Feiern und Träumen: Neben einem schönen gemeinsamen Essen und einem Traumkreis entstehen auch Collagen. Die eine zeigte, wie das künftige »Traumhaus« aussehen sollte. Die andere bildet den »Worst Case« ab. Über das Clustern von Teilzielen zeigten sich die wichtigsten Aufgabenfelder für die Immobiliensuche.

Dieser intensive Austausch führte bei vielen Gemeinschaftsmitgliedern zu echten Aha-Momenten. Beiden Seiten wurde verständlicher, wieso die jeweils andere Seite so an ihrer Position hing. Dieses Verständnis half der Gruppe dabei, sich in der folgenden Brainstormingphase für Optionen zu öffnen, die über ihre ursprünglichen Perspektiven und Bedürfnisse hinausgingen.

Am Ende des Prozesses hatten wir eine Lösung gefunden – unklar ist nur noch, welche Stadtteile dabei den geringsten Widerstand auslösten. Da dies eine ganze Menge sind, entschieden wir uns für eine schriftliche Abstimmung per Tabelle. Links trugen wir alle Stadtteile in die Zeilen ein. Oben in den Spalten standen die Kürzel aller Gemeinschaftsmitglieder. Alle trugen nun in die entsprechenden Felder ihre Widerstände ein. Nachdem wir diese zusammengezählt hatten, stand fest, dass die Arbeitsgruppe »Immobilien« über ein Jahr hinweg eine Immobilie im Rahmen eines Maximalbudgets in genau diesen Stadtteilen zu finden versuchte. *Ilona Koglin*

CONVERGENT FACILITATION

Wir alle entscheiden jeden Tag. Sehr oft. Normalerweise ist das unproblematisch. Knifflig wird es, wenn die Entscheidung des einen der Konflikt des anderen ist. Dann lohnt es sich, eine Ebene tiefer zu gehen, wie zum Beispiel bei der Convergent Facilitation (siehe rechts), und nach den Bedürfnissen, Werten und Wünschen dahinter zu fragen.

Dazu ein Beispiel: Die deutschsprachige Dragon-Dreaming-Community betrachtet ihren eigenen Auf- und Ausbau selbstverständlich auch als Dragon-Dreaming-Projekt. Nun hatten wir die Gelegenheit, eine größere Summe Geld über eine Förderung zu beantragen. Also trafen wir uns zu einem Traumkreis.

Zwei Personen träumten davon, dass nun mehrere Festanstellungen möglich wären. Was wiederum auf Widerstand bei anderen stieß. Sie konnten sich Festanstellungen in einer lebendigen, beweglichen Netzwerkstruktur nicht vorstellen. Was war geschehen? Unabsichtlich hatten wir hier eine Entscheidung darüber getroffen, wie ein bestimmtes Anliegen verwirklicht werden sollte.

Wir gingen tiefer und überlegten uns: Was steckt dahinter? Warum will hier jemand fest angestellte Mitarbeitende? Wie sich herausstellte, war das Anliegen dahinter, dass es endlich Menschen geben sollte, die genug Zeit in den Ausbau der Community stecken konnten. Das jedoch lässt sich auf viele verschiedene Weisen bewerkstelligen. Wir einigten uns darauf, dass das Anliegen in den Traumkreis kam. Wie wir es erfüllen wollten, würden wir später in einem reflektierten Prozess entscheiden.

UND SO GEHT'S

Dragon Dreaming und Convergent Facilitation passen gut zueinander, weil sie auf der gleichen Grundhaltung basieren. Die Methode ist bei Entscheidungen hilfreich, bei denen es schwere Konflikte, ja vielleicht sogar langjährige Feindschaften gibt. Ihr Ziel ist, Vertrauen aufzubauen, alle Bedürfnisse und Bedenken aufzuzeigen und destruktive Machtpositionen zu überwinden. Das gelingt, indem die Gruppe ihren Fokus verlagert: Die Menschen stehen sich nicht mehr als Kontrahenten gegenüber, die jeweils die beste Lösung für sich wollen. Sie kommen als Gruppe zusammen, um gemeinsam ein Dilemma konstruktiv zu lösen.

Damit das geschieht, gibt es bei der Convergent Facilitation ein paar Regeln: Erstens sprechen die Menschen hier nicht in Kreisen. Es geht nicht darum, dass jede Person etwas sagt. Es ist jedoch wichtig, dass jedes Bedürfnis Gehör findet. Zweitens suchen die Menschen nicht nach den Kompromissen zwischen ihren Positionen. Sie entwickeln gemeinsam Lösungsvorschläge, die möglichst viele Bedürfnisse integrieren. Und drittens arbeitet die Convergent Facilitation mit Widerständen anstatt mit Zustimmung.

Es gibt kein Rezept, mit dem sich selbst hartnäckige Konflikte ganz einfach lösen lassen. Gruppen in schwierigen Entscheidungsfindungsprozessen zu begleiten erfordert jahrelange Erfahrung. Dennoch findest du hier die wichtigsten Schritte der Convergent Facilitation. Weitere Infos findest du auch unter convergentfacilitation.org.

↗ Cornelia Kirchner, Dragon Dreaming Trainerin und Convergent Facilitatorin, Bonn

	Vegetarisch von Biobetrieben aus der Region + 2 x Fleisch pro Woche		Immer ein Fleisch- und ein veganes Gericht zur Wahl	
	erfüllt	nicht erfüllt	erfüllt	nicht erfüllt
lecker	8	2	7	3
gesund	10	0	7	3
tierleid-frei	8	2	1	9
für alle erschwinglich	2	8	10	0
klima-freundich	5	5	3	7
	32	18	28	22

1. **Hört alle starken Meinungen.** Der erste Schritt ist, dass du beim Moderieren allen gut zuhörst. Finde heraus, was den Menschen wichtig ist und warum. Es geht nicht darum, dass tatsächlich alle gehört werden. Bei einer Entscheidung mit 100 Menschen ist das viel zu langwierig und ineffizient. Es sollten aber alle starken Meinungen auf den Tisch kommen.

2. **Finde das Bedürfnis dahinter.** Ähnlich wie bei der Gewaltfreien Kommunikation gehen wir davon aus, dass hinter jeder Meinung ein Bedürfnis steckt, das nicht kontrovers ist. Wenn eine Schulgemeinschaft beispielsweise darüber entscheiden will, ob es Fleisch in der Schulmensa gibt oder nicht, dann sind die einen vielleicht für ein veganes Menü, weil sie nicht wollen, dass Tiere leiden. Die anderen möchten, dass ihre Kinder Fleisch bekommen, weil sie befürchten, dass sie sonst nicht alle nötigen Nährstoffe erhalten. Die einen wünschen sich vielleicht Bio-Lebensmittel, weil ihnen die Umwelt wichtig ist. Die anderen haben Bedenken, ob sich dann noch alle das Schulessen leisten können.

3. **Entwickelt eine Liste mit Kriterien.** Aus den Bedürfnissen hinter den Meinungen ergeben sich Kriterien, auf die sich alle einigen können. Oben in der Abbildung findest du welche, die zu dem genannten Beispiel passen. Auf die Weise gibt es nicht mehr zwei Gruppen, die jeweils versuchen, die beste Entscheidung für sich zu ergattern. Alle haben nun die gleiche Aufgabe: Nämlich eine Lösung zu finden, die all diese Kriterien berücksichtigt.

4. **Sammelt Vorschläge für Lösungen.** Meist braucht es nun einen etwas längeren Prozess, um auf gute, kreative Ideen zu kommen, die alle Kriterien möglichst umfassend enthalten. Eine kleine Gruppe kann vielleicht direkt daran arbeiten. Eine große Gruppe kannst du entweder in mehrere kleine Gruppen aufteilen, die jeweils nach Lösungsideen suchen. Oder es gibt eine kleinere Gruppe von Freiwilligen, die stellvertretend für alle nach Lösungen sucht. Alle Ideen werden gesammelt. Gegebenenfalls könnt ihr sie verbessern, indem ihr Einwände vor der Abstimmung einbezieht.

5. **Führt eine Abstimmung durch**, um die Qualität der Lösungsvorschläge zu testen. Ihr erstellt dazu eine Matrix: Links in den Zeilen stehen die Kriterien untereinander, pro Lösungsvorschlag gibt es zwei Spalten: »erfüllt« und »nicht erfüllt«. Die Menschen entscheiden nun für jedes Kriterium ob es von dem Lösungsvorschlag erfüllt wird. Dies kann je nach subjektivem Empfinden unterschiedlich sein. Erfasst, wie viele Menschen pro Kriterium für »erfüllt« und »nicht erfüllt« abstimmen. Es gibt sogar ein Online-Tool, mit dem diese Abstimmung möglich ist. Anhand der Ergebnisse könnt ihr nun weitergehen. Gibt es zum Beispiel einen Vorschlag, der bei allen Kriterien gut abschneidet bis auf eines? Dann könntet ihr prüfen, ob ihr diesen Vorschlag so ändern könnt, dass auch dieses letzte Kriterium eine hohe Punktzahl erhält.

6. **Wie perfekt muss das Ergebnis sein?** Wenn es um eine sehr wichtige Entscheidung geht, solltet ihr mehr Zeit investieren, um eine Lösung zu finden, die alle gut bewerten. Hier könnt ihr mit wichtigen Fragen arbeiten. Nehmen wir an, in unserem Beispiel gibt es eine Lösung, die alle Kriterien super erfüllt – nur dass es kein Fleisch gibt. Dann könnte man fragen: »Würdet ihr eure Kinder von der Schule nehmen, wenn wir die Entscheidung so umsetzen?« Wenn die Antwort kritisch ist, müsste die Gruppe weitersuchen. Ansonsten gilt die Entscheidung.

Top-down: Effizient, aber verlangt Weisheit des Einzelnen.

Mehrheitsentscheidung: teilweise effizient, aber Verlust von Minderheit.

Konsens: Alle sind sich einig, aber langwierig und teils der kleinste gemeinsame Nenner.

Konsent: Weisheit aller fließt ein, verlangt manchmal Zivilcourage.

Autonom/Konsultation: Effizient, aber verlangt Weisheit des Einzelnen.

MANDAT & KONSULTATION

Je mehr Entscheidungen ihr in die einzelnen Arbeitsgruppen oder an Individuen delegieren könnt, desto effizienter wird eure Projektarbeit und desto motivierter sind meist auch die Menschen. Kollektive Entscheidungen in der Gesamtgemeischaft sollten daher die Ausnahme bleiben. Die Soziokratie empfiehlt beispielsweise, dass 95 Prozent aller Entscheidungen von denjenigen gefällt werden sollen, die für den entsprechenden Aufgabenbereich die Verantwortung übernommen haben (also im Projekt-Spielplan grün eingetragen sind).

Es gibt aber natürlich auch Themen, bei denen eine gemeinsame Entscheidung sinnvoll, ja sogar notwendig ist. Das ist zum Beispiel dann der Fall, wenn eine Entscheidung von der Vielfalt profitiert, weil sie besonders komplex und/oder interdisziplinär ist. Auch wenn die Entscheidung die Arbeit anderer beeinflusst, sie besondere Risiken für einige oder alle beinhaltet, wenn das Ergebnis eine hohe Akzeptanz von einigen oder allen verlangt oder die Entscheidung für alle oder manche von hoher emotionaler Bedeutung ist – in all diesen Fällen solltet ihr gemeinsam entscheiden.

Wichtig ist, dass die Grenzen eines Entscheidungsmandates klar sind. Zum Beispiel kann es sich, wie in der Soziokratie, auf einen bestimmten Aufgabenbereich (eine Rolle) beschränken. Oder es kann zeitlich befristet sein. Viele politische Gruppen entscheiden zum Beispiel grundsätzlich im Konsens oder Konsent. Wenn sie jedoch eine direkte Aktion durchführen und Entscheidungen sehr schnell getroffen werden müssen, bestimmen sie eine Person, die das Entscheidungsmandat für diese spezielle Situation hat.

Außerdem könnt ihr auch festlegen, dass die Person zwar autonom entscheiden kann, dass sie zuvor jedoch alle Menschen, die diese Entscheidung betrifft, konsultiert haben muss. Das bedeutet, dass sie von allen Betroffenen die Sichtweise und Meinung anhört, dann aber nach sorgsamer Abwägung alleine entscheidet.

WICHTIGE VORAUSSETZUNGEN

Damit ihr im Team auch wirklich kollektiv gute Entscheidungen treffen könnt, solltest du darauf achten, dass die Menschen ...

... vielfältig, betroffen und kompetent sind.

... kontinuierlich teilnehmen können.

... die Aufträge und Rahmenbedingungen kennen.

... sich als Team gefunden haben.

... Meinungen, Konflikte und Probleme beim Namen nennen.

... konstruktiv kommunizieren, reflektieren und tief zuhören.

ENTSCHEIDUNGSPOKER

Diese Herangehensweise ist eine Variante des »Delegation Poker« (delegationpoker.com). Sie hilft selbstorganisierten Teams, Entscheidungsmandate zu vergeben.

1. Legt mögliche Entscheidungsstufen fest

Denkbar sind zum Beispiel folgende Stufen:

- 1. Huttragende können alleine entscheiden und brauchen niemanden darüber zu informieren.
- 2. Huttragende können entscheiden, sollen aber die anderen Menschen informieren.
- 3. Huttragende beraten sich mit allen, die von der Entscheidung betroffen sind. Sie entscheiden aber alleine und teilen ihr Ergebniss mit.
- 4. Alle Betroffenen entscheiden gemeinsam (etwa in einer Arbeitsgruppe, einem Kreis).
- 5. Das gesamte Projektteam/die gesamte Gemeinschaft entscheidet zusammen.

2. Sammelt prototypische Entscheidungen

Legt eine Liste mit Entscheidungen an, die typisch für euer Projekt sind. Das könnte zum Beispiel sein »Materialeinkäufe bis 500 Euro« oder »Aufnahme eines neuen Mitglieds« oder »Förderantrag an eine neue Stiftung stellen«. Sie sollen künftig einen Rahmen für die Einordnung von Entscheidungen liefern. Diskutiert jedes Beispiel 5 bis maximal 10 Minuten. Stellt euch dazu einen Wecker!

3. Pokert die Entscheidungsstufe

Nun nehmt ihr euch den ersten Entscheidungsfall auf der Liste vor. Die Moderation zählt »eins, zwei, drei – los« und alle zeigen mit ihren Fingern die Zahl der Entscheidungsstufe an, die sie für richtig halten. Tauscht euch zu den Einschätzungen aus. Eventuell reicht es, wenn die Personen mit den höchsten und niedrigsten Zahlen ihre Wahl begründen. Wiederholt dann das Anzeigen, bis Einigkeit herrscht. Tragt das Ergebnis hinter der prototypischen Entscheidung ein und geht zum nächsten Fall über.

Mit der Zeit könnt ihr Muster erkennen und entsprechend Regeln aufstellen. Außerdem bekommt ihr ein Gespür dafür, welche Entscheidungen von wem und wie gefällt werden können.

DO-OCRACY

Do-ocracy ist beliebt bei Hacker Spaces und Startups und hilft euch, ohne lange Entscheidungsrunden und Absprachen zu handeln. Sie geht ganz einfach: Alle wählen für sich selbst die Rollen und Aufgaben – und damit liegt die Verantwortlichkeit bei denen, die die Arbeit tun. Wenn jemand fragt: »Warum darf Maria entscheiden, was wir essen?«, dann ist die do-okratische Antwort darauf: »Weil Maria die Verantwortung für das Essen übernommen hat.« Eine Aufgabe zu erledigen ist die Rechtfertigung dafür, dass diese Person entscheidet, wie sie dies macht. ↗ *Friederike Abitz, Co-Creative Facilitator, Berlin/Belgien friederikeabitz.com*

DOT-MOCRACY

Auch Dotvoting genannt ist die wohl schnellste Gruppenentscheidung: Jede Person erhält eine ungerade Anzahl von Klebepunkten und bewertet damit die verschiedenen Entscheidungsoptionen. Aber Achtung: Widerstände und Gegenargumente können so gegebenenfalls unter den Tisch fallen.

*-OCRACY

Gibt es Betroffene, die an der Entscheidung nicht teilnehmen können? Dann stelle für sie jeweils einen Stuhl in den Raum, setze dich darauf und versuche, ihre Perspektive einzunehmen. Das geht auch für Protagonisten wie »die Umwelt«, »die Nachbarschaft« oder »die Bedenkentragenden«.

DIE INTUITION NUTZEN

Dein Unterbewusstsein speichert sehr viel mehr Erfahrungen, Eindrücke und Wissen ab, als du dir bewusst machen kannst. Dennoch kannst du diese Informationen einsetzen, um kluge Entscheidungen zu treffen. Du nutzt dann deine Intuition oder das, was wir gemeinhin auch als unser »Bauchgefühl« bezeichnen. Das ist zum Beispiel sinnvoll, wenn es schnell gehen soll: Welche Marmelade nehme ich auf mein Brötchen? Was ziehe ich heute an? Steige ich in der U-Bahn vorne oder hinten ein? Hier lange zu analysieren und abzuwägen ist vermutlich Zeitverschwendung.

Dazu kommt, dass dir bei komplexen oder unübersichtlichen Entscheidungen gar nichts anderes übrig bleibt. Es ist eventuell nicht möglich, wirklich alle Folgen einer Entscheidung einzuschätzen. Oder es gibt einfach zu viele Optionen. Vielleicht hast du schon lang und breit über alles nachgedacht – aber irgendwie findest du genauso viele Argumente für die eine wie die andere Lösung. Dann vertraue deiner Intition. Wissenschaftliche Experimente haben gezeigt: Je komplexer die Entscheidung, desto sinnvoller die Intuition!

Die gute Nachricht ist, dass du deine Intuition trainieren kannst. Dazu versorgst du dich zunächst mit allen verfügbaren Informationen zu der Entscheidung. Gehe alles durch, lege die Infos beiseite und lass es in deinem Unterbewusstsein »gären«. Irgendwann wird sich dein Bauchgefühl melden. Unterstützen kannst du das durch manuelle Tätigkeiten, die nicht viel Gedankenarbeit erfordern. So kommt es dann zu den berühmten Eingebungen unter der Dusche, beim Zähneputzen oder Bügeln.

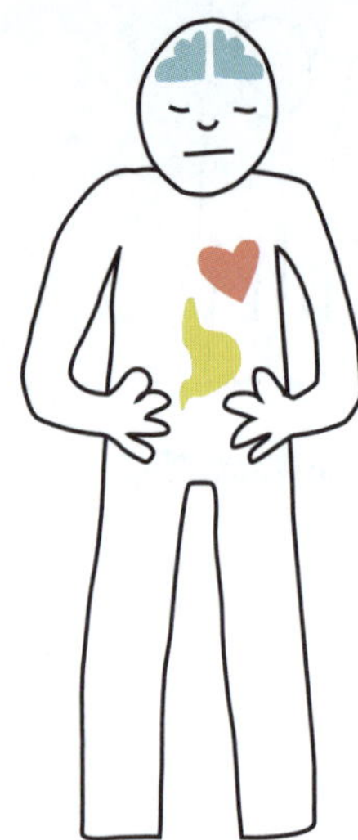

Deine Intuition kannst du auch über dein Körperwissen anzapfen. In deinem Körper steckt nämlich eine riesige Menge an Wissen. Wie du Fahrrad fährst, Gitarre spielst oder eine Zahlenkombination eingibst, weiß dein Körper sehr viel besser als du. Solange du nicht bewusst darüber nachdenkst, klappt alles hervorragend. Sobald du dir jede Bewegung bewusst zu machen versuchst, gerätst du aus dem Takt.

Dieses Körperwissen kannst du auch für Entscheidungen nutzen, bei denen Intuition gefragt ist. Viele Methoden – etwa die Aufstellungsarbeit, das Embodiment, das Theater der Unterdrückten oder die Theory U – arbeiten damit. Ganz rechts findest du eine Übung aus dem Social Presencing Theatre, die du mit deiner Projektgruppe zur Vorbereitung einer kniffligen und/oder emotionalen, konfliktreichen Entscheidungsfindung nutzen kannst.

VISUALISIERUNGSÜBUNG

Aktiviere deine Intuition mit deiner Imagination. Du kannst die Übung alleine oder mit anderen machen.

1. **Sitze in Stille** und folge bewusst deinem Atem. Wandere mit deiner Aufmerksamkeit in dein Hara, also deine Körpermitte. Verbinde dich nun mit der Entscheidung. Was spürst du? Wie fühlt es sich an?

2. **Visualisiere einen Raum mit mehreren Türen.** Wie viele sind es? Wie sehen sie aus? Du stehst in der Mitte des Raumes und weißt, dass du hinter jeder Tür Hinweise für deine Entscheidung findest. Du bist neugierig. Aber du kannst nur eine Tür öffnen.

3. **Gehe zu der Tür, die du öffnen willst.** Berühre sie und spüre, ob dies die richtige Tür ist. Öffne sie, wenn du so weit bist. Betrachte in aller Ruhe, was du dort vorfindest. Komme dann langsam wieder in den realen Raum zurück. Bewege dich etwas und öffne deine Augen.

4. **Schreibe in Stille alles auf**, was dir spontan zu dem einfällt, was du erlebt und gesehen hast. Versuche dies möglichst schnell und ohne zu überlegen zu tun. Zensiere nichts. Schaue dir in den folgenden Tagen deine Aufzeichnung an und überlege, welche Botschaft dir dein Unterbewusstsein geschickt hat.

ÜBUNG: STUCK EXERCISE

Dies ist eine der zentralen Übungen des Social Presencing Theatre (SPT). Die Buddhistin und Meditationslehrerin Arawana Hayashi sowie der MIT-Professor Otto Scharmer haben sie entwickelt, um das kreative Potenzial von Systemen – also Individuen, Teams, Organisationen, Gesellschaften und anderes – intuitiv zu erforschen.

Die Praktiken des SPT haben nichts mit dem Theater im herkömmlichen Sinne zu tun. Das Wort »Theatre« bezieht sich auf die Wortwurzel »théa«, was so viel wie »anschauen« bedeutet. Anders als im Theater sollst du hier nichts spielen! Vielmehr ist genau das Gegenteil der Fall: Mit der Übung kannst du Körperwissen ans Licht bringen, das du auf bewusste, rationale Weise nicht erreichen könntest. Du möchtest hier also etwas, das unbewusst bereits da ist, erspüren und verkörpern.

Schritt 1: Die erste Skultpur

Kommt zu viert bis sechst zu jeweils einer Gruppe zusammen. Tauscht euch über die Entscheidung aus, bei der ihr gerade feststeckt. Spüre das Gefühl des Festgefahrenseins in deinem Körper und verkörpere es, indem du eine Geste oder eine Form annimmst. Dies macht eine Person nach der anderen, schweigend. Reflektiert am Ende gemeinsam, was ihr wahrgenommen habt. Nehmt euch dafür maximal zehn Minuten.

Schritt 2: Die kollektive Skulptur

Sitzt etwa zwei Minuten gemeinsam in Stille und spürt den gemeinsamen Gruppenkörper. Eine Person von euch steht auf und positioniert die anderen in ihrer jeweiligen Form zu einer gemeinsamen Stuck-Skulptur. Sie soll das Feststeckende betonen, ergänzen und verdeutlichen. Erspüre, wie sich diese kollektive Stuck-Skulptur aus deiner Position heraus anfühlt. Vertiefe deine Wahrnehmung.

Schritt 3: Die zweite Skulptur

Achte weiterhin auf den kollektiven Skulpturkörper, bis sich eine erste Bewegung in dir abzeichnet. Lass deinen Körper die Führung übernehmen. Alles geschieht schweigend. Plane nichts, spiele nichts vor, manipuliere nicht. Sei offen, ehrlich, durchlässig, empfänglich. Vertraue auf das, was du wahrnimmst – Augenblick für Augenblick. Wenn die Bewegung zum Stillstand kommt, verweile noch etwas in dieser Position und erspüre sie.

Schritt 4: Die Reflexion

Kommt alle im Kreis zusammen. Eine Person nach der anderen erhält 10 bis 15 Minuten Zeit. Zunächst wechselt sie noch einmal schweigend und spürend von Skultur eins in Skultptur zwei. In der zweiten Skulptur verharrend, spricht sie eine Ich-Botschaft aus. Danach reflektiert die Gruppe, was sie wahrgenommen hat. Nach einer kurzen Stillepause kommt die nächste Person dran, bis alle einmal an der Reihe waren.

»DIE SELBSTORGANISATION WILL MENSCHEN SO VIEL AUTONOMIE BEI ENTSCHEIDUNGEN GEBEN WIE MÖGLICH. GLEICHZEITIG DARF DIES DIE STRUKTUR NICHT GEFÄHRDEN ODER INS CHAOS FÜHREN.«

TANYA STERGIOU

Tanya Stergiou ist Facilitatorin für kollaborative Management-Modelle in Brasilien und Kanada. Sie ist Mitgründerin von Sociocratia Brasil und Partnerin von Target Teal. ↗ *https://targetteal.com*

Ruth Andrade und du, ihr habt die »Dreamocracy« entwickelt. Was ist das?
Tanya Stergiou: Vor etlichen Jahren entdeckten wir für uns die Soziokratie, die Holokratie und die Soziokratie 3.0 – auch S3 genannt. Während sich Dragon Dreaming auf die Projektarbeit bezieht, gibt S3 einen Rahmen für die Organisationsgestaltung und Selbstorganisation. Es gibt viele Parallelen zwischen den beiden Ansätzen.

Die vier Phasen und die Bedeutung von Organisationen und Projekten als lebende Systeme sind nur zwei Aspekte, die sich in S3 und Dragon Dreaming finden lassen. Doch während Dragon Dreaming eine unglaublich starke Magie entfaltet und die Menschen absolut inspiriert und energetisiert, erscheint die Soziokratie eher nüchtern, obwohl sie sehr viel zu bieten hat. Also erweiterten wir die S3 und experimentierten viel mit einer Mischung aus beiden Ansätzen. Das nannten wir Dreamocracy.

Welche Rolle spielt dabei die Entscheidungsfindung?
Im Dragon Dreaming streben eine Win-Win-Lösung an. Oft gibt es auch den Eindruck, dass alle Entscheidungen in der ganzen Gruppe getroffen werden müssten. Die Soziokratie glaubt nicht daran. Hier gilt, dass 95 Prozent aller Entscheidungen autonom getroffen werden sollten. Und zwar nicht von bestimmten Menschen, sondern von Rollen. Im Projekt-Spielplan können das etwa die Menschen, sein die sich grün eingetragen haben.

Wenn ich mich zum Beispiel für die Aufgabe »Ticketverkauf« eingetragen habe, dann entscheide ich, welche Plattform ich nutze, wie der Prozess aussieht und so weiter. Aber den Ticketpreis kann ich vielleicht nicht festlegen, weil das zur Rolle »Finanzierung« gehört. Dann gehe ich zu der entsprechenden Person und frage nach ihrer Entscheidung. Gemeinsam entschieden werden hier nur Dinge, die die Struktur des gesamten Vorhabens verändern. Das wäre zum Beispiel der Fall, wenn eine neue Rolle notwendig ist. Dafür würden die Leute dann den Konsent verwenden. Es muss also keine Win-Win-Lösung sein, aber es gibt eben auch keine starken Widerstände, sodass die Lösung gut genug für jetzt ist und sicher genug zum ausprobieren ist.

Welche Bedeutung haben Entscheidungen in selbstorganisierten Systemen?
Damit Selbstorganisation funktioniert, müssen die Menschen wissen, was sie tun können und was nicht, was ihre Handlungsspielräume und ihre Grenzen sind. Dennoch soll sich die Struktur verändern dürfen, wenn das sinnvoll für das Projekt ist. Daher ist es wichtig, dass die Menschen in einer soziokratischen Organisation die Spannungen wahrnehmen zwischen dem Ist- und ihrem Wunsch-Zustand – und auf sie reagieren.

Dann ist die Frage, wie sie mit dieser Spannung umgehen können: Können sie selbst eine Entscheidung treffen, um sie aufzulösen? Oder hat eine andere Person die entsprechende Entscheidungsautorität? Wenn beides nicht der Fall ist, dann muss sie in die Gesamtgruppe getragen werden, denn dann muss vermutlich die Struktur verändert werden. Der Entscheidungsfindungsprozess ist in der Soziokratie somit sehr wichtig. In der Selbstorganisation sollen die Menschen so viel Entscheidungsautorität haben wie möglich. Gleichzeitig darf dies die Struktur nicht beschädigen oder ins Chaos führen.

WEISHEITEN FÜRS ENTSCHEIDEN

- Vermeide keine Entscheidung, erzwinge sie aber auch nicht.
- Lebe in der Frage und langsam in die Antwort hinein.
- Sei offen für Lösungen, die du jetzt noch nicht kennst.
- Höre tief zu – dir selbst, den anderen und der Welt.
- Finde den richtigen Weg zwischen Struktur und Chaos.
- Halte es spielerisch.
- Triff Entscheidungen, die gut genug zum Ausprobieren sind, und sicher genug für den Moment.
- Halte den Entschluss fest und sorge für die Umsetzung.
- Perfektion ist der Feind des Guten.

ZEIT ZUM NACHDENKEN

Wie ist es bei dir persönlich: Hast du Muster oder gar Methoden, wie du Entscheidungen für dich triffst? Überlege, welche Entscheidungen dir in deinem Leben bislang gut gelungen sind und welche nicht. Was kannst du daraus lernen?

FEIERN

DER SINN DES FEIERNS

Wann hast du das letzte Mal so richtig aus vollem Herzen gefeiert? Wenn du willst, schließe ruhig mal kurz die Augen, erinnere dich und spüre, welche Gefühle dabei in dir hochsteigen. Ist es Freude, Ausgelassenheit, Zufriedenheit, Erfurcht, Entspannung oder etwas ganz anderes? Du spürst es vielleicht: Feiern ist ein schöner, wichtiger, ja notwendiger Teil unseres Lebens. Auch wenn dieses Wort für viele Menschen unterschiedliche Bedeutungen hat, so gibt es doch einen gemeinsamen Nenner: Feiern hat immer mit Überfluss und Großzügigkeit zu tun. Es ist eine Unterbrechung der Arbeit und Alltags, es ist immer ein Akt der Freude.

Im Privatleben gibt es immer mehr Möglichkeiten zum Feiern: Partys, Feste, Märkte, Festivals, Konzerte, Retreats und Events, die unser Leben erfüllter, interessanter und intensiver machen sollen. Fast drängt sich die Frage auf, ob bei so viel Feierkonsumkultur der echte Wert der Feier schwindet. Nicht so bei der Arbeit. Hier geht es meist hektisch und stressig zu. Kaum ist eine Aufgabe erledigt, geht es hastig zur nächsten, ohne auch nur einmal kurz innezuhalten und die erbrachte Leistung anzuerkennen. Irgendwie hat sich bei uns die Vorstellung durchgesetzt, dass wir im Beruf andere Menschen sind als privat. Irgendwie weniger emotional und mehr »professionell«. Die Ausgelassenheit, Intensität und Freude des Feierns scheint dazu nicht zu passen.

Doch das Projektrad zeigt: Ohne das Feiern schließt sich der natürliche Zyklus nicht. Bildlich gesprochen ist das »Rad« ohne diesen Teil nicht rund. Es rolllt nicht. Du, dein Team, deine Organisation und unsere Gesellschaft, wir alle bleiben stecken, wenn wir nicht authentisch feiern. Die ökologischen Krisen, die sozialen Konflikte bis hin zu Kriegen, die steigende Zahl an Burnouts und psychischen Erkrankungen, das alles würde sich ändern, würden wir auf Dragon-Dreaming-Weise mehr feiern.

Nicht nur, weil uns das Feiern im Sinne der fröhlichen, ausgelassenen Fete erlaubt, auch mal über die Stränge zu schlagen, ausgelassen zu genießen oder auch mal Dampf abzulassen. Sondern auch, weil das Feiern in seiner stilleren, tieferen und ernsteren Variante Wertvolles schenkt: Reflexion, Wertschätzung, Dankbarkeit, Sinn und Ruhe. Feiern versetzt dich für eine gewisse Zeit in eine andere Welt und einen anderen Zustand. Du gewinnst Abstand zu deinem »normalen« Selbst, deinen Sorgen, Problemen, Pflichten und Konflikten – kurz allem, was deinen Alltag ausmacht. Du kannst dich, die anderen und die Welt mit anderen Augen sehen. So kannst du dich neu und tiefer mit dir selbst, mit deinen Mitmenschen, dem Leben und der Welt um dich herum (zum Beispiel der Natur) verbinden.

Die meisten Teilnehmenden unserer Workshops und Projektbegleitungen verstehen das intuitiv. Für manche ist dies eine neue Erkenntnis, für andere eine große Erleichterung: Endlich hat das, wonach sie sich so sehr sehnen, eine eigene Relevanz. Die »Zeitverschwendung« müssen sie nicht mehr rechtfertigen. Dennoch ist es fast immer – auch in Dragon-Dreaming-Projekten – unheimlich schwer, diese Erkenntnis in die Tat umzusetzen. Das liegt zunächst am Arbeitsethos unserer Leistungsgesellschaft: Von Kindesbeinen an lernen wir, dass wir nicht gut genug sind, wie wir sind. Unser Wert koppelt sich an unsere Leistungsbereitschaft und -fähigkeit, unsere Existenzberechtigung an eine Erwerbsarbeit.

Dem Feiern genug Raum zu geben hängt daher auch von deiner Haltung ab. Meinst du, dass alle Menschen wertvoll sind (inklusive dir), auch wenn sie keinen unmittelbaren Nutzen bringen? Ist das, was du und deine Kollegen und Kolleginnen tun, grundsätzlich ein Grund für Wertschätzung und Dankbarkeit – egal, wie gut es gelingt? Eine solche Haltung ist nicht ganz leicht, weil unser Wirtschafts- und Finanzsystem uns zu Effizienz und Rentabilität treibt – was sinnvoll wäre, ginge es dabei um einen effizienten Ressourcenverbrauch. Doch leider bezieht sich dies vor allem auf die Nutzenmaximierung. Das Großzügige und Verschwenderische des Feierns sieht in diesem Kontext aus wie ein Fehler, den du tunlichst vermeiden solltest.

Um das zu ändern, brauchen wir mutige Organisationen, Gemeinschaften und Unternehmen, die eine Kultur des authentischen Feierns systematisch in ihrer Projektarbeit verankern. Wie das gelingt, dafür gibt es unendlich viele Möglichkeiten. In diesem vierten und letzten Abschnitt des Dragon Dreaming Playbooks können wir nur Anstöße zum Weiterdenken und Ausprobieren geben. Hinter dem, was du auf den folgenden Seiten findest, verbergen sich jeweils ganze Welten von Ideen, Konzepten, Weisheiten und Methoden. Unsere Einladung: Fang einfach irgendwo an und feiere dich experimentierend weiter voran.

»DIE MENSCHEN UNSERER ZEIT VERLIEREN
DIE KRAFT DES FEIERNS.
STATT ZU FEIERN, VERSUCHEN WIR,
UNS ZU AMÜSIEREN ODER ZU UNTERHALTEN.

FEIERN IST EIN AKTIVER ZUSTAND,
EIN AKT DES AUSDRUCKS VON EHRFURCHT
ODER WERTSCHÄTZUNG.

UNTERHALTEN ZU WERDEN IST
EIN PASSIVER ZUSTAND -
ES IST DAS VERGNÜGEN,
DAS EINE AMÜSANTE HANDLUNG
ODER EIN SPEKTAKEL BEREITET ...

FEIERN IST EINE KONFRONTATION,
DIE DIE AUFMERKSAMKEIT AUF DIE
TRANSZENDENTE BEDEUTUNG
DES EIGENEN HANDELNS LENKT.«

Abraham Joshua Heschel,
Rabbiner, Religionsphilosoph
und Bürgerrechtsaktivist[1]

PAUSEN & ZEITWOHLSTAND

Dass uns das Feiern so schwer fällt (obwohl sich so viele so sehr danach sehnen), hängt auch mit unserer Vorstellung einer rein linearen Zeit zusammen. Wir fühlen uns in ihrem unerbittlichen Lauf gefangen: Wir müssen Termine einhalten, pünktlich sein, dürfen nichts verpassen und immer erreichbar sein. Das erzeugt Dauerstress. So scheint es uns notwendig, uns immer nur zu beeilen. Wir hetzen der Zeit hinterher. Ein anderes Gefühl gibt das Konzept der zyklischen Zeit. Hier kehren Möglichkeiten wieder. Jedes Jahr kannst du neu säen und ernten. Die Zeit ist reif, wenn es so weit ist: Du kannst am Gras nicht ziehen, damit es schneller wächst. Zu diesem Modus gehört es, geduldig zu warten, zu beobachten und den richtigen Rhythmus zu finden.

Das Projektrad hilft uns, zwischen der linearen und der zyklischen Zeit zu wechseln. Während uns das Träumen, Planen und Handeln vorwärts in die Zukunft trägt, hat das Feiern eher die Qualität von Innehalten und Loslassen. Es ist wie das tiefe Durchatmen am Ende eines Satzes, bevor es mit dem nächsten weitergeht.

Feiern ist eine Pause von der linearen Zeit.

Bei vielen erzeugt die Vorstellung, dass wir unseren Zeitmodus zumindest teilweise wählen können, ein Gefühl von tiefer Erleichterung und Befreiung. Das hinzukriegen ist vor allem eine Frage der inneren Haltung: Du musst es dir und anderen erlauben, zu pausieren, egal warum, wie kurz und unter welchen Umständen. Dir einzubilden, dass du dir das nicht leisten kannst, ist ein Irrtum. Die Pausenforschung hat bewiesen:

Wer auf Pausen verzichtet, um schneller fertig zu sein, braucht in der Regel länger.

Das kommt zum einen daher, dass du nach einer Pause erfrischter und damit effizienter weitermachen kannst. Zum anderen liegt es daran, dass du konzentrierter arbeitest, wenn du dir eine kleine Zeiteinheit für deine Arbeit vornimmst. Und schließlich braucht deine Intuition »freie« Zeit, in der du nicht über die Arbeit nachdenkst, um gute Einfälle zu produzieren (daher die genialen Ideen unter der Dusche oder beim Zähneputzen).

Pausenforschende empfehlen daher, bei einfachen Aufgaben pro Stunde fünf Minuten Pause zu machen, bei komplexen Aufgaben sollten es zehn Minuten alle zwei Stunden sein. Die sogenannte Pomodoro-Methode legt sogar nahe, den Tag in Einheiten von je 25 Minuten Arbeit und fünf Minuten Pause zu unterteilen. Nach vier Einheiten (also zwei Stunden) solltest du dann eine Pause von einer halben Stunde einlegen.

Du siehst, dass dein Tag so einen Rhythmus bekommt. Er setzt sich nun aus Phasen der Anstrengung und Entspannung zusammen. Diese Zyklen kannst du für jede Woche, jeden Monat oder jedes Jahr festlegen. Die Bibel kennt zum Beispiel das Sabbatjahr: »Sechs Jahre kannst du in deinem Land säen und die Ernte einbringen; im siebten sollst du es brach liegen lassen und nicht bestellen.« Das lässt sich auch auf dein Leben übertragen, indem du alle sieben Jahre ein Sabbatical machst.

Bewusst gestaltete Pausen sind kleine Feiern.

Dabei kannst du jede noch so kleine Pause zu einer Feier machen. Entscheidend ist, ob du dir dessen bewusst bist. Willst du deine Pause alleine verbringen oder mit Freunden, Kollegen oder Familie? Möchtest du sie mit Aktivitäten füllen, die anregend und belebend wirken? Dann sind etwa Atem- oder Bewegungsübungen (Energizer) sinnvoll, ein Spaziergang, Musik und Gesang, Tanz oder ein Spiel.

Oder möchtest du innerlich und äußerlich ruhiger werden? Zum Beispiel durch eine Kurzmeditation, das tiefe Zuhören (↗ Seite 22), eine Entspannungstechnik oder einfach nur durch Nichtstun – eine weit unterschätzte »Tätigkeit«. Denn, wichtig: Aufgaben können im Projekt-Spielplan durchaus auch Dinge wie »Nichts tun« oder »Feiern« sein.

Auf den folgenden Seiten findest du Tipps zur Gestaltung von Feiern – zum Beispiel, wie du dadurch Kreativität in deinen Alltag bringst, zur Ruhe kommst und Verbindung zu dir, anderen und der Natur aufnimmst.

TIPP

Auf Seite 177 findest du eine Schritt-für-Schritt-Anleitung, die dir zeigt, wie du die vier Phasen des Dragon-Dreaming-Rades in deinen Alltag integrieren und somit genug feiern kannst.

TIPP

Bestimmt in Meetings, Workshops und Arbeits-Sessions eine Person, die darauf achtet, dass ihr genug Pausen macht.

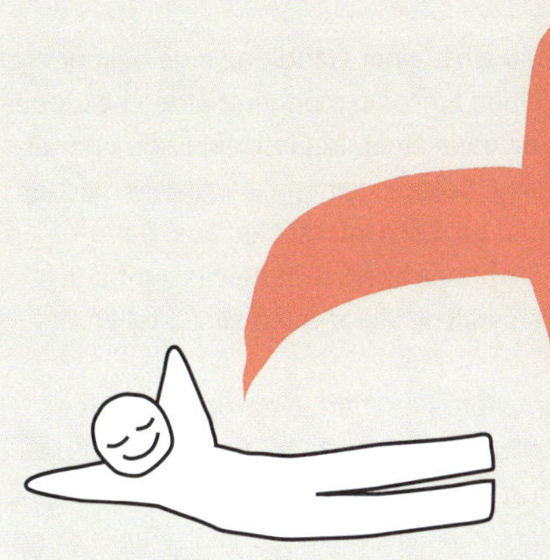

ZEIT KANNST DU NICHT SPAREN. DU KANNST SIE NUR ANDERS NUTZEN.

ÜBUNG: ZEITWOHLSTAND-TRÄUME

Wie können wir jemals Zeit haben, wenn wir uns niemals Zeit nehmen? Das Konzept des Zeitwohlstands geht davon aus, dass es auch unser bewusster Umgang mit Zeit ist, der Wohlstand erzeugt. Um mehr darüber zu erfahren, könnt ihr die folgende Übung mit einer Gruppe von maximal 20 Personen machen.

Schritt 1: Das Zeitprotokoll

Nehmt euch ein bis zwei Wochen, um euch selbst zu beobachten und täglich ein Zeitprotokoll zu erstellen. Notiere:

1. Womit verbringe ich wie viel Zeit?
2. Welcher Phase des Projektrades (Träumen, Planen, Handeln, Feiern) würde ich dies zuordnen?
3. Wie fühle ich mich damit?
4. Warum habe ich das getan?

Hinterfragt eure Antworten auf die Fragen drei und vier möglicherweise und findet tiefere Ebenen.

Schritt 2: Erfahrungen austauschen

Kommt in der Gruppe zusammen. Nach einem Check-in geht ihr zu zweit oder zu dritt zusammen und tauscht euch über eure Zeitprotokolle aus. Findet Gemeinsamkeiten und Unterschiede. Überlegt, welche Bedürfnisse noch nicht erfüllt werden und ob das Träumen, Planen, Handeln und Feiern gleichwertig in eurem Alltag vorkommen.

Listet in einem Brainstorming auf, welche Veränderungen ihr euch in Bezug auf euren Umgang mit Zeit wünscht. Das können individuelle Träume sein, etwa »meinen Social-Media-Konsum einschränken« oder »jeden Abend Zeit für ein Dankbarkeitstagebuch nehmen«. Es können aber auch kollektive Träume sein, wie »In Meetings längere Pausen machen« oder »Einmal pro Woche im Team eine Wertschätzungsrunde durchführen«.

Kommt anschließend in der Gesamtgruppe zusammen und notiert alle wichtigen Zeitwohlstandsträume auf einem Flipchart.

Schritt 3: Zeitwohlstandsplan

Entscheidet gemeinsam, welchen kollektiven Zeitwohlstandstraum ihr in den nächsten Wochen etablieren möchtet (wählt nur einen) und wer was dafür tun oder lassen muss.

Jede Person kann zudem einen individuellen Zeitwohlstandstraum wählen und diesen in den kommenden vier Wochen ausprobieren, anpassen und schließlich integrieren. Beendet das Treffen mit einem feierlichen Check-out.

Schritt 4: Auswerten

Kommt nach spätestens vier Wochen zusammen, um zu entscheiden, ob sich euer kollektiver Zeitwohlstandstraum erfüllt hat. Feiert das Ergebnis und beschließt gegebenenfalls Veränderungen.

Wer einen individuellen Traum umsetzen möchte, trifft sich für die nächsten vier Wochen jeweils einmal mit einem Buddy für einen Erfahrungsaustausch. Feiert eure Ergebnisse!

RHYTHMEN & RITUALE

Wenn du Rhythmen und Rituale für dein Feiern findest, kannst du diesen Aspekt viel leichter in deinem vielleicht hektischen Arbeitsalltag integrieren. Feiern sollte jedoch niemals eine weitere Pflicht sein. Alle sollten sich immer darauf freuen. Ist das nicht der Fall, dann feiert anders!

Feierroutinen können sich an bestimmten Gelegenheiten orientieren – etwa »wenn wir dieses oder jenes erreicht haben« oder »immer wenn jemand Geburtstag hat«. Sie können ihren Rhythmus aber auch in der Zeit finden. Zum Beispiel »Jeden Mittwoch kochen wir mittags gemeinsam« oder »Einmal im Monat treffen wir uns im Team zu einer Runde des tiefen Zuhörens«.

Das Projektbeispiel rechts zeigt, dass sich alles Mögliche, was du ohnehin tust, in eine Feier verwandeln lässt. Den Unterschied macht dein Bewusstsein. Ein Beispiel: Nimm an, dein Weg zur Arbeit führt dich über eine Brücke. Nun kannst du über diese Brücke gehen, ohne dir etwas Spezielles dabei zu denken.

Du kannst aber auch ein kleines Ritual daraus machen. Dann nimmst du die Brücke vielleicht als einen bewussten Übergang vom Privat- ins Arbeitsleben. Du betritts sie vielleicht ganz bewusst und denkst beim Überqueren an die Dinge, die du hinter dir lassen willst. Das Gleiche tust du abends auf dem Heimweg.

Das heißt, du gibst einer Handlung eine besondere Symbolik, einen Sinn. Du markierst einen besonderen Moment, etwa einen Beginn, ein Ende oder einen Übergang. Solche kleinen Feierrituale machen wirklich einen großen Unterschied aus, denn sie geben dir die Möglichkeit, dich bewusst innerlich auf unterschiedliche Situationen einzustellen.

Gemeinsame Rituale schaffen darüber hinaus eine Verbindung. Wer die Bedeutung eines Rituals kennt, gehört dazu. Gemeinsam erzeugt ihr so eine Athmosphäre von Feierlichkeit, Ernsthaftigkeit und Tiefe. Ein Ritual, das für alle passt, schafft einen Rahmen, gibt Halt und erzeugt Identifikation.

EIN EIGENES RITUAL GESTALTEN

Ein Ritual ist im weitesten Sinne eine festgelegte Handlung mit einem bestimmten Sinn: Das kann recht banal das Auspusten von Kerzen auf einer Geburtstagstorte sein, aber auch aufwendiger und tiefgründiger ein Gottesdienst, ein Heilritual in der Natur oder ein Onboarding-Prozess in einem Unternehmen. Rituale sind eine sinnstiftende und gemeinschaftsbildende Form des Feierns, weshalb ihr überlegen solltet, ob ihr eine für euch passende Form von Ritualen findet. Folgendes kann euch dabei helfen:

1. Eine eindeutige Intention gibt eurem Ritual Sinn und damit Wirkung. Die erste Frage ist also: Worum geht es bei dem Ritual? Wozu führt ihr es durch? Wollt ihr zum Beispiel etwas öffnen, schließen oder loslassen?

2. Der passende Ort liefert den Rahmen für euer Ritual. Soll es draußen in der Natur stattfinden? Dann bricht vielleicht genau im »richtigen« Augenblick die Sonne durch die Wolken oder ein Wind kommt auf. Findet dazu eine Stelle, die ungestört und sicher genug ist. Rituale können aber auch drinnen stattfinden, wo ihr vor Wind und Wetter geschützt seid. Dann kann ein besonderer Ort auch durch einen Sitzkreis entstehen oder durch eine ausgebreitete Decke.

4. Ein bewusster Anfang ist wichtig, damit sich alle innerlich sammeln und auf das Ritual konzentrieren können. Ein Startsignal kann zum Beispiel das Anzünden einer Kerze sein, das Schlagen einer Zimbel oder eines Gongs, ein gemeinsames Lied, ein Moment der Stille oder das Überschreiten einer Schwelle, die ihr mit einem Stock oder einer Schnur auf dem Boden markiert. Wenn es für euch passt, könnt ihr zu Beginn auch höhere Kräfte einladen, die euch bei eurer Absicht unterstützen.

5. Die symbolische Handlung ist das Kernstück des Rituals. Fragt euch dazu, was geschehen könnte oder was ihr tun könntet, um eure Intention bestmöglich auszudrücken. Welche Symbole, Gesten, Worte, Lieder, Bewegungen, Handlungen et cetera eignen sich am besten?

6. Ein bewusstes Ende ist genauso wichtig wie ein bewusster Anfang. Dies kann sich in einem Moment des Schweigens zeigen, durch ein gemeinsam gesungenes Lied, ein Gedicht, eine Dankbarkeitsrunde, eine Geste oder Ähnliches. Hier kann sich auch der Kreis zum Anfang schließen, etwa indem ihr die Kerze löscht.

WOHNPROJEKT WIEN

Mitten in Wien, nahe der Donau und direkt neben dem Rudolf-Bednar-Park liegt ein Haus, das schon von außen ungewöhnlich aussieht: an der Holzfassade kleben die vielen Balkons in hübscher Unregelmäßigkeit. Im Erdgeschoss finden sich – neben Läden und Büros – eine große Gemeinschaftsküche sowie eine Fahrradgarage.

Dieses Haus gehört rund 65 Erwachsenen und 35 Kindern, denn alle Bewohner:innen sind über den »Verein für nachhaltiges Leben« Gemeinschaftseigentümer:innen und Mieter:innen zugleich. Von Anfang an organisierten diese sich soziokratisch. Auch Dragon Dreaming spielte von Beginn an eine Rolle.

Heute nutzt die Gemeinschaft weniger die konkreten Methoden. Es ist vielmehr das Bewusstsein für die Bedeutung des Feierns, das die Gemeinschaft vom Dragon Dreaming mitgenommen hat. Das beginnt bei ganz kleinen Angewohnheiten, wie durch Schütteln der erhobenen Hände, um den stillen Applaus der Gebärdensprache zu signalisieren: »Bravo«, »Kompliment« oder auch »Finde ich gut«. Sie feiern aber auch in groß angelegten Gemeinschaftsaktionen.

Feiern ist für die Bewohner:innen nicht eine bestimmte Tätigkeit. Es ist eine Haltung. »Viele Dinge, die wir tun, verwandeln wir in eine Feier«, erklärt Erich Kolenaty vom Wohnprojekt Wien. Dazu gehört zum Beispiel die Minga, die zweimal im Jahr stattfindet. Der Begriff stammt aus der Region der Anden und bedeutet, dass Menschen gemeinsam etwas tun, das ihrer Dorfgemeinschaft dient – zum Beispiel dass sie gemeinsam etwas bauen oder ernten.

Im Wohnprojekt Wien organisieren die Menschen eine Minga für den Frühjahrs- und eine für den Herbstputz des Hauses. Eine Gruppe sorgt im Vorfeld für alle notwendigen Werkzeuge und Materialien. Sie sammelt auch alle Aufgaben, die an diesem Tag erledigt werden sollen.

Die Minga selbst beginnt mit einer Jause. Danach stellt das Orga-Team die anliegenden Aufgaben vor und hängt sie an eine Pinnwand. Nun legen sich alle ins Zeug: Jede Person trägt sich bei dem To-Do ein, die sie mit übernehmen möchte. Sobald die Aufgabe erledigt ist, wird sie abgehakt und es geht an eine neue Tätigkeit.

In der Zwischenzeit ist eine Gruppe mit der Zubereitung des Abschlussessens beschäftigt. Sobald drei Stunden um sind, beenden alle ihre Aufgaben und kommen zum Essen und Trinken zusammen. Danach geht das Orga-Team die erledigten Aufgaben noch einmal durch. Es liest vor, wer welche Aufgaben gemacht hat, und die ganze Gemeinschaft applaudiert und feiert diese Menschen für ihr Engagement.

»Die Minga ist dadurch nicht mehr in erster Linie Arbeit. Sie ist eher ein Fest. Erstens, weil es schon mit Essen, also einer Belohnung, losgeht. Zweitens, weil es so eine tolle Gemeinschaftserfahrung ist, wenn es überall im Haus summt und brummt. Drittens, weil wir das Haus streicheln und feiern, wenn wir es reparieren und putzen. Und viertens, weil wir dann noch mal alle zusammenkommen und essen und feiern und allen Beteiligten ›Danke‹ sagen«, erklärt Erich Kolenaty.

Aus seiner Sicht ist das ein tolles Beispiel dafür, wie wir jede Gelegenheit nutzen können, um im Sinne von Dragon Dreaming zu feiern – also bewusst eine Kultur der Wertschätzung, Freude und Dankbarkeit zu entwickeln.

↗ *Erich Kolenaty, Gemeinschaftsmitglied und Moderator, https://die-moderationswerkstatt.at*

KUNST, BEWEGUNG, SPIEL

Wir können viel mehr erleben, als wir verstehen können. Unter dem Stichwort »Embodiment« erforscht die Psychologie die Verbindung von Körper, Psyche und Geist: Alles, was du erlebst, nimmt dein Körper auf und speichert es ab. Dieses intuitive Erfahrungswissen ist riesig, doch nur ein Bruchteil davon ist dir bewusst.

Nicht nur Vorstellungen wie »besser« (oben, viel) oder »schlechter« (unten, weniger) basieren auf körperlichen Erfahrungen. Auch deine Selbstwahrnehmung ist eng mit deinem Körper verbunden. Eine aufrechte Haltung macht dich zum Beispiel sicherer und selbstbewusster, eine gebeugte Haltung unsicherer und demütiger. Das funktioniert übrigens in beide Richtungen: Bist du sicher und selbstbewusst, zeigt sich das in einer aufrechteren Haltung. Wenn du dich bewusst aufrichtest, macht dich das auch sicherer und selbstbewusster.

In deinem normalen Projektalltag konzentriert sich dein Bewusstsein fast ausschließlich auf deinem Kopf, auf Sehen, Sprechen und Hören. Vor allem wenn du im Flow bist – also komplett in einer Aufgabe versinkst und alles um dich herum vergisst. Dann nimmst du deine körperliche und psychische Verfasstheit einfach nicht mehr wahr.

Hier liegt ein gewaltiger Wissensschatz begraben, den du nutzen kannst, wenn du deine Aufmerksamkeit auf deinen Körper, deine Sinne und deine kreative Intuition lenkst. Indem du dich bewegst und sinnlich kreativ bist, kannst du Erfahrungen auf einer ganz anderen Ebene verarbeiten. Du kannst Destruktives loslassen oder in etwas Hilfreiches transformieren.

Beim Spielen kannst du dich zum Beispiel gedanklich in anderen Welten aufhalten. Du kannst neue Regeln erstellen oder andere Rollen ausprobieren, ohne negative Folgen befürchten zu müssen. Ausgelassen zu spielen, herumzutoben, sich auszupowern und gemeinsam zu lachen baut Stress ab, schafft Vertrauen auf einer neuen Ebene und ist damit ein sozialer Klebstoff, der ein Team auch dann zusammenhält, wenn es mal hakelig wird.

Zu malen, zu singen, zu spielen, zu tanzen oder auch nur Dehn- und Streckübungen zu machen ist für manche (im Arbeitsumfeld) jedoch peinlich. Vielleicht weil es ungewohnt ist oder Aspekte unserer Persönlichkeit zeigt, die wir in diesem Umfeld lieber nicht preisgeben möchten. Doch diese Abspaltung hat Folgen: Hier machen wir die »Kopfarbeit«, zu Hause die »Entspannungsarbeit« – wenn überhaupt.

Beim Feiern jedoch ist all das erlaubt, ja sogar erwünscht. Eine Feierlichkeit erhält ihre Tiefe und Bedeutung durch Reden, Musik, Symbole und Bilder. Ein rauschendes Fest lebt davon, dass die Gäste tanzen, herumalbern, Spiele spielen und im sinnlichen Genuss schwelgen. Und wie bereits erwähnt, gibt es dabei eine wechselseitige Wirkung: Weil wir fröhlich sind, singen wir lauthals. Weil wir lauthals singen, sind wir fröhlich.

Wenn du in deinem Projekt also eine Feierkultur etablieren möchtest, spielen Kunst, Bewegung und Spiel eine wichtige Rolle. Mit Musik und Tanz, Bildern, Gedichten und Theaterspielen lassen sich Dinge manchmal einfacher oder überhaupt erst ausdrücken. Sich durch eine Pose oder eine Melodie mitzuteilen ist etwas ganz anderes, als etwas mit Worten zu beschreiben. Eine Melodie kann uns viel tiefer berühren als ein Text. Für die Zuhörenden ist dies viel direkter und intuitiv sofort zu erfassen – auch wenn es sich nicht so leicht in Worten wiedergeben lässt.

Manche Teams machen aus ihrem Projektplan ein tolles Kunstwerk. Das Acrylgemälde oben stammt zum Beispiel von Julia Kommerell. Es gab auch schon Spielpläne, die als Wandbild auf Gebäude gemalt wurden. Auch das ist eine schöne, sinnliche Form, ein Arbeitsergebnis zu feiern.

METHODEN & ANSÄTZE

Es gibt viele künstlerisch-kreative Methoden, die eine Feierqualität in den Projektalltag bringen. Hier ein paar Inspirationen:

Forumtheater zeigt ein Theaterstück zu einem Konfliktthema mit einem unbefriedigenden Ausgang und stellt es einem Publikum frei, eine besseres Ende zu entwickeln. Es wirft Fragen auf wie: Was würde ich in der dargestellten Situation tun?

Social Presencing Theater ist eine Form von Bewegungsmeditation, die die Tänzerin und Buddhistin Arawana Hayashi zusammen mit dem »Theory U«-Gründer Otto Scharmer entwickelt hat. Dabei geht es darum, Veränderungsprozesse in Systemen anzustoßen und neue Lösungsimpulse für Blockaden zu finden.

Biodanza ist eine Mischung aus dem griechischen »bios« (Leben) und dem spanischen »danza« (Volkstanz) und bedeutet so viel wie »Tanz des Lebens«. Es soll verschiedene Identitäten in einer Gruppe integrieren sowie Genuss und Lebensfreude steigern. Entwickelt hat es der chilenische Psychologe und Künstler Rolando Mario Toro Araneda.

Reenactment bedeutet übersetzt »Wiederaufführung« oder »Nachstellung«. Es geht darum, ein (historisches) Ereignis möglichst genau zu rekonstruieren. Das versetzt die Teilnehmenden sinnlich-körperlich in die entsprechende Zeit und Situation.

SELBSTHILFE MACHT THEATER

Selbsthilfegruppe – das klingt irgendwie nach Neonlampen, Stuhlkreis, schlechtem Kaffee, traurigen Gesichtern und problembeladenen Gesprächen. Doch nichts könnte weiter von der Realität entfernt sein, wenn man sich die Selbsthilfegruppe von Diana Devers in Uelzen ansieht.

Sie, ihre Kolleginnen und Kollegen hatten nämlich einen Traum: Sie wollten ein Theaterstück schreiben und aufführen. »Wir wollten nicht immer nur über Probleme reden und was alles nicht geht«, erklärt Diana. Sie wollten rausgehen, gemeinsam etwas machen, kreativ sein und schauen, welche Stärken sie so hatten.

Schneller als gedacht fand Diana Unterstützung durch das neue Schauspielhaus in Uelzen sowie den paritätischen Dienst der Informationsstelle für Selbsthilfegruppen. Es entstand die Idee, mit einer Reihe von Workshops zu starten, zu denen sie die Dragon-Dreaming-Trainerin und Theaterpädagogin Jenny Wölk einluden.

Da es ihnen als einzelne Gruppe nicht möglich war, das zu finanzieren, öffneten sie die Workshops für alle Selbsthilfegruppen im Landkreis. Und das stellte sich als überraschend spannend heraus. »Da kamen so viele unterschiedliche Menschen zusammen«, erklärt Diana. Manche haben zum Beispiel eine Sehbehinderung, andere Autismus.

Die verschiedenen Bedürfnisse unter einen Hut zu bringen ist für Diana eine schöne Erfahrung. Dazu hat die Gruppe zunächst einen Traumkreis gemacht und ihre Ziele daraus abgeleitet. Sie hat mit Dragon Dreaming einen Spielplan entwickelt und mithilfe der Mia-Mia-Methode sich selbst Verhaltensregeln gegeben. Danach ging es ans Theaterspielen und die Improvisation.

Die Ziele, die sie mit dem Theaterprojekt erreichen wollen, betreffen die persönliche Entwicklung, die Gemeinschaftsbildung und auch die Welt insgesamt. »Wir wollen damit also eine Win-Win-Win-Situation schaffen«, meint Diana. Zunächst wollen sie das Bild, das Menschen normalerweise von Selbsthilfegruppen im Kopf haben, ändern. Weil während der Corona-Krise viele Selbsthilfegruppen eingeschlafen sind, möchten sie diese aber auch wieder lebendig machen.

Außerdem will die Gruppe einem allgemeinen Publikum durch das Theaterstück auf unterhaltsame Weise zeigen, in welch schwierige oder auch verletzende Situationen sie als Betroffene geraten können. Und nicht zuletzt wollen sie selbst als Gruppe auch einfach gemeinsam Spaß haben und zusammenwachsen. Dabei soll das Theaterspielen jeder und jedem Einzelnen dabei helfen, über sich hinauszuwachsen.

Einige Ziele hat das Team bereits erreicht. »Ich habe zum Beispiel gemerkt, dass ich durch das Improvisationstheater Probleme in meinem Alltag viel leichter überwinden kann«, erzählt Diana. Situationen, die sie zuvor als eine belastende Herausforderung erlebt hat, kann sie nun mit spielerischem Humor angehen. »Beim Theaterspielen kann ich lachend Ängste überwinden und ernte dafür auch noch Applaus«, sagt sie.

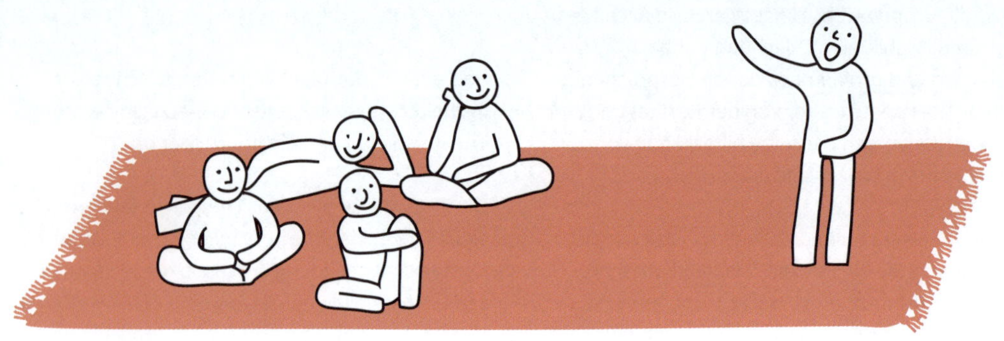

GESCHICHTEN ERZÄHLEN

Wir Menschen erzählen uns seit Urzeiten Geschichten. In der romantischen Vorstellung kamen unsere Vorfahren abends um das Lagerfeuer oder den warmen Ofen zusammen, um sich von den Begebenheiten des Tages zu erzählen – den Erfolgs- und den Gruselgeschichten. Als Hinweis darauf stellen wir im Dragon Dreaming übrigens auch eine Kerze in die Mitte unseres Sitzkreises (↗ auch Karlupgur, Seite 128).

Das Geschichtenerzählen hat im Dragon Dreaming eine große Bedeutung. Nicht nur, dass John Croft – der Gründer von Dragon Dreaming – ein großartiger Geschichtenerzähler ist und dies in die Praxis und Kultur der Community eingebracht hat. Uns ist auch bewusst, wie wichtig Geschichten für den Erhalt und die Weitergabe von Wissen ist.

Geschichten berühren uns auf einer emotionalen Ebene, anders als reine Fakten. Deshalb können sich die meisten Menschen Geschichten auch viel besser merken als zum Beispiel Zahlen: immer dann, wenn Emotionen im Spiel sind, hat die Hirnforschung herausgefunden, lernen wir leichter. Gemeinsame Geschichten sind darüber hinaus ein wichtiges Fundament für den Zusammenhalt und die Identifikation mit dem Team, dem Projekt und/oder der Organisation. Sie schaffen einen größeren Sinnzusammenhang, in den sich alle einordnen können.

Eine schöne Form des Feierns ist es daher, gemeinsam Geschichten zu erzählen und zu entwickeln. Das kann zum Beispiel der Entstehungsmythos eines Projektes, einer Organisation oder einer Gemeinschaft sein – oder auch die Geschichte einer besonderen gemeinsamen Episode. Zum Beispiel am Ende eines Workshops, eines Jahres, eines Förderzeitraumes oder eines Sprints im agilen Projekt-Management.

»UND DANN …«

In der brasilianischen Dragon-Dreaming-Community hat sich eine schöne Form des kollektiven Geschichtenerzählens verbreitet, die sich »Und dann …« nennt. Ihr könnt sie nutzen, um am Ende eines Workshops, einer Veranstaltung oder eines Projektes gemeinsam zu rekapitulieren, was alles geschehen ist. Dabei mischen sich persönliche Erlebnisse mit allgemein wichtigen Punkten, Lustiges mit Ernstem, vermeintlich unscheinbare Begebenheiten mit elementaren Ereignissen.

Zum Erzählen kommen alle in einen Kreis. Das kann drinnen oder draußen, im Sitzen oder Stehen geschehen. Möglicherweise wollt ihr die Mitte schön schmücken. Um ein Lagerfeuer herum entfaltet die Übung auch eine schöne Athmosphäre. Ihr könnt die Geschichte aufzeichnen, indem ihr ein Aufnahmegerät in die Mitte stellt oder als eine Art Redestein nutzt, in die jede Person hineinspricht, die etwas erzählt.

Dann beginnt ein Mensch ganz am Anfang des Projektes. Er erzählt, was als Erstes geschah und endet mit »Und dann…«. Nun nimmt jemand anders den Redestein und erzählt, was als Nächstes passierte. Sollte jemand das Gefühl haben, dass etwas Wichtiges übersprungen wurde, kann er oder sie dies ergänzen durch ein »Doch davor …«. Ein Beitrag sollte maximal zwei Minuten lang sein, um lange Monologe zu vermeiden. Irgendjemand wird eine Person etwas sagen wie »Und dann war die Geschichte zu Ende«.

UNSER PROJEKTMYTHOS

Wäre es nicht toll, wenn die Kids in Berlin nur noch regionale Bio-Lebensmittel in ihrer Schulmensa finden würden? Und wäre es nicht noch schöner, wenn sie die Landwirte, Landwirtinnen und Lebensmittelerzeugenden einmal besuchen könnten? Dann könnten sie sehen, wo ihr Essen herkommt, wie es gemacht wird und worauf sie bei der Auswahl von Lebensmitteln achten sollten.

Genau diese Vision verfolgt das Projekt »Wo kommt dein Essen her?«. Sie knüpft ein Netzwerk zwischen Lebensmittelerzeugenden aus Brandenburg sowie den Schulcaterern und Grundschulen in Berlin, stellt Bildungsmaterialien bereit und informiert Lehrerinnen und Lehrer, warum es so wichtig ist, regionales Bio-Essen in der Schulmensa zu haben.

Anfang 2020 wollte sich das Projekt neu aufstellen und ausrichten. An einem gemeinsamen Wochenende auf dem Land wollten wir zusammen träumen und planen. Bevor wir jedoch mit dem Träumen loslegten, feierten wir erst einmal (es empfiehlt sich übrigens fast immer, einen Dragon-Dreaming-Prozess mit dem Feiern und nicht mit Träumen zu beginnen).

Über die Jahre waren neue Mitarbeitende dazugekommen und nicht alle kannten die ganze Geschichte der Organisation. Deshalb entschieden wir uns dafür, die Übung mit dem Lebensfaden (↗ Seite 244) auf das Projekt zu übertragen:

Dazu nahmen wir eine zirka zwei Meter lange Schnur, in die wir drei Knoten knüpften: nach dem ersten Viertel, bei der Hälfte der Schnur und nach drei Vierteln der Schnur. Die Schnur stand für die Gesamtdauer des Projektes – von dem Zeitpunkt, als sie erstmals als Traum aufkam, bis heute. Dann bekam jede Person einen Satz verschiedenfarbiger Zettel und beantwortete darauf folgende Fragen:

1x Wann bist du zu dem Projekt gestoßen? Was ist deine erste Erinnerung?

1x Was soll das Projekt bewirken? Was ist deine Motivation, mitzumachen?

1x Wo steht das Projekt heute? Was braucht es?

3x Was waren drei wichtige Meilensteine oder Erfolge des Projektes?

3x Was waren die drei schwierigsten Momente oder Krisen des Projektes?

3x Was waren für dich persönlich drei entscheidende Wendepunkte im Projekt?

Diese Fragen beantworteten alle still für sich auf ihren Zetteln. Anschließend kamen wir vor der Schnur zusammen, die wir wie eine Wäscheleine aufgespannt hatten (das geht übrigens auch draußen in der Natur bei gutem Wetter).

Nun trat eine Person nach der anderen an die Leine heran, stellte vor, was sie aufgeschrieben hatte, und hängte den Zettel an der entsprechenden Stelle auf. Dabei kamen viele kleine Geschichten und Erinnerungen zutage, die für etliche Teammitglieder neu waren. Einige hörten zum ersten Mal von den allerersten Anfängen. Andere erlebten Aha-Momente, als ihnen Zusammenhänge erstmals bewusst wurden.

Ein Teil des Teams der Organisation »Wo kommt dein Essen her?« (wo-kommt-dein-essen-her.de)

Die Leute teilten aber auch persönliche Dinge. Auf diese Weise entstand ein sehr intensiver Austausch auf einer tieferen Ebene. Das brachte die Teammitglieder noch ein bisschen näher zusammen und machte manche Positionen und Sichtweisen verständlicher.

Das Wochenende war aber auch dershalb so besonders, weil das Team viel Zeit mit gemeinsamem Kochen und Essen verbrachte. Das war für das Projekt keineswegs unproduktiv! In diesen »Pausen« teilte das Team viel wertvolles Wissen und entwickelte neue Ideen. *Ilona Koglin*

NATUR & RESONANZ

Rastlosigkeit und Bequemlichkeit gehen in unserer Zivilisation eine unheilvolle Allianz ein: Um uns die Bequemlichkeit der Konsumkultur leisten zu können, müssen wir uns unablässig in der Leistungsgesellschaft abmühen. Und weil wir uns unablässig in der Leistungsgesellschaft abmühen, wollen wir uns wenigsten die Bequemlichkeit der Konsumkultur leisten können.

Die Folge ist das, was die Wissenschaft »The Great Acceleration« nennt, also die »große Beschleunigung«. Überall spitzen sich die Krisen aufgrund unablässiger menschlicher Tätigkeit exponentiell zu: Die Meere übersäuern, die Regenwälder schwinden ebenso wie die Süßwasservorräte, die Temperatur der Erdatmosphäre steigt und Tier- und Pflanzenarten sterben massenhaft aus.

Der Neurologe und Resonanzforscher Prof. Dr. Joachim Bauer[2] sieht darin eine existenzielle Entfremdung des Menschen von der Natur: In all unserem Stress und unserer Überlastung können wir nicht mehr wahrnehmen, wie wir auf die Natur wirken. Aber auch nicht, wie sich ihre Störung, Verschmutzung und Vernichtung auf uns auswirkt. Die Resonanz zwischen uns und der Natur fehlt.

Diese Entfremdung spaltet uns nicht nur von unserer existenziellen Basis. Sie spaltet uns auch von einander und von uns selbst ab. Studien zeigen, dass Menschen, die kaum in der Natur sind, im Schnitt sozial inkompetenter sind als Menschen, die beruflich viel in der Natur sind, wie Försterinnen, Förster, Gärtnerinnen oder Gärtner. Wer Natur selten erfährt, neigt eher zu psychischen und physischen Krankheiten, als Menschen, die oft mit ihr in Kontakt sind.

Zeit in der Natur zu verbringen und wieder eine echte, tiefe Verbindung zu ihr aufzunehmen ist somit eine wichtige Form des Feierns. Es ist ein wesentliches Fundament einer Win-Win-Kultur. Nur wenn wir wieder in Resonanz mit der Natur kommen, können wir die drei Metaziele des Dragon Dreaming erreichen: persönliches Wachstum, Gemeinschaftsbildung und Dienst an der Erde.

Ruhig zu werden, langsam und neugierig zu sein, ist dabei entscheidend. Dann kannst du Verbindung zu dem aufnehmen, was um dich herum ist: Welcher Vogel singt denn da? Woher kommt der Wind? Wie geht es diesem Baum? Wohin will der kleine Käfer? Mach einmal das Experiment: Such dir einen schönen Sitzplatz in der Natur nahe deiner Wohnung. Das kann eine Parkbank sein, ein Ufer oder eine Lichtung. Verbringe jede Woche mindestens dreimal 45 Minuten dort mit tiefem Zuhören.

Du wirst merken, dass du nicht nur die Welt um dich herum neu entdeckst. Du kommst auch ganz anders bei dir selbst an. Du wirst inneren Frieden spüren, Weite, Freude, Leichtigkeit, Verbundenheit, Freiheit, Dankbarkeit, Inspiration und Klarheit. Du wirst entspannt die Schönheit des Lebens um dich mit allen Sinnen genießen, dich tief von ihr berühren lassen. Und mit ziemlich hoher Wahrscheinlichkeit wirst du so manche Antwort auf wichtige Lebensfragen finden.

TIEF ZUHÖREN IM WALD

Lege einen Ast dort auf den Boden, wo deine Wanderung losgehen soll. Überschreite diese Schwelle bewusst und gehe danach 5–10 Minuten achtsam: Höre deinen Atem. Nimm deinen Herzschlag war. Mach dir bewusst, dass dein Körper voller Leben ist und wie er dich durch diese Welt trägt. Setze dich irgendwo hin, schließe die Augen. Sei still.

Achte auf den Klangraum um dich herum: Welche Klänge kommen von links? Welche von rechts? Welche von vorne und welche von hinten, von oben oder unten? Ändert sich deine Wahrnehmungsfähigkeit je nach Richtung? (5–10 Minuten)

Versuche dann, an den lauten Geräuschen vorbei zu hören und die leisen Geräusche zu erfassen. Welche Geräusche und Klänge sind laut, welche leise? Welches Geräusch ist dir am nächsten, welches am weitesten weg? (5–10 Minuten)

Konzentriere dich nun auf die Geräusche, die typisch für den Ort sind. Welche Geräusche sind erst seit Kurzem, welche schon seit langer Zeit zu hören? Welche Geräusche waren schon lange vor dir da und werden es auch noch lange nach dir sein? (5–10 Minuten)

Wenn du diese Übung gemeinsam mit anderen machst, tausche dich mit ihnen aus: Was habe ich zum ersten Mal bewusst wahrgenommen? Was hat sich emotional in mir bewegt? Wie geht es mir nun?

NATUR-MANDALA

In jedem unserer Dragon-Dreaming-Workshops führen die Teilnehmenden ein Beispielprojekt durch, anhand dessen sie die Methoden ausprobieren. In einem der Workshops entstand so ein zauberhaftes Natur-Mandala – eine wunderbare Art, um in der Natur zu sein, zu meditieren, kreativ zu sein und etwas Schönes zur Welt beizutragen. Hier ein paar Tipps:

Schritt 1: Der richtige Ort

Ideal ist ein ebener Ort. Je nach der Größe deines Mandalas reicht vielleicht die Oberfläche eines Baumstumpfes. Oder du brauchst eine große Waldlichtung, eine gemähte Wiese oder ein Stück Strand. Eventuell musst du die Fläche vorbereiten, zum Beispiel den Waldboden oder die Strandfläche freiräumen und glätten. Achte darauf, dass das Mandala später niemandem im Weg ist.

Schritt 2: Die Größe und Form

Ein Natur-Mandala kann spontan aus dem entstehen, was die Natur an Elementen dafür liefert. Du kannst dir vorab aber auch einen Plan machen. Vielleicht hast du nur eine ungefähre Vorstellung von Größe und Form oder eine konkrete Skizze?

Schritt 3: Materialien sammeln

Mach einen ausgedehnten Spaziergang und nimm deine Umgebung bewusst wahr. Lass dich von den Gaben der Natur überraschen. Entscheide, ob du nur Materialien mitnehmen möchtest, die bereits am Boden liegen, oder ob du Früchte, Blätter und Blüten auch von den Pflanzen abreißen möchtest. Wenn du das tust, dann reiß niemals die ganze Pflanze aus und nimm dir nur einen Teil der Blüten, Blätter oder Früchte. Sieh dies als Gabe und bediene dich mit Dankbarkeit und Wertschätzung.

An Materialien eignen sich zum Beispiel: Blätter, Gräser, Blüten, Früchte wie Hagebutten, Beeren oder Pilze, Zapfen, Nüsse, Kastanien, Steine, Sand, Erde, Gräser, Zweige oder Äste, Moos und noch vieles mehr.

Schritt 4: Das Mandala legen

Lege dein Mandala in meditativer Stille. Wenn du dich von Material und Augenblick inspirieren lassen willst, kannst du dich vom Zentrum nach außen vorarbeiten. Reihe dein Material zunächst nach Größe und Form vor dir auf. Eine besonders schöne Blüte oder Frucht, die nur einmal vorhanden ist, eignet sich zum Beispiel vielleicht für die Mitte. Steine, Zapfen oder Blätter, die in großer Zahl vorhanden sind, eher für den Außenrand.

Schritt 5: Die Bedeutung wahrnehmen

Ein Mandala zeigt, dass sich alles auf der Welt in einem permanenten Prozess des Entstehens und Vergehens befindet. Nichts währt ewig. Dein Mandala ist – wie du – ein temporärer Knotenpunkt aus Materie, Energie, Kreativität und Wahrscheinlichkeit. Du kannst ein Foto davon machen und es mitnehmen. Aber dein Mandala bleibt vor Ort und wird früher oder später in eine andere Form übergehen.

JOURNALING: WIE WOLLEN WIR FEIERN?

Als Coach erlebe ich es immer wieder, dass Feiern als Belohnung für Engagement, Erfolge oder gar als Ausgleich für freudlose Arbeit missverstanden wird. Spannender finde ich es jedoch, durch Feiern mehr Freude in meinen Alltag zu bringen und häufiger Gelegenheiten zum Feiern zu schaffen.

Als junge politische Aktivistin lernte ich indigene Aktivist:innen aus aller Welt kennen und nahm an einigen Feiern und Ritualen insbesondere nordamerikanischer Indianer:innen teil. Ihre humorvolle, visionsstarke und respektvolle Art des Dialogs, ihre Courage, Lässigkeit und Naturverbundenheit prägen meine Sicht auf die Welt bis heute. Auch deshalb schätze ich die Arbeitsprinzipien des Dragon Dreaming, die eine Möglichkeit der Übersetzung dieser Haltung in andere Kontexte bietet.

Schon damals bewegte mich die Frage, wie Kulturen lebendig bleiben und ihren Sinnbezug behalten. Eine wichtige Frage auch im organisationalen Managementalltag. Zu viele erleben Feiern hier als lästige Pflichtveranstaltungen: Jubiläumsfeiern mit langweiligen Festreden oder Häppchenempfänge mit belanglosem Smalltalk. Wie schaffen wir also stattdessen eine Kultur und Praxis des Feierns, die uns als Individuum und als Gemeinschaft nachhaltig Freude und Energie gibt?

Antworten auf die Journaling-Fragen rechts zu finden unterstützt eine authentische und sinnvolle Kultur des Feierns, bei der alle ihren persönlichen Bezug erkennen. Das ist bei wiederkehrenden Feiern besonders wichtig.

↗ Carolin Gebel, Coach für die Team-, Führungskräfte- und Kulturentwicklung, Berlin, www.carolin-gebel.com

Was gibt uns Anlass zu feiern?

- ☐ Was beeinflusst den Rhythmus unserer Prozesse als lebendiges System?
- ☐ Wie erleben und pflegen wir die Lebendigkeit unserer Kultur?
- ☐ Woran bemerken oder erfahren wir Veränderung?
- ☐ Was sind für uns übliche, was gute Zeitpunkte und Anlässe zum Innehalten und Feiern?
- ☐ Welche kleinen oder langsam wachsenden Errungenschaften gilt es zu würdigen?

Wie stärken unsere Feiern Freude und Beziehungen im Team?

- ☐ Welche Hoffnungen und Ängste gibt es?
- ☐ Wie bringen wir Menschen in Kontakt, die sich noch nicht oder kaum kennen?
- ☐ Wie bleiben wir mit uns selbst im guten Kontakt?
- ☐ Was sind wichtige Wohlfühlfaktoren, Vorlieben und Interessen?
- ☐ Auf welche Gemeinsamkeiten können wir aufbauen?
- ☐ Wie können wir unterschiedliche Interessen und Potenziale fruchtbar(er) machen?

Was ist stimmig im gegebenen Kontext?

- ☐ Was ist entscheidend für uns, damit wir beim Feiern Kraft tanken?
- ☐ Was gilt es zu vermeiden, um zusätzlichen Stress zu verhindern?
- ☐ Was brauchen wir, damit Rituale ihren Sinn und ihre Bedeutung er- und behalten?

Wie runden wir unsere Feier ab?

- ☐ Wer lädt wen zu was wie ein?
- ☐ Wer würde sich wundern, nicht eingeladen zu sein?
- ☐ Woran sollten die Gäste bei diesem Anlass erinnert werden?
- ☐ Wer kümmert sich wie um den Rahmen und die Atmosphäre während des Feierns?
- ☐ Wie können alle eine persönliche Verbindung zum Sinn und Anlass der Feier spüren?
- ☐ Ist die Feier ein Auftakt, ein Ende und Abschied oder etwas dazwischen?
- ☐ Was gilt es zu betonen oder zu verabschieden, weil es nach der Feier nicht mehr so sein wird oder soll?
- ☐ Wie können wir die Veränderung für alle symbolisch sichtbar und erfahrbar machen?
- ☐ Wie wollen wir die Feier beginnen und beenden?

WEISHEITEN FÜRS FEIERN

- Wenn wir uns nie Zeit nehmen, werden wir nie Zeit haben.
- Es ist immer Zeit zum Feiern – auch wenn es nur kurz ist.
- Eine Feier, die keine Freude schenkt, ist es keine Feier.
- Feiere alles, was ist, auch das vermeintlich Schlechte.
- Feiern ist keine Belohnung, es ist eine Voraussetzung.
- Rhythmen und Rituale fördern deine Feierkultur.
- Feiern erzeugt Resonanz mit der Natur.
- Folge deinem Körper – er weiß, wie Feiern geht.
- Wer auf Pausen verzichtet, um schneller zu sein, ist am Ende langsamer.

ZEIT ZUM NACHDENKEN

Wie feierst du mit dir alleine und mit anderen? Bist du dir und anderen gegenüber großzügig mit dem Feiern? Welchen Aspekt des Feierns würdest du gerne vertiefen und ausbauen?

DER INNERE WANDEL

Wir leben in einer schnellen Welt, in der uns Tausende von Nachrichten, Aufgaben und Möglichkeiten ständig von uns selbst ablenken. Kaum ist ein Traum verwirklicht, soll es schon an den nächsten gehen. So hetzen wir vom Planen zum Handeln, vielleicht zwischendurch mal kurz ein Abstecher zum Träumen, dann aber auch gleich wieder möglichst schnell zum Planen und Handeln.

Das Ergebnis: Viele Menschen leiden unter Stress und Zeitnot. Immer mehr sehnen sich nach Stille, Ruhe, einem Fokus und Sinn in ihrem Leben. Und zwar zu Recht. Der israelisch-amerikanische Medizinsoziologe Aaron Antonovsky hat unter dem Stichwort »Salutogenese« untersucht, was uns Menschen gesund und resilient macht.

Dabei fand Antonovsky drei wesentliche Komponenten: Zunächst hilft uns das Gefühl, dass wir die Herausforderungen und Probleme unseres Lebens verstehen und in einen größeren Zusammenhang einordnen können. Zweitens trägt Selbstwirksamkeit zur Gesundheit bei, also der Eindruck, dass wir den Anforderungen unseres Lebens gewachsen sind. Und drittens ist es die Überzeugung, dass unser Leben bedeutsam oder sinnhaft ist.

Dennoch räumen wir existenziellen Fragen wie »Was kann ich wissen?« oder »Was soll ich tun?« oft kaum Zeit ein. In der Schule oder beim Studium spielen sie kaum eine Rolle. Später sind es höchstens Führungskräfte, die ein Coaching erhalten – und auch das soll sie möglichst effizient im Job machen, aber nicht unbedingt sinnerfüllter. Das sollten wir unbedingt ändern, wenn wir den großen Wandel (↗ Seite 16) in eine positive Richtung bringen wollen. Denn nur wenn wir innerlich gefestigt, frei und resilient sind, können wir uns den ökologischen und sozialen Herausforderungen im Außen stellen, die in den kommenden Jahrzehnten wahrscheinlich krisenhaft zunehmen werden. Nur so können wir es trotzdem schaffen, eine Win-Win-Kultur zu etablieren.

Es ist daher von großer Bedeutung, dass der innere Wandel, das persönliche Wachstum jedes einzelnen Menschen zu einem fixen Bestandteil jedes Projekts und jeder Projektplanung wird. Wir Menschen brauchen die Zeit, um immer mal wieder innezuhalten und uns zu fragen: »Ist das, was ich tue, wirklich das, was ich tun möchte? Ist es das Richtige für mich, für meine Mitmenschen und für das Leben auf diesem Planeten insgesamt?«

Diese Zeit des Innehaltens und der Reflexion ist das Feiern. Es ist die Lücke, der Zwischenraum, die Pause, der Spalt zwischen dem Ende der Projektarbeit und dem Beginn eines neuen Traumes. Raum dafür können wir in der Projektarbeit ständig schaffen und vergrößern. Sinnvoll füllen lässt er sich mit unendlich vielem. In diesem Kapitel haben wir dir ein paar Vorschläge zusammengestellt, die in Verbindung mit dem Dragon Dreaming stehen.

Die rechts genannten Eigenschaften zu kultivieren unterstützt eine tiefe und authentische Feierkultur. Und eine tiefe und authentische Feierkultur unterstützt dich dabei, die rechts genannten Eigenschaften zu entwickeln.

GROSSZÜGIGKEIT
LIEBE
WERTSCHÄTZUNG
DANKBARKEIT
ZUVERSICHT
HUMOR
FREUDE
NÄHE
EMPATHIE
ACHTSAMKEIT
AKZEPTANZ
GELASSENHEIT

DIE HELDENREISE

Dragon Dreaming hat seinen Ursprung im erfahrungsbasierten Lernen. Es folgt der Idee, dass jedes Projekt eine Lernreise ist, durch die sich alle, die damit zu tun haben, weiterentwickeln. Oder anders gesagt: Du bist nach dem Projekt nicht mehr die gleiche Person wie davor. Du hast gute und schlechte Dinge erlebt. Beides hat dich verändert. Durch beides hast du dich weiterentwickelt.

Für diesen Weg gibt es ein Schema, ein Muster, das uns Menschen allen gemeinsam ist. Der Mythenforscher Joseph Campbell hat es entdeckt, als er Helden- und Heldinnengeschichten aus allen Kulturen der Erde zusammengetragen hat. Er entdeckte, dass diese Figuren alle einen typischen Weg nahmen, und nannte diesen die Heldenreise.

Die Reise beginnt, wenn die Helden und Heldinnen einen Impuls erhalten, den sogenannten Weckruf. Das ist im Dragon Dreaming der Traum, der uns dazu bringt, ein Projekt anzustoßen. Dann brechen die Protagonisten und Protagonistinnen in die unbekannte Welt, ins Abenteuer auf, raus aus ihrer Komfortzone. Sie stellen sich Widersachern, finden aber auch Mentoren oder Mentorinnen und Mitstreitende sowie am Ende das, weswegen sie aufgebrochen sind – den Schatz.

Durch all die Kämpfe, Herausforderungen, Siege und Niederlagen sind sie am Ende der Geschichte in irgendeiner Weise über sich hinausgewachsen: Sie haben endlich einen inneren oder äußeren Konflikt gelöst, eine wichtige Erkenntnis gewonnen oder eine Fähigkeit erlernt. Und ganz genauso geht es dir, wenn du ein Projekt verwirklicht hast.

Die Heldenreise von Joseph Campbell lässt sich wunderbar im Projektrad abbilden – denn beide sind wie zwei Seiten einer Medaille: Von der einen Seite aus betrachtet siehst du die Struktur deines Projektes. Von der anderen Seite aus erkennst du deinen eigenen Veränderungs- und Transformationsprozess. Beides hängt miteinander zusammen und folgt dem gleichen Muster.

Das kannst du nutzen, um dich und deinen Entwicklungspfad zu reflektieren: Welchen Herausforderungen hast du dich gestellt? Wer oder was hat dich unterstützt oder zurückgehalten? Was kannst du daraus lernen? Wie hat es dich verändert? Und was möchtest du vielleicht noch lernen oder weiter ausbauen?

Deine eigene Heldenreise zu erzählen hilft dir auch dabei, als negativ empfundene Erlebnisse positiv umzudeuten. Das bedeutet, dass du die lehrreiche Seite an unangenehmen Situationen und Erfahrungen erkennst. Im Idealfall gewinnst du dadurch die Motivation, dein bisheriges Leiden an einer Situation oder Begegnung anzusehen und neu und bewusster damit umzugehen.

Rechts: Das Schema der Heldenreise, das meistens in Form eines Kreises dargestellt wird, lässt sich ziemlich gut auf das Projektrad von Dragon Dreaming übertragen.

HEROES JOURNEY

Früher wurden Spielfilme auf acht Filmrollen ausgeliefert. Deshalb haben Drehbuchautoren und -autorinnen ihre Geschichten in acht Sequenzen erzählt. Diese haben wir frei interpretiert und in acht Schritte umgewandelt, mit denen du deine Lernreise durch ein Projekt beschreiben kannst.

THEORIE

TRÄUMEN

1. DAS ALTE ICH
Wie warst du vor dem Projekt? Beschreibe dich wie den Helden oder die Heldin einer Geschichte.

2. DER TRAUM
Weshalb hast du das Projekt gestartet? Was war dein Weckruf?

PLANEN

3. DIE MENTOREN
Wer hat dich unterstützt? Was war dadurch möglich? Wo hat dich das hingeführt?

4. DER ÄUSSERE DRACHE
Welche Hindernisse und äußeren Widerstände gab es? Wie hast du sie gemeistert?

UMWELT

INDIVIDUUM

HANDELN

5. DER INNERER DRACHE
Welchen inneren Widerständen bist du begegnet? Was hast du dabei gelernt?

6. DAS OPFER
Was hast du los- oder hinter dir gelassen, damit du das Projekt verwirklichen konntest?

FEIERN

7. DER SCHATZ
Wie hat das Projekt die Welt verändert? Hat sich dein Traum erfüllt?

8. DAS NEUE ICH
Wie bist du heute, nach dem Projekt? Welche neuen Fähigkeiten und Einsichten hast du gewonnen?

PRAXIS

LEBENSFÄDEN SPINNEN

Bevor ein Traumkreis zu einem großen Projekt startet, ist es in der Regel eine gute Idee, dass sich alle Teilnehmenden ein oder zwei Stunden Zeit nehmen, um über ihre Lebensgeschichte zu reflektieren: Wo komme ich her? Was habe ich bisher gemacht und erlebt? Zu welchem Menschen hat mich das gemacht? Und wieso hat mich mein Weg zu diesen Menschen und diesem Projekt gebracht?

In dieser Übung zeichnen die Teilnehmenden mithilfe einer Schnur und einer Reihe von Post-its ihren Lebensweg nach. Wichtig sind dabei nicht die Daten und Fakten, sondern die subjektive Interpretation vergangener Erfahrungen. Ja, vielleicht sogar der Erfahrungen, die Eltern oder andere wichtige Bezugspersonen gesammelt haben, denen die Teilnehmenden begegnet sind und die sie geprägt haben. Es ist ihre persönliche Geschichte, die ihrem Leben seine Bedeutung gibt.

Dazu schreiben die Menschen zum Teil schmerzhafte, zum Teil freudvolle Erfahrungen und Wendepunkte auf jeweils einen Klebezettel und hängen ihn an die Schnur. Diese Lebenslinie öffnet in der Regel auch den Blick in die Zukunft: Worauf läuft das alles hinaus? Was steht noch aus? Was will ich fortführen und was zurücklassen?

Dies zu tun weitet und vertieft den Blick der Menschen. Sie können anstehende Projekte leichter in den Gesamtkontext ihres Lebens einordnen. Wichtiges lässt sich so leichter von Unwichtigem trennen. Dass andere diese Geschichten hören, ohne zu urteilen, gibt den Menschen das Gefühl, anerkannt und gefeiert zu werden für das, was sie sind. Sie erkennen die Einzigartigkeit ihrer Reise.

SCHRITT 1: ABLAUF KLÄREN

Der gesamte Prozess soll – bis auf den Austausch am Ende – in Stille stattfinden. Deshalb sollte allen klar sein, was sie tun sollen und worum es geht. Ideal ist es, wenn es eine Moderation gibt, die sich zuvor mit dem Ablauf vertraut gemacht hat und den anderen die Schritte erklären kann. Besonders anschaulich ist es, dies anhand einer Probeschnur einmal vorzuführen.

Erst wenn alle Verständnisfragen geklärt sind, kann es losgehen. Beginne den Ablauf mit einer Stillepause: Die Teilnehmenden sollen dabei möglichst die Augen schließen und sich bewusst machen, wie jeder Lebensfaden eine Brücke bildet zwischen dem, was vorher war, und dem, was nachher kommt.

SONGLINES

John Croft nennt die Lebenslinien »Songlines« nach den Mythen der Indigenen Australiens, in denen sie die Entstehung ihres Kontinents beschreiben. Alles, was in Australien ist, gehört zu einer Songline, die mit anderen Songlines verwoben ist.[1]

SCHRITT 2: LEBENSFÄDEN SPINNEN

Alle sitzen im Kreis. Drei Menschen stellen die Moiren dar. Das sind die drei Schicksalsgöttinen der griechischen Mythologie: Klotho, Lachesis und Atropos. Sie gehen in Stille im Kreis herum und verteilen alle Schnüre auf folgende Weise:

Die drei Göttinnen stellen sich vor einer oder einen Teilnehmenden. Die Person, die rechts von ihm oder ihr sitzt, hält eine Glocke in der Hand. Klotho, die Spinnerin, rollt die Schnur von der Rolle ab. Lachesis misst die Länge des Lebensfadens ab (rund 2 Meter). Athropos, die Unabwendbare, schneidet den Faden mit einer Schere ab. Im Moment des Abschneidens läutet die Person rechts die Glocke. Dieser Moment des symbolischen Todes dieses Menschen bestimmt den Moment der Geburt des nächsten. Mit dem Glockenläuten würdigen wir diesen Moment, in dem das Sterben Raum für neues Leben schafft.

Atropos übergibt die Schnur dem oder der Teilnehmenden, vor dem die drei Schicksalsgöttinnen stehen. Danach gehen sie im Uhrzeigersinn zur nächsten Person. Auch die Glocke wandert weiter. Dieser Vorgang wiederholt sich bei vollkommenem Schweigen, bis alle eine Schnur erhalten haben (auch die Göttinnen).

SCHRITT 3: LEBENSFÄDEN EINTEILEN

Die Lebensfäden stehen für den eigenen Lebensweg. Um den folgenden Schritt zu vereinfachen, teilen alle ihre Schnur in vier Lebensphasen ein. Dazu legen sie die Schnur einmal zusammen und machen in der Mitte einen Knoten. Dann legen sie sie noch einmal zusammen und machen zwischen dem vorderen und hinteren Viertel einen Knoten.

Da niemand weiß, wie alt er oder sie wird, gehen wir einfach von der allgemeinen Lebenserwartung aus. Diese liegt hierzulande momentan bei rund 80 Jahren. Das bedeutet, dass die Zeit bis zum ersten Knoten für zwanzig Lebensjahre steht. Der Knoten in der Mitte zeigt das vierzigste Lebensjahr an. Und beim dritten Knoten beginnt der letzte Lebensabschnitt von sechzig bis achtzig.

Zum Abschluss fügen alle noch einen vierten Knoten an der Stelle ein, an der sie sich gerade befinden. Wer also zum Beispiel dreißig ist, macht einen Knoten zwischen dem ersten und zweiten Knoten.

SCHRITT 4: DIE LEBENSGESCHICHTE

Mithilfe von drei weißen, grünen, roten und blauen Post-its erstellen nun alle ihre Lebensgeschichte. Dazu beantworten sie folgende Fragen:

- 1x Was ist deine erste Erinnerung?
- 3x Was waren die drei größten Freuden deines Lebens?
- 3x Was waren die drei größten Wunden deines Lebens?
- 3x Was waren die drei wichtigsten Wendepunkte deines Lebens?
- 1x Woran sollen sich die Menschen nach deinem Tod erinnern?
- 1x Was suchst du am jetzigen Zeitpunkt deines Lebens? Wo geht es hin? Warum bist du hier?

Alle sind eingeladen, sich rund 30–60 Minuten in die Fragen zu versenken und die Antworten zu erspüren. Ist eine Antwort auf einem Zettel notiert, so kleben die Teilnehmenden ihn an die Stelle der Schnur, die den jeweiligen Zeitpunkt in ihrem Leben markiert. Dazu schlagen sie den klebenden Abschnitt des Zettels nach hinten um und befestigen ihn wie ein Fähnchen.

SCHRITT 5: GESCHICHTEN AUSTAUSCHEN

Nach dem Ende der vereinbarten Zeit kommen die Teilnehmenden in Zweiergruppen zusammen. In rund 30 Minuten tauschen sie sich über die Erfahrungen während der Übung sowie ihre Lebensgeschichten aus. Dabei sollte zunächst eine der beiden Personen für eine Vierteilstunde sprechen. Die andere Person hört zu. Dann wechseln die Rollen. Die Moderation zeigt mit einem Läuten einer Glocke den Start der ersten und zweiten Runde sowie das Ende des Zweieraustausches an.

Die Einladung an alle ist, die Einzigartigkeit dieses Lebensfadens, dieses Menschen zu hören, der da vor ihnen sitzt. Sich zu öffnen und mit tiefem Zuhören und ohne zu sprechen dieses Geschenk zu empfangen. Nach dem Austausch können alle ihre Zettel mit Klebeband befestigen, damit diese dauerhaft halten. Nun können die Teilnehmenden ihre Lebensfäden mit dem Knoten, der den jetzigen Zeitpunkt anzeigt, zur Mitte hin in den Kreis legen.

SCHWELLEN-WANDERUNG

Auf der Schwelle vom Ende zum Anfang ist das »Woher« und »Wohin« manchmal schwer zu greifen. Dann kann die Natur eine gute Ratgeberin sein. Die Schwellenwanderung ist in vielen indigenen Kulturen ein traditioneller Weg, um intuitiv Antworten zu finden. Es gibt Menschen, die diesen professionell begleiten. In Kürze erklärt geht eine Schwellenwanderung folgendermaßen:

- Mach dir bewusst, was du während der Wanderung klären möchtest. Bereite dich schon am Abend vorher innerlich darauf vor. Achte auf deine Träume.

- Packe einen Rucksack mit Proviant und Notfallversorgung. Beginne die Wanderung mit einem Ritual. Zum Beispiel, indem du auf dem Boden symbolisch eine Schwelle markierst und bewusst überschreitest.

- Wandere absichtslos, aber achtsam. Lass dich von der Natur leiten. Nimm alles um dich herum wahr und achte auf Symbole und Zeichen. Folge deiner Intuition. Nimm wahr, wenn dich Menschen »rufen«, die dir nahestehen. Verbinde dich mit der Schönheit des Lebens und seiner Vergänglichkeit.

- Kehre am Abend wieder zu deinem Ausgangspunkt zurück. Beende die Wanderung mit einem Ritual, etwa indem du erneut über die Schwelle gehst. Werte deinen Tag aus in einem Gespräch mit vertrauten Menschen oder in einem Tagebuch.

ZU DEN SINNFRAGEN …

In unserer Kultur räumen wir der Suche nach dem Sinn des Lebens wenig Zeit ein, haben wir am Anfang dieses Kapitels geschrieben. Dabei spielt kaum etwas eine so große Rolle für deine Gesundheit, deine Resilienz und deine Lebenszufriedenheit, wie den Sinn deines Lebens zu kennen und danach zu handeln.

Deshalb haben viele Philosophien und Religionen danach geforscht. Bereits vor Tausenden von Jahren haben die Menschen in Japan zum Beispiel die Philosophie des Ikigai entwickelt. Das Wort bedeutet wörtlich übersetzt so viel wie »lebenswert«. Die rechts stehende Grafik visualisiert das Konzept. Die Fragen sollen dir dabei helfen, den übergeordneten Sinn deines Lebens zu finden – das, wofür es sich lohnt, jeden Morgen erneut aufzustehen.

Übertragen auf das Projektrad – also den Systemkreislauf aus Impuls, Schwelle, Aktion und Antwort (↗ Seite 34 ff.) – kommst du zu folgenden Überlegungen: Der Impuls (der Traum) ist das, was die Welt braucht. Es ist das Signal oder der Ruf, den du von der Welt erhältst. Die Schwelle (das Planen) ist deine Motivation und damit die Frage: Was liebst du zu tun? Die Aktion (das Handeln) ist das, was du gut kannst. Und die Antwort (das Feiern) ist das, was du als Reaktion auf dein Handeln erhältst – im Ikigai ist es die Bezahlung.

Diese vier Bereiche erzeugen vier Schnittmengen: Deine Passion ergibt sich aus dem, was du liebst und was du gut kannst. Deine Mission aus dem, was du liebst und was die Welt braucht. Deine Berufung entsteht aus dem, was die Welt braucht und wofür du bezahlt wirst. Dein Beruf aus dem, was du gut kannst und wofür man dich bezahlt.

Dein Ikigai zu finden ist keine einmalige Angelegenheit, die sich schnell erledigen lässt. Du brauchst dafür Geduld, Ruhe und Muße. Vielleicht kannst du die Fragen zunächst ganz einfach beantworten. Doch wenn du dir und der Welt immer wieder tief zuhörst, wirst du nach und nach immer tiefer liegende Antworten finden. Dann wirst du erkennen, dass du dich tatsächlich auf einem Weg befindest, den du wahrscheinlich ein Leben lang gehen wirst.

FRAGEN ZUM IKIGAI

Nimm dir viel Zeit, such dir einen schönen Ort, an dem du ungestört bist, und befasse dich tief mit den Fragen des Ikigai (rechts). Zur Inspiriation findest du unten noch ein paar Zusatzfragen:

Was braucht die Welt?

- Was schenkt deinem Leben Sinn?
- Was entspricht deinen Werten?
- Was willst du nach deinem Tod in der Welt hinterlassen?
- Was würde jemandem fehlen, wenn du es nicht tätest?
- Wie würde dies das Leben anderer bereichern?

Was liebst du?

- Was begeistert dich (auch wenn du es noch nicht perfekt kannst)?
- Was kannst du lange tun, ohne zu ermüden?
- Was hast du schon als Kind gerne getan?
- Worüber redest du gerne (auch wenn du vielleicht noch nicht alles darüber weißt)?
- Wofür würdest du jeden Morgen voller Vorfreude aufstehen?

Was kannst du gut?

- Welche Talente hast du?
- Was kannst du besser als die meisten?
- Welche Ausbildungen hast du?
- Welche Fähigkeiten schätzen andere an dir?
- Durch welche Fähigkeiten hast du Herausforderungen deines Lebens gemeistert?

Wofür wirst du bezahlt?

- Was ist dein Beruf?
- Wie verdienst du momentan dein Geld?
- Welche weiteren Einnahmen hast du?

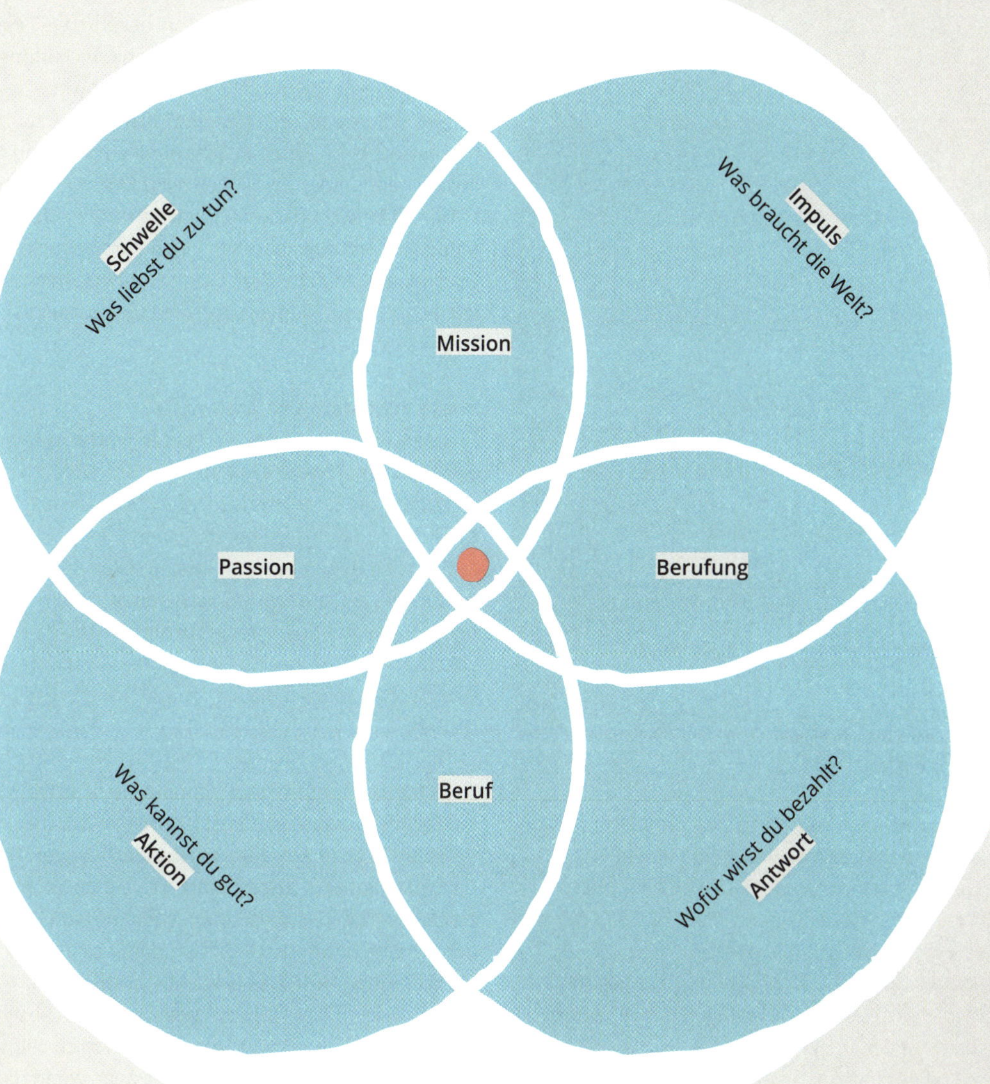

»KREATIVITÄT UND KOLLEKTIVE WEISHEIT SIND UNSER NATÜRLICHER ZUSTAND. TRAUMATA STEHEN DAZWISCHEN.«

KOSHA JOUBERT

Kosha Joubert ist Dragon-Dreaming-Trainerin der ersten Stunde. Als Mitarbeiterin des Global Ecovillage Network hat sie die Methoden in aller Welt bekannt gemacht. Vor zwei Jahren hat sie das »Pocket Project« gegründet, das bei der Bewältigung und Integration individueller, vererbter und kollektiver Traumata hilft. Das Ziel: die Menschheit auf einen Weg der Kreativität, der effektiven Zusammenarbeit und der Innovation bringen. Im Interview erzählt sie, was das mit dem Feiern im Dragon Dreaming zu tun hat. ↗ *https://pocketproject.org*

Was braucht es, damit Menschen ihr volles Potenzial entfalten?
Dragon Dreaming hat mich sofort berührt, weil es genau dieser Frage nachgeht. Ich habe mich immer wieder gefragt: Warum fällt es uns so schwer, unsere Träume zu verwirklichen? Klare Pläne zu machen? Unsere Arbeit in Schönheit zu tun? Und ausreichend und sinnvoll zu feiern? Eine zufriedenstellende Antwort darauf habe ich – trotz all der fantastischen Denkanstöße – auch durch Dragon Dreaming nicht gefunden. Diese Frage hat mich letztlich zu dem Thema »vererbtes und kollektives Trauma« gebracht.

Wieso behindern uns Traumata?
Die Menschheit hat über die letzten Jahrtausende extrem schmerzhafte Gewalterlebnisse angesammelt – als Täter und als Opfer. Über unsere Ahnenlinie und unsere persönlichen Erlebnisse schlägt sich dies in unseren individuellen Leben nieder. Diese Traumaerlebnisse haben zudem unsere gesamte Kultur mitgeformt. Das ist wie eine Schattenstruktur unserer Realität, die wir nicht direkt sehen können, aber deren Auswirkungen wir spüren.

Das Charakteristische an Traumata ist, dass wir sie abkapseln, weil sie uns überfordern. Dann leben sie in unserem Unterbewusstsein weiter. Die Co-Kreativität wird abgebremst, ohne dass wir verstehen, warum das so ist. Menschen müssen sich dem Thema bewusst zuwenden, damit sich etwas verändert und heilt. Das braucht viel Mitgefühl, Zuwendung und das Wissen, wie wir unsere Resilienz stärken können. Also: Wie kann ich mich selbst stärken, sodass ich bewusst bleibe, auch wenn da ein Konflikt ist, eine Polarisierung, die ein Trauma in mir berührt?

Dieses Anliegen ist im Kern von Dragon Dreaming schon enthalten. Es steckt in der Symbolkraft des Drachens. Er enthält Dunkel und Licht. Und das Wissen darum steckt auch in der indigenen Weltsicht, die Dragon Dreaming stark geprägt hat.

Wir Menschen in den westlichen Industrienationen haben die Drachenkraft eher unterdrückt. Aber in den Schattenbereichen ist unheimlich viel Energie gebunden. Einerseits die Energie, die es braucht, um das Trauma im Unbewussten zu halten. Plus die ursprüngliche Kraft, die im Trauma selbst steckt. Das ist eine doppelte Belastung. Andererseits wird, wenn wir ein Trauma lösen können, auch sehr viel positive Energie freigesetzt. Dann sehen wir, wie viel mehr Kohärenz, Kreativität und kollektive Weisheit in Gruppen entstehen. Diese kollektive Weisheit ist unser natürlicher Zustand.

Hast du ein Beispiel für die Auswirkung von einem kollektiven Trauma?
Ja. Nehmen wir den Ausdruck »to earn your living« – deinen Lebensunterhalt verdienen, aber wörtlich: dein Leben verdienen. Der Ausdruck ist ein Traumasymptom: Wir glauben, wir müssten uns unsere Existenzberechtigung erst verdienen. Und können erst dann unserem Herzen folgen. Viele indigene Kulturen sehen das anders. Für sie gibt es einen Grund, warum wir jetzt und hier geboren sind. Und das Leben gibt uns alles, was wir brauchen, um unser Potenzial zu entfalten, wenn wir unserem inneren Kompass treu bleiben.

Ich übe seit vielen Jahren, mein Leben so zu leben: nichts zu tun wegen Geld, sondern nur weil ich weiß, dass es gerade mein nächster Schritt ist. Und ich übe, darauf zu vertrauen, dass alle Ressourcen, die ich brauche, zu mir kommen.

Gleichzeitig bin ich früh in meinem Leben zu der Einsicht gekommen, dass es eine Menge Geld auf der Welt gibt. Und dass ich schamlos sein möchte, wenn es darum geht, dieses Geld in den Dienst des Lebens zu stellen. Viele von uns, gerade in der Ökodorf-Bewegung und im Social-Justice-Movement, denken »Geld ist schmutzig«. Wir erleben dann Geld als verbunden mit einem kapitalistischen Weltsystem, welches zerstörerisch wirkt. Ein großes kollektives Trauma. Deshalb wenden sich viele von Geld ab. Das macht es aber natürlich unglaublich schwer, Geld und Ressourcen fließen zu lassen.

Um uns und die Welt zu heilen, sollten Geld und Ressourcen wieder in regenerative Beziehungen investiert werden. Und ich weiß aus meiner langjährigen Erfahrung im Fundraising, dass es für Menschen sehr heilsam ist, wenn sie auf diese Weise etwas beitragen können.

Wie heilen wir Traumata in unseren Projekten?
Wir sollten uns informieren und sensibilisieren, damit wir trauma-informierte Organisationen aufbauen können. Es ist eine Frage der inneren Haltung. Dass wir die Unterschiedlichkeit von Persönlichkeiten mit sowohl Trauma- wie auch Resilienzstrukturen in Teams wirklich achten und schätzen. Wir können gemeinsam üben, uns und unsere Projekte sowohl dort zu spüren, wo die Energie fließt, wie dort, wo sie nicht fließt. Wahrnehmung, Reflexion, Wertschätzung und Anerkennung braucht viel mehr Raum und Zeit, als das in unserer Kultur normalerweise gegeben ist. Dann können wir gemeinsam Heilungsräume aufbauen, die die Kraft, die Nachhaltigkeit und die Freude von Teams und Projekten zutiefst fördern.

↗ *Kosha Joubert, Moderatorin, Geschäftsführerin des Pocket Project, Findhorn, Schottland, https://pocketproject.org*

DEMUT & DANKBARKEIT

Feiern soll Freude, ja vielleicht sogar Glück verbreiten. Doch was macht uns eigentlich froh und glücklich? Ein erfüllter Traum? Ein gelungenes Projekt? Das Gemeinschaftsgefühl in einem tollen Team? Alles richtig. Interessanterweise hat die Glücksforschung jedoch herausgefunden, dass nicht unbedingt nur diejenigen glücklich sind, die all das haben.

Ein Mensch kann in Wohlstand leben, einen tollen Beruf und vieles mehr haben – und dennoch unglücklich sein. Und es gibt Menschen, deren Leben voller Schicksalsschläge ist und die dennoch zufrieden und glücklich sind. Der Unterschied? Der eine Mensch ist dankbar für das, was das Leben ihm bietet und der andere nicht.

Dankbarkeit ist im Grunde das Gegenteil von einer Anspruchshaltung. Du gehst also nicht davon aus, dass dir sowieso all das zusteht, was du hast (und eigentlich noch viel mehr). Du schätzt das, was du vom Leben erhalten hast. »Das heißt nicht, dass wir für alles dankbar sein können – etwa für Krieg, Krankheit oder den Tod Nahestehender«, meint der Benediktinermönch David Steindl-Rast in einem sehenswerten TED-Talk über die Macht der Dankbarkeit und Demut.[2] Aber für die Gelegenheiten zu lernen und zu wachsen, die sie uns bieten, können wir das schon.

Jeder Tag, jeder Augenblick bietet dir zahlreiche Anlässe, dich weiterzuentwickeln. Doch die allermeisten Gelegenheiten nimmst du, wie wir anderen auch, nicht wahr. Schwierige Situationen und Erfahrungen stoßen dich jedoch mit solcher Wucht und auch solchem Schmerz darauf, dass du nicht daran vorbeigehen kannst: Du musst dich der Herausforderung stellen, deine Komfortzone verlassen und über dich hinauswachsen. Niederlagen, Rückschläge und Scheitern sind daher vor allem dann schlimm, wenn du sie als Gelegenheit zu wachsen ungenutzt vorbeiziehen lässt.

Der Schlüssel dazu ist die Praxis der Demut und Dankbarkeit. Steindl-Rast setzt sich schon seit Jahren dafür ein, dies nicht nur als religiöse oder spirituelle Übung zu sehen, sondern auch als einen Weg, um ein glückliches und erfülltes Leben zu führen. Und er ist nicht allein. Die Psychologie, Neurowissenschaftl und Soziologie erforschen die Auswirkungen von Dankbarkeit und haben festgestellt: Dankbare Menschen haben ein besseres Immunsystem, sie erleben mehr positive Gefühle, sie sind somit fröhlicher, glücklicher und optimistischer. Das macht sie zudem großzügiger und einfühlsamer und darum fühlen sie sich schließlich auch weniger einsam und isoliert.

Das Gute ist: Demut und Dankbarkeit kannst du einüben – und zwar durch Feiern (auf der Seite rechts findest du einige Ideen für Übungen). Dabei wirst du merken: Dankbarkeit und Demut sind wichtige Voraussetzungen, um echt und tief feiern zu können. Gleichzeitig hilft dir echtes und tiefes Feiern dabei, diese Eigenschaften in dir zu kultivieren und so ein reicheres, glücklicheres Leben zu führen.

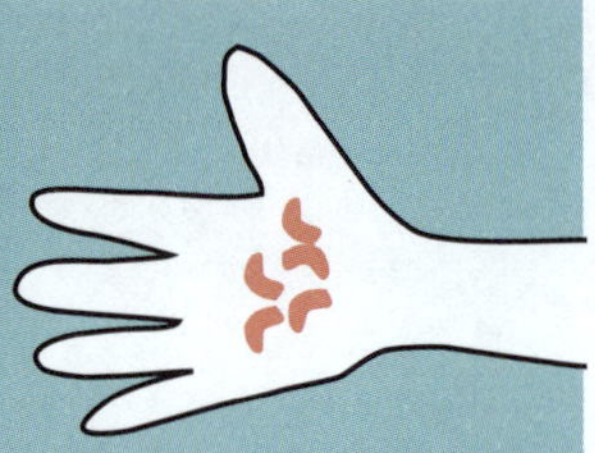

DIE GLÜCKSBOHNEN

Es war einmal ein Bauer, der steckte jeden Morgen eine Handvoll Bohnen in seine linke Hosentasche. Immer wenn er während des Tages etwas Schönes erlebte, wenn ihm etwas Freude bereitete, er einen Glücksmoment empfand – etwas, wofür er dankbar war –, nahm er eine Bohne aus der linken Hosentasche und tat sie in die rechte.

Am Anfang kam das nicht häufig vor. Aber von Tag zu Tag wurden es mehr Bohnen, die von der linken in die rechte Hosentasche wanderten. Der Duft der frischen Morgenluft, der Gesang der Amsel auf dem Dachfirst, das Lachen seiner Kinder, das nette Gespräch mit einem Nachbarn – immer dann kam eine Bohne von der linken auf die rechte Seite.

Bevor er am Abend zu Bett ging, betrachtete er die Bohnen in seiner rechten Hosentasche. Bei jeder Bohne konnte er sich an ein schönes Erlebnis erinnern. Dann schlief er zufrieden und glücklich ein – auch an den Tagen, an denen er nur eine einzige Bohne in seiner rechten Hosentasche fand. *(Verfasser unbekannt)*

ANLEITUNG ZUR DANKBARKEIT

Dankbarkeit ist keine Frage der äußeren Umstände, sondern der inneren Haltung. Üben kannst du sie zum Beispiel mit den folgenden Praktiken, zu denen uns Jeremy Adam Smith[3] vom Greater Goods Science Center aus Berkeley in Kalifornien, USA inspiriert hat.

1. Visualisiere deinen Tod. Deine Dankbarkeit wächst, wenn du ab und zu an deinen eigenen Tod denkst. Das klingt vielleicht zunächst etwas makaber, ist aber eigentlich logisch: Dein (gesundes) Leben erscheint dir auf einmal viel wertvoller. Mach dir also bewusst, dass dein Leben endlich ist und dass du nicht wissen kannst, wann es zu Ende geht. Nimm dir dazu zum Beispiel eine halbe Stunde Zeit und stelle dir deine eigene Beerdigung vor. Wer ist dort? Was würden die Menschen über dich denken und in ihrer Trauerrede sagen? Was möchtest du, was sie denken und sagen? Und dann lebe danach.

2. Koste sinnliche Erlebnisse aus. Wenn du bewusst den Duft einer Blume riechst, die spektakulären Farben eines Sonnenuntergangs siehst oder die Melodie eines tollen Songs hörst, erlebst du im alltäglichen Einerlei mehr Dankbarkeit. Um dich im Alltag daran zu erinnern, kannst du es machen wie der Bauer links in der kleinen Geschichte und Bohnen immer dann von einer Tasche in die andere stecken, wenn du für etwas dankbar bist. Abends kannst du die Bohnen herausholen und dir noch einmal vergegenwärtigen, was du alles erlebt hast. Wenn du möchtest, kannst du auch ein Dankbarkeitstagebuch führen (die gibt es auch als App).

3. Gib Ansprüche auf. Das Gegenteil von Dankbarkeit ist Anspruchsdenken. Wer denkt, dass alles Gute im Leben ohnehin sein gutes Recht wäre, wird kaum Dinge aufzählen können, für die er oder sie dankbar ist. Unser meist unbegründetes und unbewusstes Anspruchsdenken hindert uns also daran, den Reichtum um uns wahrzunehmen, der uns einfach so geschenkt wurde: das Leben, die Nahrung, das Licht, sauberes Wasser, Gesundheit, ein Lächeln, ein geliebter Mensch ...

4. Danke Menschen. Klar kann man für eine schöne Tasse Kaffee dankbar sein, für neue Schuhe oder einen tollen Sommertag. Doch all diese Dinge reflektieren unsere Dankbarkeit nicht. Sie wissen nichts davon (soweit wir das wissen). Wenn du deine Dankbarkeit jedoch anderen Menschen zeigst, hat das eine Wirkung auf sie und damit wiederum auf dich (eine Win-Win-Situation). Sei dabei so spezifisch wie möglich. Sag also nicht einfach nur: »Ich bin dir so dankbar dafür, dass du so bist, wie du bist«. Schau genau hin und beschreibe ehrlich deine Dankbarkeit. Sie kommt dann viel authentischer rüber und hat damit auch einen entsprechend positiveren Effekt.

5. Wachse über dich hinaus. Die größte Herausforderung ist, Dankbarkeit zu entwickeln, wenn du glaubst, gar nicht dankbar sein zu können. Etwa wenn du krank wirst, gescheitert bist oder gegenüber für dich schwierigen Menschen. Mach dir dann bewusst, was du von ihnen oder aus dieser Erfahrung lernen kannst. Ein nerviger Kollege ist vielleicht dein Lehrer in Geduld, eine Krankheit bringt dich dazu, dich auf das Wesentliche in deinem Leben zu konzentrieren.

TIPP Dankbarkeit kannst du natürlich auch gut mit anderen zusammen entwickeln. Etwa indem ihr im Team, in der Gemeinschaft oder in der Familie regelmäßig eine Dankbarkeitsrunde macht: Setzt euch in den Kreis und verwendet einen Redestein. Pro Runde erzählt jede Person, wofür sie dankbar ist. Die anderen hören tief zu. Der Stein kreist so lange, bis niemand mehr etwas mitzuteilen hat.

DIE PHILOSOPHIE DES NICHTSTUNS

Sicher hast du schon mal gehört oder gesagt »Sitz nicht so herum – tu etwas«. Das Nichtstun hat in unserer Kultur keinen guten Ruf. Wir glauben, wenn wir nichts tun, verschwenden wir unsere Zeit. Nur wenn wir etwas tun, verbringen wir unser Leben sinnvoll. Doch ist das wirklich so?

An dieser Stelle möchten wir Masanobu Fukuoka ins Spiel bringen – auch der Laotse der Landwirtschaft genannt. Der Japaner fand, dass die menschliche Intelligenz nicht viel wert sei, wenn wir sie nur dazu benützten, um immer neue Methoden und Technologien zu entwickeln, mit denen wir eine Sache noch tun könnten. Er wollte lieber herausfinden, was er alles weglassen und dennoch zu mindestens ebenso guten Resultaten kommen könnte.

Fukuoka wollte keineswegs aus der gleichen Fläche Land immer mehr Ernte gewinnen. Er wollte mit dem geringstmöglichen Aufwand das erreichen, was er zum Leben brauchte. Deshalb hielt er zum Beispiel nichts vom Pflügen und entwickelte für die Aussaat das, was wir heute als Saatgutbomben kennen: Kleine Lehmbällchen mit Samen, die er auf die Erde warf, damit Getreide daraus wuchs.

Fukuoka zeigte, wo wir ganz grundlegend in unserer Gedankengewohnheit gefangen sind. Stimmt es denn wirklich, dass es immer mehr geben muss: mehr Wachstum, mehr Konsum, mehr Wohlstand? In einer Zeit, in der unser unablässiges Tun zur zentralen Ursache globaler Krisen geworden ist, wäre es doch vielleicht endlich einmal an der Zeit zu sagen: »Tu nicht immer irgendetwas. Setz dich doch mal hin und sei!«

Der vietnamesische und buddhistische Mönch, Aktivist und Lyriker Thích Nhất Hạnh beschreibt diese Philosophie des Nichtstuns in seinem Buch »Im Hier und Jetzt zuhause sein«. Er fordert darin eine neue Kultur, in deren Zentrum das Sein steht: das Lebendigsein. Das Friedlichsein. Das Fröhlichsein. Das Gütigsein. Statt zu fragen »Was müssen wir für den Klimaschutz, den Frieden, die globale Gerechtigkeit tun?«, sollten wir viel lieber darüber nachdenken »Wie müssen wir dafür sein?«. Denn die Qualität unseres Seins bestimmt die Qualität unseres Tuns, meint Thích Nhất Hạnh. Unser Tun basiert auf unserem Nichtstun.[4]

In dem buddhistischen Meditationszentrum Plum Village, das Thích Nhất Hạnh in Frankreich mit anderen zusammen gegründet hat, gibt es daher den wöchentlichen »Lazy Day«. An diesem Tag können die Menschen keineswegs tun, was sie möchten. Sie versuchen tatsächlich, den ganzen Tag nichts zu tun. Ja, sie widerstehen dem Drang, etwas zu tun. Und das sei für die meisten ziemlich schwer, meint Thích Nhất Hạnh. »Denn wir sind es so gewöhnt, immer irgendetwas zu tun. Wir gestatten es uns kaum einmal, nichts zu tun. Immer beschäftigt zu sein ist eine ganz starke Gewohnheit geworden und deshalb leiden wir, wenn wir nichts tun.«

Der Lazy Day ist eine recht drastische Maßnahme gegen diese Gewohnheitsenergie. Falls dir das für den Anfang zu schwer ist, dann fang doch klein an: Starte mit fünf Minuten Nichtstun am Tag. Oder nutze die Fahrt mit der U-Bahn, die Wartezeit beim Arzt oder deine Mittagspause mal für konsequentes Nichtstun (anstatt laufend in dein Smartphone zu schauen). Überlege hinterher, wie es dir damit erging: Welche Gedanken tauchten auf? Welche Gefühle kamen hoch? Was wolltest du gerne tun und hast es aber nicht? Kannst du dir denken, was dahinter an tieferen Gefühlen und Glaubenssätzen steckt?

WEISHEITEN FÜR DEN INNEREN WANDEL

- Feiern ist eine Frage der inneren Haltung.
- Jeder Drache bewacht einen Schatz.
- Mach dich zum Helden oder zur Heldin deiner Geschichte.
- Jedes Projekt ist ein Puzzleteil des Sinns deines Lebens.
- Tue, was du liebst, was du kannst, was die Welt braucht und wofür du bezahlt wirst.
- Freunde dich mit deinen Drachen an.
- Dankbarkeit ist das Tor zu Zufriedenheit, Sinn und Glück.
- Tue nicht immer irgendetwas. Setz dich hin und sei.

ZEIT ZUM NACHDENKEN

Was tust du, um dich zu feiern? Mache eine Liste mit all den Dingen, mit denen du dich mit der Tiefe deines Lebens verbindest. Was davon hilft dir, innere Feierqualitäten zu entwickeln und persönlich zu wachsen?

FEEDBACK

Wir denken uns die Welt in der Regel als eine Abfolge kausaler Zusammenhänge. Die Zeit verrinnt und wir sowie alles andere in diesem Universum bewegen uns mit ihr vorwärts. Eine Ursache hat eine Wirkung. Wir haben das in diesem Buch schon oft gesagt, aber an dieser Stelle ist die Erkenntnis nun doch noch einmal wichtig.

Denn wenn du dich noch einmal an den kleinen Ausflug in die Systemtheorie im Kapitel über das Projektrad erinnerst (↗ Seite 28), dann schwant dir vielleicht bereits, dass es komplexer ist: Eine Wirkung kann auch eine Ursache sein. Dazu ein bereits bekanntes Beispiel: Weil du fröhlich bist, singst du. Weil du singst, bist du fröhlich. Dein Sein (fröhlich) und dein Tun (singen) bedingen sich gegenseitig.

Diese wechselseitige Wirkung (auch Rückkopplung genannt) findest du überall in der Welt: in der Natur, der Wirtschaft, der Technik, der Politik[1] oder auch in sozialen Systemen wie einem Projekt, einem Team, einer Organisation oder einer Community. Weil Vertrauen da ist, steigt die Motivation und damit die Leistung. Weil die Motivation und damit die Leistung steigt, steigt auch das Vertrauen (leider geht das auch umgekehrt).

Den vierten Schritt dieser Rückkopplung haben wir im Projektrad nicht nur »Feiern«, sondern auch »Antwort« genannt. Warum? Weil er die Reaktion, das Feedback auf die Aktion ist: Nehmen wir an, wir eröffnen gemeinsam ein Restaurant, das Essen ist super. Das spricht sich herum und es kommen immer mehr Menschen. Das freut uns zunächst, doch irgendwann sind wir total gestresst. Wir verlieren die Freude am Kochen, das Essen wird schlechter. Das spricht sich herum und es kommen immer weniger Menschen. Das kriegen wir natürlich mit, wir strengen uns wieder mehr an, das Essen wird wieder super. Das spricht sich herum und es kommen wieder mehr. So kann es endlos weitergehen. Wir haben ein System, das sich durch positive und negative Rückkopplung im Gleichgewicht hält.

Falls alles so läuft, ist es im Grunde gut. Am besten wäre es natürlich, die Gästezahl würden sich auf einem Niveau einpendeln, das unser Auskommen sichert, aber uns nicht stresst. Kritisch wird es, wenn eine Rückkopplung den Effekt immerzu verstärkt und wir es entweder nicht mitbekommen (und daher nichts dagegen unternehmen) oder wenn wir nicht wissen, was wir dagegen unternehmen können.

Nehmen wir an, wir sind gestresst, weil immer mehr Gäste in unser Restaurant kommen. Weil wir aber ergeizig sind, lassen wir in unserem Kocheifer nicht nach. Es kommen immer noch mehr Gäste – bis wir vor lauter Stress im Burn-out enden. Oder: Unser Essen wird schlechter, weil wir so gestresst sind, dass wir die Freude am Kochen verlieren. Dadurch kommen weniger Gäste. Das deprimiert uns so sehr, dass wir noch weniger Freude am Kochen haben und das Essen noch schlechter wird.

In beiden Fällen wäre es elementar, einmal innezuhalten und darüber nachzudenken, was wir für Lehren aus dem Feedback ziehen können. Andernfalls verfangen wir uns in einem blinden Aktionismus. Wir sind unfähig, zu lernen und unsere Verhaltensweisen an die Bedingungen anzupassen.

Feedback ist leider nicht immer so eindeutig und klar wie in diesem kleinen Beispiel. Und es kann von unterschiedlichen Seiten kommen. Es kann aus dir selbst kommen. Wenn du zum Beispiel zufrieden mit dem bist, was du gemacht hast, motivierst du dich selbst. Es kann aber auch von anderen Menschen kommen. Sie sind dir beispielsweise für etwas dankbar. Und schließlich kann dir auch die Welt ein Feedback geben: Eine Pflanze gedeiht etwa, weil du sie gut pflegst.

Tatsächlich bist du täglich mit einer so unglaublich großen Zahl an Feedbacks konfrontiert, dass du unmöglich alles wahrnehmen und dir darüber den Kopf zerbrechen kannst. Ein wichtiger Aspekt des Feierns ist daher, das Wichtige vom Unwichtigen zu unterscheiden – und dann die richtigen Schlussfolgerungen zu ziehen. Dafür brauchst du Zeit. Und diese Zeit, die nehmen wir uns leider viel zu selten.

Auf den folgenden Seiten haben wir ein paar Beispiele zusammengestellt, die dir und deinem Team helfen, das Wahrnehmen und Auswerten von Feedback als wichtigen Aspekt des Feierns zu praktizieren. Selbstverständlich ist diese Praxis nicht nur am Ende eines Projektes nützlich. Du solltest sie am besten in bestimmten Rhythmen und als Routinen durchführen (↗ Seite 230).

Freundlichkeit macht Menschen froh. Sie verhalten sich ebenfalls freundlich, was wieder andere Menschen froh macht. Eine einfache positive Rückkopplung und das Ziel der weltweiten Bewegung »Random Acts of Kindness« (RAK), den »zufälligen Taten der Freundlichkeit«. Nicht immer mit Wissen der Beglückten. Ein paar ihrer Ideen findest du rechts. Probiere sie doch mal aus.

Verschenke heute so viel Lächeln, wie du kannst.

Finde etwas Neues über eine Kollegin oder einen Kollegen heraus.

Sprich aus, wenn dir etwas Positives an einem anderen Menschen auffällt.

Sprich heute mal nur gut über alle hinter ihrem Rücken.

Teile dein Wissen ohne eine Gegenleistung zu erwarten.

Vergib einem Menschen, der dich enttäuscht hat.

»ES GIBT KEINE BLOCKADEN. WIR SIND DIE BLOCKADEN.«

Was geschieht, wenn wir wichtiges Feedback nicht wahrnehmen? Es gibt eine Blockade. Lizandra Barbuto Gomez ist unabhängige Forscherin, Psychotherapeutin und Dragon Dreaming Trainerin aus Belo Horizonte in Brasilien. Jahrelang hat sie mit John Croft die Natur der Blockade in Projekten erforscht.

Was sind Blockaden?
Eine Blockade ist der Zustand vor dem Kollaps, also vor dem Stadium, in dem sich nichts mehr ändern lässt. Blockaden sind damit Umkehrpunkte. Sie verlangen von uns, genauer hinzusehen, etwas zu verändern, sich zu erholen, zu wachsen, zu entwickeln.

Woran erkenne ich sie?
Ein Symptom für Blockaden ist das Gefühl von Erstarrung, ein anderes sind Angst, Besorgnis oder Konflikte sowie der Wunsch nach Kontrolle. Ein weiteres Symptom ist, dass die Vorstellungskraft der Menschen steigt. Menschen werden misstrauisch, die wildesten Gerüchte entstehen. Allen Blockaden gemeinsam ist, dass sie den Fluss stoppen. Und auch, dass sie eine gute Gelegenheit sind, um zu wachsen und sich weiterzuentwickeln.

Welches sind die häufigsten Projektblockaden?
Die erste und wichtigste Blockade ist die Kommunikation im und um das Projekt, also im Projektrad die Achse vom Individuum zur Umwelt. Das ist die essenzielle Blockade, die so viele andere hervorrufen kann. Wenn wir etwa die Traumphase mit einer Blockade starten und diese nicht auflösen, erzeugt sie eine ganze Kaskade weiterer Blockaden. Dann entsteht ein toxischer Kreislauf, wie das Blockaden-Rad zeigt.

Daraus entsteht oft auch eine Blockade zwischen Theorie und Praxis. Meist sind wir Menschen so auf eine Theorie fixiert, dass wir unsere Ideen und Pläne nicht ändern möchten. Dann machen wir immer weiter, auch wenn das nicht funktioniert. Wir nehmen uns nicht die Zeit, innezuhalten, anderen zuzuhören und uns für Alternativen zu öffnen.

Welche Bedeutung haben Feedback-Kreisläufe?
Als menschliche Wesen sind wir ein offenes System. Das bedeutet, dass wir die ganze Zeit in unterschiedlichster Form Input bekommen. Diesen Input zu sehen, zu verstehen und zu integrieren ist das Feedback. Wenn Menschen nur nach dem schauen, was in einem Projekt gut läuft, sind die Risiken zu scheitern sehr viel größer.

Anhand des Projektrades von Dragon Dreaming betrachtet, bedeutet das: Wir müssen in jedem Quadranten wissen, was das Feedback ist, also der vierte Schritt. Wenn wir das rausnehmen, dann steigt die Wahrscheinlichkeit von Blockaden. Wenn wir es umsetzen, erzeugt Feedback die Energie, um die nächsten Schritte zu gehen.

Wie kann ich Blockaden überwinden?
Ursache einer Blockade ist meist etwas, von dem ich nicht weiß, dass ich es nicht weiß – etwas über mich selbst, das Projekt oder das Umfeld. Ich spüre vielleicht die Symptome: Ich bin paralysiert, argwöhnisch, kämpfe oder ziehe mich zurück.

Dann ist der erste Schritt, Demut zu zeigen und zu sagen: »Ich weiß nicht, was ich alles nicht weiß.« Wenn ich mich diesem Mysterium öffne, kann ich die nächste Stufe der Erfahrung erklimmen. Ich kann die Fakten, Daten und Informationen sammel. Aber ohne Bewertung, denn jede Bewertung kann etwas enthalten, das nicht wahr ist.

Deshalb sage ich auch gerne: Es gibt keine Blockaden in Projekten. Wir sind die Blockaden. Unsere Sichtweisen und Projektionen.

DAS BLOCKADEN-RAD

Lizandra Barbuto Gomez und John Croft erforschen seit 2013, warum und wie Projekte scheitern können. Auf diese Weise entstanden eine Reihe von Methoden und Konzepten, die Menschen dabei unterstützen, Feedback zu erkennen und dadurch Blockaden zu überwinden. Dazu haben sie zum Beispiel auch die Theorie U von Prof. Dr. Otto Scharmer, Kolbs Modell, die gestische und systemische Therapie sowie das systemische Denken miteinbezogen.

Viele Jahre haben die beiden gemeinsam Workshops überall in der Welt gegeben. Dabei haben sie einerseits ihr Wissen weitergegeben, andererseits haben sie aber auch nach den typischsten Blockaden in Projekten geforscht und sie ergründet. Ein Ergebnis dieser Rechercheреisen ist das Blockaden-Rad, das du rechts siehst. Es zeigt typische Blockaden, die in Projekten auftreten können. Lizandra und John haben sie nach den 16 Schritten des Projekt-Rades (↗ Seite 30) angeordnet. Du findest rechts im Kreis jeweils die Blockade fett in der Überschrift. Darunter hinter dem ↗ einen Hinweis, wie du sie überwinden kannst.

Weitere Informationen dazu findest du auch in Lizandras Thesis für die Gaia Universität in Brasilien ↗ *https://bit.ly/thesis-blockages*

Ein Projekt ist dann im Fluss, wenn der Austausch zwischen »Individuum« und »Umwelt« sowie »Theorie« und »Praxis« klappt. Gerät hier etwas ins Stocken, kommt es zu einer Blockade …

THEORIE

TRÄUMEN

Alternativlosigkeit
↗ Sprich authentisch

Keine Revision
↗ Erkenne, was du siehst

Manipulation
↗ Betrachte die Fakten

Falsch-/Fehlinformation
↗ Höre tiefer zu

Unverwundbarkeitsgefühl
↗ Teste die Grenzen

Demotivation
↗ Stärke das Vertrauen

Keine Auswertung
↗ Sage, was du denkst

Unbewusstheit
↗ Kläre Erwartungen

UMWELT

INDIVIDUUM

Zwang/Kontrolle
↗ Handle ethisch

Keine Reflexion
↗ Sieh, was du tust

Hochmut/Arroganz
↗ Übe Hingabe

Ignoranz
↗ Kultiviere Respekt

Strafe
↗ Kläre die Verantwortung

Lose-Lose-Situationen
↗ Übergib die Ergebnisse

Keine Evaluation
↗ Tue, was du sagst

Verlust von Fähigkeiten
↗ Schätze jeden Beitrag

PRAXIS

KRITIK EINLADEN

Damit wir als Individuum und als Team lernen und wachsen können, ist es unerlässlich, dass wir uns der Kritik öffnen. Meist fällt uns das schwer. Aufgewachsen in einer Welt der Win-Lose-Systeme, sind wir es gewohnt, dass Fehler schlecht und beschämend sind. Entsprechend bedrohlich oder beängstigend ist Kritik für uns: Trifft sie zu, musst du ja eingestehen, dass du nicht so gut warst, wie du hättest sein können oder sollen. Deshalb blocken wir sie oft lieber gleich ganz ab.

Wenn wir es schaffen, in einem Projekt und einer Gemeinschaft eine Win-Win-Kultur entstehen zu lassen, wandelt sich das. Auf einmal ist Kritik eine Hilfe, vielleicht sogar eine Erleichterung: »Aha, darum hat es bisher noch nicht so richtig geklappt.« Deshalb machen wir zum Beispiel ja auch Prototypen. Wir wollen gezielt die Schwachstellen in unserer Idee entdecken.

Oft haben wir erlebt, dass Menschen im Dragon Dreaming erstmals Kritik voller Dankbarkeit als ein Geschenk empfangen können. Wenn das geschieht, können alte Wunden auf beiden Seiten heilen. Denn auch für die Kritikgebenden ist es teilweise herausfordernd, ehrlich zu sein und ihr Feedback wohlwollend rüberzubringen. Es berührt sie zu erleben, dass Kritisierte ihre Sichtweise ernst nehmen.

Es ist allerdings genauso wichtig, konstruktive von destruktiver Kritik zu unterscheiden. Denn in einer Win-Lose-Kultur ist Kritik eine nützliche Waffe: Mit ihr kann ich die Konkurrenz verunsichern oder gar vernichten. Normalerweise ist der Tonfall dann verletzend und beschämend, die Kritik ist ungenau und pauschal oder oft auch sehr persönlich.

Schließlich hängt es auch von deinem Projekt ab, welche Kritik hilfreich ist und welche nicht. Manche Kunstprojekte und politischen Aktionen sollen polarisieren. Es wäre zum Beispiel unsinnig gewesen, hätte Greenpeace die Öl-Konzerne gefragt, ob sie die Plattform Brent Spar besetzen soll – auch wenn sie mit Sicherheit die größten Kritikerinnen ihrer Aktion waren.

Es gibt Menschen, die in diesem Zusammenhang zwischen »Kritik« und »Feedback« unterscheiden: Kritik ist demnach etwas, was du geben solltest, weil es etwas ist, das dich wirklich stört (zum Beispiel wenn jemand oft extrem unpünktlich ist und dich das viel Zeit kostet). Das erfordert manchmal Mut. Aber es ist besser, die Kritik frühzeitig zu geben, anstatt sie hinunterzuschlucken, bis du womöglich explodierst.

Feedback ist hingegen etwas, das du einem Menschen geben kannst, weil du Verbesserungspotenzial siehst (zum Beispiel dass er bei einem Vortrag weniger mit den Armen rudern sollte). Letzteres solltest du nur tun, wenn es erwünscht ist.

MIT ANDEREN LERNEN

Es kann sehr lehrreich sein, sich mit anderen Gemeinschaften, Teams und Organisationen auszutauschen, die ein ähnliches Projekt verfolgen, ähnliche Zielgruppen, Probleme und Möglichkeiten haben. Vielleicht seid ihr in einem Bereich weiter und könnt euer Wissen teilen – und in einem anderen Bereich ist es umgekehrt. Fragt euch dazu doch einfach mal:

- Welche Projekte oder Organisationen gibt es, die ähnliche Ziele verfolgen wie wir?
- Gibt es in eurem lokalen Umfeld Projekte oder Organisationen, mit denen ein interessanter Erfahrungsaustausch denkbar wäre? Solche zum Beispiel, die vor ähnlichen Problemen und Herausforderungen stehen, wie ihr?
- Welche Projekte oder Organisationen haben ihre Erfahrungen und Erkenntnisse in Form von Berichten und Ähnlichem (↗ Seite 278) verbreitet? Welches Wissen könntet ihr auf diese Weise gewinnen?
- Gibt es allgemeine Studien oder Beratungsangebote, die euch unterstützen und weiterhelfen könnten?

DIE GRÖSSTE KRITIK

Jedes Projekt hat Unterstützende und Kritisierende. Manche davon sind eher passiv, andere aktiv (↗ Seite 111). Meist freuen wir uns über die Menschen, die uns aktiv unterstützen – und meiden diejenigen, die uns aktiv bekämpfen. Dabei könntest du von letzteren eine ganze Menge lernen. John Croft hat aus diesem Grund eine Vorgehensweise entwickelt, mit der ihr den Wissensschatz dieser Drachen für euer Projekt heben könnt:

1. Kommt als Team zusammen und findet die Menschen, die euch unterstützen oder kritisieren. Feiert anschließend, dass es die Kritikerinnen und Kritiker als Quelle von Wissen gibt.

2. Wählt ein Gruppenmitglied, das diese Person(en) aufsucht, sie nach ihrer Kritik befragt und alles akribisch aufschreibt.

3. Nun kommt ihr als Team wieder zusammen und schaut euch die Kritik an. Geht Punkt für Punkt alles durch und erarbeitet Lösungsvorschläge. Dazu braucht ihr manchmal viel Zeit und Energie, aber es kann auch viele Aha-Momente liefern.

4. Mit diesen Ergebnissen geht das ausgewählte Teammitglied wieder zu der kritischen Person und zeigt sie ihr. Diese wird vielleicht Einwände oder eigene Vorschläge haben. Das Teammitglied notiert sich diese wieder und kommt damit zurück zur Projektgruppe, die sich mit den Veränderungen und Vorschlägen auseinandersetzt.

5. Eventuell müsst ihr dann noch eine Feedback-Runde mit der kritischen Person machen. Es wird jedoch der Augenblick kommen, an dem alle Kritikpunkte beantwortet sind.

6. Jetzt könnt ihr diesen Menschen feiern und euch bei ihm bedanken. Vielleicht wollt ihr ihn dazu sogar ins Team einladen und womöglich in einen Unterstützenden verwandeln.

WICHTIG Die Arbeit mit aktiven Widerstandstragenden hat auch Einfluss auf die anderen Stakeholder. Achtet darauf, dass die Änderungen nicht dazu führen, dass:

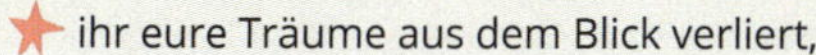

- ihr eure Träume aus dem Blick verliert,
- eure Intention so verwischt, dass sich eure Unterstützenden nun weniger mit eurem Projekt identifizieren und aus aktiven womöglich passive Unterstützende werden,
- ihr wichtige Werte aufgebt oder hintenanstellt.

FEEDBACK-MEETINGS

Dragon Dreaming ist nicht dann besonders hilfreich, wenn du dich punktgenau an alle Anleitungen hältst. Es bringt euch vor allem dann weiter, wenn ihr durch Feedback, Selbstbeobachtung und Reflexion nach und nach lernt, wie welche Methoden und Prozesse für euch und euer Projekt am besten geeignet sind. Genau dazu sind Feedback-Meetings wichtig.

In diesen Meetings begebt ihr euch gemeinsam in die Adler-Perspektive: Funktioniert unsere Kommunikation? Nutzen wir die richtigen Methoden und Prozesse? Gibt es fachliche oder technische Schwierigkeiten? Am Ende eines Feedback-Meetings solltet ihr einen Lösungsvorschlag auswählen, den ihr bis zum nächsten Treffen anwendet und auf seine Tauglichkeit prüft. Das kann zum Beispiel eine neue Teamregel sein, die für alle gilt. Oder auch eine Maßnahme, die eine oder mehrere Personen umsetzen. Weniger ist dabei oft mehr.

Feedback-Meetings solltet ihr regelmäßig machen. Zum Beispiel alle vier Wochen. Sie geben euch die Chance, bisher Unerkanntes gemeinsam sehen zu lernen, bisher Ungesagtes auszusprechen und so Neues über euch, die anderen, euer Team oder euer Umfeld zu lernen.

Diese Meetings können euch Klarheit schenken. Sie verlangen aber auch Mut, denn ihr solltet dabei schon die eigentliche Ursache aufdecken und nicht nur über die Symptome sprechen. Das erfordert Wertschätzung und Vertrauen. Hier geht es nicht um Schuldzuweisungen! Achtet deshalb darauf, in welcher Phase der Gemeinschaftsbildung ihr steckt (↗ Seite 200) und ob euch versteckte Machtkämpfe in die Quere kommen.

Bedenkt auch die Persönlichkeit jedes einzelnen Teammitglieds. Niemand sollte über die Schmerzgrenzen von Schuld, Scham oder Angst gestoßen werden. Deshalb kann es anfangs und/oder bei heißen Themen sinnvoll sein, für solche Meetings eine gute externe Moderation einzuladen.

Anzeichen dafür, dass mit euren Feedback-Meetings irgendetwas nicht stimmt, sind: Sie werden immer kürzer und/oder langweiliger. Etwa, weil das Vertrauen im Team fehlt und sich die Menschen nicht wirklich öffnen. Sie haben Angst vor Konflikten, es fehlt an Commitment oder der persönliche Erfolg steht über dem des Teams.

Alles richtig macht ihr, wenn euch die Feedback-Meetings mehr Klarheit und Bewusstsein bringen, wenn das Vertrauen und die Wertschätzung unter euch wachsen und ihr immer effizienter, sinnstiftender und zufriedenstellender zusammenarbeitet.

Rechts: Der Feedback-Stern ist ein Werkzeug aus der gewaltfreien Kommunikation, das dir helfen kann, ein heikles Feeedback-Gespräch vorzubereiten. Suche dir eine konkrete Begegebenheit aus und schildere möglichst genau, worum es dir geht. Dieses Erlebnis sollte einen Kern des Konfliktes betreffen und/oder einen wichtigen Wendepunkt.

KAIZEN

Das japanische Wort steht für den Wandel (kaj) zum Besseren (zen). Die Idee dabei ist, die eigenen Annahmen stetig zu hinterfragen, um schrittweise eine Win-Win-Lösung für alle Beteiligten anzustreben. Die zehn Regeln lassen sich sinnvoll übertragen:

- Stelle den Ist-Zustand infrage
- Frage, wie es getan werden kann
- Höre auf, dich zu entschuldigen
- Suche nicht nach der sofort perfekten Lösung
- Korrigiere Fehler sofort
- Gib kein Geld für Kaizen aus
- Weisheit kommt, wenn es Schwierigkeiten gibt
- Frage fünfmal nach dem »Warum?« und suche die Hauptursache
- Zehn Köpfe sind besser als einer
- Kaizen endet niemals

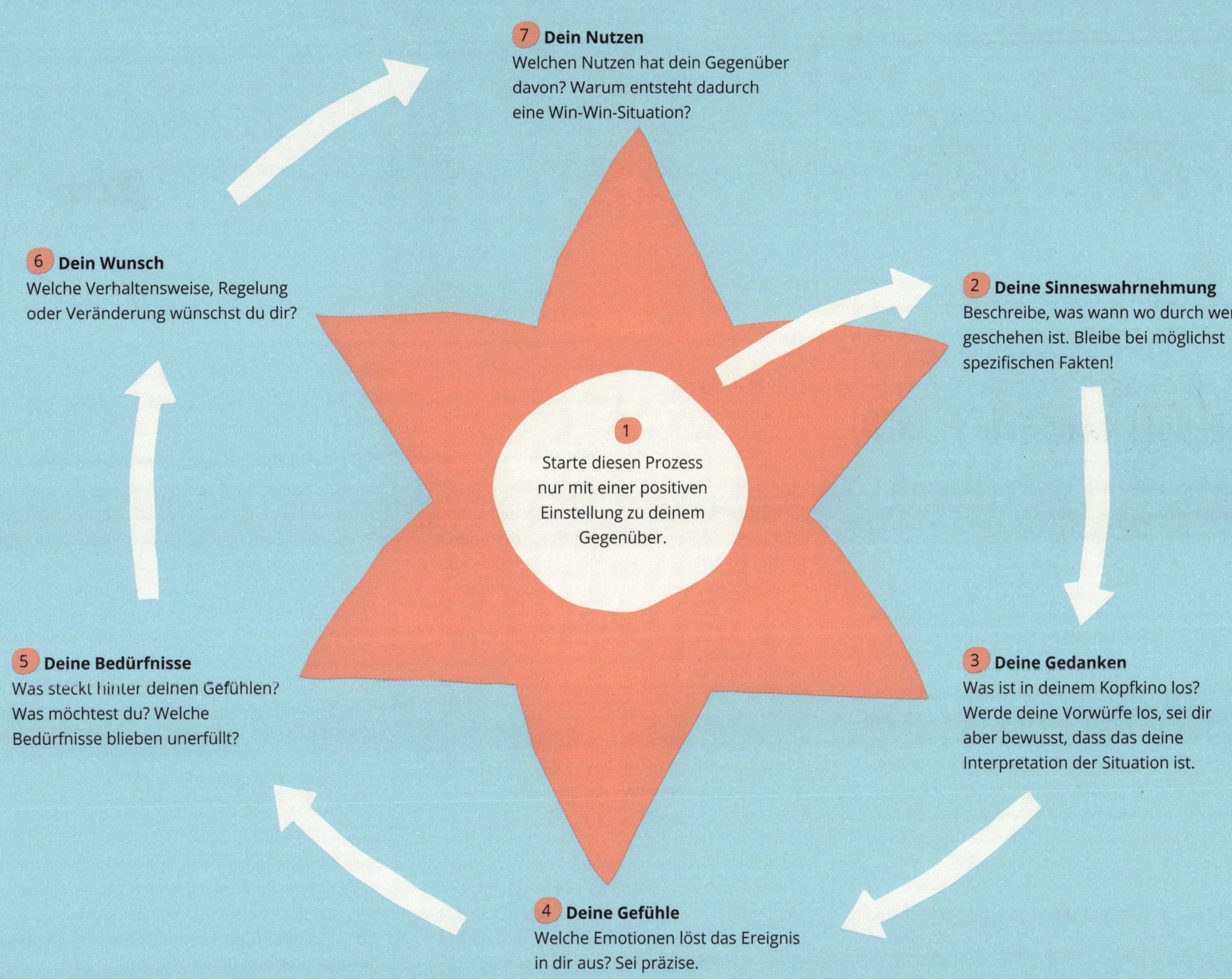
7 Dein Nutzen
Welchen Nutzen hat dein Gegenüber davon? Warum entsteht dadurch eine Win-Win-Situation?
6 Dein Wunsch
Welche Verhaltensweise, Regelung oder Veränderung wünschst du dir?
2 Deine Sinneswahrnehmung
Beschreibe, was wann wo durch wen geschehen ist. Bleibe bei möglichst spezifischen Fakten!
1
Starte diesen Prozess nur mit einer positiven Einstellung zu deinem Gegenüber.
5 Deine Bedürfnisse
Was steckt hinter deinen Gefühlen? Was möchtest du? Welche Bedürfnisse blieben unerfüllt?
3 Deine Gedanken
Was ist in deinem Kopfkino los? Werde deine Vorwürfe los, sei dir aber bewusst, dass das deine Interpretation der Situation ist.
4 Deine Gefühle
Welche Emotionen löst das Ereignis in dir aus? Sei präzise.

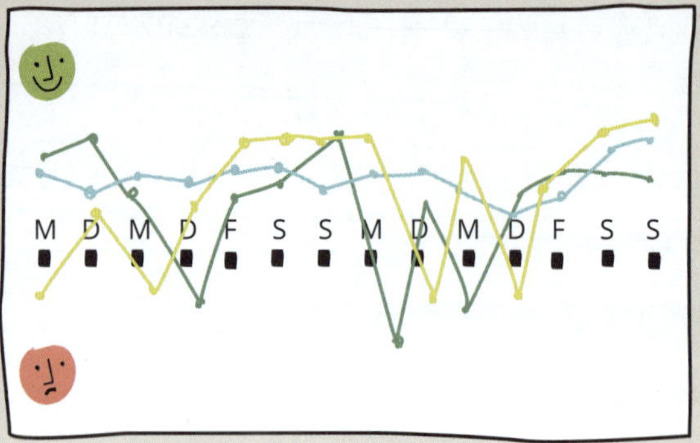

FEEDBACK-MEETING PLANEN

Es gibt so viele verschiedene Möglichkeiten, ein Feedback-Meeting durchzuführen, wie es Feedback-Meetings gibt. Grundsätzlich ist es jedoch hilfreich, wenn es der Struktur von »Check-in«, »Reflexion« (Feiern), »Träumen«, »Beschlüsse fassen« (Planen) und »Check-out« folgt. In der folgenden Anleitung findest du Ideen, die sich an den Methoden von Dragon Dreaming orientieren.

1. CHECK-IN

Es schafft eine schöne Atmosphäre, wenn ihr das Meeting mit einem Gedicht, einer Pause der Stille, einem Energizer oder Ähnlichem beginnt. Nachdem die Moderation den Ablauf gezeigt hat, können alle Teilnehmenden die drei Dragon-Dreaming-Fragen (↗ Seite 40) beantworten.

TIPP Hängt eure Mia-Mia-Regeln gut sichtbar auf. Jedoch können auch sie mal Gegenstand eines Feedback-Meetings sein ...

2. REFLEXION

Nun schaut ihr gemeinsam, wo ihr gerade steht. Je nach euren Bedürfnissen können zum Beispiel folgende Methoden hilfreich sein:

Die Kraftfeld-Analyse (↗ Seite 112) Diese Methode hilft dir bei der Planung, aber auch bei der Analyse. Ihr könnt dabei auch auswählen, ob ihr euch ausschließlich euren eigenen Stärken und Schwächen widmen möchtet. Und/oder ob ihr schauen möchtet, was euer Projekt generell schiebt und bremst.

Die Stimmungskurve (↗ Seite 54) Zeichnet auf ein Flipchart horizontal eine Zeitachse (etwa vom letzten Feedback-Meeting bis heute) mit allen Wochentagen. Die vertikale Achse zeigt die Stimmungslage von »schlecht« über »neutral« bis »super«. Nun tragen alle Anwesenden ihre Stimmung pro Tag ein und verbinden die Punkte zu einer Linie. Die Kurven werden nicht mit Namen versehen, sodass sie halbanonym sind. Alle Ausreißer nach oben oder unten besprecht ihr im Team. Versucht zu ergründen, was dazu geführt hat. Ergibt sich daraus Handlungsbedarf?

Die Teamphase (↗ Seite 200) Markiert mit Bändern die zwei Achsen des Projektrades auf dem Boden in der Mitte eures Sitzkreises. Legt in die vier Quadranten Zettel mit den Aufschriften »Forming«, »Storming«, »Norming« und »Performing«. Geht anschließend schweigend im Raum umher. Jede Person stellt sich schließlich an den Ort im Rad, an dem sie die Gruppe gerade sieht. Nutzt dabei auch das Wissen eures Körpers. Betrachtet in Stille, wie die Gruppe steht. Besprecht das Ergebnis. Wo seht ihr Veränderungsbedarf (ohne bereits eine Lösung zu nennen)?

Die fünf »Warum« (↗ Seite 98) Je nach Ergebnis eurer Übung ist es vielleicht notwendig, tiefer zu gehen zu den eigentlichen Ursachen. Dabei kann euch zum Beispiel die Übung der »Fünf Warum« helfen. Wenn ihr euch dabei im Kreis dreht oder bei Aussagen landet wie, »weil das eben so ist«, gibt es in eurem Team vermutlich ein Tabu-Thema, um das ihr euch drücken möchtet.

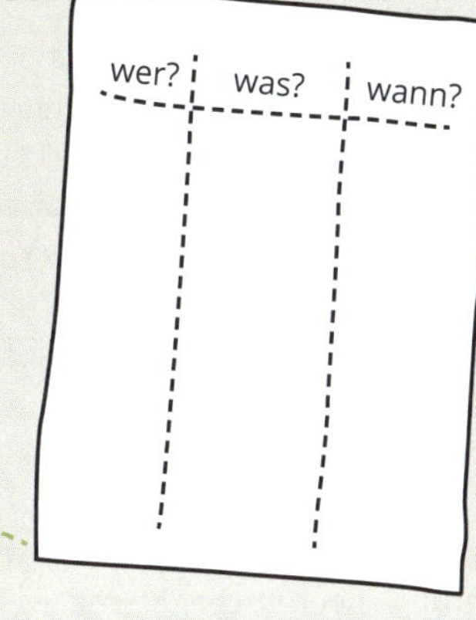

3. TRÄUMEN

In diesem Schritt geht es darum, Alternativen zu finden. Dazu könnt ihr die Methode des Traumkreises zweckentfremden. Bezogen auf euer Projekt insgesamt könnte euch dabei eine Frage helfen wie: »Stellt euch vor, wir hätten das Projekt gestern perfekt abgeschlossen. Nun kommt jemand von einem ähnlichen Projekt und fragt dich: Wie habt ihr das geschafft?«

Geht es um etwas, das nur einen kleineren Zeitraum umfasst, könnt ihr die Frage abwandeln. Zum Beispiel: »Stellt euch vor, wir sind am Ende des Monats und alles ist einfach super gelaufen. Was zeichnet diesen Monat aus?«

Wie beim Traumkreis beantworten die Teilnehmenden die Frage mit jeweils einem Punkt pro Runde. Es geht dabei gezielt um die Themen, die ihr zuvor behandelt habt. Macht euch also zum Beispiel eure Stärken und Schwächen dazu bewusst und überlegt euch, wie ihr das eine nutzen und das andere ausgleichen könnt. Es wird nichts kritisiert oder hinterfragt.

Wenn alles ausgesprochen und notiert ist, dann feiert euer Ergebnis – zum Beispiel, indem ihr alle Träume noch einmal laut vorlest und beklatscht und bejubelt. Genießt das Gefühl, so eine tolle Erfahrung gemacht zu haben!

4. PLANEN

Im letzten Teil des Feedback-Meetings setzt ihr gemeinsam ein Beschlussprotokoll auf.

Neue Maßnahmen und Regeln Die Moderation bittet die Teilnehmenden, auf Karten zu notieren, welche konkreten Maßnahmen das Team ergreifen möchte, um den Traum zu verwirklichen – oder welche neuen Regeln es sich geben will.

Priorisieren und auswählen Je nachdem, wie stark und umfangreich der Handlungsbedarf ist, können hier nur wenige oder auch sehr viele Zettel zusammenkommen. Gegebenenfalls kann es sinnvoll sein, Themen zu clustern (↗ Seite 89) und/oder mit der Drei-Punkt-Wahl ein bis drei Maßnahmen oder Regeln auszuwählen, die ihr als Erstes angehen wollt, weil sie alles andere unterstützen (↗ Seite 91). Wichtig: Weniger ist in diesem Fall mehr!

Sollte das zu keinen guten Ergebnissen führen, könnt ihr mithilfe eines Aufwand-Relevanz-Rasters (↗ Seite 193) prüfen, wie der jeweilige Aufwand einer Maßnahme oder Regel im Verhältnis zur ihrer Wirkung steht.

Das Beschlussprotokoll Haltet in einer To-do-Liste fest, was von wem bis wann gemacht werden soll.

5. CHECK-OUT

Zum Abschluss bietet sich eine Runde an, in der alle ihre Stimmungslage, ihre Einsichten und Vorsätze teilen. Zum Beispiel durch Fragen wie:

- Wie geht es dir?
- Was war dein wichtigster Aha-Moment in diesem Meeting?
- Was wirst du ab jetzt anders machen?

WICHTIG: BESCHLUSSKONTROLLE

Beim nächsten Meeting solltet ihr zu Beginn das Beschlussprotokoll aufhängen und auswerten. Zum Beispiel können alle Anwesenden die Maßnahmen und Regeln mit verschiedenfarbigen Punkten für »läuft …« (etwa grün), »geht so …« (gelb) oder »war nix …« (rot) versehen, um ein allgemeines Stimmungsbild zu erzeugen. Für die Beschlüsse mit vielen roten Punkten könntet ihr dann nach besseren Alternativen suchen.

BUDDY-COACHING

»Isolation tötet Träume«, sagt die Amerikanerin Barbara Sher in ihrem TEDx-Talk[2] und erzählt. Sie war 36, frisch geschieden, hatte zwei kleine Kinder und war komplett pleite in New York City, als sie eines entdeckte: Damit sich deine Träume erfüllen, kommt es nicht darauf an, ob du an dich und deine Träume glaubst. Es kommt darauf an, ob du eine Gemeinschaft hast, mit der du feierst.

Zu dieser Einsicht kam sie, als sie eine Selbsthilfegruppe neurotischer Menschen leitete, die sich einmal in der Woche abends trafen. Darunter ein wirklich hässlicher und unsympathischer Mann namens Ronnie – der sich eine Frau wünschte. Niemand in der Gruppe glaubte so wirklich daran, dass Ronnie eine Frau finden könnte. Doch sie machten sich daran, sein Äußeres und seine Kommunikationsfähigkeit zu optimieren und organisierten Partys mit Frauen, die möglicherweise Interesse haben könnten.

Nur wenige Wochen später hatte Ronnie eine Freundin. Natürlich kam er nun seltener zu den Treffen und irgendwann ging den anderen auf, dass Ronnie von ihnen der einzige war, der abends nicht alleine ins Bett ging ... Da erkannte Barbara Sher, dass es nicht an unserer Einstellung liegt, ob wir Träume verwirklichen können. Es liegt daran, ob wir sie aussprechen und ob es Menschen um uns herum gibt, die uns dabei unterstützen, sie zu erfüllen.

Aus dieser Erfahrung heraus entwickelte sie die Idee der »Erfolgsteams«, die sich überall auf der Welt verbreitet hat: Vier bis sechs Menschen treffen sich regelmäßig, um sich gemeinsam ihre Träume bewusst zu machen, die Hindernisse auf dem Weg zu ihnen auszumachen und sich dann gegenseitig dabei zu unterstützen, diese zu überwinden – selbst die scheinbar unmöglichen.

Warum aber schreiben wir über diese Geschichte im Abschnitt »Feiern« und im Kapitel »Feedback«? Nun, weil so ein Erfolgsteam uns ein Feedback auf unsere Träume gibt und uns motiviert, dranzubleiben und sie zu verwirklichen. Die Methode ist damit ein tolles Beispiel dafür, was Menschen alles erreichen können, wenn sie gemeinsam eine Win-Win-Kultur des Feierns praktizieren.

Diese Idee lässt sich auch auf Projekte und Organisationen übertragen – vor allem wenn es keine Vorgesetzten gibt, ist dies ein hilfreiches Instrument, um das Commitment und die Eigenverantwortung jeder einzelnen Person zu stärken. Zum Beispiel gestalten wir die Dragon-Dreaming-Trainer:innenausbildung in sogenannten Buddy-Teams. Das gemeinsame Feiern motiviert und die Menschen lernen voneinander mindestens genauso viel wie von den Ausbildenden.

Wichtig ist, dass das Vertrauen in der Gruppe durch eine gute Mischung aus Offenheit und Toleranz da ist: Menschen halten mit ihrer Meinung nicht hinter dem Berg, sind aber auch bereit, dazuzulernen und andere Ansichten zu respektieren. Außerdem braucht es genug Commitment und Verantwortung von allen, damit die Treffen mit der Zeit nicht einschlafen.

ERFOLGSTEAMS

Erfolgsteams sind Gruppen aus 3–6 Menschen, die sich nicht kennen und auch nicht zusammen ein Projekt verwirklichen wollen. Es hilft jedoch, wenn sie in einem ähnlichen Kontext leben oder arbeiten, damit sie die Herausforderungen der anderen verstehen.

Die Gruppe trifft sich alle ein, zwei oder drei Wochen für zwei bis sechs Monate. Das Ziel ist es, dass alle zumindest einen beruflichen oder privaten Traum umsetzen. Der Ablauf der Treffen sieht in etwa wie folgt aus:

1. **Einstieg:** Wo stehe ich? Was ist seit dem letzten Treffen passiert? Was habe ich erreicht? (zirka 5 Minuten pro Person)

2. **Unterstützungsphase:** Wo bin ich ins Stocken geraten? Welche Infos benötige ich, damit ich weiterkomme? Wo komme ich nicht so voran, wie ich dachte? (15–20 Minuten pro Person)

3. **Hausaufgaben:** Ein Mitglied hält die Schritte bis zum nächsten Treffen fest und verschickt die Liste an alle Teilnehmenden. Jedes Mitglied notiert sich die eigenen Schritte. (2 Minuten pro Person).

Ein Treffen sollte nicht länger als 2,5 Stunden dauern. Bei Schritt 1 und 3 sollten alle mitmachen. Bei Schritt 2 nur diejenigen, die sich Unterstützung wünschen. Die Organisation und Moderation der Treffen routiert.

BUDDY-TEAMS

Die Tiefenökologin und Buddhistin Joana Macy inspirierte John Croft zu der Praxis der Buddy-Teams. Die Idee dahinter ist, sich gegenseitig bei der persönlichen Weiterentwicklung zu unterstützen und gemeinsam das zu feiern, was ist.

Dazu schließen sich zwei Menschen zusammen und treffen sich in regelmäßigen Abständen, zum Beispiel einmal in der Woche, alle zwei Wochen oder einmal im Monat. Dabei gibt es zwei Rollen: Eine Person stellt die rechts genannten zwölf Fragen, hört tief zu und notiert die Antworten. Die andere Person antwortet. Anschließend tauschen die beiden die Rollen.

In der Praxis hat sich gezeigt, dass diese Teams auch gut zu dritt oder zu viert funktionieren. Einerseits finden die Treffen regelmäßiger statt, weil mehr Menschen dafür sorgen. Andererseits müssen die Teams dann aber auch mehr Zeit für die Treffen einplanen, weil die Runde größer ist.

DIE 12 BUDDY-FRAGEN

1. Was wolltest du seit unserem letzten Treffen erreichen? Hast du es erreicht? Wenn nicht: Willst du es immer noch tun?

2. Welche weiteren Aufgaben möchtest du bis zum nächsten Treffen erledigen? Wie tragen diese zur Erfüllung des gesamten Traumes bei?

3. Wer sollte dabei involviert sein? Wer wird von diesen Aufgaben berührt?

4. Wie willst du diese Aufgaben umsetzen? Und wie willst du die Menschen einbeziehen, die von den Aufgaben berührt sind?

5. Welche physischen, mentalen, spirituellen, finanziellen, zeitlichen oder anderen Ressourcen brauchst du dafür?

6. Wann wirst du was gemeinsam mit wem tun? Wie sehen deine konkrete Planung und der Ablauf aus?

7. Wann solltest du mit der Aufgabe beginnen? Und wann sollte sie beendet sein?

8. Wie könntest du dich selbst sabotieren? Was könntest du tun oder denken, um die Aufgabe doch nicht zu erledigen?

9. Was kannst du tun, um dich zu motivieren? Wo, wann und wie müsste die Arbeit geschehen, damit du sie besonders gerne tust?

10. Wie sahen deine Antworten auf diese Fragen das letzte Mal aus? Hat sich dadurch etwas verändert, das dich zufriedener macht? Hast du das schon gefeiert?

11. Ist dein Projekt erfolgreich hinsichtlich seiner Wirkung auf die Umwelt und alle, die mit dem Projekt zu tun haben? Hast du das kommuniziert und gefeiert?

12. Wie geht es dir jetzt? Gibt es noch etwas, worüber du sprechen möchtest?

MAXIMIERE DEINE AHAS

Das Feiern – verstanden als Feebackschleife und letzten Schritt eines sich selbst beeinflussenden Rückkopplungsprozesses – lässt sich auch als ersten Schritt hin zu neuen Erkenntnissen sehen. Feiern bereitet Aha-Momente vor. Und Aha-Momente haben im Dragon Dreaming eine besondere Bedeutung. John Croft schreibt dazu:

»Edgar Mitchell, der Mondfahrer der Apollo 14, hatte ein Aha-Erlebnis, auf das ihn nichts in seinem Leben vorbereitet hatte. Als er sich dem Planeten näherte, den wir als Heimat kennen, war er von einer inneren Überzeugung erfüllt, die so sicher war wie jede mathematische Gleichung, die er je gelöst hatte. Er wusste, dass die schöne blaue Welt, in die er zurückkehrte, Teil eines lebendigen Systems ist, harmonisch und zeitlos. Und dass wir alle, wie er es später ausdrückte, ›an einem Universum des Bewusstseins‹ teilnehmen. Dies beschrieb er als den Aha- oder ›Big Picture‹-Effekt, als er zum ersten Mal den Mond, die Erde und die Sonne zusammen sah. …

So ein Aha-Erlebnis tritt ein, wenn wir entweder etwas, das wir für selbstverständlich gehalten haben, auf völlig neue Weise sehen – oder wenn wir etwas entdecken, von dem wir nicht wussten, dass wir es nicht wussten. Die erste Phase des Aha-Effekts besteht darin, dass ein Problem auftaucht, das trotz Prüfung aus allen möglichen Blickwinkeln unlösbar erscheint. Das geschieht meist, weil wir uns auf das fixieren, was uns bereits bekannt ist.

Der Aha-Effekt tritt plötzlich ein, wenn wir aus dem Rahmen dessen treten, was bereits bekannt ist. Wenn wir »das große Ganze« sehen, wie Mitchell das beschreibt. Aha-Effekte treten auch dann auf, wenn wir die Verbindung zwischen zwei Erfahrungen sehen, die wir vorher nicht erkannt haben. … Dragon-Dreaming-Projekte sollten Aha-Momente immer maximieren. … Die Forschung zeigt deutlich, dass mangelndes Vertrauen und Angst vor Urteilen immer zu konservativen Verhaltensweisen des »business as usual«, zum Rückfall in gewohnte Verhaltensmuster und zu einem Mangel an Spielraum führen, was die Kreativität minimiert.

Aha-Momente sind ansteckend. Geteilte Ahas vermehren sich. Dadurch entsteht Freundschaft. Diese steigert das Spiel. Das schafft Vertrauen und erlaubt uns, Risiken einzugehen. Das erhöht die Kreativität und damit die Ahas. Diese Kreativität ist mit einem Gefühl der Entspannung und des Wohlbefindens verbunden. Aus diesem Grund ist das Spiel so wichtig. Es hilft uns, besser zu denken, und macht uns zufriedener.«[3]

Um uns dabei zu unterstützen hat John den Appell »Maximiere deine Ahas« als Projekt aufgefasst und sich überlegt, was pro Schritt im Projektrad sinnvoll und wichtig wäre (siehe oben).

THEORIE
PLANEN
Erfahrungen auf neue Gebiete übertragen
Sich selbst leeren für neue Lösungen
Einen Ort finden, den du magst
Deiner Leidenschaft folgen
TRÄUMEN
Die Komfortzone verlassen
Intellektuelle Neugier pflegen
Nach neuen Wegen suchen
Die Welt mit neuen Augen sehen
INDIVIDUUM
UMWELT
HANDELN
Die Aufmerksamkeit von außen nach innen richten
Überraschungen zulassen
Tagträumen kultivieren
Augen schließen und Ahas finden
FEIERN
Unterstützendes Feedback suchen
Fehler als Lernerfahrung auswerten
Das Aha mit Freunden teilen
Tauglichkeit der Lösung testen
PRAXIS

WEISHEITEN FÜRS FEEDBACK

- Feedback ist die Antwort der Welt auf dein Handeln.
- Schaffe konstruktive Kreisläufe.
- Höre tief zu – dir selbst, den anderen und der Welt.
- Erkenne, worum es in Wahrheit geht.
- Lebe dich langsam in die Antwort hinein.
- Suche nicht nach der perfekten Lösung, gehe den nächsten Schritt.
- Halte es spielerisch.
- Dein größter Kritiker oder deine größte Kritikerin hilft dir am meisten.
- Maximiere Aha-Momente für dich und alle anderen.

ZEIT ZUM NACHDENKEN

An welchen Stellen und Etappen eures Projektes bindet ihr bewusst Feedback-Schleifen ein? Woher kommt das Feedback: Aus eurer Gruppe heraus oder von außen? Welche Erwartungen knüpft ihr an die Rückmeldungen?

PROJEKTE AUSWERTEN

Jedes Projekt will etwas in der Welt verändern, haben wir zu Beginn des Buches festgestellt. Es beginnt mit einem Traum, der Theorie. Ihr habt geplant, gemacht und getan. Jetzt, wo jede Aufgabe erledigt und alle Arbeiten abgeschlossen sind, ist es Zeit zu prüfen, was von dem, was ihr euch erträumt habt, tatsächlich in die Praxis umgesetzt ist.

Klar, schaut ihr euch in Feedback-Meetings und Evaluierungsprozessen auch schon zwischendurch an, ob ihr auf dem richtigen Weg seid. Doch nun zieht ihr ein Gesamtfazit. Daraus können alle etwas lernen: Du als Individuum, ihr als Team oder Gemeinschaft und die Welt insgesamt, wenn ihr eure Einsichten und Erfahrungen teilt. So ein abschließender Auswertungsprozess braucht jedoch Zeit und Geld. Vielleicht wollt ihr euch dazu in einem besonders schönen Seminarort einmieten. Vielleicht möchtet ihr eine externe Moderation engagieren. Oder womöglich wollt ihr auch einfach »nur« besonders leckeres und gesundes Essen kommen lassen.

Egal, wie ihr eure Auswertung gestaltet – ihr solltet diesen Punkt schon bei der Planung eures Projektes als feste Aufgabe mit einem festen Zeit- und Geldbudget in eurem Projektplan aufführen. Immer und grundsätzlich. Andernfalls geschieht es leicht, dass ihr am Ende des Projekts keine Zeit und kein Geld mehr dafür übrig habt. Vor allem, wenn bei dieser Auswertung auch schwierige Emotionen mit im Spiel sind, ist das dann eine willkommene Ausrede, um sich diesen letzten Schritt zu sparen.

Leider! Denn eine gelungene Auswertung schenkt euch nicht nur viele Erkenntnisse, sie kann sehr heilsam sein: Sie zeigt, dass Fehler nicht schlimm sind, wenn du daraus lernst. Du erlebst, dass du Schwäche eingestehen kannst, ohne Schaden zu nehmen. Und du erkennst dadurch meist auch, dass sehr viel mehr gelungen ist, als du zunächst vielleicht dachtest. Wenn das geschieht, fördert die Auswertung eine Win-Win-Lern- und -Fehlerkultur im Team. Es ist wie das Gegenteil von einem Teufelskreis : Jede positive Auswertung ermutigt Menschen, sich bei der nächsten noch ein bisschen mehr zu öffnen und dazuzulernen.

Übrigens: Es kann auch sinnvoll und schön sein, zu der Auswertung Stakeholder einzuladen. Diese Menschen können ein abschließendes Feedback von außen geben. Gleichzeitig stärkt es ihre Verbindung zum Projektteam – und schafft damit vielleicht schon die Basis für die Unterstützung eines Nachfolgeprojektes.

Theorie und Praxis: Wie gut war euer Plan? Wie realistisch eure Träume? Wie stark wart ihr in der Umsetzung? Und was könnt ihr daraus für das nächste Projekt lernen? Die unten stehende Matrix gibt Anhaltspunkte.

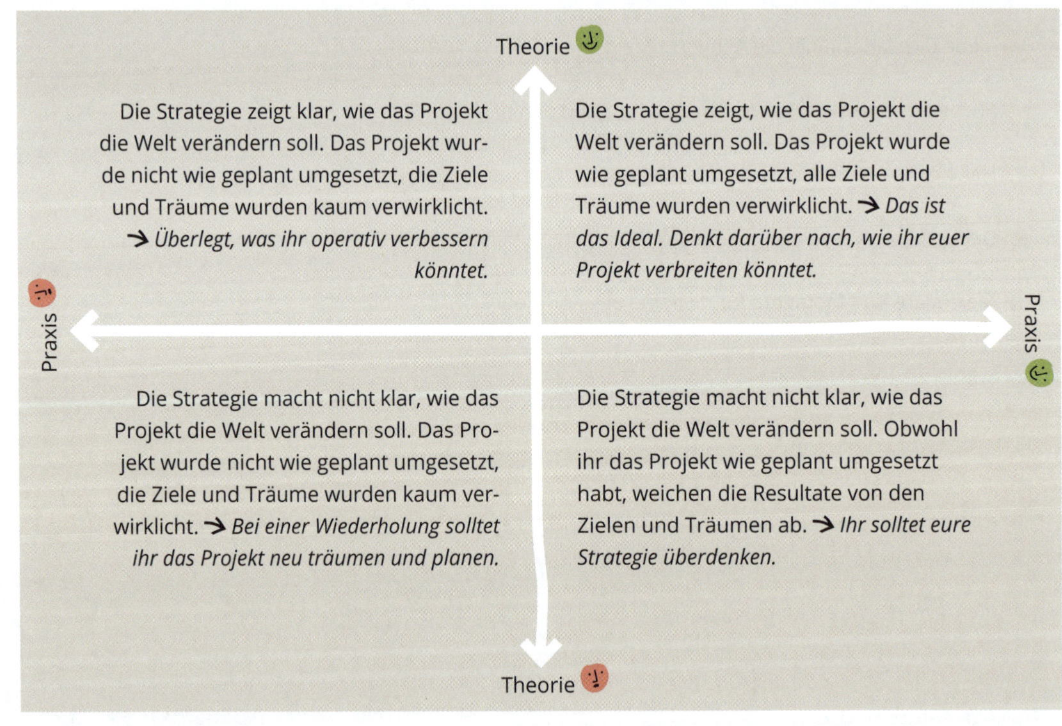

TRANSITION-FESTE

Was wäre, wenn es in jeder Nachbarschaft, jeder Straße und jeder Stadt mehrere, lose koordinierte Initiativen gäbe, die eine blühende und regenerative Kultur anzetteln? Was wäre, wenn diese Kultur an jedem Ort anders wäre, angepasst an die lokalen Bedingungen und Lebensstile? So ließe sich in etwa die Vision der Transition-Town-Bewegung zusammenfassen, einem weltweiten Netzwerk von Menschen, Gruppen und Organisationen.

Wir nutzten Dragon Dreaming, um für die Transition-Community in Italien zwei nationale Versammlungen mit rund 200 Leuten zu organisieren, die sogenannten »Transition-Feste«. Sechs Monate lang trafen wir uns einmal pro Monat oder sogar einmal pro Woche online. Das mag zunächst vielleicht ineffizient erscheinen. Doch für uns war es ein wichtiges Forschungsfeld, in dem wir ausprobieren und lernen konnten, wie wichtige Katalysatoren eines nachhaltigen Wandels funktionieren: selbstorganisierte Prozesse, effektive Teamarbeit und eine gesunde Kommunikation.

Die große Bedeutung des Feierns half uns, weitere Schichten der Beziehungspflege, Kunst und Verspieltheit in unser Projekt zu bringen. Als wir einige Jahre später noch einmal gemeinsam auf unsere Erfahrungen zurückblickten, stellten wir fest, dass diese Projektarbeit für viele von uns zu einer Referenz für wirklich gelungene Online-Teamarbeit geworden war. Hier sind zwei Praktiken, die wir damals eingeführt haben und heute noch anwenden:

Geschenke machen: Das haben wir damals in unserem Projektplan als Aufgabe eingeführt und seitdem in jedem Projekt wiederholt: »Jedes Teammitglied schenkt oder schickt allen anderen Teammitgliedern ein Geschenk.« Bei unserem Rückblick hielten wir sie in die Kamera: Es war schön und berührend, dass wir auch Jahre nach unserem Projekt den kleinen Stoffdrachen oder selbst gebastelten Anstecker aufbewahrten.

Reflexion am Ende des Projekts: Ein paar Monate nach jedem Fest versammelten wir uns noch einmal, um zurückzublicken, zu reflektieren und zu feiern. Wir sind auch noch einmal alle unsere Träume durchgegangen. Dabei wurde uns bewusst, dass sich tatsächlich hundert Prozent verwirklicht hatten – und zwar auch in den Fällen, bei denen ich zunächst meine Zweifel hatte, ob sie sich gleichzeitig verwirklichen ließen.

Zudem verwendeten wir eine Reihe von Fragen, die wir jedem Team empfehlen können, das eine Veranstaltung organisiert:

- Was ist in deinem Leben passiert, weil du bei diesem Projekt dabei warst?
- Welche Folgen hatte das Projekt auf lokaler Ebene?
- Welche hatte es auf nationaler und globaler Ebene?

↗ Deborah Rim Moiso mit Unterstützung des Dream Teams: Giovanni Santandrea, Manuela Trovato, Pierre Houben, Valentina Bortolussi.

»WAS WIR DEN ANFANG NENNEN, IST OFT DAS ENDE. UND ETWAS ZU BEENDEN BEDEUTET, ETWAS ANZUFANGEN.«

T.S. Eliot[1]

PROZESSE ABSCHLIESSEN

Am Ende des Zyklus schließt sich das Projektrad: Die Feier des einen Projektes bereitet den Boden für den Traum des nächsten vor. Nehmt euch die Zeit und wertet noch einmal alle eure Träume, Ziele, Pläne und Indikatoren aus. Haltet das Ganze spielerisch und achtet darauf, dass ihr dabei eine Win-Win-Kultur lebt.

1. TRAUMKREIS AUSWERTEN

Am Ende eines Projektes könnt ihr noch einmal euer Traum-Manifest vom Anfang herausholen. Hängt es für alle gut sichtbar auf. Beginnt mit einer Stille des tiefen Zuhörens und geht dann einen Traum nach dem anderen durch.

Ist die Person anwesend, die diesen Punkt geträumt hat, kann sie sagen, ob der Traum Wirklichkeit wurde. Manche nutzen dazu auch Prozentangaben, etwa »Dieser Traum hat sich zu 80 Prozent erfüllt«. Schreibt diese Zahl in einer auffallenden Farbe zum Traum dazu. Geht dann weiter zum nächsten.

Feiert jede Antwort, auch wenn sich der Traum nicht oder nur zu einem geringen Anteil erfüllt hat. Dazu könnt ihr klatschen, jubeln, tanzen, singen oder eine Feiergeste machen, die ihr im Team vereinbart habt. Ist der Traumgebende nicht anwesend, können die anderen schätzen, inwieweit sich der Traum erfüllt hat.

Zählt am Ende alle Prozentangaben zusammen und teilt sie durch die Anzahl der Träume. So erhaltet ihr einen ungefähren Schätzwert, inwieweit sich eure Träume durch das Projekt erfüllt haben. In der Regel ist dies weitaus mehr, als zunächst gedacht. Das liegt daran, dass Träume nicht unbedingt deckungsgleich mit den Projektzielen sind.

In einem Projekt hatten wir unsere eigentlichen Projektziele zum Beispiel krachend verfehlt. Dennoch gingen erstaunlich viele Träume in Erfüllung, nämlich solche, die mit Lernen, Gemeinschaft, Spaß und Freude zu tun hatten.

2. STRATEGISCHE ZIELE REFLEKTIEREN

Geht eure strategischen Ziele durch. Reflektiert, inwieweit ihr sie erreicht habt. Nutzt dazu womöglich die Ergebnisse eurer Indikatorenevaluation. Feiert dies, wie beim Auswerten des Traumkreises links beschrieben.

Fragt euch anschließend, was der Grund dafür war, dass ihr sie erreicht oder auch nicht erreicht habt. Lag es an den Zielen selbst? Waren sie unrealistisch oder unpassend? Lag es an eurer Strategie, also eurem Plan, wie ihr sie erreichen wolltet? Oder lag es an der Umsetzung – und wenn ja, woran genau?

Wichtig: Vermeidet unbedingt Schuldzuweisungen. Wenn ihr dies innerhalb eures Teams tut, fördert ihr die Angst davor, Fehler und Schwächen einzugestehen. Eine Win-Lose-Kultur entsteht. Das bringt euch nicht weiter.

Wenn ihr die Schuld nach außen verlagern möchtet, etwa zu Kunden und Kundinnen oder Zuliefernden, dann landet ihr ebenfalls in einer Sackgasse: Ihr rückt euch selbst in eine Position, in der ihr nichts verändern könnt.

3. PROJEKTPLAN SCHLIESSEN

Habt ihr einen Projektplan für das gesamte Projekt gemacht? Dann holt ihn noch einmal hervor und füllt – falls noch nicht geschehen – die Knotenpunkte der Aufgaben aus, die ihr fertiggestellt habt. Feiert dies.

Lasst euch dabei Zeit und tauscht euch darüber aus, wie die Aufgaben gelaufen sind: Welche Höhepunkte und Erfolgsgeschichten gab es? Welche Krisen und Misserfolge? Nehmt euch Zeit, um die dabei gewonnenen Ahas zu teilen und zu dokumentieren.

Schaut euch den Projektplan am Ende noch einmal insgesamt an: Gibt es Punkte, die noch offen oder sogar noch nicht mal angefangen sind? Warum ist das so? Gab es dabei Hindernisse? Oder waren die Aufgaben letztlich doch nicht so wichtig?

4. REFLEXION IM KREIS

Kommt abschließend in einem Kreis zusammen und beginnt die Reflexion mit einer stillen Pause des tiefen Zuhörens. Legt einen Redestein in die Mitte. Wer etwas sagen möchte, nimmt sich den Stein und spricht. Alle anderen hören tief zu. Anschließend kommt der Stein wieder in die Mitte und die nächste Person kann ihn sich nehmen.

Inhaltlich geht es darum, die gerade gewonnenen Einsichten noch einmal gemeinsam zu reflektieren. Dabei können Fragen helfen wie:

- Wie geht es mir?
- Was sind meine wichtigsten Ahas?
- Wofür bin ich dankbar?

Es ist schön, wenn sich an diese Reflexion ein fröhliches Fest, ein gemeinsames Essen oder irgendeine andere Art der ausgelassenen, entspannenden Feier anschließt.

IDEE: WARME DUSCHE

In abschließenden Feiern sollte es auf jeden Fall Raum für eine gegenseitige Wertschätzung und Dankbarkeit geben. Eine schöne Übung (von vielen) ist die »warme Dusche«: Dazu erhält jede Person einen DIN-A4-Zettel aus möglichst dickem Papier, das auf dem Rücken befestigt wird. Außerdem erhalten alle einen Stift (vielleicht in unterschiedlichen Farben).

In der nächsten halben bis dreiviertel Stunde laufen die Leute schweigend durch den Raum und schreiben auf die Zettel, was sie an der Person schätzen, die den Zettel auf ihrem Rücken trägt. Wer möchte, kann dabei auch schöne Musik abspielen. Den Zettel können die Menschen mit nach Hause nehmen und dort lesen und als Aufmunterung für trübe Tage aufbewahren.

TIPP: Die Übung lässt sich auch abwandeln:

- Anstatt die Zettel auf dem Rücken zu befestigen, steht ein Name oben auf dem Zettel. Alle Zettel gehen einmal im Kreis herum, sodass jede Person jeden Zettel einmal erhält.
- Über einen längeren Zeitraum hängen Umschläge an einem gut zugänglichen Ort, auf denen die Namen stehen. Die Leute können dort kleine Zettelchen mit ihren Wertschätzungen hineinstecken.
- Alle kommen im Kreis zusammen. Eine Person nach der anderen geht in die Mitte. Alle anderen sprechen in einem Stimmengewirr ihre Wertschätzung aus.

DIE POST-MORTEM-ANALYSE

Eine Post-Mortem-Analyse (PMA) ist immer dann sinnvoll, wenn dein Projekt oder ein Teilprojekt in einer Krise steckt oder sogar abgebrochen wurde. Also immer dann, wenn sich die Frage aufdrängt: »Was könnte ich tun, um in einer ähnlichen Situation einen positiveren Ausgang zu erreichen?«

Im Gegensatz zu einem normalen Feedback-Meeting oder Abschluss geht es darum, dass ihr den genauen Ablauf sauber nachzeichnet, um herauszufinden, an welchen Stellen ihr »falsch« abgebogen seid. Das Ziel ist, mögliche Handlungsalternativen zu entdecken und für die Zukunft aus der Krise oder dem Scheitern zu lernen.

Der Vorteil einer PMA ist nicht nur, dass ihr danach den gleichen Fehler in Zukunft nicht mehr so leicht macht. Sie hilft euch auch, negative Erlebnisse umzudeuten und eine positive Perspektive darauf zu entwickeln: »Das Projekt ging vielleicht in die Hose. Vielleicht sind sogar Freundschaften zerbrochen. Aber wir haben etwas Wichtiges daraus gelernt. Unser Leid war nicht umsonst.«

Natürlich ist so ein Treffen nicht gerade einfach. Viele Menschen scheuen die schwierigen Gefühle, die damit verbunden sind. Sie fürchten einen Verlust ihrer Reputation, Schuldgefühle oder Versagensängste. Deshalb sollte eine erfahrene und neutrale Person die PMA moderieren, die diesen Umstand offen anspricht und zu einem transparenten Umgang mit solchen Emotionen einlädt.

Sobald Schuldzuweisungen auftreten, sollte die Moderation das unterbinden. Ob sich diese nun an Personen im Team oder an externe Partner:innen oder Umstände richten – wenn ihr euch auf den Standpunkt zurückzieht »Erst wenn x passiert, können wir …«, sorgt ihr für Stillstand. Wenn ihr die PMA hingegen nutzt, um nach den Alternativen zu suchen, die ihr selbst umsetzen könnt, lernt ihr und eröffnet euch neue Handlungsspielräume.

Dazu ist jedoch Offenheit und Vertrauen nötig. Es hilft, gleich zu Beginn eine Regel der Verschwiegenheit zu vereinbaren: Alles, was hier gesagt wird, bleibt im Raum. Gleichzeitig könnt ihr am Ende der PMA aber auch überlegen, inwieweit ihr eure Erkenntnisse mit anderen teilen könnt: Was können andere aus euren Fehlern lernen? Ganz wichtig ist jedoch, dass alle der Veröffentlichung in genau dieser Form zustimmen.

Wenn eine PMA gelingt, hat sie eine sehr heilsame und positive Wirkung. Ihr erlebt dann, dass Fehler nicht nur schlimm, sondern auch lehrreich sind. Dass andere euch zutrauen, dass ihr euch ändern könnt. Und ihr werdet euch alle besser verstehen, denn ihr habt euch Seiten gezeigt, die ihr normalerweise nicht unbedingt preisgebt.

So entstehen Verbundenheit, Vertrauen, vielleicht sogar tiefe Freundschaften. So manche Wunde kann heilen. Menschen wachsen über sich hinaus. Mit anderen Worten: Ihr lebt eine Win-Win-Kultur.

STRUKTUR EINER PMA

Eine Post-Mortem-Analyse ist eine anspruchsvolle Aufgabe und muss sorgfältig vorbereitet werden. Allgemein lässt sich ihr Ablauf in folgende Schritte gliedern:

1. Die Vorbereitung: Wie lange dauert die PMA? Wer nimmt daran teil? Welche Daten über den Projektablauf sind wichtig?

2. Intro: Die Moderation begrüßt die Teilnehmenden und stellt die Agenda vor. Die PMA-Regeln werden vereinbart, etwa eine Verschwiegenheitsregel.

3. Ankommen: Die Teilnehmenden kommen emotional an, die Moderation sorgt für eine möglichst vertrauensvolle Atmosphäre.

4. Infos sammeln: Die zuvor gesammelten Daten werden präsentiert. Die Teilnehmenden ergänzen diese gegebenenfalls.

5. Ursachenforschung: Die Gruppe erforscht gemeinsam die tieferen Ursachen. Die Frage »warum?« steht im Vordergrund.

6. Suche nach Alternativen: Erst in einem zweiten Schritt bestimmt die Gruppe alternative Handlungsoptionen und Regeln. Sie entscheidet auch, inwiefern die Ergebnisse geteilt werden.

7. Abschluss: Er braucht genug Zeit, denn die Menschen brauchen Raum, um die Krise oder das Projekt emotional abzuschließen.

RITUAL: LOSLASSEN & VERZEIHEN

Schlimme Krisen oder gar gescheiterte Projekte hinterlassen oft tiefe Wunden. Es braucht Zeit, um sie zu verarbeiten und loszulassen. Darin liegt jedoch immer auch das Potenzial des persönlichen Wachstums, denn »jeder Drache bewacht einen Schatz«. Es ist immer sinnvoll, sich professionell dabei begleiten zu lassen. Bei eigenen schmerzvollen Erfahrungen des Scheiterns hat uns bereits das folgende Ritual geholfen. Das Loslassen und Verzeihen funktioniert allerdings erst, wenn du innerlich tatsächlich dazu bereit bist.

Schritt 1: Zur Ruhe kommen

Nimm dir ausreichend Zeit. Schön wäre es, wenn du einen halben Tag dafür hast. Zwei Stunden sind aus unserer Sicht das Minimum. Komm dann zur Ruhe und tue dir etwas Gutes. Mach dir einen Tee, meditiere, gehe spazieren, höre Musik oder etwas Ähnliches. Wenn du möchtest, kannst du auch die fünf Schritte der authentischen Kommunikation durchführen (↗ Seite 25).

Schritt 2: Alles rausschreiben

Nimm dir ein schönes Stück Papier und beantworte die folgenden Fragen im Modus des »Journaling«. Das bedeutet, dass du die Antworten nicht zensierst. Schreibe einfach auf, was aus dir herausströmt. Es darf, ja soll schlecht formuliert und gekrakelt sein. Niemand wird es lesen. Dieser Brief dient dir als Ventil.

- Was ist? Was muss ich akzeptieren?
- Was habe ich verloren? Was betrauere ich?
- Welche Hoffnungen, Träume und Erwartungen wurden enttäuscht?
- Welche Gelegenheiten verpasst?
- Welche Konflikte haben Wunden hinterlassen?
- An welche Erfahrungen in meinem beruflichen oder privaten Umfeld erinnert mich das? Welche Gefühle und Erinnerungen kommen hoch?
- Was habe ich dadurch trotz allem gewonnen?
- Was lerne ich aus den Erfahrungen?
- Wenn ich das Erlebte in einen größeren Kontext stelle: Was kann entstehen, weil dieser Traum sterben musste?

Schritt 3: Loslassen

Nimm dir nun einen weiteren Zettel und schreibe alles darauf, was du los- und hinter dir lassen möchtest. Du wirst ihn gleich loslassen. Entscheide, welche Option die richtige für dich ist:

- Grabe ein Loch in der Erde.
- Stelle dich an ein fließendes Gewässer.
- Entzünde ein Feuer oder eine Kerze.

Falte den Zettel zusammen, strecke deine Hand aus und lege ihn auf deine Handfläche. Schließe deine Augen, wenn du möchtest, und spüre, was du empfindest. Schließe die Hand um den Zettel und drehe den Handrücken nach oben. Halte sie über das Erdloch, das Feuer oder das Wasser und spüre, ob dein Körper loslassen kannst. Wenn dir das leichtfällt, kannst du vermutlich auch innerlich loslassen. Wenn es dir schwerfällt, gibt es noch etwas, das es aufzulösen gilt.

DIE ERNTE TEILEN

Spätestens am Ende eines Projektes geht es auch darum, das Geld, das durch die gemeinsame Anstrengung reingekommen ist, fair zu verteilen. Falls ihr das 20-Minuten-Budget immer wieder überarbeitet und aktualisiert habt, ergibt sich daraus vermutlich schon recht genau, wie viele Stunden jede Person eingebracht hat. Das lässt sich – mit dem Stundensatz multipliziert – relativ leicht in eine faire Summe pro Nase umrechnen.

Das heißt ... wenn du weder dieTauschlogik noch die Machtstrukturen infrage stellen möchtest, die hinter so einem Ansatz stecken. Denn zum einen ließe sich durchaus die Frage stellen: Wieso gehen wir davon aus, dass Menschen aufgrund ihrer »Leistung« bezahlt werden sollten? Und zum anderen wäre zu klären, was genau eigentlich mit »Leistung« gemeint ist.

Könntest du dir zum Beispiel vorstellen, dass jeder Mensch im Team einfach das bekommt, was er oder sie braucht? Ein Mensch mit einer großen Familie würde demnach mehr »verdienen« als ein Single. Jemand, der eine Weltreise plant, mehr als jemand, der gerade etwas geerbt hat. Überleg mal: Wäre unsere Welt so gestaltet, müssten wir uns alle nie wieder Sorgen machen. Wir müssten nichts für schlechte Zeiten sparen, denn wir könnten uns sicher sein, dass wir stets kriegen, was wir brauchen.

Klar ist das eine Utopie. Doch es gibt bereits Projekte, die mit tauschlogikfreien Modellen experimentieren: Die einen teilen die Ausgaben, zum Beispiel Wohngemeinschaften, Co-Working-Spaces oder Food-Coops. Andere teilen die Einnahmen, wie etwa Gruppen der Gemeinsamen Ökonomie (Gemök). Bei ihnen fließen – grob gesagt – alle Einnahmen in einen Topf und jedes Mitglied nimmt sich, was es braucht. Auch die Methode »Money Pile« (siehe rechts) will Leistung *und* Bedürfnisse in die Verteilungslogik einflechten.

Andere, wie etwa das Getränke-Kollektiv »Premium« in Hamburg, zahlen ihren Mitarbeitenden einen Einheitslohn. Vom Geschäftsführer bis zum LKW-Fahrer bekommen hier alle das gleiche Gehalt. Das soll Machtunterschiede und Ungerechtigkeiten aushebeln. Die Lohnlücke zwischen Männern und Frauen gäbe es dann zum Beispiel nicht mehr.

Es verlangt Mut und Offenheit, die Ernte anders als in gewohnter Weise zu verteilen. Noch schwieriger wird es, wenn nicht das herauskam, was ihr euch gewünscht habt – oder wenn ihr am Ende gar mit Verlusten dasteht und sich das Gefühl breitmacht »Es ist nicht genug für alle da.«

Solche Erfahrungen als Team gemeinsam in einer Win-Win-Haltung zu bewältigen ist eine echte Herausforderung, kann aber auch gewaltige Aha-Erkenntnisse auslösen. Deshalb solltet ihr das Thema der Verteilung unbedingt auch schon von Beginn eures Projektes an besprechen und daran arbeiten. Bezieht es in eure Träume, eure Pläne und eure Umsetzung mit ein und klärt rechtzeitig, wie ihr mit welchen Szenarien umgehen möchtet.

20-MINUTEN-BUDGET CHECKEN

Prüft an dieser Stelle doch noch einmal, inwieweit eure Schätzung beim 20-Minuten-Budget (↗ Seite 144) mit der Realität übereinstimmt: Vergleicht den geschätzten mit dem dokumentierten Aufwand. So lernt ihr, welche Tätigkeiten ihr bei der Planung nicht mitgedacht oder wo ihr euch verschätzt habt. Das sind hilfreiche Erkenntnisse, durch die ihr beim nächsten Projekt besser schätzen könnt.

MONEY PILE

Der »Money Pile« ist eine Methode, um am Ende eines Projektes das vorhandene Geld unter Menschen aufzuteilen. Dabei geht es allerdings nicht nur nach der Leistung der einzelnen Menschen, sondern auch nach ihren Bedürfnissen.

Gelernt habe ich die Methode von dem Trainer für gewaltfreie Kommunikation Dominic Barter. Ich war damals in Brasilien in dem Team, das seine Workshops mit über 200 Menschen mit organisierte, und lernte so, wie dort das Geld aufgeteilt wurde. In Brasilien nutzen viele Menschen den Money Pile und es gibt etliche Varianten.

Für den Money Pile setzen sich alle in einen Kreis. In die Mitte des Kreises kommt der Gesamtbetrag des Geldes, der verteilt werden soll. Das bedeutet, dass das Team zunächst alle Kosten abzieht. Diesen Betrag kann es auf einen Zettel schreiben. Manche legen auch Bohnen in die Mitte, wobei jede Bohne für einen bestimmten Geldbetrag steht und alle Bohnen zusammen die Gesamtsumme ergeben.

Dann beginnt die erste Rederunde, in der alle sagen, was sie für das Projekt getan haben. Dieser Austausch ist wichtig, denn in selbstorganisierten Projekten gibt es keine Vorgesetzten, die einen Überblick haben. So wissen natürlich nicht alle, was die anderen zum Gelingen des Projektes beigetragen haben.

Ich mag es, wenn es danach eine zweite Runde gibt, in der jede Person etwas zu ihren Bedürfnissen sagen kann, wenn sie das möchte. Dann sagt der eine vielleicht: »Ich hab demnächst hohe Zahnarztkosten.« Oder eine andere sagt: »Ich hatte die letzten Monate sehr wenige Aufräge und eine schwierige Zeit.« Anschließend geht es darum, das Geld zu verteilen. Es gibt Teams, die diesen Prozess öffnen. Jede Person kann dann Geld verteilen, wenn sie möchte. Es gibt keine Reihenfolge. Ich mag es allerdings lieber, wenn auch dies in einem Redekreis geschieht, denn so sind alle zumindest einmal dran, Geld zu verteilen.

Nehmen wir an, dass 10.000 Dollar im Topf sind. Dann sagt die erste Person vielleicht: »Ich würde gerne 1.000 an Jim geben, 5.000 an Jane und 2.000 an mich«. Anschließend begründet sie ihre Entscheidung und verteilt das Geld. Entweder indem sie eine entsprechende Anzahl Bohnen verteilt. Oder indem sie von dem Blatt Papier in der Mitte, auf dem die Gesamtsumme steht, kleine Stücke abreißt, die Betrag darauf schreibt und den genannten Personen gibt. Der verteilte Betrag wird vom Gesamtbudget abgezogen und die nächste Person ist an der Reihe.

Sie kann Geld aus dem Topf in der Mitte vergeben oder auch Geld von sich oder einer anderen Person nehmen und es verteilen. Sie könnte zum Beispiel sagen: »Ich nehme die 1.000 Dollar von Jim und gebe sie John«, und begründet dies. So geht es immer reihum, bis alle zufrieden sind. Das kann eine ganze Weile dauern. Dabei sind die Gespräche besonders wichtig, damit alle verstehen, warum jemand Geld verschiebt – vor allem wenn jemand einen Betrag von einem Menschen nimmt und ihn einem anderen gibt.

In dem Unternehmen Target Teal, das ich zusammen mit anderen gegründet habe, machen wir es ein bisschen anders. Wir haben hier einen gemeinsamen Topf, mit dem wir Arbeiten finanzieren, die wir für unser Unternehmen leisten. Viermal im Jahr machen wir dazu einen Money Pile. Dabei verwenden wir Prozentzahlen. Im Topf sind 100 Prozent. Jede Person erhält zehn Punkte. Pro Runde kann jede und jeder drei Punkte verteilen (würden wir alle zehn Punkte auf einmal vergeben, könnten wir uns gegenseitig zu sehr beeinflussen).

Wenn wir alle zehn Punkte verteilt haben, geschieht fast immer Folgendes: Zunächst nehmen wir Punkte von unserem eigenen Haufen und verteilen sie um. Und erst danach nehmen wir Punkte von anderen und teilen sie anders auf. Das passiert jedes Mal und es ist so, als würden wir uns mit jeder Runde immer etwas verletztlicher machen. Es ist sehr viel schwieriger, Geld von einem fremden Stapel zu nehmen als vom eigenen.

Der Money Pile eignet sich für Teams, die sich schon ein bisschen kennen und Vertrauen zueinander haben. In diesem Fall können alle durch die Methode viel über sich und die anderen lernen. Ich habe aber auch schon Projekte erlebt, bei denen eine klassischere Verteilung strikt nach Leistung besser gewesen wäre.

↗ *Tanya Stergiou, Facilitatorin für kollaborative Management-Modelle in Brasilien und Kanada sowie Co-Gründerin von Sociocratia Brasil und Target Teal. https://targetteal.com*

STORYTELLING NUTZEN

Nutzt Geschichten in eurem Bericht, um zu zeigen, was euer Projekt in der Welt positiv verändert hat. Findet zum Beispiel Teilnehmende eurer Angebote und erzählt, was euer Projekt in ihrem Leben bewirkt hat. Ihr könnt euch dabei an den Schritten der Heldenreise orientieren (↗ Seite 242) oder sie einladen, die Projektgeschichte aus ihrer Perspektive zu erzählen (↗ Seite 235).

WISSEN VERMEHREN

Es ist sinnvoll und hilfreich, manchmal sogar notwendig, über die Erfolge deines Projektes zu berichten. Zum Beispiel wollen Sponsoren, Fördernde oder Kooperationspartner:innen häufig wissen, ob sich ihr finanzieller Einsatz gelohnt und das Projekt die Wirkung erzielt hat, die sie sich zu Beginn davon versprochen haben.

Ein schöner Bericht hilft euch aber auch, in Zukunft Unterstützende zu finden, denn damit könnt ihr zeigen, wozu ihr fähig seid und was ihr bereits bewirkt habt. Außerdem könnt ihr damit andere Menschen mit ähnlichen Träumen ermutigen und unterstützen.

Überlegt euch, bevor ihr mit dem Bericht beginnt, welches genau eure Ziele sind, die ihr damit erreichen möchtet. Es kann durchaus hilfreich sein, dazu noch einmal einen Traumkreis zu machen, die Teilziele abzuleiten und einen Projekt-Spielplan inklusive Indikatoren zu erstellen.

Außerdem braucht ihr noch eine Kommunikationsstrategie – der beste Bericht nutzt schließlich nichts, wenn niemand davon weiß. Überlegt euch, an wen sich der Bericht wendet. Welche Inhalte sind für diese Menschen wichtig? Wo und wie könnt ihr sie erreichten? Und wann wäre ein guter Veröffentlichungszeitpunkt?

Ein schriftlicher Bericht ist meist das Kernstück einer Nachberichterstattung. Dazu kann es eine Veranstaltung geben, bei der das Schriftstück vorgestellt und die Kernergebnisse noch einmal mündlich zusammengefasst werden. Es kann aber auch ein Video, ein Newsletter, ein Blogpost oder ein Austausch in einer kleineren Gruppe sein.

Wichtig: Euer Bericht sollte transparent zeigen, welches eure Träume, Ziele und Indikatoren waren – und was davon ihr wie erreicht habt. Betreibt keine Schönfärberei! Glaubwürdigkeit und Authentizität sind nicht nur Kernstück einer Win-Win-Kultur. Sie stärken auch eure Verbindung zu Unterstützenden.

Ehrlich über Fehler und die daraus gewonnenen Erkenntnisse zu berichten hilft zudem auch anderen, ähnlichen Projekten. Sie müssen diese Fehler dann nicht mehr machen. Dennoch geht es in einem Bericht nicht darum, alle gesammelten Fakten und jedes noch so kleine Detail zu vermitteln. Wichtig ist, dass ihr das herausfiltert, was wirklich relevant ist.

Auf Details kommt es hingegen bei der Aufbereitung an: Achtet auf gut geschriebene Texte und eine schöne Gestaltung. Versetzt euch dabei in die Person hinein, die euren Bericht später lesen wird. Malt euch dazu am besten eine oder mehrere ganz konkrete Personas aus, die ihr euch beim Schreiben über den Schreibtisch hängt.

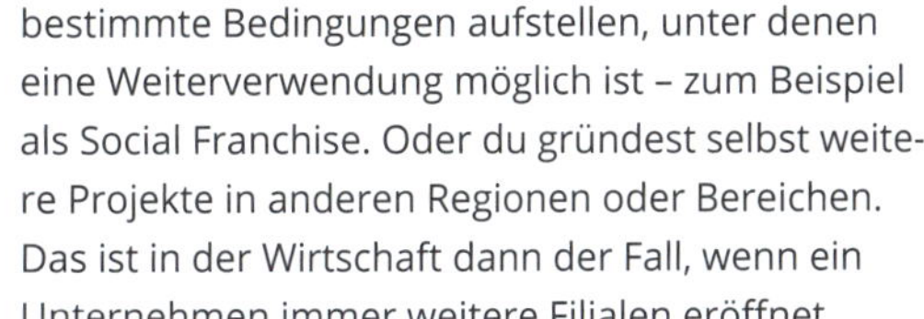

TRÄUME VERBREITEN

Spätestens wenn ihr euer Projekt erfolgreich abgeschlossen und durch die Auswertung festgestellt habt, dass es euch und die Welt um euch tatsächlich positiv verändert hat, entsteht der Wunsch, euren Traum zu verbreiten. Manche sprechen dann auch davon, das Projekt zu »skalieren«. Das bedeutet zum Beispiel, euer Projekt in anderen Regionen oder Bereichen zu wiederholen.

Diesen Ansatz verfolgen zum Beispiel die Transition-Town-Bewegung oder auch die Unverpacktläden. Ihr Ziel ist, dass sich in jeder Stadt und jeder Region eigene Initiativen oder Läden gründen. Die Teams, die schon länger dabei sind, stellen ihre Erfahrungen und ihr Wissen dabei denen zur Verfügung, die noch nicht so weit sind.

Diese Form von Creative Commons ist sinnvoll, weil sich so ökologische oder soziale Probleme viel schneller und einfacher lösen lassen, als wenn jedes Projekt das Rad immer wieder neu erfinden müsste. Es erfordert aber auch die Bereitschaft loszulassen: Wenn ihr diesen Weg geht, müsst ihr auch die Kontrolle darüber abgeben, was andere aus euren Ideen und Informationen machen.

Oft ist es so, dass es bestimmte (Werte-)Standards gibt, die gewahrt bleiben müssen, wenn man sich zu einer bestimmten Community zählen will. Dragon Dreaming ist beispielsweise auch Creative Commons. Du kannst es frei nutzen, ohne irgendwelche Lizenzgebühren dafür zu zahlen. Es ist aber nur dann tatsächlich Dragon Dreaming, wenn du die drei Metaziele einhälst (↗ Seite 17).

Vielleicht möchtet ihr als Projektinitiierende aber mehr Kontrolle behalten? Dann könnt ihr entweder bestimmte Bedingungen aufstellen, unter denen eine Weiterverwendung möglich ist – zum Beispiel als Social Franchise. Oder du gründest selbst weitere Projekte in anderen Regionen oder Bereichen. Das ist in der Wirtschaft dann der Fall, wenn ein Unternehmen immer weitere Filialen eröffnet.

Wenn ihr darüber nachdenkt, wie ihr eure Projektidee skalieren könnt, dann fragt euch doch mal: Gibt es an anderen Orten überhaupt Bedarf für ein Projekt wie unseres? Lässt sich unsere Idee tatsächlich auf andere Regionen oder Bereiche übertragen? Und wenn ja: Sind wir bereit und in der Lage, für die Verbreitung unseres Wissens zu sorgen? Wie viel Zeit und Geld sind wir bereit zu investieren? Und wie viel Kontrolle möchten wir abgeben?

Beim Dragon Dreaming ist die freie Weitergabe von Wissen und Erfahrungen natürlich das Ideal. Dazu gibt es wiederum viele unterschiedliche Wege: Ihr könnt ein Handbuch schreiben und kostenlos im Internet zur Verfügung stellen. Ihr könnt Vorträge und Workshops bei entsprechenden Konferenzen und Veranstaltungen geben. Oder ihr könnt Interessierten ein Coaching oder Workshops anbieten. Je nachdem, wie ihr vorgeht, lassen sich diese Leistungen auch gegenfinanzieren.

Die Initiative Open Transfer der Stiftung Bürgermut hat sich auf die Skalierung von Projekten spezialisiert, die gesellschaftliche Probleme lösen. Hier findest du zum Beispiel auch ein E-Book mit vielen Tipps und Praxisbeispielen. ↗ opentransfer.de

CREATIVE COMMONS

Vivian Elanta und ihr Mann John Croft haben niemals eine Lizenz auf Dragon Dreaming beantragt. Das hätte ihrer Einstellung einfach komplett widersprochen. Stattdessen ist Dragon Dreaming Creative Commons – also ein kreatives Gemeingut, das allen gehört. Alle Menschen der Erde können es kostenlos und frei nutzen, verändern, variieren, anpassen und weitergeben.

Praktisch hat sich gezeigt, dass die Qualität von Dragon-Dreaming-Angeboten dadurch teilweise gemischt war: Sich die Methoden und mehr noch die Haltung anzueignen braucht Erfahrung. Das kann – je nach Vorkenntnissen eines Menschen – Jahre dauern. Woher weiß also jemand, der einen Dragon-Dreaming-Workshop besucht oder einen Dragon-Dreaming Facilitator beauftragt, mit welcher Qualität zu rechnen ist?

Aus diesem Grund ist die Dragon-Dreaming-Community übereingekommen, dass alle Menschen Dragon Dreaming in ihren Projekten und Organisationen anwenden können. Doch um als Dragon-Dreaming-Trainer:in Workshops anzubieten, wäre es gut, eine entsprechende Ausbildung zu machen. Weitere Infos ↗ www.dragondreaming.org/de

EIN ABSCHLUSSRITUAL

John Croft führt am Ende seiner Workshops manchmal ein wirklich schönes Abschlussritual durch, das allen Beteiligten die Möglichkeit gibt, noch einmal ihre ganz persönliche Heldenreise zu vergegenwärtigen. Es eignet sich für beliebig große wie auch kleine Projekte.

Dazu kommen alle im Kreis zusammen. Im Inneren des Kreises liegen die zwei Achsen des Projektrades aus. Die Mitte ist schön dekoriert. Nun führt John eine Person nach der anderen durch die vier Phasen. Pro Phase stellt er eine der links in der Grafik genannten Fragen. Du kannst aber natürlich auch deine eigenen Fragen entwerfen.

John nimmt dabei jede Person an beiden Händen und stellt einen warmherzigen, intensiven (Blick-) Kontakt her. Während er mit dieser Person im Träumen-Quadranten steht, stellt er die erste Frage. Die Person antwortet. Dann führt John sie in den nächsten Abschnitt und stellt die zweite Frage und so weiter.

Es ist schön, wenn die Menschen laut antworten, damit alle an dem Gesagten teilhaben können. Doch vor allem die letzte Antwort enthält womöglich Intimes. Daher gibt es immer auch die Möglichkeit, im Stillen für sich zu antworten.

Die Menschen im Kreis können jede Antwort feiern. Zum Beispiel indem sie applaudieren, freundliche Dinge zurufen oder eine Geste des Feierns machen. Vor allem bei der zweiten und vierten Frage ist es eine schöne Unterstützung, wenn die Menschen im Kreis der Person in der Mitte ihre Unterstützung aussprechen (laut, gemurmelt oder im Stillen).

WEISHEITEN FÜR DEN ABSCHLUSS

- Jedes Ende ist auch ein Anfang.
- Wenn es nicht gut ist, bist du noch nicht am Ende angekommen.
- Nichts entspannt mehr, als das anzunehmen, was ist.
- Etwas loslassen macht dich glücklicher. Ganz loslassen macht dich frei.
- Alles fließt.
- Schenken ist das Subversivste, was du in einer Win-Lose-Welt tun kannst.
- Wissen, Liebe und Freude wird mehr, wenn du es teilst.
- Ein Gedanke, der erwacht, weckt andere.

ZEIT ZUM NACHDENKEN

Dieses Buch ist nun zu Ende. Wir hoffen, es unterstützt dich dabei, deine Träume zu verwirklichen! Doch noch zu guter Letzt: Was sind deine wichtigsten Erkenntnisse? Was nimmst du mit? Was lässt du hinter dir? Was sind deine Träume und nächsten Schritte?

Ilona Koglin ist Autorin, Journalistin und Dragon-Dreaming-Facilitatorin aus Hamburg und hat schon viele Projekte mit Dragon Dreaming verwirklicht, wie die »Konferenz für eine bessere Welt« oder die Initiative »Jetzt retten WIR die Welt«. Sie gibt Dragon-Dreaming-Workshops, bildet Dragon-Dreaming-Trainer:innen aus und berät öko-faire Projekte und Organisationen bei ihrer Kommunikation und Projektorganisation.

Julia Kommerell ist Künstlerin, Illustratorin und Dragon-Dreaming-Facilitatorin. Seit über zwanzig Jahren baut sie – gemeinsam mit mittlerweile 140 anderen Menschen – das Ökodorf Sieben Linden auf. Als Teil einer Co-Elternschaft mit vier Eltern ist sie Mutter von drei Kindern.

Foto: Satoshi Hirsch

NACHWORT

Die Welt hat sich dramatisch verändert, seit wir vor gut drei Jahren angefangen haben, die ersten Texte für dieses Buch zu schreiben. Das Corona-Virus hat sich rund um die Erde verbreitet. In Europa gibt es wieder Krieg. Die Klimakrise löst katastrophale Fluten, Dürren und Waldbrände aus. Die Schere zwischen Arm und Reich geht noch weiter auseinander. Die Folge: Immer mehr Menschen erkennen, dass es so nicht weitergehen kann.

Doch kleine Verbesserungen hier und dort reichen nicht mehr aus. Wir müssen gemeinsam einen neuen Lebensstil gestalten – und damit einen Systemwechsel in nahezu allen Bereichen wagen: Von Politik und Verwaltung über Wirtschaft, Arbeit, Energie, Mobilität und Bildung bis hin zu Themen wie Wohnen, Zusammenleben und Familie. In den nächsten Jahrzehnten wird sich zeigen, welche Welt wir unseren Kindern und Enkeln hinterlassen haben werden – und ob sie darin ein gutes Leben werden führen können.

Das stellt uns als Individuen, Gemeinschaft, Gesellschaft und auch als Menschheit vor gewaltige Herausforderungen. Das kann Angst machen. Wir können dies aber auch als Chance und Aufgabe begreifen: In dieser Situation kommt es auf jeden einzelnen Mensch an. Auch auf dich! Jede deiner täglichen Entscheidungen macht einen Unterschied.

Die Welt braucht jetzt Menschen, die den Mut haben, Träume und Projekte zu verwirklichen, die für einen echten Paradigmenwechsel stehen. Die Recherchen zu diesem Buch haben gezeigt: Überall auf der Welt gibt es sie bereits. Im Kleinen wie im Großen sehen Menschen die Probleme – und entwickeln Träume, Alternativen und Lösungen, wie die Welt anders besser sein könnte. Sie schließen sich zu Teams und Gemeinschaften zusammen und wagen das Utopische – das, was so noch nie zuvor jemand versucht hat.

Dragon Dreaming ist dabei eine großartige Unterstützung. Die Methoden helfen nicht nur dabei zu handeln und kollektiv strukturiert, effektiv und dennoch spielerisch Projekte zu realisieren. Sie fördern auch eine tiefere, authentischere und sinnerfülltere Form des Seins und Zusammenseins. Dragon Dreaming bringt damit den inneren und äußeren Wandel zusammen, wie wir das bisher bei noch keinem anderen Werkzeug erlebt haben.

Unser Leben hat sich durch Dragon Dreaming ganz gewaltig verändert. Und wir wissen von vielen Dragon-Dreaming-Trainer:innen und Workshop-Teilnehmenden, dass es ihnen ebenso erging. Deshalb hoffen wir, dass dieses Buch auch dich inspiriert und ermutigt, Dragon Dreaming auszuprobieren, nach und nach schrittweise in deine Arbeits- und Lebensweise zu integrieren und so aktiv zur Transformation beizutragen.

Wenn du Fragen hast oder du dich mit anderen Dragon-Dreaming-Anwendenden vernetzen möchtest, schau doch mal auf die deutschsprachige Community-Website unter ↗ *www.dragon-dreaming.org/de*. Dort gibt es auch Infos zu Veranstaltungen, wie Workshops, Online-Calls oder Dragon Dreaming Confestivals. Weitere Informationen zu uns und unseren Angeboten findest du auf der Website zum Buch – wir freuen uns auf dich!
↗ *www.dragon-dreaming-playbook.net*

UNSER DANK GEHT AN …

Damit ein Traum wie dieses Buch wahr wird, braucht es viele Menschen, die ihn unterstützen. Dafür möchten wir uns bedanken. Als Erstes danken wir den vielen Dragon-Dreaming-Kolleginnen und -Kollegen, die uns mit ihrem Wissen, ihren Ideen und Kontakten unterstützt haben. Allen voran John Croft, der uns mit Dragon Dreaming beschenkt hat, und Lizandra Barbuto Gomez, die ihr überaus fundiertes Wissen mit uns geteilt hat.

Unser ganz besonderer Dank geht auch an Manuela Bosch für ihre Mitarbeit und Unterstützung bei der Konzeption, der Recherche und der Kommunikation. Durch ihr Wissen und ihre Erfahrung als langjährige Dragon-Dreaming-Trainerin hat sie wertvolle Ideen und Informationen eingebracht, insbesondere zu den ersten elf Kapiteln. Ihre Kontakte zu Dragon-Dreaming-Facililator:innen aus aller Welt haben zu etlichen der inspirierenden Projektbeispiele in diesem Buch geführt.

Ein weiteres, besonderes Dankeschön richten wir an Friederike Abitz für ihre zahlreichen Inputs. Georg Manger, Wiebke Schwarzpaul und Marek Rohde danken wir fürs Gegenlesen und Feedback geben. Catriona Blanke dafür, dass sie uns in kritischen Momenten mit ihrer Expertise und einfühlsamen Art wertvolle Unterstützung geleistet hat. Und schließlich danken wir unserem tollen Lektor Dennis Brunotte vielmals für seine schier unendliche Geduld, Ausdauer und Gelassenheit.

QUELLEN

EINLEITUNG

1 Wikipedia (24.8.2021): Vivienne Elanta, online unter: https://en.wikipedia.org/wiki/Vivienne_Elanta

DIE PHILOSOPHIE

1 John Croft (2020): Factsheet #8 »The Nature of Change«, Seite 2

2 John Croft (2020): »Aboriginal Mandjilidjara Martu people of the Great Sandy Desert in Western Australia call this process of Deep Listening ›Pinakarri‹«, Factsheet #9 »Networks and Networking«, Seite 17

3 Eugene Stockton (1995): The Aboriginal Gift. Spirituality for a Nation. Millenium Books, Seite 180–183

4 John Croft (2020): Factsheet #6 »The Great Turning«, Seite 18

DAS PROJEKTRAD

1 Die Achse zwischen Individuum und Umwelt stammt als Konzept laut Manuela Bosch aus: Marvin Grandstaff: »Non Formal Education Program«, Michigan State University, East Lansing

2 Die Idee der Achse zwischen Theorie und Praxis basiert auf den Gedanken des Pädagogen Paulo Freire, zum Beispiel aus seinem Buch »Pädagogik der Unterdrückten«.

3 Gregory Bateson: »Steps Towards an Ecology of the Mind«

DIE NATUR DES WANDELS

1 Madis Masing (2012): »John Croft – 7 steps to change the World in 9 months!« YouTube-Video, online verfügbar unter https://youtu.be/ueiREyhi-9Q

DER TRAUM

1 James Cowan (2004): »Offenbarungen aus der Traumzeit«, Lüchow Verlag, Seite 63 ff.

KONFLIKTE

1 Paulo Freire (1993): »Bildung und Hoffnung«, Waxmann Verlag, Seite 85

2 Reihnhard K. Sprenger (2020): »Die Magie des Konfliktes. Warum ihn jeder braucht und wie er uns weiterbringt«. Deutsche Verlagsanstalt, Seite 53

TEILZIELE

1 W. E. H. Stanner: »White Man got no Dreaming - Essays 1938-1973«, ANU Press, Seite 23

2 AIATSIS: »Living languages«, https://aiatsis.gov.au/explore/living-languages, zuletzt abgerufen am 23.07.2021

3 L. Burarrwanga, R. Ganambarr, M. Ganambarr-Stubbs, B. Ganambarr, D. Maymuru, S. L. Wright, S. Suchet-Pearson, K. Lloyd: »Songspirals: sharing women's wisdom of Country through songlines«, Allen & Unwin, Crows Nest 2019, Seite 18

4 W. E. H. Stanner: »White Man got no Dreaming - Essays 1938-1973«, ANU Press, Seite 23

5 Dr. Inga Clendinnen: »Inside the Contact Zone: Part 1«, ABC Boyer Lectures, https://www.abc.net.au/radionational/programs/boyerlectures/lecture-4-inside-the-contact-zone-part-1/3562462, zuletzt abgerufen am 16. Juli 2021 (auch Veröffentlicht als Buch https://catalogue.nla.gov.au/Record/4230468)

6 Gail Matthews: »Goals Research Summary« Dominican University, San Rafael/Kalifornien, USA

7 Zitate-Fibel (2022), online unter https://zitate-fibel.de/zitate/hermann-hesse-man-muss-das-unmoegliche-versuchen-um-das-moegliche-zu-erreichen

8 John Croft in einem persönlichen E-Mail-Austausch im Herbst 2021.

9 My Zitate (2022): online unter https://www.myzitate.de/momo/

INTENTION

1 Dee Hock (2008): »Die chaordische Organisation: Vom Gründer der VISA-Card«, Verlage Klett-Cotta, Seite 113 f.

2 Inspiriert von: James C. Collins und Jerry I. Porras (1996): »Building Your Company's Vision«, Harvard Business Review, Reprint Number 96501

3 Steven Kotler und Jamie Wheal: »Stealing Fire«, Dey Street Books, 2017

4 Starhawk (2011): »The Empowerment Manual: A Guide for Collaborative Groups«, New Society Publishers, Seite 69

DAS KRAFTFELD

1 Aphorismen (2022): »Zitat zum Thema: Gelassenheit«, https://www.aphorismen.de/zitat/25799

DER PROJEKT-SPIELPLAN

1 Monographs in Aerospace History No. 36, (2005): »Low-Cost Innovation in Spaceflight«, National Aeronautics and Space Administration, Office of External Relations, Washington, DC, Seite 35–36

2 John Croft im persönlichen Austausch mit Manuela Bosch via Whatsapp, Mai 2017

3 Eugene Stockton1995): »The Aboriginal Gift Spirituallity for a Nation«, Millenium Books

4 John Croft (2020): » The Sustainable Aboriginal Spirituality of the Song Linest«, Seite 24

5 Burarrwanga L, Ganambarr R, Ganambarr-Stubbs M, Ganambarr B, Maymuru D, Wright SL, Suchet-Pearson S, Lloyd K (2019): »Songspirals: Sharing women's wisdom of Country through songlines«, Allen & Unwin, Crows Nest, Seite 18

6 John Croft (2020): Factsheet #15: »Creating a Karrabirdt«, Seite 3

7 James Cowan (2004): »Offenbarungen aus der Traumzeit«, Lüchow Verlag, Seite 127

PROTOTYPING

1 Dan Millmann (2004): Die Kraft des friedvollen Kriegers. Wie wir unser unbegrenztes Potential erkennen und zu Meistern unseres Lebens werden, Verlag Ullstein

2 Dark Horse Innovation: »Digital Innovation Playbook«, Seite 197

20-MINUTEN-BUDGET

1 Sieuwert van Otterloo (2016): »Software project effort estimation – the agile way«. Online unter: https://ictinstitute.nl/software-project-effort-estimation/

2 Bas Kast (2013): »Wie der Kopf dem Bau beim Denken hilft. Die Kraft der Intuition.« Fischer Verlag, Seite 74–75

3 Bas Kast (2013): »Wie der Kopf dem Bau beim Denken hilft. Die Kraft der Intuition.« Fischer Verlag

4 ARTE: »Das gläserne Gehirn - Rhythmus als Basis von Denken und Fühlen«. Online verfügbar unter: https://www.arte.tv/de/videos/074208-004-A/das-glaeserne-gehirn/

5 Vitali Thiessen (2014): »Musik und Gehirn – Der Einfluss von Musik auf unsere Nervenzellen«. Online verfügbar unter: https://www.thieme.de/viamedici/klinik-faecher-neurologie-1538/a/musik-und-gehirn-der-einfluss-von-musik-auf-unsere-nervenzellen-23961.htm

6 ARTE: »Groove-Maschine – Die Macht der Gleiczeitigkeit«. Online verfügbar unter: https://www.arte.tv/de/videos/074208-005-A/groove-maschine/

STÄRKENDE FINANZKONZEPTE

1 Lynn Twist (2017): »Die Seele des Geldes«, Verlag am Goetheanum.

2 howmuch.net (2017): »The Bitcoin Economy, in Perspective«. Online verfügbar unter: https://howmuch.net/articles/worlds-money-in-perspective

3 John Croft (2020): Factsheet #22 »Empowered Funsraising«, Seite 3

4 Aphorismen.de (2022): »Was die Sonne nie sagt«, https://www.aphorismen.de/gedicht/84373

5 Econation (2022): »Hero of Sustainability: Buckminster Fuller«, online: https://econation.one/buckminster-fuller/

6 John Croft (2020): Factsheet #22 »Empowered Funsraising«, Seite 2

7 John Croft (2020): Factsheet #22 »Empowered Funsraising«, Seite 28

8 John Croft (2020): Factsheet #22 »Empowered Funsraising«, Seite 3 ff.

LOSLEGEN UND DRANBLEIBEN

1 Zen-buddhistische Weisheit. Sie dreht unsere leistungsorientierte Sichtweise um: Was du tust, ist wichtig, nicht wie andere dies bewerten. Dies kann dir helfen, wenn du dich immerzu um etwas bemühst und dennoch keine Erfolge im Außen siehst.

2 Jon Young, Ellen Haas u.a. (2014): »Grundlagen der Wildnispädagogik. Mit dem Coyote-Guide zu einer tieferen Verbindung zur Natur«, Biber Verlag, www.coyoteguide.de

INDIKATOREN

1 Bettina Kurz, Doreen Kubek (2015): »Kursbuch Wirkung«, Phineo gAG/Bertelsmann Stiftung, Seite 88

TEAM

1 Starhawk: »The Empowerement Manual. A Guide for Collaborative Groups«, New Society Publishers, Seite 50

2 Training for Change: »Power Shuffle«. Online verfügbar unter: https://www.trainingforchange.org/training_tools/power-shuffle/

3 Timo Luthmann (2018): » Politisch aktiv sein und bleiben. Handbuch Nachhaltiger Aktivismus«, Unrast Verlag Münster, Seite 152

4 Claudia Bingel, Christian Berndt (2022): »Team-Faktoren-Reflexion«, online unter: https://docplayer.org/21386101-Team-faktoren-reflexion.html

5 Frederic Laloux (2014): »Reinventing Organisations. Ein Leitfaden zur Gestaltung sinnstiftender Formen des Zusammenarbeiten«, Verlag Franz Vahlen München, Seite 179.

DER SINN DES FEIERNS

1 goodread (April 2022): »Celebration Quotes«, online verfügbar unter: https://www.goodreads.com/quotes/tag/celebration

2 Joachim Bauer (2021): »Mensch und Natur in Resonanz: Umweltzerstörung und menschliche Gesundheit | Uniklinik Freiburg«, online unter: https://www.youtube.com/watch?v=Z1rS4kEu3sc

INNERER WANDEL

1 James Cowan (2004): »Offenbarungen aus der Traumzeit«, Lüchow Verlag, Seite 99

2 David Steindl-Rast (2013): »Want to be happy? Be grateful«, online unter: https://www.ted.com/talks/david_steindl_rast_want_to_be_happy_be_grateful

3 Jeremy Adam Smith vom Greater Goods Science Center aus Berkeley in Kalifornien, USA. Online unter: https://greatergood.berkeley.edu/profile/Jeremy_Smith

4 Volker Rech (2014): » Sein statt Tun – von Thich Nhat Hanh«, online unter https://youtu.be/NX-le7dNsAmk

FEEDBACK

1 Jürgen Beetz (2016): „Feedback. Wie Rückkopplung unser Leben bestimmt und Natur, Technik, Gesellschaft und Wirtschaft beherrscht", Julius Springer Verlag

2 Barbara Sher (2016): „Isolation is the dreamkiller, not your attitude", TEDxPrague, online unter: https://www.youtube.com/watch?v=H2rG4Dg6xyl

3 John Croft (2014): Factsheet Number 25: »Maximising Creativity – Happiness, Play And Creativity Research: Getting Into The Flow And How it Helps Us In Dragon Dreaming Projects.«

PROJEKTE AUSWERTEN

1 my Zitate (2022), online unter: https://www.myzitate.de/ende/

GLOSSAR

Anleitungen (Methoden, Spiele, Übungen)
Projekte/Praxisbeispiele
Namen

J

K

L

M

N

O

P

R

S

T

U

V

W

Z